21世纪高等学校计算机
专业实用系列教材

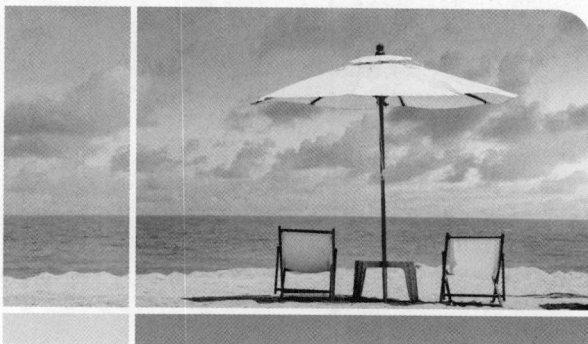

数据库原理及应用

（SQL Server）（第5版）

李俊山 叶霞 ◎ 编著

清华大学出版社

北京

内 容 简 介

本书基于"数据库原理＋SQL Server 数据库＋ADO. NET 数据库访问技术＋VB. NET 语言"架构及其内容体系，并通过基于"大学教学信息管理数据库应用系统"的案例式教学和该系统的完整设计过程，全面、系统地介绍了数据库系统的基本概念、基本原理、基本技术和基本设计方法。全书共分为 10 章，内容包括数据库系统概述、关系运算、数据库应用系统设计方法、关系数据库语言 SQL、关系数据库模式的规范化设计、T-SQL 与存储过程、数据库系统体系结构与访问技术、数据库应用系统设计与实现、数据库保护技术、数据库新技术等。

本书是"数据库系统原理及应用"国家级精品课程和国家级精品资源共享课主讲教材的修订版，可作为高等院校计算机科学与技术、软件工程、网络工程、信息安全、物联网工程、数字媒体技术、智能科学与技术、信息工程、信息与计算科学、信息管理与信息系统、地理信息系统、电子商务、电器类等专业的数据库课程教材，也可供从事计算机软件研究和信息系统设计的科技人员和工程技术人员参考。

图书在版编目（CIP）数据

数据库原理及应用：SQL Server/李俊山，叶霞编著. -- 5 版. -- 北京：清华大学出版社，2025.1. -- (21 世纪高等学校计算机专业实用系列教材). -- ISBN 978-7-302-68051-2

Ⅰ. TP311.132.3

中国国家版本馆 CIP 数据核字第 20257LW245 号

策划编辑：魏江江
责任编辑：王冰飞
封面设计：刘　键
责任校对：李建庄
责任印制：沈　露

出版发行：清华大学出版社
　　　　网　　　址：https://www.tup.com.cn，https://www.wqxuetang.com
　　　　地　　　址：北京清华大学学研大厦 A 座　　　　邮　　编：100084
　　　　社 总 机：010-83470000　　　　　　　　　　邮　　购：010-62786544
　　　　投稿与读者服务：010-62776969，c-service@tup.tsinghua.edu.cn
　　　　质量反馈：010-62772015，zhiliang@tup.tsinghua.edu.cn
　　　　课件下载：https://www.tup.com.cn，010-83470236
印 装 者：三河市君旺印务有限公司
经　　销：全国新华书店
开　　本：185mm×260mm　　　印　　张：21　　　　字　　数：511 千字
版　　次：2009 年 6 月第 1 版　　2025 年 3 月第 5 版　　印　　次：2025 年 3 月第 1 次印刷
印　　数：45001～46500
定　　价：59.80 元

产品编号：105712-01

前　言

党的二十大报告指出：教育、科技、人才是全面建设社会主义现代化国家的基础性、战略性支撑。必须坚持科技是第一生产力、人才是第一资源、创新是第一动力，深入实施科教兴国战略、人才强国战略、创新驱动发展战略，开辟发展新领域新赛道，不断塑造发展新动能新优势。高等教育与经济社会发展紧密相连，对促进就业创业、助力经济社会发展、增进人民福祉具有重要意义。

随着信息技术的迅猛发展和信息化社会水平的进一步提升，数据库技术已经成为国家信息基础设施和信息化社会中最重要的支撑技术之一；基于数据库技术和数据库管理系统（DBMS）开展应用软件和装备制造系统中的控制软件的研究开发，已经成为计算机及其相关专业领域技术人员的基本技能要求。数据库技术已在国民经济的各个领域得到了十分广泛的应用，并在推动科技发展和社会进步方面起着越来越重要的作用。

本书第 1 版（2009 年）、第 2 版（2012 年）、第 3 版（2017 年）和第 4 版（2020 年）出版以来，在 160 余所院校的计算机类专业、电子信息类专业、管理类专业、电子商务类专业和其他相关专业的教学中得到了应用，许多学生、老师和读者对本书的进一步改版都给予了特别的关心，并提出了许多宝贵的建议。第 5 版添加和更换了一些例子，删除了一些不重要的内容，与时俱进地加入一些新内容。

本书内容覆盖了关系数据库基本原理、数据库应用系统设计方法和设计技术，以及数据库的最新相关技术。全书共分为 10 章，第 1 章是数据库系统概述，第 2 章介绍关系运算，第 3 章是数据库应用系统设计方法，第 4 章介绍关系数据库语言 SQL，第 5 章是关系数据库模式的规范化设计，第 6 章介绍 T-SQL 与存储过程，第 7 章是数据库系统体系结构与访问技术，第 8 章介绍数据库应用系统设计与实现，第 9 章是数据库保护技术，第 10 章介绍数据库新技术。

本书主要有以下特点。

（1）在数据库概念结构设计部分引入了组合实体集及其设计方法和递归联系的简化 E-R图表示方法；在数据库逻辑结构设计部分实现了 E-R 图表示的概念结构向关系模式转换方法的转化算法化，不仅与时俱进地完善了设计方法，而且提升了设计方法的规范性。

（2）相关理论及设计方法内容与 SQL Server 数据库软件环境的运用和基于该软件环境的设计方法相结合，方便了学生对相关理论及设计方法的理解和掌握。

（3）比较系统地引入了进行数据库应用系统开发必备的 ADO. NET 数据库访问技术这一难点内容，有利于学生对应用程序与数据库的互连解决方案的理解，为学习和掌握现代数据库开发技术及开发方法奠定了坚实基础。

（4）全书内容采用案例式教学，全书各章内容的示例，示例验证结果说明及展示，数据库应用系统设计方法、设计过程及编程实现等，均围绕"大学教学信息管理数据库应用系统"案例及其当前值数据展开，具有鲜明的理论与应用结合特色。

（5）本书内容的选取兼顾了应用型人才和工程型人才培养的要求，全书构建了以"数据库原理＋SQL Server 数据库＋ADO. NET 数据库访问技术＋VB. NET 主语言"为架构的数据库课程内容体系，给出了"大学教学信息管理数据库应用系统"的完整设计过程和程序代码，与实际软件项目开发过程及设计编程方法无缝结合，教学参考及应用价值高。

（6）在数据库新技术一章中，进一步完善了嵌入式数据库管理系统和非关系型数据库NoSQL 等内容，有助于学习者进一步理解移动计算环境下的嵌入式数据库技术和大型网站采用的 NoSQL 数据库及相关概念与实现技术。

为便于教学，本书提供丰富的配套资源，包括教学大纲、教学课件、电子教案、教学日历、程序源码、实验大纲、实验报告、在线题库及答案、各章作业及答案、各章概念梳理及复习要点。

资源下载提示

课件等资源：扫描封底的"图书资源"二维码，在公众号"书圈"下载。

素材（源码）等资源：扫描封底的文盘云盘防盗码，再扫描目录上方的二维码下载。

在线自测题：扫描封底的作业系统二维码，再扫描自测题二维码，可以在线做题及查看答案。

本书是"数据库系统原理及应用"国家级精品课程和国家级精品资源共享课主讲教材的修订版，可作为高等院校计算机科学与技术、软件工程、网络工程、信息安全、物联网工程、数字媒体技术、智能科学与技术、信息工程、信息与计算科学、信息管理与信息系统、地理信息系统、电子商务、电器类等专业的数据库课程教材，也可供从事计算机软件研究和信息系统设计的科技人员和工程技术人员参考。

本书的第 1～5 章、第 10 章由李俊山编写，第 6～9 章由李俊山和叶霞共同编写，附录 A～C 由叶霞编写。另外，罗蓉、李建华、赵方舟、杨威、张娇、杨亚威等参与了早期版本数据库应用系统案例程序的编写和写作需要的部分资料的整理。

由于作者水平有限，书中难免有不当之处，敬请广大读者和专家批评指正。

李俊山

2025 年 1 月

目 录

扫一扫

源码下载

IX

第1章 数据库系统概述

数据库技术是计算机科学与技术学科中一个十分活跃而重要的分支,已形成了一整套较为完整的理论与技术体系,其应用已经遍及国民经济和国防技术的所有领域,并成为国家和军队信息基础设施的基础和信息化建设中的关键支撑技术。

本章将从数据及数据管理的概念着手,系统介绍数据库系统及其设计技术所涉及的基本概念和方法,内容主要包括数据库系统的基本概念、数据描述与数据模型、关系模型、数据库系统的内部体系结构等。

1.1 数据与数据管理

建立数据库的目的是为数据管理和数据处理提供环境支持。讲到数据处理,就不可避免要提及信息处理及其与数据处理的关系。因此,下面从信息和数据的概念出发,进一步引出数据处理与信息处理的关系、数据管理技术的发展,进而对数据库系统的相关基本概念进行详细介绍。

1.1.1 信息与数据

数据是数据库系统研究和处理的基本对象,谈到数据时不可避免地会涉及信息的概念。信息和数据是两个不同的概念,它们互相联系,密不可分。

1. 信息

信息(Information)在不同的应用领域,含义有所不同。从信息的基本含义和其具有的内涵和外延来说,可将信息定义为:信息是事物属性的标识。这里"事物"泛指存在于人类社会、思维活动和自然界中的一切可能的对象;"属性"可以是事物的基本特征,可以是对事物存在方式的描述,也可以是对事物运动状态的表现形式的刻画。也就是说,事物以其存在的方式和运动状态的表现形式的不同而具有不同的属性标识。"存在方式"反映了事物的内部结构和外部联系。"运动状态"反映了事物在时间和空间上变化所展示的特征、态势和规律。

信息具有如下基本特征。

(1)可度量性。信息可采用某种度量单位,例如香农给出的信息熵进行度量,并进一步进行信息编码。计算机中的二进制就是一种最典型的信息编码方式。

(2)可识别性。根据其信息源的不同,信息可以通过感官直接识别,或通过各种测试手段间接识别。

(3)可表述性。信息可通过数字、字符、符号、曲线、图表、图形和图像等进行表述。

（4）可存储性。信息可以以不同的方式存储在不同的介质上。

（5）可压缩性。人们通过对信息的加工、整理、概括、归纳,可使其精练而浓缩,即用尽可能少的信息量描述一件事物。

（6）可传递性。信息可以通过语言、表情、动作、报刊、书籍、广播、电视、电话、卫星等手段进行传递。信息的可传递性是信息的本质特征。

（7）可转换性。信息可以由一种形态转换成另一种形态。

（8）可处理性。人脑的思维功能实现了智能性的信息处理过程。计算机为信息化社会提供了强大的信息处理功能。

（9）特定范围有效性。信息在特定的范围内是有效的和可利用的,否则就是无效的。

（10）可共享性。信息具有的扩散性,使信息具有了可共享性。

2. 数据

数据(Data)是记录在某种物理载体上的可以被鉴别的符号;是用符号表示的用于反映客观世界中客体属性的记录。数据的基本形式是数字、字符和字符串。广义的数据包括文字、报表、图形、图像、语音等。

数据具有以下基本特征。

1) 数据具有"型"和"值"之分

数据的型是指数据的结构,即数据的内容构成及其对外的联系。例如,学号、姓名、性别、出生日期、专业代码、班级这 6 个数据项,可描述学生的基本信息;课程号、课程名、学时这 3 个数据项,可描述开设课程的基本信息。而下面的结构体:

```
struct stu_c
      { char snum[9];
        char sname[16];
        char cnum[7];
        char cname[30];
        int grade;
      }
```

更直观地给出了由学号、姓名、课程号、课程名、分数共 5 个数据项组成的学生学习课程数据的"数据具有'型'"的概念的描述。

按数据的型赋予数据的具体值称为数据的值。例如,表示一个具体学生基本信息的数据值为"201401002,李建平,男,1996-08-20,上海,s0401,201401"。

2) 数据具有数据类型和取值范围之约束条件

数据因描述的对象或属性的不同而具有不同的类型。数据类型不同,其表示和存储方式及能进行的运算也不同。同理,数据因其描述的对象或属性的不同,具有不同的取值范围。例如,性别的取值范围为{男,女}。

3) 数据可以通过观察、测量和考核等手段获得

通常情况下,通过观察可以获得定性数据。例如,直接观察不同人员时得到的"老年""中年""青年"的定性结论数据。而通过不同仪器设备或考核手段获得的一般是定量数据。

3. 数据与信息的区别与联系

数据是关于现实世界中的事物、事件,以及其他对象或概念的描述和表达;是对通过物理观察得到的事实和概念的符号表示。数据本身并没有意义。

信息是对数据及其语义的解释,数据只有经过解释并赋予一定的意义后才能成为信息。因此可以说,信息是经过加工并对客观世界和生产活动产生影响的数据,是数据的内涵。

数据是现象,而信息更反映实质。信息只有借助数据符号的表示,才能被人们感知、理解和接受。

信息始于数据,数据被赋予主观的解释而转换为信息。所以在实际应用中,人们不再严格区分数据和信息;就像不再刻意区分数据处理和信息处理一样。

1.1.2　数据管理技术的发展

为了全面理解数据管理技术的发展和进步,有必要先了解数据管理和数据处理的概念及它们之间的联系与区别。

1. 数据管理与数据处理

数据管理是指人们对数据进行收集、整理、组织、存储、维护、检索、传送和利用的一系列活动的总和。

数据处理是指对数据进行采集、存储、加工(变换、合并、分类、计算)和传播的技术过程。数据处理的基本目的是从大量的、可能是杂乱无章的、难以理解的数据中抽取并导出对于某些特定的应用来说是有价值的、有意义的数据,借以作为决策的依据。数据处理贯穿于社会生产和社会生活的各个领域。数据处理技术的发展及应用的广度和深度,极大地影响着人类社会发展的进程。

数据管理是任何数据处理业务中的必不可少的共有部分,是数据处理的基础。

2. 数据管理技术的发展

数据管理技术的发展经历了人工管理、文件管理和数据库管理 3 个阶段。

1) 人工管理阶段

计算机出现之前,人们用笔和纸记录数据,利用手工方式和算盘与计算尺等计算工具进行数据计算,并主要利用人的大脑来管理和利用这些数据。因而在人工管理阶段,数据量小,数据间缺乏逻辑联系,数据仅仅依赖于特定的应用。

2) 文件管理阶段

随着计算机的出现和文件管理技术的发展,人们开始把计算机中的数据组织成相互独立的数据文件,通过按文件名对文件进行访问,按文件内容的不同对数据进行管理和存取。

文件系统可以实现记录内数据的结构化或半结构化,但就文件的整体来说,文件中不同记录之间是无统一结构的。由于数据(文件)一般都是面向特定的应用或应用程序的,因而数据冗余度大、共享性差,数据管理和维护的代价也比较大。

3) 数据库管理阶段

20 世纪 60 年代后期数据库技术的出现,特别是 20 世纪 70 年代以后计算机性能的进一步提高和大容量磁盘的出现及其价格的下降,推进了为多个用户、多个应用程序共享数据和共享服务的数据库技术的飞速发展。数据库中的数据不再只针对某一特定的应用,而是面向全组织,具有整体的结构性,数据冗余度小、方便多用户和多个程序的共享,便于管理维护。基于数据库的信息管理技术已经成为信息化社会和国家信息基础设施的支撑技术。

1.2 数据库系统组成

数据库系统(Data Base System,DBS)是指在计算机系统中引入数据库后的系统,由计算机硬件、数据库、数据库管理系统(及其开发工具)、数据库应用系统构成。显然,数据库、数据库管理系统(及其开发工具)和数据库应用系统都是存储在计算机硬盘上(的文件或程序),并在计算机硬件系统的支持下运行的。所以,仅从其"软件"特性出发,数据库系统的组成涉及数据库管理系统、数据库应用系统和数据库三个层次的问题,三者之间的相互关系如图 1.1 所示。

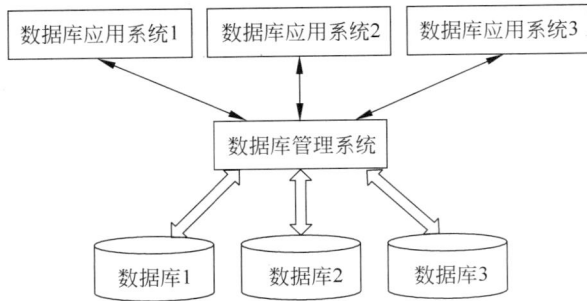

图 1.1 数据库系统组成示意图

1.2.1 数据库

1. 数据库的定义及含义

数据库(Data Base,DB)是按照一定的数据模型组织、存储和管理用户数据的相关数据集合,数据库的表象是存储在计算机存储设备上的一组数据库文件。

上述的数据库定义具有以下含义。

(1) 数据库是按照某种结构化形式的数据模型把数据组织和存储在一起的。例如,二维表格就是一种结构化形式的数据模型,数据可以按照二维表格的形式进行组织和存储。

(2) 数据库是为某一特定的信息管理应用需求服务的相关的数据集合,其相关性是指服务于某一特定应用的数据之间是相互联系的。学习课程后续内容可知,多个内容相关的二维表格中的数据的相关性可通过连接查询来实现。

(3) 由于面向某一信息管理应用需求的相关数据集合是存储在数据库文件中的,所以数据库的表象是存储在计算机硬盘设备上的一组数据库文件。例如,教材中的大学教学信息管理数据库应用系统的数据库是由数据文件 JXGL.mdf 和日志文件 JXGL_log.ldf 组成的。

2. 结构化数据与非结构化数据

结构化数据是一种用高度格式化的统一结构表示的、严格遵循数据格式与长度规范的数据。最典型的结构化数据是用二维表结构来表示和组织的数据。

非结构化数据是数据结构不规则或不完整,没有预先定义的数据模型,不方便用二维表结构表现的数据,如各种格式的办公文档、文本、图片、HTML、图像、音频和视频数据等。

目前,各种关系型数据库都是采用二维表结构形式的结构化数据形式组织和存储数据,而网络上绝大多数的可用数据都是非结构化的。随着网络上非结构化数据信息的不断增加和积累,从中找到可使用这些非结构化数据的方法已成为数据挖掘技术领域的研究课题。

3. 非结构化文件与数据库数据文件的主要区别

在计算机中,文件按其存储数据的组织方式不同分为结构化(有结构)文件和非结构化(无结构)文件两种。结构化文件通常特指数据库的数据文件,因为其中的数据是按照结构化形式的数据模型组织和存储的。非结构化文件是指传统意义上的文件,其内容为非结构化的数据或半结构化的数据,其特点是文件中的数据由一个个数据记录组成,而数据记录则由非固定长度的数据项组成,如 C 语言程序文件、Word 文档文件、记事本格式的文本文件等。

传统意义上的(非结构化)文件与(结构化的)数据库数据文件的区别主要有以下几点。

(1) 数据库数据文件中的数据是结构化的,而传统意义上的文件中的数据是非结构化或半结构化的。

(2) 数据库数据文件中的数据具有非冗余性、一致性和相关性,而传统意义上的文件系统中的数据是分离的、独立的、可重复的。

(3) 数据库数据文件中的数据更强调可被多个用户和多个应用共享,而传统意义上的文件中的数据大多是面向某一专门应用的。

1.2.2 数据库管理系统

数据库管理系统(DataBase Management System,DBMS)是建立、管理和维护数据库的软件系统,是一种位于应用软件和操作系统之间,实现数据库管理功能的系统软件。

1. DBMS 的主要功能

DBMS 建立、管理和维护数据库的主要功能如下。

1) 定义数据库

利用自身提供的数据定义语言(Data Define Language,DDL)定义(即创建)数据库的外模式、逻辑模式和内模式;定义外模式与逻辑模式之间、逻辑模式与内模式之间的映射;定义有关的约束条件和访问规则等。

2) 操纵数据库

利用自身提供的数据操纵语言(Data Manipulation Language,DML)实现对数据库中的数据的操作,主要包括查询、插入、删除、修改等。

3) 控制数据库

利用自身提供的控制机制,实现对数据库中数据的安全性控制和完整性控制,多用户数据库环境下的并发性控制,数据库的运行控制,数据库故障的恢复等。

4) 维护数据库

利用自身提供的数据库维护机制,实现数据库中数据的转储,对备份数据的载入,数据库的恢复和重组,数据库运行性能的监视等。

5) 通信功能

DBMS 可以提供与操作系统、分时系统及远程作业的连接和通信接口,实现与操作系统协同处理数据的流动,提供各功能部件和逻辑模块之间数据传输的缓冲机制与通信功能。

2. DBMS 与操作系统和应用软件之间的关系

DBMS 在计算机体系结构中的层次如图 1.2 所示。

1) DBMS 与操作系统

操作系统负责计算机系统的进程管理、作业管理、存储器管理、设备管理和文件管理等,是计算机系统软件的基础与核心。DBMS 对计算机硬件资源和相关软件资源的利用和控制都要通过操作系统的相应控制和管理机制实现。DBMS 是位于操作系统上层的一种计算机系统软件。

2) DBMS 与应用程序

这里的应用程序仅指数据库建立后,应用程序员(Application Programmer)或数据库应用系统开发人员按数据库的逻辑模式和数据库授予(定义的)外模式局部逻辑结构,用主语言和数据库定义语言语句及数据库操纵语言语句编写的,对数据库中数据进行操作和运算处理的程序。

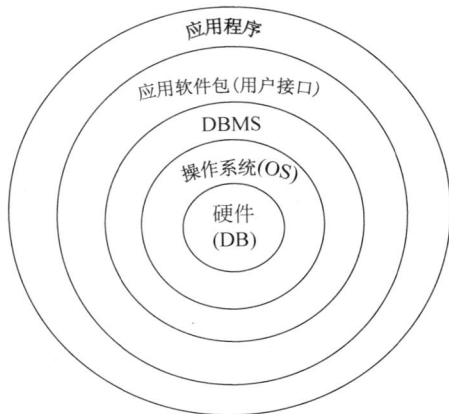

图 1.2 应用程序、DBMS、OS 及 DB 之间的关系

这些应用程序中用到的数据库定义语言语句和数据库操纵语言语句都是由 DBMS 的功能模块实现的,因此 DBMS 是位于应用程序下层的一种计算机系统软件。其他类应用程序是位于 DBMS 之上的一层。

1.2.3 数据库应用系统

数据库应用系统(DataBase Application System,DBAS)是以计算机为开发和应用平台,以 OS、DBMS、某种程序语言和实用程序等为软件环境,以某一应用领域的数据管理需求为应用背景,采用数据库设计技术建立的一个可实际运行的,按照数据库方法存储和维护数据的,并为用户提供数据支持和管理功能的应用软件系统。

例如,教学信息管理系统、酒店信息管理系统等都是数据库应用系统。

数据库应用系统至少由以下三部分组成,称为数据库应用系统的三个基本要素。

(1) 数据。数据是数据库系统的操作对象,包括数据本身和数据之间的联系。也就是说,反映数据之间联系的信息也是一种数据。

(2) 物理存储器。物理存储器是保存数据的硬件介质,一般指计算机中的硬盘等大容量存储器。这里的物理存储器实质上意味着计算机硬件环境的支持和存在。

(3) 数据库软件。数据库软件是对数据进行定义、描述、操作和维护的软件系统,即 DBMS 软件系统。

需要注意的是,从严格的意义上来说,数据库系统是数据库管理系统(DBMS)、数据库应用系统(DBAS)和数据库(DB)的总称。但习惯上有时将数据库应用系统简称为数据库系统;有时也将一个数据库管理系统软件(即数据库软件产品)简称为数据库系统。例如,SQL Server 数据库系统。所以在看到有关"数据库系统"的术语时,要根据上下文内容来理解它的含义。

1.3　数据描述与数据模型

数据是数据库系统研究和处理的基本对象,所以对数据进行描述,并建立其与数据库的结构化存储形式(数据模型)之间的对应关系十分必要。

1.3.1　现实世界的数据描述

在数据管理和数据处理中,对数据和信息的抽象和描述涉及不同的领域范畴。人们最先感触的是一个真实的客观世界(现实世界)。客观世界在人们头脑中的反映便形成一个概念性的世界(信息世界),通过对概念世界的一定抽象、描述和赋予主观的解释,即可将其转换成数据世界,从而实现现实世界的数据描述。

1. 现实世界

现实世界(Real World)是存在于人们头脑之外的客观世界,既包括像宇宙、地球、山脉、河流等一切自然存在的客体和现象,也包括人类社会进步与发展的演变过程和各种生产活动。所以可狭义地将现实世界看作各个事物、各个现象、各个单位的实际情况,如一所大学、一个企业、一个工厂的仓库等。现实世界是人们认识世界、认识事物的源头。人类和人类社会正是通过对客观世界的认识才得到了进一步的进化和发展。

2. 信息世界

信息世界(Information World)是现实世界在人们头脑中的反映,是现实世界的概念化,也称为概念世界。现实世界中存在的和人们关心的任何"事物"在信息世界中被抽象为实体。人们对信息世界中的实体及实体之间的联系的抽象,形成了信息模型(即概念模型)。信息模型是对现实世界数据描述的第一层抽象。

本书将以目前最流行的实体-联系模型作为信息模型,实现现实世界到信息世界的抽象,是数据库结构设计中的重要步骤。实体集之间的联系及联系集、实体-联系模型(E-R图)及设计方法将在3.3.2节和3.3.3节介绍。

3. 数据世界

数据世界(Data World)是在信息世界(信息模型)基础上的进一步抽象,是信息世界的形式化和数据化,反映了数据之间的联系和数据的共性特征,由此形成了描述数据世界的数据模型。传统的数据模型包括层次模型、网状模型和关系模型。实体-联系模型向关系模型的转换,即可实现由实体-联系模型描述的信息模型(信息世界)向由关系模型描述的数据模型(数据世界)的转换。实体-联系模型向关系模型的转换将在3.4.1节介绍。

现实世界、信息世界和数据世界三者的关系是:通过对现实世界的概念化,可将其转换到信息世界;通过对信息世界的形式化,可将其转换到数据世界。

1.3.2　数据模型

数据模型实质上是现实世界中的各种事物及各事物之间的联系用数据及数据间的联系来表示的一种方法。在数据库技术中,数据模型从概念层次上描述了数据库系统的静态特征、动态特征和约束条件,为数据库系统的信息表示与操作提供一个抽象框架。数据模型由数据结构、数据操作和数据约束三部分组成。

1. 数据结构

构造数据库的基本数据结构包括应用所涉及的对象、对象具有的特征和对象之间的联系,所以数据结构一般分为数据类型和数据类型之间的联系两类。数据结构是对数据库静态特征的描述,是数据模型的数据结构特征。

2. 数据操作

数据操作是一组对数据结构的任何实例执行的操作集合,如查询、插入、删除、修改等。这些操作反映了数据的动态特性,反映了现实世界中的数据变化需求。

3. 数据约束

数据约束是对数据静态特征和动态特性的限定,定义了相容的数据库状态的集合及可允许的状态变化,保证了数据库中数据的正确、有效和安全。

由此可见,一个数据库的数据模型实际上给出了在计算机系统上进行描述和动态模拟现实世界信息结构及其变化的方法。数据模型不同,描述和实现方法亦不相同。典型的传统数据模型有层次模型、网状模型和关系模型。

1.3.3　层次模型

用层次结构来组织数据的数据模型称为层次模型(Hierarchical Model)。层次模型实际上是一种树形结构,树中的每个结点代表一种记录类型。这些结点满足以下条件。

(1) 有且仅有一个结点无双亲,这个结点称为根结点(Root Node)。

(2) 其他结点有且仅有一个双亲结点(Parents Node)。

在层次模型中,从双亲结点到子女结点是 1：N(一对多)联系。所以根结点处在层次结构的最上层,其他结点都以它的上层结点作为唯一的双亲结点;双亲结点下一层的结点称为该双亲结点的子女结点,具有同一双亲结点的子女结点称为兄弟结点,没有子女的结点称为叶结点。

现实世界中,许多事物存在着自然的层次关系,例如一个组织的行政管理机构、家庭关系、物品的分类等。图 1.3 是描述一个大学的行政管理机构的层次模型。

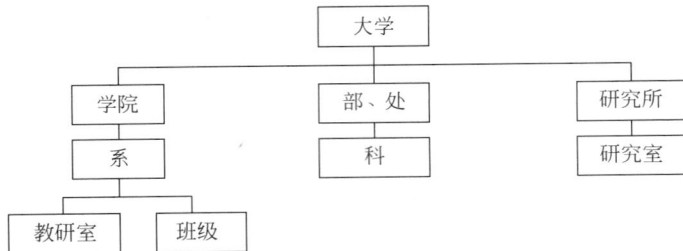

图 1.3　大学的行政管理机构的层次模型

在层次模型中,每个结点为一个记录类型,描述每个结点特征的属性构成该结点的记录类型的一个数据项。数据项是具有名称的最小逻辑数据单位,其数据类型可以是数字、字母、字符串等。图 1.3 的层次模型中的部分记录类型如图 1.4 所示。其中,"教师"的记录类型有 7 个数据项,数据项"职称"的数据类型是字符串。

层次模型由于符合现实世界中存在的许多自然层次关系,结构清晰,容易理解,成为数据库系统中最早出现的数据模型。IBM 公司研制的 IMS(Information Management System)是

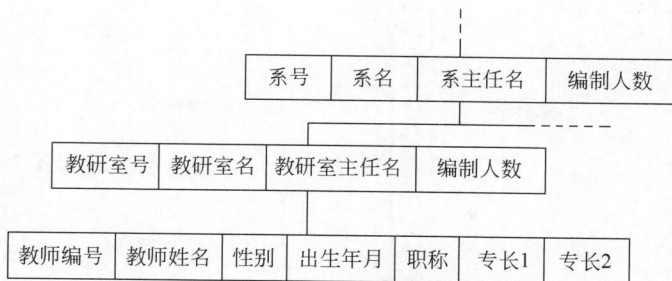

| 系号 | 系名 | 系主任名 | 编制人数 |

| 教研室号 | 教研室名 | 教研室主任名 | 编制人数 |

| 教师编号 | 教师姓名 | 性别 | 出生年月 | 职称 | 专长1 | 专长2 |

图 1.4　图 1.3 的层次模型中的部分记录类型

最典型的层次模型的数据库管理系统。IMS 有许多版本,最早的是 1968 年研制成功并于 1969 年在 IBM360 上投入运行的 IMS-1,后于 1974 年推出 IMS/VS(Virtual System)版本。IMS/VS 在操作系统 OS/VS 支持下运行。IMS 在 20 世纪 70 年代得到了广泛的推广和应用。由于层次模型只能表示 1∶N 联系,虽然有多种辅助手段可以实现 M∶N 联系,但由于使用上比较复杂,用户不容易掌握,同时由于层次顺序的严格和复杂性,数据查询和更新操作比较复杂,因而影响了它的进一步发展和应用。

1.3.4　网状模型

用有向图结构来组织数据的数据模型称为网状(网络)模型(Network Model)。这种有向图结构也称为网状(网络)结构。网状数据模型中的每个结点与层次模型一样也代表一种记录类型,箭头表示从箭尾的记录类型到箭头的记录类型间的联系,且这些结点满足以下条件。

（1）至少有一个结点有多于一个的双亲结点。

（2）至少有一个结点无双亲结点。

在网状模型中,结点与结点间的联系更具有任意性,更能表示事物之间的复杂联系,更适合于描述客观世界。图 1.5 是网状模型的示例。

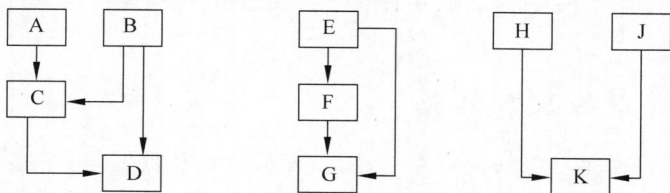

图 1.5　网状模型

图 1.6 的两个网状模型的示例中,图 1.6(a)中的学生实体集有两个双亲结点:"班级"和"社团"。如规定一个学生只能参加一个社团,则在"班级"与"学生"、"社团"与"学生"间都是 1∶N 联系。图 1.6(b)中,"工厂"和"产品"既是双亲结点,又是子女结点,"工厂"与"产品"间存在着 M∶N 联系。这种在两个结点间存在 M∶N 联系的网称为复杂网,而在图 1.6(a)中结点都是 1∶N 的联系,称为简单网。

在已实现的网状数据库管理系统中,一般只处理 1∶N 联系,对于 M∶N 联系,要先转换成 1∶N 联系,然后再处理。转换方法通常是用增加一个连接实体型来实现,如图 1.6(b)可以转换成图 1.7 所示的模型。

数据库系统概述

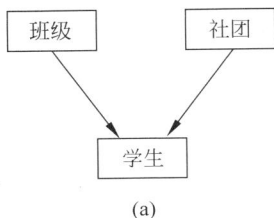

图 1.6　网状模型示例

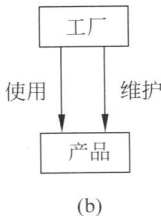

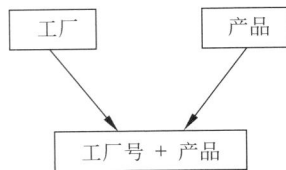

图 1.7　复杂网分解后的模型

网状模型是继层次模型后出现的又一典型的数据库数据模型。网状模型的数据库管理系统有许多成功的产品,20 世纪 70 年代的大部分数据库产品是网状模型的数据库管理系统,包括富士通公司的 AIM 系统、Honeywell 公司的 IDS/Ⅱ、HP 公司的 IMAG/3000、Burroughs 公司的 DMS Ⅱ、Univac 公司的 DMS1100、Cwllinet 公司的 IDMS、CINCOM 公司的 TOTAL 等。

由于层次数据管理库系统和网状数据库管理系统的应用涉及许多与系统的查询、更新及数据库事务运行不相关的低层结构细节问题,使应用程序的编程变得十分复杂,加上关系方法自身的独特优势,从 20 世纪 80 年代中期开始,数据库市场已基本被关系数据库管理系统的产品所取代。所以本书仅介绍关系数据库的系统原理和设计方法。鉴于关系模型涉及较多的概念,所以在 1.4 节对其进行详细介绍。

1.4　关　系　模　型

1970 年,E. F. Codd 发表了题为“大型共享数据库的关系模型”的论文,提出了关系模型的概念,此后,Codd 又连续发表了多篇关于关系模型的论文,奠定了关系数据库的理论基础。

与网状模型和层次模型不同,关系模型运用数学方法研究数据库的结构和定义数据库的操作,具有模型结构简单、数据表示方法统一、数据独立性高等特点,是目前应用最广泛的一种数据库模型。

1.4.1　关系模型的基本概念

关系模型是一种满足一定约束条件的,用于表示数据及数据与数据之间联系的二维表格。约束条件的基本要求是表格中每行和每列交汇处的值唯一和不可分割,即表中不能有子表。在关系模型中,一个二维表格及其数据就构成了一个关系。

图 1.8 中是用二维表格结构表示的大学教学信息管理数据库应用系统教学案例中某特定时刻的各关系的状态,包括学生关系及其状态、专业关系及其状态、课程关系及其状态、(专业)设置(课程)关系及其状态、(学生)学习(课程)关系及其状态、教师关系及其状态、(教师)讲授(课程)关系及其状态。该图中的内容将作为本书中大学教学信息管理数据库应用系统教学案例相关内容讲解和案例分析的基础数据,大家在学习数据库查询等相关内容时,可以以该图中的数据为基础进行查询结果分析和验证等。

1. 关系的基本概念

图 1.9 直观地给出了一个二维表格形式的关系的相关概念的图示说明。

学生关系S

学　号	姓　名	性别	出生日期	籍贯	专业代码	班级
201401001	张华	男	1996-12-14	北京	S0401	201401
201401002	李建平	男	1996-08-20	上海	S0401	201401
201401003	王丽丽	女	1997-02-02	上海	S0401	201401
201402001	杨秋红	女	1997-05-09	西安	S0402	201402
201402002	吴志伟	男	1996-06-30	南京	S0402	201402
201402003	李涛	男	1997-06-25	西安	S0402	201402
201403001	赵晓艳	女	1996-03-11	长沙	S0403	201403

(a) 学生关系

专业关系SS

专业代码	专业名称
S0401	计算机科学与技术
S0402	指挥信息系统工程
S0403	网络工程
S0404	信息安全

(b) 专业关系

课程关系C

课程号	课程名	学　时
C401001	数据结构	70
C401002	操作系统	60
C402001	指挥信息系统	60
C402002	数据库原理	50
C403001	计算机网络	60
C403002	通信原理	50
C404001	信息编码与加密	60

(c) 课程关系

设置关系CS

专业代码	课程号
S0401	C401001
S0401	C402001
S0401	C402002
S0401	C403001
S0402	C402001
S0402	C402002
S0402	C403001
S0403	C403001
S0403	C403002
S0404	C401001
S0404	C404001

(d) 设置关系

学习关系SC

学　号	课程号	分数
201401001	C401001	90
201401001	C402002	90
201401001	C403001	85
201401002	C401001	75
201401002	C402002	88
201401003	C402002	69
201402001	C401001	87
201402001	C401002	90
201402002	C403001	92
201402003	C403001	83
201403001	C403002	91

(e) 学习关系

讲授关系TEACH

教职工号	课程号
T0401001	C401002
T0401002	C401001
T0402001	C402001
T0402002	C402002
T0403001	C403002
T0403001	C404001
T0403002	C403001

(f) 讲授关系

教师关系T

教职工号	姓　名	性别	出生日期	职　称	教研室	电　话
T0401001	张国庆	男	1960-05-01	教　授	计算机	13288881010
T0401002	徐浩	男	1987-06-22	讲　师	计算机	13288881020
T0402001	张明敏	女	1972-08-30	教　授	指挥信息系统	13288881030
T0402002	李阳洋	女	1978-12-11	副教授	指挥信息系统	13288881040
T0403001	郭宏伟	男	1969-11-29	副教授	网络工程	13288881050
T0403002	宋歌	女	1992-03-15		网络工程	13288881060

(g) 教师关系

图 1.8　大学教学信息管理数据库应用系统某特定时刻的关系当前值示例

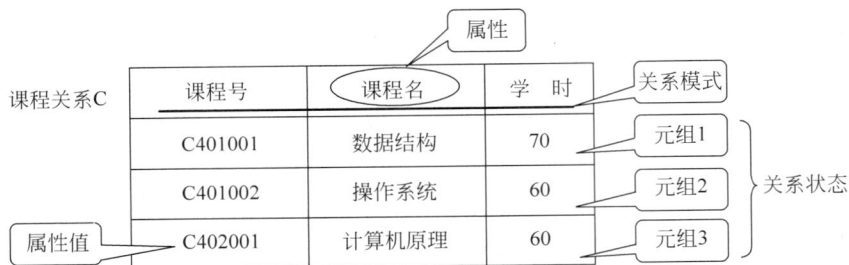

图 1.9 二维表格关系的相关概念描述

对有关概念进一步说明如下。

1）关系

每一个二维表格称为一个关系,如图 1.8 中的学生关系。

2）属性

二维表格中的每一列的标识称为属性(Attribute)。属性有时也称为字段名或列名。

3）元组

二维表中的每一行数据称为一个元组(Tuple),它一般由若干列(属性)的数据项组成。元组也称为记录。一个数据库表由一个或多个元组(记录)组成,没有元组(记录)的表称为空表。

4）元组分量

元组在每一个属性上的取值称为该元组的元组分量,简称分量(Element)。

5）属性值

二维表格中行和列的交会处的元素称为该行对应的元组在该列对应属性上的取值,简称属性值。属性值相当于记录中的一个数据项。

6）值域

某属性的取值范围称为该属性的值域(Domain)。属性值总限定在某个值域内。如"学号"的值域是字符串的某个子集,性别的值域为{男,女}。关系中的每个属性都必须有一个对应的值域,不同属性的值域可以相同。

7）关系的状态

关系的状态即是关系的实例(Instance),是指某个特定时刻关系的内容,有时也称为关系的当前值。图 1.8 给出的是本书作为案例教学的大学教学信息管理数据库应用系统中的 7 个用二维表格标识的关系数据结构及其当前值。

一个关系实例中的元组的个数,称为该关系实例的基数(Cardinal Number)。

2. 关系模式

在二维表格表示的关系中,表格的表头给出了该表格所表示的关系的数据结构的描述。因此,将每个关系表的表头所描述的数据结构称为一个关系模式(Relational Schema)。从本质上讲,表头反映的是该二维表格中各个记录的格式。因此,可以更确切地说,关系模式是关系的框架,是关系的型,是记录格式或记录类型,而与具体的值无关。

例如,在图 1.8 中,(课程号,课程名,学时)是课程关系的关系框架,是课程关系的型,是课程关系的记录格式,而(C401001,数据结构,70)则是课程关系型的一个记录值。

每个关系模式有一个对应的关系名,每个属性有一个对应的属性名。一个关系模式由

一个关系名和该关系的属性名表构成,并一般地表示为:

关系名(属性名 1,属性名 2,…,属性名 n)

例如,课程关系模式和学习关系模式可分别表示为:

课程关系(课程号,课程名,学时)
学习关系(学号,课程号,分数)

为了表述方便,通常将汉字形式的关系模式名和属性名用字母或字符串表示。例如,课程关系模式和学习关系模式可分别简写成:

C(C♯,CNAME,CLASSH)
SC(S♯,C♯,GRADE)

显然,C♯表示课程号,CNAME 表示课程名,CLASSH 表示学时,S♯表示学号,GRADE 表示分数。

同理,可将图 1.8 中的其余几个关系表的关系模式简写成如下形式。

- 学生关系模式:S(S♯,SNAME,SSEX,SBIRTHIN,PLACEOFB,SCODE♯,CLASS)
- 专业关系模式:SS(SCODE♯,SSNAME)
- 设置关系模式:CS(SCODE♯,C♯)
- 教师关系模式:T(T♯,TNAME,TSEX,TBIRTHIN,TITLEOF,TRSECTION,TEL)
- 讲授关系模式:TEACH(T♯,C♯)

其中,SSEX 表示性别,SBIRTHIN 表示出生日期,PLACEOFB 表示籍贯,CLASS 表示班级,SCODE♯表示专业代码,SSNAME 表示专业名称,T♯表示教师编号,TNAME 表示教师姓名,TSEX 表示教师性别,TBIRTHIN 表示教师出生日期,TITLEOF 表示教师职称,TRSECTION 表示教师所在教研室,TEL 表示教师电话号码。

最后需要指出的是:

(1) 为了便于问题的表述、理解及与实际的数据库应用系统设计的结合,图 1.8 中示例的大学教学信息管理数据库(表)将作为本书的一个标准教学案例,并贯穿于全书有关内容的示例解释和描述。

(2) 除了前面的教学案例和特别说明的实例外,本书一般用字母 R、S,或其后跟数字,如 R1、R2、S1、S2 等,表示关系模式名;用大写字母 A、B、C 等表示单个属性;用大写字母 X、Y、Z 等表示属性集;用小写字母表示属性值。

1.4.2　关系的键与关系的属性

关系的键是关系模型中的一个重要概念。为了从不同角度表示标识关系中元组的方法,通常会提到以下几种键。

1. 候选键

如果一个属性集能唯一地标识一个关系中的元组而又不含有多余的属性,则称该属性集为该关系的候选键(Candidate Key)。

例如,由学生关系中的学号所组成的属性集{学号}是该关系的一个候选键。之所以称为候选键,是因为有时一个关系模式有多个候选键。例如,对于邮政地址关系 R:

R(CITY,STREET,ZIP,UNIT_NAME,ADDRESSEE)

就有两个候选键{CITY，STREET}和{ZIP，STREET}。也就是说，邮寄信件时，利用地址{CITY，STREET，UNIT_NAME，ADDRESSEE}和{ZIP，STREET，UNIT_NAME，ADDRESSEE}都可以将信件寄到收件人那里。这里，CITY 为城市名称，STREET 为街道名称，ZIP 为邮政编码，UNIT_NAME 为单位名称，ADDRESSEE 为收件人。

2. 主键

当某关系模式只有一个候选键时，该候选键就是主键（Primary Key）；当某个关系模式有多个候选键时，被用户选用的那个候选键称为主键。一般把主键简称为键（Key）。

关系的主键应具有以下特性（即关系的约束条件）。

（1）唯一性。当给定某关系的主键属性集中的每一个属性一个确定的值时，该主键值只能唯一地确定该关系中的一个元组。

例如，在图 1.8 的大学教学信息管理数据库的关系示例中，当给定学生关系 S 的主键{学号}的一个确定值{201401002}时，任何时候在该关系中只能找到唯一的一个元组{201401002,李建平,男,1996-8-20,上海,S0401,201401}，不可能再找到另一个其他的元组。

（2）非冗余性。如果从主键属性集中抽去任一属性，则该属性集不再具有唯一性。

例如，在图 1.8 的大学教学信息管理数据库的关系示例中，学习关系 SC 的主键为{学号,课程号}。当去掉课程号使其"主键"为{学号}时，给定一个"主键值"{201401002}，在该关系中会找到两个元组{201401002,C401001,75}和{201401002,C402002,88}而破坏关系主键的唯一性。同理，当去掉学号使其"主键"为{课程号}时，给定一个"主键值"{C401001}，在该关系中会找到三个元组{201401001,C401001,90}、{201401002,C401001,75}和{201402001,C401001,87}而破坏关系主键的唯一性。所以，学习关系 SC 的两个主键属性学号和课程号一个也不能少，具有非冗余性。

（3）有效性。主键中任何一个属性都不能为空值。否则，就缺少了对关系中元组进行查询的最基本的依据。

3. 外键

如果关系模式 R 中的某属性子集不是 R 的主键，而是另一关系模式 R1 的主键，则该属性子集是关系模式 R 的外键（Foreign Key）。

外键是用来表示多个关系联系的方法。例如，对于下面两个关系：

专业关系(专业代码,专业名称)
学生关系(学号,姓名,性别,出生日期,籍贯,专业代码,班级)

"学生关系"中的属性"专业代码"是"专业关系"的主键，所以"专业代码"是"学生关系"的外键。

【例 1.1】 在学习关系模式 SC(S♯,C♯,GRADE)中，属性集{S♯,C♯}是 SC 的主键。单独的 S♯ 不是 SC 的主键，但 S♯ 是学生关系模式 S(S♯,SNAME,SSEX,SBIRTHIN,PLACEOFB,SCODE♯,CLASS)的主键。所以 S♯ 是学习关系模式 SC 的外键。同理，C♯ 是课程关系模式 C(C♯,CNAME,CLASSH)的主键，C♯ 是学习关系模式 SC 的外键。

4. 主属性与非主属性

包含在任何一个候选键中的属性称为主属性（Prime Attribute）。不属于任何候选键中的属性称为非主属性（Nonprime Attribute）或非键属性（Non-key Attribute）。

最简单的情况是由单个属性组成的主键。最极端的情况是由全部属性组成的主键，并称其为全键(all-key)。

【例 1.2】 在关系模式 R(CITY,STREET,ZIP,UNIT_NAME,ADDRESSEE)中，{CITY,STREET} 和 {ZIP,STREET} 均为候选键,可以选择其中一个为主键。显然，CITY、STREET 和 ZIP 都为主属性。

1.5 数据库的内部体系结构

数据库管理系统的内部体系结构(以下简称数据库内部体系结构)涉及数据库管理系统的三级模式及其模式结构、三级模式之间的映射,以及逻辑数据独立性和物理数据独立性等。

1.5.1 数据库内部体系结构中的三级模式结构

从 DBMS 的角度看,数据库一般采用由外模式、逻辑模式和内模式组成的三级模式结构组织数据,如图 1.10 所示。

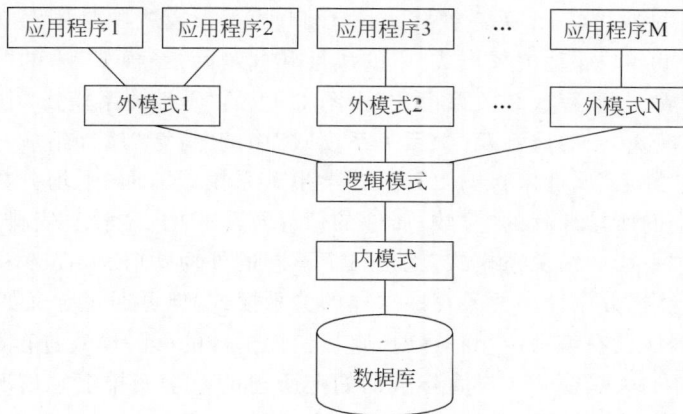

图 1.10 数据库的三级模式结构

1. 逻辑模式

逻辑模式(Logical Schema)是对数据库中全部数据的整体逻辑结构的描述,包括有描述某一用户组织数据管理需求的多个关系模式,以及反映这些关系模式对应的数据完整性和安全性约束。逻辑模式体现了全局、整体的数据观点,所以称为数据库的整体逻辑结构。逻辑模式不涉及存储结构和访问技术等细节问题。逻辑模式又简称为模式。

如前所述,图 1.8 中各关系可按关系模式的表示方式写成图 1.11 的形式。这样如图 1.11 所示,描述一个简化的大学教学信息管理需求的一组关系模式,再加上反映这些关系模式对应的数据完整性和安全性约束,例如每个属性的数据类型、取值范围、每个关系模式的主键等(详见 4.2.1 节),就构成了一个简化的大学教学信息管理数据库应用系统的数据库逻辑模式。

由于各关系模式对应的数据的数据完整性、安全性和其他数据控制方面的要求一般是在数据库存储模式(内模式)创建时才体现出来,所以为便于理解,一般就把描述某一用户组织数据管理需求的关系模式的全体看成面向该数据管理应用的数据库应用系统的逻辑模式,如图 1.11 的图题所示。

```
学生关系模式：S（S#，SNAME，SSEX，SBIRTHIN，PLACEOFB，SCODE#，CLASS）
专业关系模式：SS（SCODE#，SSNAME）
课程关系模式：C（C#，CNAME，CLASSH）
设置关系模式：CS（SCODE#，C#）
学习关系模式：SC（S#，C#，GRADE）
教师关系模式：T（T#，TNAME，TSEX，TBIRTHIN，TITLEOF，TRSECTION，TEL）
讲授关系模式：TEACH（T#，C#）
```

图 1.11　图 1.8 表示的大学教学信息管理数据库应用系统中的数据库逻辑模式

2. 外模式

在数据库应用系统的查询应用中，一些查询的格式要求可能与逻辑模式中的某一关系模式的格式相同，另一些查询的格式要求可能与逻辑模式中的任何一个关系模式的格式都不相同。

例如，依据图 1.11 的逻辑模式，教学管理人员（用户 1）可能需要按图 1.12(a)的格式查询汇总上课安排信息；而学生（用户 2）可能需要按图 1.12(b)的格式查询各门课的学习成绩，并按图 1.12(c)的格式查询所学课程的平均成绩。这三种格式对应的关系模式如图 1.12(d)所示。显然，这三个关系模式在图 1.11 的逻辑模式中是不存在的。"教学安排关系模式"由图 1.11 的"课程关系模式"中的属性和"教师关系模式"中的"教师姓名"与"所属教研室"属性组成。"课程成绩关系模式"由图 1.11 的"学生关系模式"中的"学号""姓名"属性和"课程关系模式"中的属性及"学习关系模式"中的"分数"属性组成。"平均成绩关系模式"中的"学号""姓名"属性来自图 1.11 的"学生关系模式"，而"平均分数"属性则是根据"学习关系模式"中的所学课程的"分数"属性的值计算出来的。"教学安排关系模式""课程成绩关系模式"和"平均成绩关系模式"就是三个不同的外模式（External Schema）。对于应用程序员来说，虽然在数据库中并不存在这样的关系模式，但可通过定义如图 1.12(d)所示的外模式使应用程序员在编写应用程序时，直接使用这样的（外）模式进行数据查询操作，就像数据库中有这样的关系模式一样直接查询如上所述的教学安排汇总情况、某学生所学的各门课的成绩和所学课程的平均成绩。

课程号	课程名	学时数	任课教员	任课教研室
		(a)		

学号	姓名	课程号	课程名	学时	分数
			(b)		

学号	姓名	平均分数
	(c)	

```
教学安排关系模式：TA（C#，CNAME，CLASSH，TNAME，TRSECTION）
课程成绩关系模式：CG（S#，SNAME，C#，CNAME，CLASSH，GRADE）
平均成绩关系模式：A_GRADE（S#，SNAME，AVG(GRADE)）
                              (d)
```

图 1.12　外模式示例

图 1.13 直观地展示了当利用课程成绩外模式 CG 进行数据库查询操作时，"学生关系模式""课程关系模式""学习成绩关系模式"中的相关属性值向外模式 CG 的映射方法。

显然，外模式是与某一具体应用有关的数据的逻辑表示，是对不同数据库用户（包括应用程序员和最终用户）能看见和使用的那部分局部数据的逻辑结构的描述，是数据库用户的数据视图。外模式反映的是数据库中数据的局部逻辑结构。

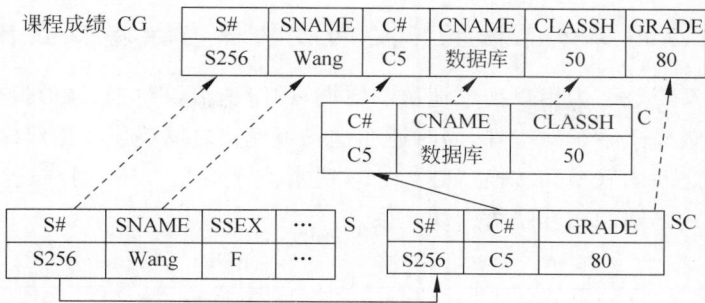

图 1.13　关系 S、SC 和 C 向外模式 CG 的映射示例

外模式由若干外部记录类型组成,这些外部记录类型由基本表和视图(Views)中的属性组成。外模式又称为用户模式或用户视图。

有了外模式,程序员在编写有关查询部分的应用程序时,无须关心逻辑模式,只需按外模式的结构操纵数据库中的数据即可。从逻辑上讲,外模式是逻辑模式的逻辑子集。

3. 内模式

内模式(Internal Schema)是对数据在数据库文件内部的存储方式和物理结构的描述,由数据库数据文件的物理组织方式、数据表的物理组织方式、数据记录在数据库文件中的存储顺序和寻址方式,以及索引方式等确定。所以,内模式也称为存储模式。

4. 三级模式结构的形象化示例

数据库管理系统的三级模式是对数据库中数据的不同抽象级别的描述,通过这种对数据的抽象处理,使得用户和应用程序员不必关心数据在计算机中的存储细节,减轻了用户和应用程序员使用系统的负担,而把具体的数据组织任务留给 DBMS 来完成。图 1.14 是基于以上的三种模式描述,用图示方式给出的数据库三级模式结构示例的形象化描述。

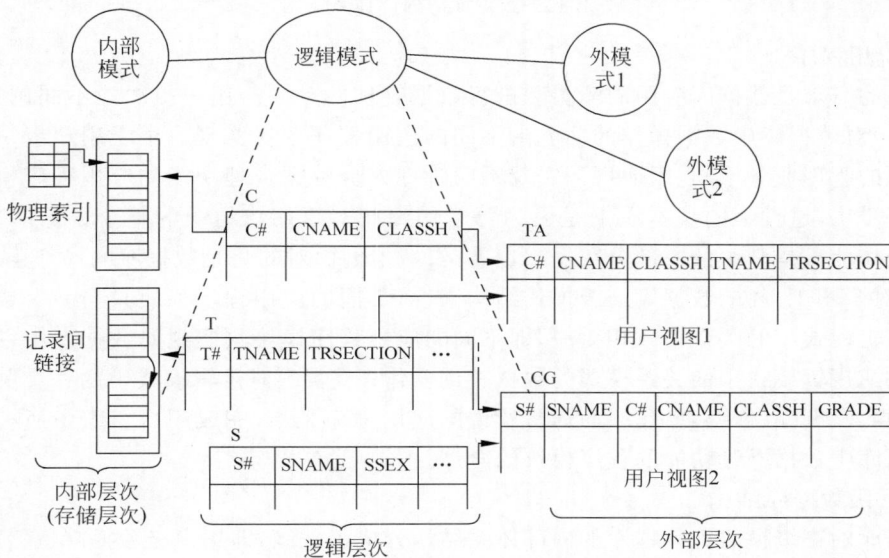

图 1.14　数据库的三级模式结构示例

1.5.2　数据库内部体系结构中的两级映像与数据独立性

数据库管理系统除了为用户抽象地访问数据,逻辑地组织数据,高效最佳地存储数据提供层次分明的三级模式系统架构外,同时还在这三级模式之间提供了两级映像功能,自动地实现了三级模式之间的联系和转换,如图 1.15 所示。而应用程序,则与这三级模式结构及外模式与逻辑模式之间的相互映射密切相关。

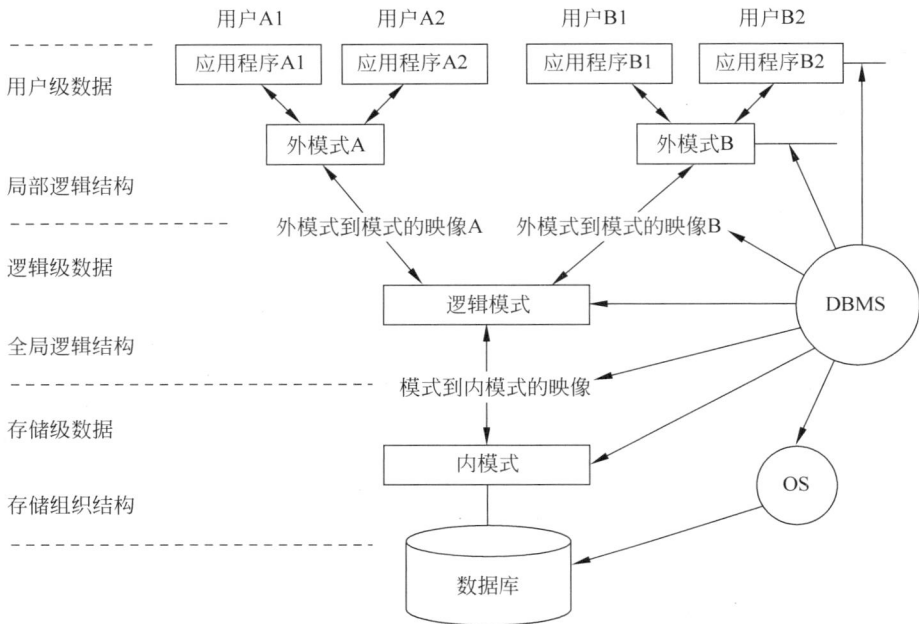

图 1.15　数据库的内部体系结构

1. 应用程序

用户的需求是数据库应用的源头和进行数据管理的动因。用户组织中不同用户(不同管理人员)对数据库中数据操作的功能由不同的应用程序模块实现。由于用户组织中不同管理人员的管理业务不同,因而用于实现不同管理人员数据管理功能的应用程序模块也不同。进一步讲,这种不同从本质上是因为每个用户相对于用户组织的整个数据库来说,他(她)们操作的只是其中的一部分数据。也就是说,他们面对的只是数据库的局部逻辑结构。因而,相对于图 1.10 的数据库三级模式结构来说,不同的应用程序模块只与一个或多个外模式或逻辑模式中的关系模式相对应,即不同的应用程序模块只实现对数据库中一个或多个外模式或逻辑模式中的关系模式的数据查询操作;或实现对逻辑模式中的一个关系模式的更新(插入、删除、修改)操作。而通常所说的应用程序是指,完成用户组织中所有不同用户对数据库中数据操纵功能的程序模块的全体。

2. 三级数据库结构

数据库的三级模式把数据库的内部体系结构分成了三级,即用户级数据库、逻辑级数据库和存储级数据库。

用户级数据库与外模式相对应,反映了数据库的局部逻辑结构,是用户看到和使用的数据库。逻辑级数据库与逻辑模式相对应,反映了数据库的全局逻辑结构,是所有外模式的一个最小并集,涉及的仍是数据库中所有数据表对象的逻辑关系。存储级数据库与内模式相对应,反映了数据库存储结构的组织。

由此可见,三级数据库的实质仍是数据库的三级模式结构,与三级模式结构的概念不同的是,三级数据库同时强调数据库体系结构中的三级模式之间的转换。即数据库体系结构中的两级映像,如图 1.15 所示。

数据库三级模式结构之间的转换由外模式与逻辑模式之间的映像,以及逻辑模式与内模式之间的映像实现。数据库管理系统(DBMS)的中心任务之一就是实现三级数据库模式之间的转换,把用户对数据库的操作转换到物理级去执行。

3. 外模式与逻辑模式之间的映像

数据库的逻辑模式只有一个,而外模式则根据涉及的用户数量和应用程序功能的不同有多个。对于每一个外模式来说,都存在一个外模式/逻辑模式映像。外模式/逻辑模式映像反映了数据库中数据的局部逻辑结构与全局逻辑结构之间的对应关系。

外模式/逻辑模式映像通常用视图定义语句来定义。例如,图 1.12 中的课程成绩外模式 CG 的定义语句为:

```
CREATE VIEW CG
    AS SELECT S.S#,SNAME,SC.C#,CNAME,CLASSH,GRADE
        FROM S,SC,C
        WHERE S.S# = SC.S# AND SC.C# = C.C#;
```

其含义是:创建名为 CG 的视图,该视图中包含有学号 S#、姓名 SNAME、课程号 C#、课程名 CNAME、学时 CLASSH 和分数 GRADE 共 6 个属性。学号 S# 和姓名 SNAM 选自学生关系,课程号 C#、课程名 CNAME 和学时 CLASSH 选自课程关系,分数 GRADE 选自学习关系。该视图的创建条件是学生关系中的学号 S# 与学习关系中的学号 S# 相等,且学习关系中的课程号 C# 与课程关系模式中的课程号 C# 相等。

当上述的视图(外模式)定义语句执行后,就相当于数据库中产生了一个关系表 CG(其实这样的表是不存在的,因此也称为虚表)。以图 1.8 中的大学教学信息管理数据库应用系统的各表中的数据(当前值)为例,当对表 CG 执行查询操作后,就会得到如图 1.16 的查询结果。

	S#	SNAME	C#	CNAME	CLASSH	GRADE
1	201401001	张华	C401001	数据结构	70	90
2	201401001	张华	C402002	数据库原理	50	90
3	201401001	张华	C403001	计算机网络	60	85
4	201401002	李建平	C401001	数据结构	70	75
5	201401002	李建平	C402002	数据库原理	50	88
6	201401003	王丽丽	C402002	数据库原理	50	69
7	201402001	杨秋红	C401001	数据结构	70	87
8	201402001	杨秋红	C401001	操作系统	60	90
9	201402002	吴志伟	C403001	计算机网络	60	92
10	201402003	李涛	C403001	计算机网络	60	83
11	201403001	赵晓艳	C403002	通信原理	50	91

图 1.16 对已经定义的用户视图(外模式)CG 执行查询操作的结果

从逻辑上来说,对表 CG 执行的查询操作,就相当于执行前述的视图定义语句"CREATE VIEW CG"中的查询语句:

```
SELECT S.S#, SNAME, SC.C#, CNAME, CLASSH, GRADE
FROM S, SC, C
```

数据库系统概述

```
WHERE S.S# = SC.S# AND SC.C# = C.C#;
```

4. 逻辑模式与内模式之间的映像

数据库的内模式只有一个,所以逻辑模式/内模式映像是唯一的。逻辑模式/内模式映像反映了数据库中数据的全局逻辑结构与存储结构之间的对应关系。

5. 数据库的逻辑数据独立性和物理数据独立性

有了外模式/逻辑模式映像,当数据库的逻辑模式因某种原因修改时,可通过修改外模式与逻辑模式之间的映像而使外模式保持不变,从而不需修改应用程序,这样就实现了数据库的逻辑数据独立性。

有了逻辑模式/内模式映像,当数据库的存储结构发生改变时,可通过修改逻辑模式与内模式之间的映像而使逻辑模式尽可能保持不变,从而使外模式和应用程序保持不变,这样就实现了数据库的物理数据独立性。

1.5.3 数据库内部体系结构的概念

数据库的三级模式结构描述了从用户使用的外部数据模式到在计算机内部存储的数据模式之间的映射及其数据结构的组织方式,是一种从数据库管理系统(DBMS)的角度看到的数据库模式结构和映射关系。这种从 DBMS 角度看到的三级模式结构及模式之间的映像统称为数据库的内部体系结构。显然,这种数据库内部体系结构既不是指数据库管理系统(DBMS)的内部体系结构,也不是指数据库(由若干数据表组成的数据库文件)的内部体系结构,而是一种独立于数据库开发和应用平台的概念性的、抽象意义上的数据库结构框架。

相对于数据库的内部体系结构,数据库的外部体系结构是指在计算机系统环境下,数据库管理系统及其数据库应用系统的体系结构(详见 7.1 节)。

1.6 SQL Server 关系数据库管理系统

Microsoft SQL Server 是微软发布的新一代数据平台产品,是目前最流行的关系数据库开发平台之一。SQL Server 支持多层客户机/服务器(C/S)结构、支持浏览器/服务器(B/S)结构、支持多种开发平台和远程管理、支持云技术与平台,具有强大的数据库管理功能,可以满足成千上万的用户的海量数据管理需求。

SQL Server 分为 5 种不同版本,分别是企业版(Enterprise Edition)、标准版(Standard Edition)、商业智能版(Business Intelligence Edition)、Web 版、开发版(Developer Edition)和精简版(Express Edition)。

1.6.1 SQL Server 的组成

SQL Server 由数据库引擎、分析服务、集成服务和报表服务 4 部分组成。

1. 数据库引擎

SQL Server 数据库引擎(SQL Server Database Engine,SSDE)用于数据的存储、处理和安全保护及管理,包括创建数据库、创建表、创建视图,执行对数据库的数据查询和其他各类数据操作。

数据库引擎用于将 SQL 查询语句转换为对数据库的操作,因此有的文献认为数据库引擎就是 SQL 语句的解释器。

2. 分析服务

分析服务用于为用户提供联机分析处理和数据挖掘功能。用户可以通过分析服务设计、创建和管理包含来自其他数据源的多维结构,完成数据挖掘模型的构造和应用,实现知识的发现、表示和管理。

3. 集成服务

集成服务是用于生成企业级数据集成和数据转换解决方案的平台,负责完成数据的提取、转换和加载等操作,高效处理各种各样的数据源的数据,包括 SQL Server、Oracle、Excel、XML 文档、文本文件等。

4. 报表服务

报表服务用于生成从多种关系数据源和多维数据源提取数据的企业报表。用户可部署报表的布局格式及数据源,方便地定义和发布满足需求的报表,如表格报表、矩阵报表、图形报表和自由格式报表等。

1.6.2 SQL Server Management Studio

SQL Server Management Studio 是 SQL Server 提供的一个集成化开发环境和图形化界面管理工具,完成对 SQL Server 的访问、配置、控制、管理和开发等。

1. SQL Server Management Studio 启动与退出

在计算机上安装 SQL Server 后(详见附录 A),就可对其进行启动和退出。下面仅以 SQL Server2012 为例,说明启动 SQL Server Management Studio 工具的操作步骤。

(1)单击"开始→所有程序→Microsoft SQL Server 2012→SQL Server Management Studio"菜单命令,启动 SQL Server Management Studio 工具。

(2)启动后弹出"连接到服务器"对话框,如图 1.17 所示,"服务器类型"默认选择为"数据库引擎","服务器名称"默认选择为要连接的数据源实例名"LENOVO-PC"(即该计算机的名称,系统自动将其注册为 SQL Server 的本地服务器实例名。值得注意的是,各人所用

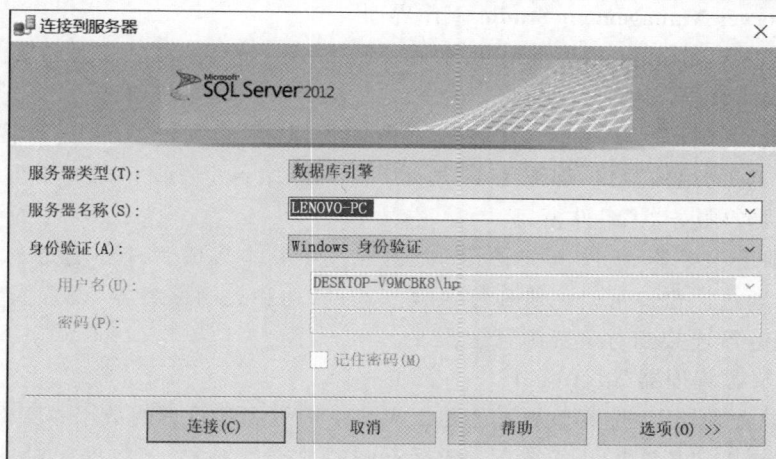

图 1.17 "连接到服务器"对话框

的计算机不同，服务器名称也就不尽相同），"身份验证"默认选择为"Windows 身份验证"。单击"连接"按钮，实现 SQL Server Management Studio 与指定服务器的连接。

注意，"身份验证"也可以选择"混合模式身份验证"；选择该模式后，每次启动时都需要输入 SQL Server 用户名和密码。所以，建议初学者不要选择"混合模式身份验证"。

（3）SQL Server Management Studio 与指定服务器连接成功后，弹出如图 1.18 所示的工作界面，即成功启动了 SQL Server Management Studio 工具。

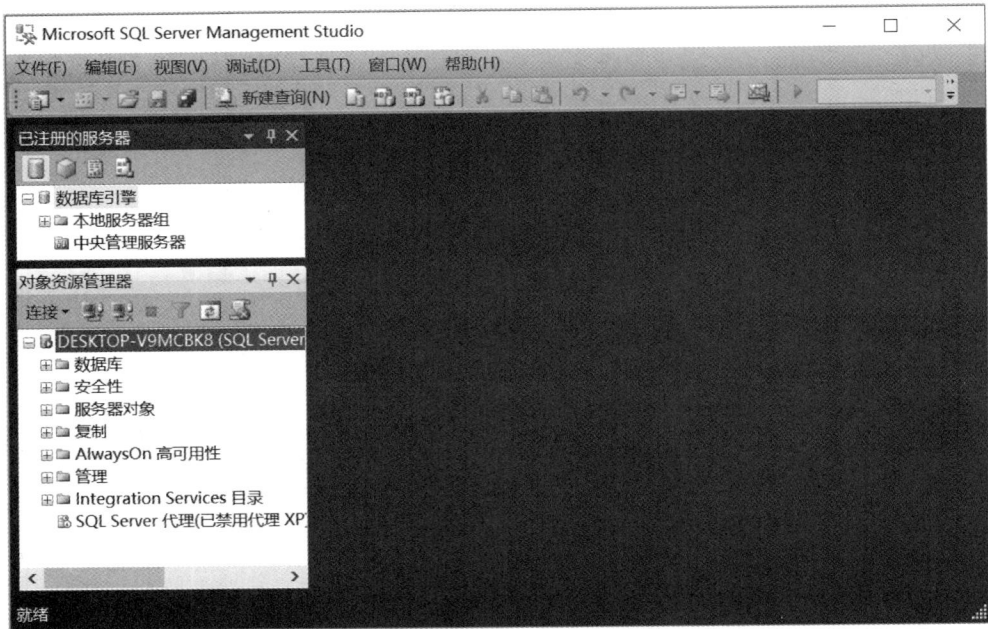

图 1.18　Microsoft SQL Server Management Studio 工作界面

在 SQL Server Management Studio 工具的主界面下，单击图 1.18 所示的工作界面右上角的"关闭"按钮，可关闭 SQL Server Management Studio 工具；选择图 1.18 所示的工作界面左上部的"文件"菜单下的"退出"选项，即可退出 SQL Server Management Studio 工具。

2. SQL Server Management Studio 工作界面

SQL Server Management Studio 启动后，默认情况下只显示"已注册的服务器"组件窗口和"对象资源管理器"组件两个窗口，如图 1.18 左侧所示。这时，可通过分别选择"视图"菜单中的"模板资源管理器"选项、"解决方案资源管理器"选项和"对象资源管理器详细信息"选项弹出相应的组件窗口，如图 1.19 所示。下面介绍各组件窗口的作用与功能。

1）"已注册的服务器"组件窗口

在"已注册的服务器"组件窗口展示的是已经注册到本集成管理环境的 SQL Server 服务器的情况。通过该窗口可以注册和删除服务器、启动和关闭服务器、设置服务器的属性、将已注册的服务器连接到对象资源管理器等。

2）"对象资源管理器"组件窗口

"对象资源管理器"组件窗口展示的是以树状结构组织和管理的数据库实例中的所有对象。用户可根据需要依次展开各结点；选择不同的数据库对象，该数据库对象所包含的内容会相应出现在"对象资源管理器详细信息"组件窗口中。

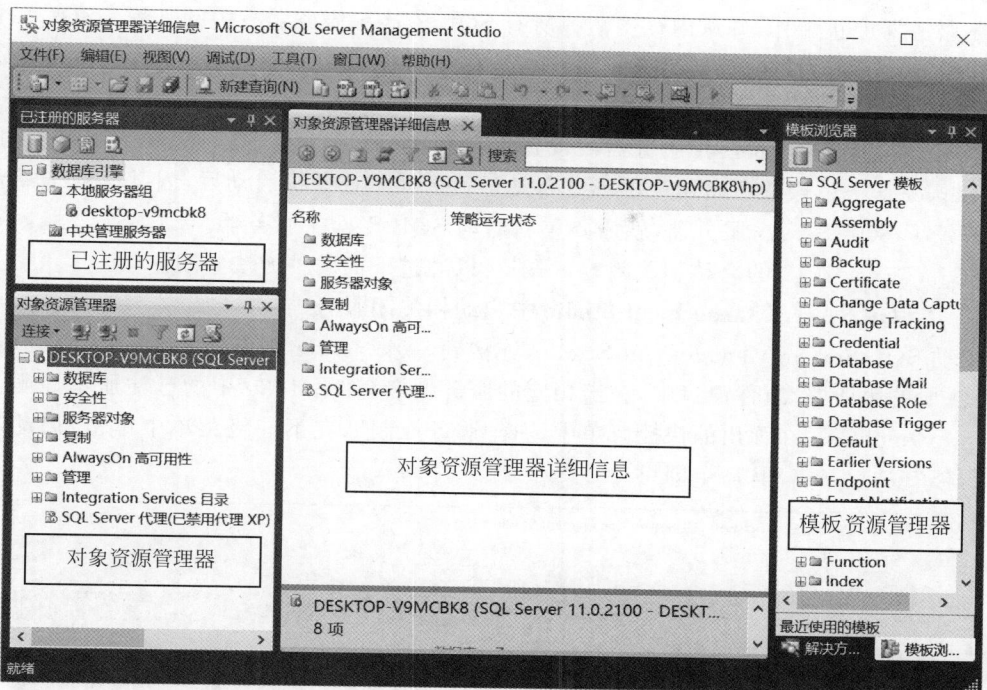

图 1.19　SQL Server Management Studio 工作界面组成

3)"对象资源管理器详细信息"组件窗口

"对象资源管理器详细信息"组件窗口采用选项卡的方式在同一区域实现多项功能,默认情况下显示"对象资源管理器"组件窗口中选择项的相关内容。在该窗口中可以完成 SQL 语句的编写、表的创建、数据表的展示和报表展示等工作。

4)"模板资源管理器"组件窗口

模板资源管理器可以用来访问系统提供的 SQL 代码模板,用户在程序设计时使用模板提供的代码,可以省去每次都要输入基本代码的工作。

5)"解决方案资源管理器"组件窗口

SQL Server Management Studio 提供了 SQL 语言脚本开发平台,可以为关系数据库、多维数据库和所有查询类型开发脚本程序。项目则由一个或多个脚本或连接组成。解决方案由一个或多个项目脚本组成。解决方案资源管理器用于管理解决方案和项目脚本,方便开发人员创建和重用与同一项目相关的脚本。

1.6.3　SQL Server 2012 的服务器管理

SQL Server 服务器的管理主要包括服务器的注册、暂停、关闭和启动等。

关于服务器的注册,在安装 SQL Server Management Studio 后首次启动它时,系统会自动注册 SQL Server 的本地实例(如 1.6.2 节中所述)。当然,用户也可以使用 SQL Server Management Studio 采用手工方式注册服务器,具体步骤详见有关文献。下面介绍启动和关闭 SQL Server 2012 服务器的相关问题和步骤。

启动服务器是指启动 SQL Server 让服务器重新工作的操作。关闭服务器就是让 SQL

数据库系统概述

Server 服务器停止工作,并从内存中清除所有 SQL Server 服务器有关的进程。SQL Server 暂停仅仅是指暂停对数据库的登录请求和对数据的操作请求的响应,并不从内存中清除所有 SQL Server 服务器有关的进程。

通常情况下,SQL Server 服务器被设置为自动启动模式,在 SQL Server 系统启动后,SQL Server 服务器会以后台服务的形式自动运行。如果在系统启动后,因某种管理需要停止或暂停了 SQL Server 服务器,就需要重新启动 SQL Server 服务器。

SQL Server 2012 的启动和关闭等,一般可以通过下面两种方法实现。

1. 在 SQL Server Management Studio 中启动和关闭服务

启动 SQL Server Management Studio,连接到 SQL Server 服务器上。如图 1.20 所示,在"已注册的服务器"组件窗口中,右击相应的服务器名(如图 1.20 中的已注册本地服务器 desktop-v9mcbk8),在弹出的快捷菜单中选择"服务控制",在下一级菜单中单击"启动""停止""暂停"或"重新启动"命令即可。

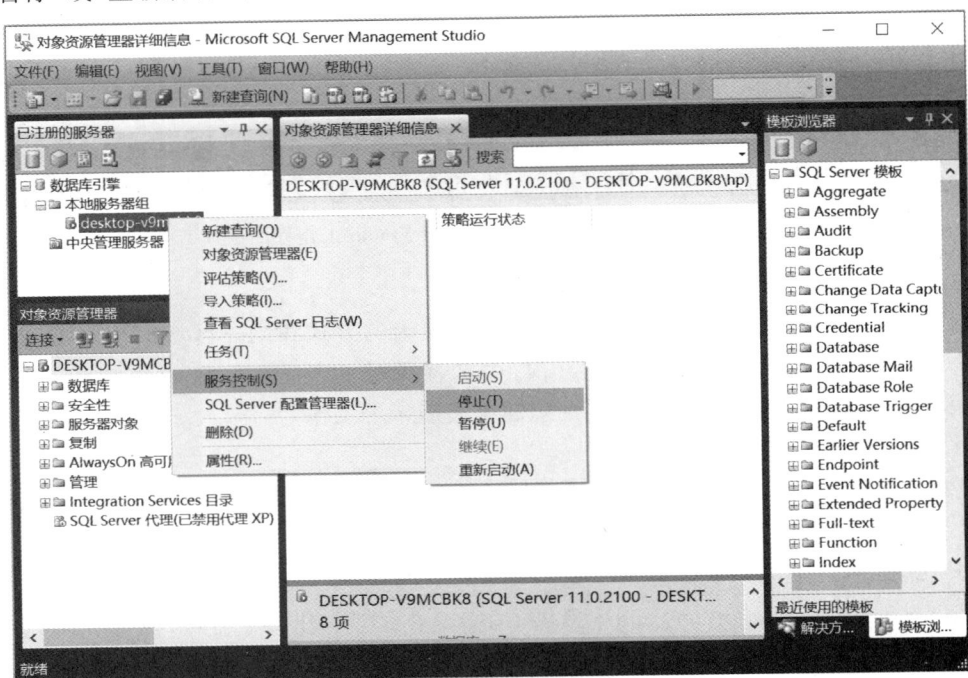

图 1.20 使用 SQL Server Management Studio 启动和关闭服务

2. 在 SQL Server 配置管理器中启动和关闭服务

(1) 选择"开始"→"所有程序"→Microsoft SQL Server 2012→"配置工具"→"SQL Server 配置管理器"菜单命令,启动 SQL Server 配置管理器,如图 1.21 所示。

(2) 在 SQL Server 配置管理器的左侧窗格中,单击 SQL Server 服务,右侧窗格中将显示本地所有的 SQL Server 服务。

(3) 右击相应的服务器名,在弹出的快捷菜单中选择"启动""停止""暂停"或"重新启动"命令即可。

另外,也可以在 Windows 管理工具中启动和关闭服务。有兴趣的读者可以参阅有关文献。

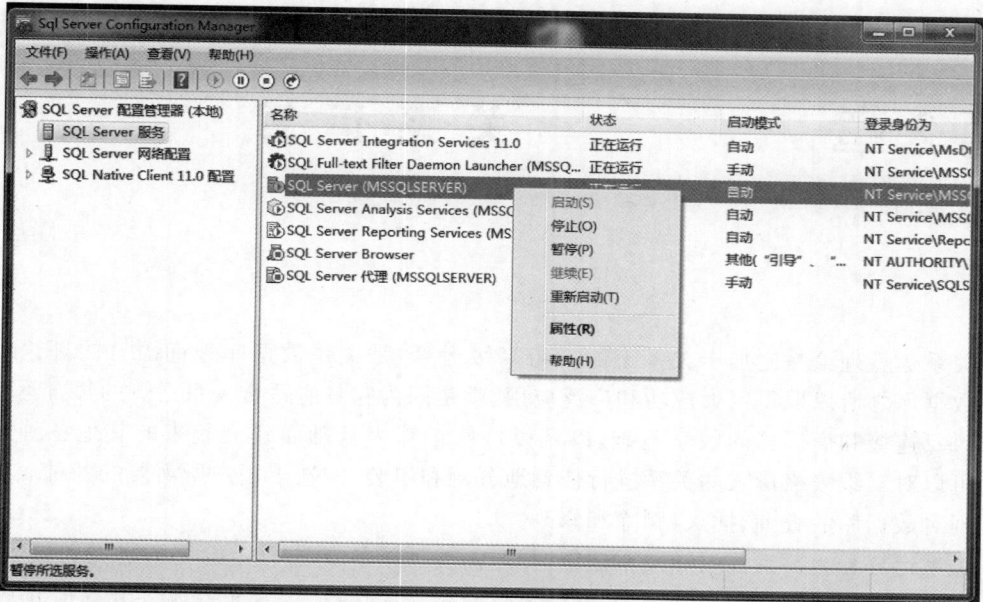

图 1.21　使用 SQL Server 配置管理器启动和关闭服务

习　题　1

1-1　解释下列术语。

（1）数据库　　　　　　　　　　（2）数据库管理系统

（3）数据库应用系统　　　　　　（4）数据模型

（5）关系模式　　　　　　　　　（6）候选键

（7）主键　　　　　　　　　　　（8）主属性

（9）外模式　　　　　　　　　　（10）数据库引擎

1-2　数据与信息的区别与联系是什么？

1-3　属性、元组、数据项三者的区别与联系是什么？

1-4　关系模式与元组的区别与联系是什么？

1-5　数据库（DB）与数据库管理系统（DBMS）的区别与联系是什么？

1-6　数据库（DB）与数据库应用系统（DBAS）的区别与联系是什么？

1-7　数据库管理系统（DBMS）与数据库应用系统（DBAS）的区别与联系是什么？

1-8　简述 DBMS 的主要功能。

1-9　简述外模式与逻辑模式的关系。

1-10　请列举目前流行的 4 种数据库管理系统的名称。

1-11　请列举 4 种您熟知的数据库应用系统的名称。

第2章　关系运算

关系运算

关系运算理论是施加于关系上的一组高级运算,是关系数据库查询语言的理论基础。关系数据库之所以取得巨大成功和广泛应用,就是因为它具有适合关系运算的集合运算、投影、选择、连接和商运算的数学基础,以及以这些运算为基础而建立起来的其他各种运算;从而可以对二维表格形式的关系进行任意地分割和组装,构造出用户所需要的各种表格,方便实现对数据库的查询、插入、删除和修改。

关系运算分为关系代数和关系演算两类,而关系演算又分为元组关系演算和域关系演算。本章首先给出关系的数学定义,然后重点介绍关系代数,接着简要地给出了元组关系演算和域关系演算的概念及运算原理,最后对 3 种关系运算之间的相互转换及其在表达能力上的等价性进行了说明。

2.1　关系的数学定义

关系的数学基础是集合代数理论,下面用集合论的术语和符号给出关系的严格定义。

2.1.1　笛卡儿积的数学定义

笛卡儿积是集合论中的基本概念之一,笛卡儿积由下面的定义给出。

定义 2.1　设有属性集 A_1 和 A_2 分别在值域 D_1 和 D_2 中取值,则这两个属性集的值域集合的笛卡儿积定义为:

$$D_1 \times D_2 = \{<d_1, d_2> \mid d_1 \in D_1 \text{ 且 } d_2 \in D_2\}$$

在上述的笛卡儿积定义中,$D_1 \times D_2$ 等效于 $A_1 \times A_2$;序偶 $<d_1, d_2>$ 中的两个元素 d_1 和 d_2 是有序的,即其次序不能改变。例如,笛卡儿坐标系的二维平面上一个点的坐标 $<x, y>$ 的次序就是不能改变的。进一步讲,$D_1 \times D_2 \neq D_2 \times D_1$。

同理,有下面的 n 个集合 $A_1, A_2, \cdots, A_n$ 的笛卡儿积定义。

定义 2.2　设有属性 $A_1, A_2, \cdots, A_n$ 分别在值域 $D_1, D_2, \cdots, D_n$ 中取值,则这些值域集合的笛卡儿积定义为:

$$D_1 \times D_2 \times \cdots \times D_n = \{<d_1, d_2, \cdots, d_n> \mid d_j \in D_j, \quad j = 1, 2, \cdots, n\}$$

其中:

(1) 每个元素 $<d_1, d_2, \cdots, d_n>$ 称为有序 n 元组,即 $<a_1, a_2, \cdots, a_n> = <b_1, b_2, \cdots, b_n>$,当且仅当 $a_i = b_i (i = 1, 2, 3, \cdots, n)$。

(2) 有序 n 元组中的第 j 个值 d_j 称为有序 n 元组的第 j 个分量。若 $D_j (j = 1, 2, \cdots, n)$ 为

有限集,且其基数为 $m_j(j=1,2,\cdots,n)$,则笛卡儿积 $D_1 \times D_2 \times \cdots \times D_n$ 的基数为 $m=\prod\limits_{j=1}^{n}m_j$。

可见,笛卡儿积的基数即为笛卡儿积定义的元组集合中元组的个数。

例如,设 $D_1=\{1,2,3\}$,基数为 3;$D_2=\{a,b\}$,基数为 2;则有:

$$D_1 \times D_2 = \{<1,a>,<1,b>,<2,a>,<2,b>,<3,a>,<3,b>\}$$

且其基数为 $3 \times 2=6$。

2.1.2 关系的数学定义

下面通过笛卡儿积运算的一个特例,从数学角度引出关系的定义。

【例 2.1】 设有属性集 $D_1=\{李兵,王芳\}$,$D_2=\{男,女\}$,$D_3=\{北京,上海\}$;则它们的笛卡儿积运算结果为:

$$
\begin{aligned}
D_1 \times D_2 \times D_3 = \{&<李兵,男,北京>,<李兵,男,上海>,\\
&<李兵,女,北京>,<李兵,女,上海>,\\
&<王芳,男,北京>,<王芳,男,上海>,\\
&<王芳,女,北京>,<王芳,男,上海>\}。
\end{aligned}
$$

显然,例 2.1 的笛卡儿积运算示例的基数,即元组数为 $D_1 \times D_2 \times D_3$ 结果共有 $2 \times 2 \times 2=8$;且进一步可将上述运算结果表示成表 2.1 的形式。

表 2.1 笛卡儿积运算结果的二维表形式

姓名(D_1)	性别(D_2)	籍贯(D_3)
李兵	男	北京
李兵	男	上海
李兵	女	北京
李兵	女	上海
王芳	男	北京
王芳	男	上海
王芳	女	北京
王芳	女	上海

即,笛卡儿积的运算结果可以用一个二维表来表示。

进一步分析表 2.1 可知,在类似于例 2.1 的应用中,只有取笛卡儿积的某个子集时,该子集中的元组才可能有意义。例如,根据其属性值分布的特点,从表 2.1 中的笛卡儿积元组集合中分别取两个元组得到的元组集合,如表 2.2 和表 2.3 所示,才可能在实际中真正有意义。

表 2.2 有意义关系示例 A

姓 名	性 别	籍 贯
李兵	男	北京
王芳	女	上海

表 2.3 有意义关系示例 B

姓　　名	性　　别	籍　贯
李兵	男	上海
王芳	女	北京

定义 2.3 笛卡儿积 $D_1 \times D_2 \times \cdots \times D_n$ 的任一子集称为在域 $D_1, D_2, \cdots, D_n$ 上的关系。值域集合 $D_1, D_2, \cdots, D_n$ 是关系中元组的取值范围,称为关系的域(Domain),n 称为关系的目或度(Degree)。

当 n＝2 时的关系为二元关系,度为 n 时的关系称为 n 元关系。

可见,只有将关系定义为笛卡儿积的子集时,构成关系的元组才可能反映现实世界中客体之间有意义的"关系"。

在关系模型中,关系有如下性质。

(1) 关系中的每个属性值都是不可再分的数据单位,即关系表中不能再有子表。

(2) 关系中任意两行不能完全相同,即关系中不允许出现相同的元组。

(3) 关系是一个元组的集合,所以关系中元组间的顺序可以任意。

(4) 关系中的属性是无序的,使用时一般按习惯排列各列的顺序;

(5) 每个关系都有一个主键唯一地标识它的各个元组。

其中的第(1)条、第(2)条和第(5)条是关系的约束条件。

2.2 关 系 代 数

关系代数(Relational Algebra)有 9 种运算,可按不同的方式对它们进行分类。按类别可分为基于传统集合理论的关系运算和关系代数特有的关系运算;前者包括并、交、差、广义笛卡儿积 4 种运算,后者包括投影、选择、连接、自然连接、商 5 种运算。按表示方式可分为只能用集合理论表示的关系运算和可以用 5 种基本运算表示的关系运算;前者包括并、差、广义笛卡儿积、投影、选择 5 种运算,并把这些运算称为关系代数的基本运算;后者包括交、商、连接、自然连接 4 种运算。

在关系代数运算中,把由并、差、广义笛卡儿积、投影、选择 5 种基本关系代数运算,经过有限次组合而得到的式子称为关系代数表达式。

为了方便理解,下面按类别分类方式分别对其进行介绍。在介绍具体内容之前,先对本章后面用到的基本运算符号及其优先级进行约定。运算符包括集合运算中的"属于"运算符 $\in$、"不属于"运算符 $\notin$、"并"运算符 $\cup$、"交"运算符 $\cap$、"差"运算符 $-$、"广义笛卡儿积"运算符 $\times$,算术比较运算符 $>$、$\geqslant$、$<$、$\leqslant$、$=$、$\neq$,逻辑运算符中的"非"运算符 $\neg$、"与"运算符 $\wedge$、"或"运算符 $\vee$。除括号的优先次序最高外,这些运算符的运算优先次序为 $\in$、$\notin$ 为最高、算术比较运算符次之,逻辑运算符(优先次序为 $\neg$、$\wedge$、$\vee$)最低。

2.2.1 基于传统集合理论的关系运算

基于传统集合理论的关系运算包括并、交、差、广义笛卡儿积 4 种运算。

1. 并(Union)

设关系 R 和 S 具有相同的关系模式,R 和 S 的并是由属于 R,或属于 S,或同时属于 R

和 S 的所有元组组成的集合,记为 R∪S,并定义为:

$$R \cup S = \{t \mid t \in R \vee t \in S\}$$

其中,∪为并运算符,t 为元组变量。

R 和 S 具有相同关系模式的假设决定了 R 和 S 是同目关系,且运算结果中的元组具有同样多的分量。

2. 交（Intersection）

设关系 R 和 S 具有相同的关系模式,R 和 S 的交是由既属于 R 也属于 S 的所有元组组成的集合,记为 R∩S,并定义为:

$$R \cap S = \{t \mid t \in R \wedge t \in S\}$$

其中,∩为交运算符。

交运算实质上是求同时存在于关系 R 和 S 中的所有相同的元组,其结果显然是一个与 R 和 S 同目的关系。

3. 差（Difference）

设关系 R 和 S 具有相同的关系模式,R 和 S 的差运算是由属于 R 但不属于 S 的元组组成的集合,记为 R−S,并定义为:

$$R - S = \{t \mid t \in R \wedge t \notin S\}$$

其中,一为差运算符。

差运算实质上是从前一个关系 R 中减去它与后一个关系 S 相同的那些元组。

4. 广义笛卡儿积（Extended Cartesian Product）

进一步分析 2.1.2 节中关系的定义内容可知,其实对于表 2.2 和表 2.3 的应用来说,并不一定要强调它们三者之间的顺序关系。也就是说,(学号,性别,籍贯)和(性别,学号,籍贯)的表示只是习惯问题而不是严格的次序问题。所以,就把这种不强调其 n 元组中元素次序的笛卡儿积运算称为广义笛卡儿积运算;并且为了有别于传统笛卡儿积的运算结果用"一对尖括号"表示"序偶"<a,b>和"有序 n 元组"<$a_1, a_2, \cdots, a_n$>;在广义笛卡儿积运算中,用"一对圆括号"表示一个 n 元组,例如二元组(a,b)、n 元组($a_1, a_2, \cdots, a_n$)。

下面给出广义笛卡儿积的定义。

设关系 R 和 S 的目数分别为 r 和 s,R 和 S 的广义笛卡儿积是一个 r+s 目的元组集合,每个元组的前 r 个分量来自 R 中的一个元组,后 s 个分量来自 S 中的一个元组,记为 R×S,并定义为:

$$R \times S = \{t \mid t = (t^r, t^s) \wedge t^r \in R \wedge t^s \in S\}$$

其中,×为广义笛卡儿积运算符,t^j 表示 t 的目数为 j。

广义笛卡儿积的运算过程是用 R 的第 i(i=1,2,$\cdots$,m)个元组与 S 的全部元组(设有 n 个)结合成 n 个元组,所以 R×S 有 m×n 个元组。

可以将两个集合的广义笛卡儿相乘扩展到多个集合的广义笛卡儿相乘。

设 $A_1, A_2, \cdots, A_n$ 是任意集合,则由 $A_1, A_2, \cdots, A_n$ 构成的新集合称为 $A_1, A_2, \cdots, A_n$ 的广义笛卡儿积,并定义为:

$$A_1 \times A_2 \times \cdots \times A_n = \{t \mid t = (a_1, a_2, \cdots, a_n) \wedge a_i \in A_i, i = 1, 2, \cdots, n\}$$

另外,当两个有同名属性的关系进行广义笛卡儿积运算时,其运算结果的属性名前应用原关系名加以限定,其限定格式为:关系名.属性名。这种限定称为广义笛卡儿积运算的命名机制。例如有：

A	B	C
a	b	c
a	d	e

(a) 关系R

C	D
g	h
i	j

(b) 关系S

A	B	R.C	S.C	D
a	b	c	g	h
a	b	c	i	j
a	d	e	g	h
a	d	e	i	j

(c) 关系R×S

图 2.1　广义笛卡儿积运算的命名机制示例

【例 2.2】　设有如图 2.2 所示的关系 R1、R2 和 R3，基于传统集合理论的 4 种关系运算及其结果如图 2.3 所示。

A	B	C
a	b	c
a	d	e
f	d	c

(a) 关系R1

A	B	C
a	d	c
f	d	c
f	d	e

(b) 关系R2

D	E
g	h
i	j

(c) 关系R3

图 2.2　3 个已知关系

A	B	C
a	b	c
a	d	e
f	d	c
a	d	c
f	d	e

(a) R1∪R2

A	B	C
f	d	c

(b) R1∩R2

A	B	C
a	b	c
a	d	e

(c) R1-R2

A	B	C	D	E
a	b	c	g	h
a	b	c	i	j
a	d	e	g	h
a	d	e	i	j
f	d	c	g	h
f	d	c	i	j

(d) R1×R3

图 2.3　图 2.2 中已知关系的并、交、差和广义笛卡儿积 4 种关系运算的运算结果

2.2.2　关系代数特有的关系运算

关系代数特有的关系运算包括投影运算、选择运算、商运算、连接运算、自然连接运算 5 种。

1. 投影（Projection）

设关系 R 为 r 目关系，其元组变量为 $t^r = (t_1, t_2, \cdots, t_r)$，关系 R 在其分量 $A_{j_1}, A_{j_2}, \cdots, A_{jk}$（$k \leqslant r, j_1, j_2, \cdots, j_k$ 为 1 到 r 之间互不相同的整数）上的投影是一个 k 目关系，并定义为：

$$\pi_{j_1, j_2, \cdots, j_k}(R) = \{t \mid t = (t_{j1}, t_{j2}, \cdots, t_{jk}) \wedge (A_{j_1}, A_{j_2}, \cdots, A_{j_r}) \in R\}$$

其中，π 为投影运算符。

投影运算是按照 $j_1, j_2, \cdots, j_k$ 的顺序（或按照属性名序列 $A_{j_1}, A_{j_2}, \cdots, A_{jk}$），从关系 R 中取出列序号为 $j_1, j_2, \cdots, j_k$（或属性名序列为 $A_{j_1}, A_{j_2}, \cdots, A_{jk}$）的 k 列，并除去结果中的重复元组，构成一个以 $j_1, j_2, \cdots, j_k$ 为顺序（或以 $A_{j_1}, A_{j_2}, \cdots, A_{jk}$ 为属性名序列）的 k 目关系。

投影运算实质上是一种对关系按列进行垂直分割的运算，运算的结果是保留原关系中投影运算符下标所标注的那些列，消去原关系中投影运算符下标中没有标注的那些列，并取掉重复元组。

为了表述上的方便,投影运算符中所选列的标注采用列序号或列属性两种标注方式。例如,选取关系 R(A,B,C,D) 中的第 1 列、第 2 列和第 4 列的投影运算符 $\pi_{1,2,4}$ 和 $\pi_{A,B,D}$ 两种表示方式是等效的。

2. 选择(Selection)

设 F 是一个命题公式,其运算对象是常量或元组分量(属性名或列序号),运算符为算术比较运算符($<,\leqslant,>,\geqslant,=,\neq$)和逻辑运算符($\wedge,\vee,\neg$)。则关系 R 关于公式 F 的选择运算记为 $\sigma_F(R)$,并定义为:

$$\sigma_F(R) = \{t \mid t \in R \wedge F = \text{true}\}$$

其中,σ 为选择运算符。

选择运算是从 R 中挑选满足公式 F 的那些元组,其实质上是一种对关系按行进行水平分割的运算,运算结果是由那些符合命题公式 F 的元组组成的集合。

【例 2.3】 对于图 2.2 中的关系 R1 和 R2,投影运算 $\pi_{1,2}(R2)$ 和选择运算 $\sigma_{B='d' \wedge C='e'}(R1)$ 的结果如图 2.4 所示。

A	B
a	d
f	d

A	B	C
a	d	e

(a) $\pi_{1,2}(R2)$ (b) $\sigma_{B='d' \wedge C='e'}(R1)$

图 2.4 对图 2.2 中的 R1 和 R2 的选择和投影运算示例

3. 商(Quotient)

设关系 R 和 S 的目数分别为 r 和 s,且 $r > s$,$S \neq \varnothing$(即 S 非空),则关系 R 关于 S 的商是一个由 $r-s$ 目元组组成的集合,且如果 $t^{r-s} \in \pi_{1,2,\cdots,r-s}(R)$,则 t^{r-s} 与 S 中的每一个元组 u^s 组成的新元组 $<t^{r-s},u^s>$ 必在关系 R 中。关系 R 关于 S 的商记为 $R \div S$,并定义为:

$$R \div S = \{t \mid t = (t_1^r, t_2^r, \cdots, t_{r-s}^r) \wedge \text{"如果 } t^{r-s} \in \pi_{1,2,\cdots,r-s}(R),$$
$$\text{则对于所有的 } u^s \in S, \text{成立} <t^{r-s},u^s> \in R\}$$

其中,$\div$ 为商运算符,t_j^r 是商运算的结果关系的元组 t 的第 j 个分量。

根据定义计算 $R \div S$ 的基本步骤如下。

(1) 计算 $\pi_{1,2,\cdots,r-s}(R)$。

(2) 对于 $\pi_{1,2,\cdots,r-s}(R)$ 中的每个元组 t^{r-s} 和所有的 $u^s \in S$,如果 $<t^{r-s},u^s> \in R$ 均成立,则 t^{r-s} 属于结果关系 $R \div S$ 中的元组;如果至少存在一个 $u^s \in S$,使得 $<t^{r-s},u^s> \notin R$,则 t^{r-s} 不属于结果关系 $R \div S$ 中的元组。

【例 2.4】 已知关系 R 和 S 如图 2.5(a) 和图 2.5(b) 所示。求 $R \div S$。

由图 2.5 知,$r=4$,$s=2$,所以定义式应为:

$R \div S = \{t \mid t = (t_1^r, t_2^r) \wedge \text{"如果 } t^2 \in \pi_{1,2}(R), \text{则对于所有的 } u^2 \in S, \text{成立} <t^2,u^2> \in R\}$

由 R 知 $\pi_{1,2}(R) = \{(a,b),(b,c),(e,d)\}$,且 $S = \{(c,d),(e,f)\}$。

因为:对于 $t^2 = (a,b) \in \pi_{1,2}(R)$ 和所有的 $u^2 \in S$,同时成立 $(a,b,c,d) \in R$ 和 $(a,b,e,f) \in R$,所以 $(a,b) \in R \div S$;对于 $t^2 = (e,d) \in \pi_{1,2}(R)$ 和所有的 $u^2 \in S$,同时成立 $(e,d,c,d) \in R$ 和 $(e,d,e,f) \in R$,所以 $(e,d) \in R \div S$。

A	B	C	D
a	b	c	d
a	b	e	f
b	c	e	f
e	d	c	d
e	d	e	f
a	b	d	e

C	D
c	d
e	f

A	B
a	b
e	d

(a) 关系R   (b) 关系S   (c) 关系R÷S

图 2.5   例 2.4 的商运算示例

但对于 $t^2=(b,c)$ 和所有的 $u^2 \in S$,不同时成立 $(b,c,e,f) \in R$ 和 $(b,c,c,d) \in R$,所以 (b,c) $\notin R \div S$。所以可得如图 2.5(c)所示的运算结果。

4. 连接(Join)

设关系 R 和 S 的目数分别为 r 和 s,θ 是算术比较运算符,则关系 R 和 S 关于 R 的第 j 列与 S 的第 k 列的 θ-连接运算是一个 r+s 目元组组成的集合,并定义为:

$$R \underset{j\theta k}{\bowtie} S = \{t \mid t = (t^r, t^s) \wedge t^r \in R \wedge t^s \in S \wedge t_j^r \theta t_k^s\}$$

其中, $\underset{j\theta k}{\bowtie}$ 为连接运算符,jθk 为连接运算的条件标识。

上述连接运算的含义为,关系 R 与关系 S 以关系 R 的元组的第 j 个分量与关系 S 的元组的第 k 个分量做 θ 比较运算为条件进行连接运算。其中,t^r 和 t^s 分别表示 R 和 S 的元组变量,t_j^r 表示关系 R 的元组变量 $t^r = (t_1^r, t_2^r, \cdots, t_r^r)$ 的第 j 个分量,t_k^s 表示关系 S 的元组变量 $t^s = (t_1^s, t_2^s, \cdots, t_s^s)$ 的第 k 个分量。$t_j^r \theta t_k^s$ 表示按照 R 的第 j 列与 S 的第 k 列之间满足算术比较条件 θ 运算进行连接。

连接运算的过程是用 R 中的每个元组的第 j 个分量与 S 中的每个元组的第 k 个分量做 θ 比较运算,当满足比较条件时,就把 S 的该分量所在的元组接在 R 的相应元组的右边构成一个新元组,即连接运算结果中的一个元组;当不满足比较条件时,继续下一次比较,直到关系 R 和 S 中的元组均比较完为止。

在实际应用中,连接运算的条件可能是多个,这时可将连接运算一般地记为 $R \underset{F}{\bowtie} S$,其中 $F = F_1 \wedge F_2 \wedge \cdots \wedge F_m$,每个 $F_q (q=1,2,\cdots,m)$ 是形如 jθk 的式子,且 j 为 R 的第 j 个分量,k 为 S 的第 k 个分量。

在连接运算中,如果每个 F_q 中的 θ 为 =,则称为等值连接。

【例 2.5】 已知关系 R 和 S 如图 2.6(a)和图 2.6(b)所示。求 $R \underset{B<D}{\bowtie} S$(即 $R \underset{2<1}{\bowtie} S$)。

A	B	C
1	2	3
4	5	6
7	8	9

D	E
3	1
6	2

A	B	C	D	E
1	2	3	3	1
1	2	3	6	2
4	5	6	6	2

(a) 关系R   (b) 关系S   (c) 关系 $R \underset{2<1}{\bowtie} S$

图 2.6   例 2.5 的连接运算示例

由定义式 $R \underset{2<1}{\bowtie} S = \{t \mid t = (t^r, t^s) \wedge t^r \in R \wedge t^s \in S \wedge t_2^r < t_1^s\}$,可直接得到如图 2.6(c)所示的运算结果。

5. 自然连接（Natural Join）

设关系 R 和 S 的目数分别为 r 和 s,且关系 R 和 S 的属性中有部分相同属性 $A_1,A_2,\cdots,A_k$,则 R 和 S 的自然连接为一个 $r+s-k$ 目元组组成的集合,记为 $R\bowtie S$,并定义为:

$$R\bowtie S=\{t\mid t=(t^r,\overline{t^s})\wedge t^r\in R\wedge t^s\in S\wedge R.A_1=S.A_1\wedge\cdots\wedge R.A_k=S.A_k\}$$

其中,$\bowtie$ 为自然连接运算符。$\overline{t^s}$ 表示从关系 S 的元组变量 $t^s=(t_1^s,t_2^s,\cdots,t_s^s)$ 中取掉分量 $S.A_1,S.A_2,\cdots,S.A_k$ 后所形成的新元组变量。

自然连接运算的过程是,用关系 R 的每个元组中的与属性 $A_1,A_2,\cdots,A_k$ 相对应的那些分量和关系 S 的每个元组中的与属性 $A_1,A_2,\cdots,A_k$ 相对应的那些分量进行比较,比较条件是 $R.A_1=S.A_1,R.A_2=S.A_2,\cdots,R.A_k=S.A_k$,当比较条件都满足时,就从关系 S 中的正在比较的那个元组中取掉被比较的 k 个分量后,把剩余的分量依原序接在关系 R 中的正在比较的那个元组的右边构成一个新元组,即得到自然连接运算结果的一个元组;当至少有一个条件不满足时,继续下一次比较,直到关系 R 和 S 中的元组均比较完为止。

自然连接与等值连接类似,其不同之处如下所述。

(1) 当两个关系 R 和 S 中有相同属性时,自然连接与等值连接都是判断在那些相同属性上是否相等。但自然连接公共属性只出现一次,而等值连接公共属性则要重复出现。

(2) 当关系 R 和 S 无公共属性时,R 与 S 的自然连接即为 R 与 S 的广义笛卡儿积。

【例 2.6】 已知关系 R 和 S 如图 2.7(a)和图 2.7(b)所示,求 $R\bowtie S$。

A	B	C
a	b	c
d	b	c
b	b	f
c	a	d

B	C	D
b	c	d
b	c	e
a	d	b

A	B	C	D
a	b	c	d
a	b	c	e
d	b	c	d
d	b	c	e
c	a	d	b

(a) 关系R   (b) 关系S   (c) 关系 $R\bowtie S$

图 2.7　例 2.6 的自然连接运算示例

由图 2.7 知,关系 R 和 S 的属性中相同的属性有 B 和 C,所以由定义式:

$$R\bowtie S=\{t\mid t=(t^r,\overline{t^s})\wedge t^r\in R\wedge t^s\in S\wedge R.B=S.B\wedge R.C=S.C\}$$

可直接得到如图 2.7(c)所示的运算结果。

2.2.3　关系运算综合示例

在关系代数中,还可以用一些基本关系代数运算(并、差、广义笛卡儿积、投影和选择)表示另一些关系运算(交、商、连接、自然连接)。下面以关系运算综合示例的形式予以说明。

1. 交（Intersection）

设关系 R 和 S 具有相同的关系模式。用 5 种基本的关系代数运算可将 R 与 S 的交定义为:

$$R\cap S=R-(R-S)$$

或

$$R\cap S=S-(S-R)$$

2. 商（Quotient）

设关系 R 和 S 的目数分别为 r 和 s，且 r＞s，S≠φ。用 5 种基本关系代数运算可将 R 关于 S 的商定义为：

$$R \div S = \pi_{1,2,\cdots,r-s}(R) - \pi_{1,2,\cdots,r-s}((\pi_{1,2,\cdots,r-s}(R) \times S) - R)$$

【例 2.7】 已知关系 R 和 S 如图 2.8(a) 和图 2.8(b) 所示。用 5 种基本关系代数运算定义的商运算求 R÷S。

A	B	C	D
a	b	c	d
a	b	e	f
b	c	e	f
e	d	c	d
e	d	e	f
a	b	d	e

C	D
c	d
e	f

A	B
a	b
b	c
e	d

A	B	C	D
a	b	c	d
a	b	e	f
b	c	c	d
b	c	e	f
e	d	c	d
e	d	e	f

(a) 关系R   (b) 关系S   (c) $\pi_{1,2}(R)$ (d) $\pi_{1,2}(R) \times S$

A	B	C	D
b	c	c	d

A	B
b	c

A	B
a	b
e	d

(e) $(\pi_{1,2}(R) \times S) - R$ (f) $\pi_{1,2}((\pi_{1,2}(R) \times S) - R)$ (g) $R \div S$

图 2.8 例 2.7 的商运算示例

解：

由图 2.8 知，r=4，s=2，所以有：

(1) 计算 $\pi_{1,2}(R)$，结果如图 2.8(c) 所示。

(2) 计算 $\pi_{1,2}(R) \times S$，结果如图 2.8(d) 所示。

(3) 计算 $(\pi_{1,2}(R) \times S) - R$，结果如图 2.8(e) 所示。

(4) 计算 $\pi_{1,2}((\pi_{1,2}(R) \times S) - R)$，结果如图 2.8(f) 所示。

(5) 计算 $\pi_{1,2}(R) - \pi_{1,2}((\pi_{1,2}(R) \times S) - R)$，即 R÷S，结果如图 2.8(g) 所示。

3. 连接（Join）

设关系 R 和 S 的目数分别为 r 和 s。用 5 种基本的关系代数运算将 R 和 S 关于 R 的第 j 列与 S 的第 k 列的 θ-连接运算定义为：

$$R \underset{j\theta k}{\bowtie} S = \sigma_{j\theta(r+k)}(R \times S)$$

这种定义的连接运算过程是，在 R 和 S 的广义笛卡儿积中挑选那些其第 j 个分量和第 r＋k 个分量满足算术比较条件 θ 的元组。

【例 2.8】 已知关系 R 和 S 如图 2.9(a) 和图 2.9(b) 所示。用 5 种基本关系代数运算给出的连接运算定义求 $R \underset{B<D}{\bowtie} S$。

解：

由图 2.9 知，r=3，j=2，k=1，所以有：

(1) 计算 R×S，结果如图 2.9(c) 所示。

(2) 计算 $\sigma_{B<D}(R \times S)$，结果如图 2.9(d) 所示。

A	B	C
1	2	3
4	5	6
7	8	9

(a)关系R

D	E
3	1
6	2

(b)关系S

A	B	C	D	E
1	2	3	3	1
1	2	3	6	2
4	5	6	3	1
4	5	6	6	2
7	8	9	3	1
7	8	9	6	2

(c) R×S

A	B	C	D	E
1	2	3	3	1
1	2	3	6	2
4	5	6	6	2

(d) $R \underset{B<D}{\bowtie} S$

图 2.9　例 2.8 的连接运算示例

4. 自然连接(Natural Join)

设关系 R 和 S 的目数分别为 r 和 s，且关系 R 和 S 的属性中有部分相同属性 A_1，A_2，…，A_k。用 5 种基本关系代数运算将关系 R 和 S 的自然连接定义为：

$$R \bowtie S = \pi_{1,2,\cdots,r,j_1,j_2,\cdots,j_{s-k}}(\sigma_{R.A_1=S.A_1 \wedge \cdots \wedge R.A_k=S.A_k}(R \times S))$$

其中，j_1，j_2，…，j_{s-k} 是关系 S 中去掉 $S.A_1$，$S.A_2$，…，$S.A_k$ 列后所剩余的那些列。

这种定义的自然连接运算过程是，先计算 R 和 S 的广义笛卡儿积，然后从 R×S 中挑选出同时满足条件 $R.A_1=S.A_1$，$R.A_2=S.A_2$，…，$R.A_k=S.A_k$ 的那些元组，再去掉重复的列 $S.A_1$，$S.A_2$，…，$S.A_k$，即为自然连接运算的结果。

【例 2.9】 已知关系 R 和 S 如图 2.10(a)和图 2.10(b)所示。用 5 种基本关系代数运算给出的自然连接定义求 R⋈S。

A	B	C
a	b	c
b	b	f
c	a	d

(a) 关系R

B	C	D
b	c	d
a	d	b

(b) 关系S

A	B	C	B	C	D
a	b	c	b	c	d
a	b	c	a	d	b
b	b	f	b	c	d
b	b	f	a	d	b
c	a	d	b	c	d
c	a	d	a	d	b

(c) R×S

A	B	C	B	C	D
a	b	c	b	c	d
c	a	d	a	d	b

(d) $\sigma_{2=4 \wedge 3=5}(R \times S)$

A	B	C	D
a	b	c	d
c	a	d	b

(e) R⋈S

图 2.10　例 2.9 的自然连接运算过程示例

解：

由图 2.10 知，r=3，s=3，k=2，所以有：

(1) 计算 R×S，结果如图 2.10(c)所示。

(2) 计算 $\sigma_{2=4 \wedge 3=5}(R \times S)$，即计算 $\sigma_{R.B=S.B \wedge R.C=S.C}(R \times S)$。显然是选择 R×S 中第 2 列与第 4 列相等、第 3 列与第 5 列相等的那些元组。结果如图 2.10(d)所示。

(3) 计算 $R \bowtie S = \pi_{1,2,3,6}(\sigma_{2=4 \wedge 3=5}(R \times S))$，因为由图 2.10(a)和图 2.10(b)知，关系 R 和 S 的属性中相同的属性为 B 和 C，所以要从 $\sigma_{2=4 \wedge 3=5}(R \times S)$ 中取掉后面重复的属性列 B

和 C,投影的属性列序号就应为 1、2、3、6。结果如图 2.10(e)所示。

2.2.4 关系代数运算在关系数据库查询操作中的应用

【例 2.10】 已知有如图 1.11 所示的大学教学信息管理数据库模式中的 7 个关系模式如下。

学生关系模式：S(S♯,SNAME,SSEX,SBIRTHIN,PLACEOFB,SCODE♯,CLASS)
专业关系模式：SS(SCODE♯,SSNAME)
课程关系模式：C(C♯,CNAME,CLASSH)
设置关系模式：CS(SCODE♯,C♯)
学习关系模式：SC(S♯,C♯,GRADE)
教师关系模式：T(T♯,TNAME,TSEX,TBIRTHIN,TITLEOF,TRSECTION,TEL)
讲授关系模式：TEACH(T♯,C♯)

其中,各属性名符号标识的意义为：S♯(学号),SNAME(姓名),SSEX(性别),SBIRTHIN(出生日期),PLACEOFB(籍贯),SCODE♯(专业代码),CLASS(班级),SSNAME(专业名称),C♯(课程号),CNAME(课程名),CLASSH(学时),GRADE(分数),T♯(教职工号),TNAME(教师姓名),TSEX(教师性别),TBIRTHIN(教师出生日期),TITLEOF(职称),TRSECTION(所在教研室),TEL(电话)。

下面以前述所列的 7 个关系模式和如图 1.8 所示的数据库表为基础,用关系代数表达式表示相关的数据库查询要求及查询结果。

(1) 查询全体教师的教职工号、教师姓名、职称和所在教研室。

解题思路：从教师数据库表中把各教师的职工号、姓名、职称、教研室 4 列选出来。

$$\pi_{T\#,TNAME,TITLEOF,TRSECTION}(T) \quad 或 \quad \pi_{1,2,5,6}(T)$$

查询结果为：

教 职 工 号	姓　　名	职　　称	教 研 室
T0401001	张国庆	教　授	计算机
T0401002	徐　浩	讲　师	计算机
T0402001	张明敏	教　授	指挥信息系统
T0402002	李阳洋	副教授	指挥信息系统
T0403001	郭宏伟	副教授	网络工程
T0403002	宋　歌		网络工程

(2) 查询全部女学生的基本信息。

解题思路：从学生数据库表中选择出那些性别属性 SSEX 之值为"女"的元组。

$$\sigma_{SSEX='女'}(S) \quad 或 \quad \sigma_{3='女'}(S)$$

查询结果为：

学　　号	姓　　名	性别	出生日期	籍贯	专业代码	班级
201401003	王丽丽	女	1997-02-02	上海	S0401	201401
201402001	杨秋红	女	1997-05-09	西安	S0402	201402
201403001	赵晓艳	女	1996-03-11	长沙	S0403	201403

(3) 查询专业代码为 s0401 的男学生的学号和姓名。

解题思路：查询专业代码为 s0401 的男同学即是从学生数据库表中选择出专业代码属

性 SCODE♯为 s0401,且性别属性 SSEX 之值为"男"的那些元组;取出其学号和姓名属性
显然只要对再选出的那些元组在属性学号 S♯和姓名 SNAME 上进行投影即可。

$$\pi_{S\#,SNAME}(\sigma_{SSEX='男'\wedge SCODE\#='S0401'}(S)) \quad 或 \quad \pi_{1,2}(\sigma_{3='男'\wedge 6='S0401'}(S))$$

查询结果为:

学　号	姓　名
201401001	张　华
201401002	李建平

（4）查询学习了课程号为 C401001 或课程号为 C401002 的学生的学号。

解题思路:可以在选择运算的条件中用 ∨ 连接两个具有或关系的课程号;也可以分别
以这两个课程号为条件,查询出满足条件的那些元组,再利用并运算把它们合并起来。

$$\pi_{S\#}(\sigma_{C\#='C401001'\vee C\#='C401002'}(SC))$$

或
$$\pi_{S\#}(\sigma_{C\#='C401001'}(SC)) \bigcup \pi_{S\#}(\sigma_{C\#='C401002'}(SC))$$

查询结果为:

学　号
201401001
201401002
201402001

（5）查询学习了课程号为 C401001 和课程号为 C403001 的学生的学号。

解题思路:由于查询过程是按元组一行一行地检索,所以一个元组只能有一个课程号
C♯属性。解决这个问题有两种方法:一种方法是以 $1=1\wedge 2\neq 2$ 为条件进行两个 SC 的连
接运算,使同一个元组中具有两个课程号 C♯属性;另一种方法是分别求出"学习了以其课
程号 C♯表示的某门课程的学生",然后再通过具有相同学号的交操作,即可找到同时学习
了两门课程的学生。

$$\pi_{S\#}\left(\sigma_{C\#='C401001'\wedge C\#='C403001'}\left(SC\underset{1=1\wedge 2\neq 2}{\bowtie}SC\right)\right)$$

或
$$\pi_{S\#}(\sigma_{C\#='C401001'}(SC)) \bigcap \pi_{S\#}(\sigma_{C\#='C403001'}(SC))$$

查询结果为:

学　号
201401001

（6）查询学习了课程号为 C402002 的学生的学号、姓名和考试成绩。

解题思路:学生的学号和姓名属性在学生关系 S 中,考试成绩属性在学习关系中。显
然,以学号 S♯作为公共属性,将学生关系 S 与学习关系 SC 进行自然连接后,再对其进行以
C♯ = 'C402002'为条件的选择,就可选出学习了课程号为 C402002 的那些学生的全部属性
及他（她）选修的课程号 C402002 和分数 GRADE 属性组成的元组,然后再对其在学号 S♯、
姓名 SNAME 和分数 GRADE 上投影,即为所查询的结果。

$$\pi_{S\#,SNAME,GRADE}(\sigma_{C\#='C402002'}(S \bowtie SC))$$

查询结果为：

学　　号	姓　　名	分　　数
201401001	张　华	90
201401002	李建平	88
201401003	王丽丽	69

(7) 查询网络工程专业(专业代码为 S0403)学习了通信原理课程的学生的学号、姓名和成绩。

解题思路：由于查询条件之一需要用到课程名"通信原理"。显然，以学号 S# 作为公共属性，将学生关系 S 与学习关系 SC 进行自然连接后得到的元组中就包含课程号 C# 属性了；再以课程号 C# 作为公共属性，将(S $\bowtie$ SC)与课程关系 C 进行自然连接后得到的元组中就包含"课程名"属性了。这时对得到的元组就可以"CNAME = '通信原理'"为条件进行选择操作了。其余思路与上题雷同。

$$\pi_{S\#,SNAME,GRADE}(\sigma_{SCODE\#='S0403' \wedge CNAME='通信原理'}(S \bowtie SC \bowtie C))$$

查询结果为：

学　　号	姓　　名	分　　数
201403001	赵晓艳	91

(8) 查询没有学习课程号为 C402002 或课程号为 C403001 的学生的学号、姓名和班级。

解题思路：从以具有属性"学号，姓名，班级"的全部学生中去掉学习了"课程号为 C402002 或课程号为 C403001"的那些学生，剩余的显然就是没有学习"课程号为 C402002 或课程号为 C403001"的其余学生了。

$$\pi_{S\#,SNAME,CLASS}(S) - \pi_{S\#,SNAME,CLASS}(\sigma_{C\#='C402002' \vee C\#='C403001'}(S \bowtie SC))$$

查询结果为：

学　　号	姓　　名	班　　级
201402001	杨秋红	201402
201403001	赵晓燕	201403

(9) 查询学习了全部课程的学生的学号和姓名。

解题思路：可先通过对学习关系 SC 在"学号 S#，课程号 C#"属性上的投影运算，取出学生学习的全部课程；然后用课程关系中的课程号 C# 与其进行商运算。根据商运算的性质，只有某个学生的学号 S# 与所有的课程号 C# 组成的元组都在 $\pi_{S\#,C\#}(SC)$ 中，该学生才是学习了全部课程的学生。

$$\pi_{S\#,SNAME}(S \bowtie (\pi_{S\#,C\#}(SC) \div \pi_{C\#}(C)))$$

显然，在图 1.8 所示的数据库表中，没有学习了全部课程的学生。

2.3　关　系　演　算

把谓词演算(Predicate Calculus)推广到关系运算中,就可得到关系演算(Relational Calculus)。关系演算分为元组关系演算和域关系演算两种,前者以元组为变量,简称元组演算;后者以域为变量,简称域演算。

2.3.1　元组关系演算

1. 元组关系演算表达式

在元组关系演算(Tuple Relational Calculus)中,元组演算所用的表达式简称为元组表达式,一般地可表示为:

$$\{t \mid \varphi(t)\}$$

其中,t为元组变量,$\varphi(t)$是由原子公式(Atom Formula)和运算符组成的公式。

2. 元组关系演算表达式中的原子公式

元组演算中的原子公式有下列3种形式。

(1) R(t),其中R是关系名,t是元组变量。原子公式R(t)表示命题:"t是关系R的元组"。

(2) t[j]θu[k],其中t和u是元组变量,θ是算术比较符。原子公式t[j]θu[k]表示命题:"元组t的第j个分量与元组u的第k个分量之间满足θ运算"。例如,t[2]<u[3]表示元组t的第2分量小于元组u的第3个分量。

(3) t[j]θa或aθt[j],其中a是一个常数。前一个原子t[j]θa表示命题:"元组t的第j个分量与常数a之间满足θ运算"。例如,t[2]=5表示元组t的第2个分量的值为5。后一个原子aθt[j]有类似的含义。

3. 自由元组变量和约束元组变量

与谓词演算一样,在定义元组演算操作时要同时定义"自由"(Free)和"约束"(Bound)元组变量的概念。在一个公式中,一个元组变量称为约束元组变量,当且仅当这个元组变量前面有存在量词(Existential Quantifier)∃或全程量词(Universal Quantifier)∀,反之,则称这个元组变量为自由元组变量。例如,在公式∀t(R(t)∧S(u))中,t是约束变量,u是自由变量;在公式∃x((R(y)∨S(x))中,x是约束变量,y是自由变量。

4. 元组关系演算的公式定义

公式及在公式中的自由元组变量和约束元组变量的递归定义如下。

(1) 每个原子是一个公式,称为原子公式。原子里用到的所有元组变量在该公式中是自由变量。

(2) 如果φ_1和φ_2是公式,则$\varphi_1 \wedge \varphi_2$、$\varphi_1 \vee \varphi_2$和$\neg \varphi_1$也是公式。它们分别表示命题:"$\varphi_1$和$\varphi_2$均为真""$\varphi_1$和$\varphi_2$至少有一个为真""$\varphi_1$不为真"。元组变量在公式$\varphi_1 \wedge \varphi_2$、$\varphi_1 \vee \varphi_2$和$\neg \varphi_1$中是自由的还是约束的,要由它们出现在$\varphi_1$中还是出现在$\varphi_2$中来决定。原来是自由的现在仍是自由的,原来是约束的现在仍是约束的。

(3) 若φ是公式,u是φ中的某个自由元组变量,则$(\exists u)(\varphi)$也是公式,它表示命题:"存在一个元组u使公式φ为真"。显然,虽然u在φ中是自由的,但它在$(\exists u)(\varphi)$中却是约束的。φ 中的其他元组变量或是自由的或是约束的,在($\exists u$)(φ)中没有变化。

(4) 若 φ 是公式,u 是 φ 中的某个自由元组变量,则($\forall u$)(φ)也是公式,它表示命题:"对于所有元组 u 都使 φ 为真"。元组变量的"自由""约束"性质与(3)相同。

(5) 元组演算公式中的优先次序从高到低依次为:算术比较符,量词 $\exists$ 和 $\forall$,逻辑运算符 $\neg$、$\wedge$、$\vee$。需要时可通过对公式加括号改变上述有限次序。

(6) 公式或只限于上述 5 种形式,或只由上述 5 种基本形式组合而成。

由上可见,在元组演算表达式 $\{t \mid \varphi(t)\}$ 中,t 是 $\varphi(t)$ 中唯一的自由元组变量。

5. 5 种基本关系代数表达式的元组演算表示形式

根据元组演算表达式及其公式的定义,可将 5 种基本的关系代数表达式表示成元组演算表达式。

(1) $R \cup S$ 对应的元组演算表达式为:

$$\{t \mid R(t) \vee S(t)\}$$

这个元组演算表达式所表示的元组集合,是由那些 t 在 R 中,或 t 在 S 中,或 t 同时在 R 和 S 中的元组 t 组成的。显然,$R(t) \vee S(t)$ 运算要求 R 和 S 是同目的。

(2) $R - S$ 对应的元组演算表达式为:

$$\{t \mid R(t) \wedge \neg S(t)\}$$

这个元组演算表达式所表示的元组集合,是由那些 t 在 R 中,并且 t 不在 S 中的元组 t 组成的。同理,要求 R 和 S 是同目的。

(3) $R \times S$ 对应的元组演算表达式为:

$$\{t \mid (\exists u)(\exists v)(R(u) \wedge S(v) \wedge t[1] = u[1] \wedge \cdots \wedge t[r] = u[r] \wedge$$
$$t[r+1] = v[1] \wedge \cdots \wedge t[r+s] = v[s])\}$$

其中,R 和 S 的目数分别为 r 和 s,元组 t 的分量个数为 $r+s$。这个元组演算表达式表示这样的元组 t 的集合:存在一个 u 和一个 v,u 在 R 中,v 在 S 中,并且 t 的前 r 个分量构成 u,后 s 个分量构成 v。

(4) $\pi_{j_1, j_2, \cdots, j_k}(R)$ 对应的元组演算表达式为:

$$\{t^k \mid (\exists u)(R(u) \wedge t[1] = u[j_1] \wedge \cdots \wedge t[k] = u[j_k])\}$$

其中,R 为 r 目关系,$k \leqslant r$,$j_1, j_2, \cdots, j_k$ 为 1 到 r 之间互不相同的整数。这个元组演算表达式表示这样的元组 t 的集合:元组 t 的第一个分量是关系 R 的元组的第 j_1 个分量,$\cdots$,元组 t 的第 k 个分量是关系 R 的元组的第 j_k 个分量。

(5) $\sigma_F(R)$ 对应的元组演算表达式为:

$$\{t \mid R(t) \wedge F'\}$$

其中,用 $t[j]$ 代替公式 F 中的运算对象 j(第 j 个分量)就可得到 F'。这个元组演算表达式表示的是从 R 中挑选的满足公式 F' 的那些元组 t 组成的集合。

【例 2.11】 设有已知关系 R、S、W 如图 2.11 所示,且有如下元组演算表达式:

(1) $R1 = \{t \mid R(t) \wedge S(t)\}$

(2) $R2 = \{t \mid R(t) \wedge t[3] \geqslant 4\}$

(3) $R3 = \{t \mid (\exists u)(R(t) \wedge W(u) \wedge t[3] < u[1])\}$

(4) $R4 = \{t \mid (\exists u)(\exists v)(R(u) \wedge W(v) \wedge u[2] = f \wedge t[1] = u[3] \wedge$
$$t[2] = u[2] \wedge t[3] = u[1] \wedge t[4] = v[2])\}$$

试求出关系 R1、R2、R3、R4 的值。

A	B	C
a	e	8
c	f	6
d	b	4
d	f	3

(a) 关系R

A	B	C
a	e	8
b	c	5
d	b	4
d	f	6

(b) 关系S

D	E
4	x
5	d

(c) 关系W

图 2.11　例 2.11 的元组关系演算示例中的关系

解：

分析：对于其中的公式 R_4，有：

$$(\exists u)(\exists v)(R(u) \wedge W(v) \wedge u[2]=f \wedge t[1]=u[3] \wedge$$
$$t[2]=u[2] \wedge t[3]=u[1] \wedge t[4]=v[2])$$
$$=(\exists u)((\exists v)(R(u) \wedge W(v) \wedge u[2]=f \wedge t[1]=u[3] \wedge$$
$$t[2]=u[2] \wedge t[3]=u[1] \wedge t[4]=v[2]))$$

对于括号里面的 $\exists v$，由 $t[4]=v[2]$ 可得图 2.12(a)。对于括号外面的 $\exists u$，由 $u[2]=f$ 可得图 2.12(b)。由 $t[1]=u[3] \wedge t[2]=u[2] \wedge t[3]=u[1]$ 和图 2.12(b) 可得图 2.12(c)。因为对于由括号外的约束变量 $\exists u$ 选取的图 2.12(b) 中的每一个元组，都分别与由括号内的约束变量 $\exists v$ 选取的 2.12(a) 中的每一个元组分量相对应，对应过程如图 2.12(d) 所示。由此得到关系 R1、R2、R3、R4 的值如图 2.12(e)～图 2.12(h) 所示。

t[4]
x
d

(a)

u[1]	u[2]	u[3]
c	f	6
d	f	3

(b)

t[1]	t[2]	t[3]
6	f	c
3	f	d

(c)

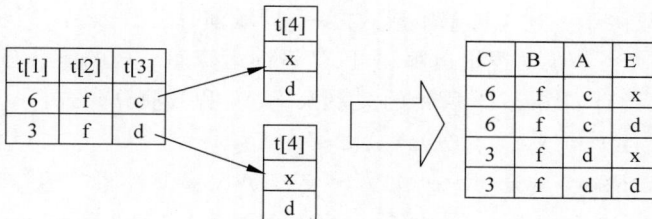

(d)

A	B	C
a	e	8
d	b	4

(e) R1

A	B	C
a	e	8
c	f	6
d	b	4

(f) R2

A	B	C
d	b	4
d	f	3

(g) R3

C	B	A	E
6	f	c	x
6	f	c	d
3	f	d	x
3	f	d	d

(h) R4

图 2.12　例 2.11 的元组关系演算结果

2.3.2 域关系演算

域关系演算(Domain Relational Calculus)类似于元组关系演算,并且具有相同的运算符,所不同的是公式中的变量不是元组变量,而是表示元组变量各分量的域变量(Domain Variable)。

1. 域关系演算表达式

域演算所用的表达式(简称域表达式)的一般形式为:

$$\{x_1, x_2, \cdots, x_n \mid \varphi(x_1, x_2, \cdots, x_n)\}$$

其中,$x_1, x_2, \cdots, x_n$ 分别为域变量,即元组变量 t 的各分量,φ 是一个域演算公式。

2. 域关系演算的原子公式

域演算中的原子公式有以下 3 种形式。

(1) $R(x_1, x_2, \cdots, x_n)$。其中 R 是一个 n 目关系,每个 x_i 或者是常数,或者是域变量。$R(x_1, x_2, \cdots, x_n)$ 表示命题:域变量 x_i 的选择应使 $x_1, x_2, \cdots, x_n$ 是 R 的一个元组。

(2) $x_i \theta C$ 或 $C\theta x_i$。其中 x_i 是域变量,C 是常量。$x_i \theta C$ 或 $C\theta x_i$ 的含义是:x_i 应取使 $x_i \theta C$ 或 $C\theta x_i$ 为真的值。

(3) $x_j \theta y_k$。其中 x_j 是一个域变量,即元组 x 的第 j 个分量;y_k 是一个域变量,即元组 y 的第 k 个分量。$x_j \theta y_k$ 的含义是:x_j 和 y_k 应取使 $x_j \theta y_k$ 为真的值。

3. 域关系演算的公式定义

域演算公式可递归定义如下。

(1) 每个原子是一个公式,称为原子公式。

(2) 如果 φ_1、φ_2 是公式,则 $\neg \varphi_1$、$\varphi_1 \wedge \varphi_2$、$\varphi_1 \vee \varphi_2$ 也是公式。

(3) 若 $\varphi(x_1, x_2, \cdots, x_n)$ 是公式,则 $(\exists x_j)(\varphi)$、$(\forall x_j)(\varphi)(j=1, 2, \cdots, n)$ 也都是公式。

(4) 域演算公式中运算符的优先级与元组演算规定相同。

(5) 公式或只限于上述 4 种基本形式之一,即域演算公式或是一个原子公式;或是由原子公式经过有限次 $\neg$、$\wedge$、$\vee$ 逻辑运算和 $\exists$、$\forall$ 量词运算而形成的复合公式。

【例 2.12】 设有如图 2.13 所示的关系 R、S、W 和域演算公式:

$$R1 = \{xyz \mid R(xyz) \wedge z \leqslant 6 \wedge y = f\}$$
$$R2 = \{xyz \mid R(xyz) \vee S(xyz) \wedge y \neq c \wedge z \leqslant 8\}$$
$$R3 = \{yux \mid (\exists z)(\exists v)(R(xyz) \wedge W(uv) \wedge z \geqslant v)\}$$

试求出域关系 R1、R2、R3 的值。

A	B	C
a	e	8
c	f	6
d	b	4
d	f	3

A	B	C
a	e	8
b	c	5
d	b	4
d	f	6

D	E
17	4
9	6

(a) 关系 R   (b) 关系 S   (c) 关系 W

图 2.13 例 2.12 的域演算示例的关系

解:

关系 R1、R2、R3 的值如图 2.14 所示。

A	B	C
c	f	6
d	f	3

A	B	C
a	e	8
c	f	6
d	b	4
d	f	3
d	f	6

B	D	A
e	17	a
e	9	a
f	17	c
f	9	c
b	17	d

(a) R1　　　　　　(b) R2　　　　　　(c) R3

图 2.14　例 2.12 的域演算结果

2.4　3 种关系运算表达能力的等价性

虽然关系代数、元组演算和域演算是 3 种不同的表示关系的方法,但可以证明,经安全约束后的 3 种关系运算的表达能力是等价的。

1. 关系演算表达式的安全性约束

关系代数中的基本操作是并、差、笛卡儿积、投影和选择,由于这些运算没有引入"补"操作,在用计算机实现时不存在无限验证的情况,所以关系代数运算总是安全的。

在关系演算中,允许定义某些无限的关系,例如,元组关系演算表达式 $\{t|\neg R(t)\}$ 表示目数与 R 相同且不属于 R 的所有可能的元组的集合。这显然是一个无限关系,计算机对无穷验证问题不可能得出结果,也就是说,这样的无穷关系在计算机上是无法实现的。另外,在元组关系演算中判断一个命题的正确与否,有时也会出现无穷次验证的情况。例如,判断命题 $(\exists u)(\varphi(u))$ 为真,必须对变量 u 的所有可能值进行验证,当没有一个值能使 $\varphi(u)$ 为假时,才能做出结论。当 u 的值有无限多个时,验证过程就是无穷的。

为了防止无限关系和无穷验证的出现,就必须人为地对其施加某种限制,这个限制就是定义一个与元组演算表达式 $\{t|\varphi(t)\}$ 的安全性有关的集合 $DOM(\varphi(t))$,简写为 $DOM(\varphi)$。$DOM(\varphi)$ 称为元组演算表达式 $\{t|\varphi(t)\}$ 的公式 $\varphi(t)$ 的域(Domain),也称为元组演算表达式的安全约束(Security Constraint)集合。$DOM(\varphi)$ 是一个由在公式 $\varphi(t)$ 里出现的常数和在公式 $\varphi(t)$ 里出现的关系中的元组的分量组成的有限集合。

【例 2.13】 设 $\{t|t[1]=a\vee R(t)\}$,即 $\varphi(t)$ 为 $t[1]=a\vee R(t)$,且关系 R 如图 2.15 所示。则,该元组演算表达式的安全约束集合可以定义为:

A	B
a	2
c	4
d	5

图 2.15　关系 R

$$DOM(\varphi)=\{a\}\bigcup\pi_1(R)\bigcup\pi_2(R)=\{a,c,d,2,4,5\}$$

2. 安全的元组关系演算表达式满足的条件

通常,把不产生无限关系和无穷验证的元组演算称为安全的元组演算。要保证元组演算是安全的,首先必须保证参加运算的元组演算表达式是安全的。如果一个元组演算表达式 $\{t|\varphi(t)\}$ 满足下列条件,则称该元组演算表达式是安全的。

(1) 如果元组 t 满足 φ(即,元组 t 使 $\varphi(t)$ 为真),则 t 的每一个分量是 $DOM(\varphi)$ 中的一个成员。

(2) 对于 φ 中的每一个形如 $(\exists u)(\omega(u))$ 的子表达式,若 u 满足 ω,则 u 的每一个分量一定都是 $DOM(\omega)$ 的成员。换言之,元组 u 只要有一个分量不属于 $DOM(\omega)$,则 $\omega(u)$ 就

为假。

（3）对于 φ 中的每一形如 $(\forall u)(\omega(u))$ 的子表达式，只要元组 u 的某一个分量不在 $DOM(\omega)$ 中，则 u 就满足 ω。

其中，条件（3）的含义是：因为 $(\forall u)(\omega(u))=\neg(\exists u)(\neg\omega(u))$，若存在不在 $\neg\omega(u)$ 的 $DOM(\omega)$ 中的 u_0 使 $\neg\omega(u_0)$ 为假，则 $\neg(\exists u_0)(\neg\omega(u_0))$ 为真。

【例 2.14】 已知有图 2.16 的关系 R 和元组演算表达式 $\{t\,|\,\varphi(t)\}=\{t\,|\,\neg R(t)\}$，因为 R 是一个有限关系，所以该表达式可能为无限关系。如果将单目关系 $\pi_j(R)(j=1,2,3)$ 看作一个值的集合，并定义该表达式的安全约束有限集合为：

$$DOM(\varphi)=\pi_1(R)\bigcup\pi_2(R)\bigcup\pi_3(R)=\{b,c,9,2,a,d\}$$

则原表达式 $\{t\,|\,\neg R(t)\}$ 经过安全约束后，它的安全表达式 $\{t\,|\,\neg R(t)\}$ 所表示的关系为图 2.16 中的 R1，这是一个有限关系。若定义原表达式的 $DOM(\varphi)=\{b,c,2,a\}$，则经过此安全约束后，其安全表达式 $\{t\,|\,\neg R(t)\}$ 所表示的关系为图 2.16 中的 R2。

A	B	C
b	9	a
c	2	d

R

A	B	C
b	2	a
b	2	d
b	9	d
c	2	a
c	9	a
c	9	d

R1

A	B	C
b	2	a
c	2	a

R2

图 2.16　例 2.14 的元组演算示例

3. 安全的域关系演算表达式满足的条件

类似地，可以定义域演算表达式 $\{x_1,x_2,\cdots,x_n\,|\,\varphi(x_1,x_2,\cdots,x_n)\}$ 的安全性。如果一个域演算表达式满足下列条件，则该域演算表达式是安全的。

（1）若 $\varphi(x_1,x_2,\cdots,x_n)$ 为真，则每一个 $x_j(j=1,2,\cdots,n)$ 必在 $DOM(\varphi)$ 中。

（2）若 $(\exists u)(\omega(u))$ 是 φ 的子公式，则使 $\omega(u)$ 为真的 u 必在 $DOM(\varphi)$ 中。

（3）若 $(\forall u)(\omega(u))$ 是 φ 的子公式，则使 $\omega(u)$ 为假的 u 必在 $DOM(\varphi)$ 中。

4. 3 种关系运算表达能力的等价性定理

关系代数、元组演算和域演算中的任何一种运算的安全表达式均可以转换为其他两种运算的一个等价的安全表达式。

1）关系代数表达式与元组演算表达式的等价性

定理 2.1　如果 E 是一个由 5 种基本关系代数运算经有限次组合而成的关系代数表达式，那么必定存在一个等价于 E 的元组演算安全表达式。

2）元组演算表达式与域演算表达式的等价性

定理 2.2　如果 $\{t^k\,|\,\varphi(t^k)\}$ 是一个安全的元组演算表达式，那么一定存在一个与之等价的域演算安全表达式。

3）域演算表达式与关系代数表达式的等价性

定理 2.3　对每一个域演算安全表达式 $\{t_1,t_2,\cdots,t_k\,|\,\varphi(t_1,t_2,\cdots,t_k)\}$，总存在一个与之等价的关系代数表达式。

以上 3 个定理的证明过程详见参考文献[1]。

2-1 解释下列术语。

(1) 关系的域 　　　　　　　(2) 关系的目或度

(3) 关系的基数 　　　　　　(4) 等值连接

(5) 约束元组变量 　　　　　(6) 自由元组变量

2-2 已知关系 R,S,G,H 如图 2.17 所示,求出下列关系代数表达式的运算结果。

(1) $R2 = R \cup S$ 　　　　　　　(2) $R3 = R \cap S$

(3) $R1 = R - S$ 　　　　　　　(4) $R4 = S \times G$

(5) $R5 = R \div H$ 　　　　　　　(6) $R8 = \pi_{A,B}(R)$

(7) $R9 = \sigma_{D=9 \wedge B='d'}(R)$ 　　　　(8) $R7 = R \underset{4<4}{\bowtie} S$

(9) $R6 = R \bowtie G$ 　　　　　　(10) $R10 = \pi_{4,5,3}(\sigma_{3='b'}(R \times G))$

A	B	C	D
d	c	b	2
d	c	g	7
e	d	z	9
f	e	z	9

关系R

A	B	C	D
d	c	g	7
e	d	z	9
f	c	b	2

关系S

C	D	E
b	2	m
b	2	n
g	7	d

关系G

C	D
b	2
g	7

关系H

图 2.17　习题 2-2 图

2-3 设已知有图 1.11 的教学管理数据库应用系统的关系模式,请将下列关系表达式用汉语表达出来。

(1) $\pi_{S\#,SNAME}(\sigma_{C\#='C401002'}(S \bowtie SC))$

(2) $\pi_{S\#}(\sigma_{C\#='C401002' \vee C\#='C402003'}(SC))$

2-4 设已知有图 1.11 的教学管理数据库应用系统的关系模式,写出下列查询的关系代数表达式。

(1) 查询学习了课程号 C403006 的学生的学号和分数。

(2) 查询学号为 201402005 的学生所学课程的课程号、课程名和分数。

(3) 查询至少学习了课程号为 C401004 的学生的学号和姓名。

(4) 查询没有学习课程号为 C402003 的课程的学生的学号和姓名。

2-5 设 R 和 S 为二元关系,试用汉语句子解释关系代数表达式 $\pi_{1,2,4}\sigma_{2=3}(R \times S)$ 的含义。

2-6 已知关系 R(A,B,C)、S(A,B,C) 和 W(D,E) 如图 2.18 所示,求出下列元组演算表达式的结果。

(1) $R1 = \{t \mid R(t) \wedge t[2] \geqslant 3 \wedge t[3] = f\}$

(2) $R2 = \{t \mid (\exists u)(S(t) \wedge W(u) \wedge t[2] \leqslant u[2])\}$

(3) $R3 = \{t \mid (\exists u)(\exists v)(S(u) \wedge W(v) \wedge u[2] = v[2] \wedge t[1] = u[2] \wedge t[2] = u[3] \wedge t[3] = u[1])\}$

A	B	C
a	2	f
d	5	h
g	3	f
b	7	f

关系R

A	B	C
b	6	e
d	5	h
b	4	f
g	8	e

关系S

D	E
e	7
k	6

关系W

图 2.18　习题 2-6 图

2-7 已知关系 R、S 和 W 如图 2.19 所示，求出下列域演算表达式的结果。

(1) $R_1 = \{xyz \mid R(xyz) \wedge y \leqslant 5 \wedge z = f\}$

(2) $R_2 = \{xyz \mid R(xyz) \vee S(xyz) \wedge y \neq 6 \wedge z \neq h\}$

(3) $R_3 = \{yzuv \mid (\exists x)(S(xyz) \wedge W(uv) \wedge y \leqslant 6 \wedge v = 7)\}$

A	B	C
a	2	f
d	5	h
g	3	f
b	7	f

关系R

A	B	C
b	6	e
d	5	h
b	4	f
g	8	e

关系S

D	E
e	7
k	6

关系W

图 2.19　习题 2-7 图

2-8 已知关系 R 和 S 如图 2.20 所示，计算 $\{t \mid S(t) \wedge \neg R(t)\}$。

A	B	C
a	4	d
b	2	h

关系R

A	B	C
g	5	d
a	4	h
b	6	h
b	2	h
c	3	e

关系S

图 2.20　习题 2-8 图

2-9 设 R 和 S 为二元关系，t 和 u 为二元元组变量，试用汉语句子解释元组关系演算表达式 $\{t \mid R(t) \wedge (\exists u)(S(u) \wedge \neg u[1] = t[2])\}$ 的含义。

第3章 数据库应用系统设计方法

数据库应用系统设计是指以计算机为开发和应用平台,以操作系统(OS)、某一商用数据库管理系统(DBMS)软件及开发工具、某一程序语言等为软件环境,采用数据库设计技术完成某一特定应用领域或部门的信息/数据管理功能的数据库应用系统的设计实现过程。这样的数据库应用系统可能是一个信息管理系统(或管理信息系统),如教学信息管理系统、旅馆信息管理系统等;也可能是一个装备制造或工业控制软件系统中的数据库管理子系统/模块,例如在电厂生产监控管理系统中,由于涉及对数据库中数据和实时采集到的数据的综合处理与分析,所以必须有数据库管理子系统的支持。显然,这些系统中都涉及数据库的建立和对数据库中数据的运用。

掌握数据库应用系统设计实现的基本理论、基本技术和基本方法,对于理工学科门类和管理学科门类的本科生,特别是其中的计算机类和信息类专业的学生,把握各自专业领域计算机信息系统和装备制造系统中的控制软件设计中的共性问题,提高计算机的应用水平和开发能力等都具有十分重要的意义。

3.1 数据库应用系统设计概述

本节介绍数据库应用系统的生命周期和基本的设计方法和步骤,以便为后续内容的学习理清思路。

3.1.1 数据库应用系统的生命周期

数据库应用系统的设计是一个比较复杂的软件设计问题。

(1) 一个数据库应用系统首先是一个应用软件系统,所以其设计过程总体上应遵循软件生命周期的阶段划分原则和设计方法。

(2) 数据库应用系统的设计又涉及数据库的逻辑组织、物理组织、查询策略与控制机制等专业知识,所以又有自己独具特色的设计要求。

(3) 一个数据库应用系统的设计要求设计人员应具有一定的关于用户组织的业务知识或实践经验,而实际的数据库设计人员大多缺乏应用领域的业务知识,所以数据库应用系统的设计一直是一个极具挑战性的课题。

吸收软件工程思想并结合数据库设计技术的个性特点,一般把数据库应用系统从开始设计时的需求分析,到被新的系统取代而停止使用的整个时期,称为数据库应用系统的生命周期。早期由于数据库管理系统软件价格昂贵,且处在我国改革开放以前及改革开放初期的企事业单位经济实力也有限,建立基于数据库的信息管理系统对许多单位来说都会涉及一个相对较大的经济投入。所以当时"数据库设计规划"被列为数据库应用系统设计的一个重要时期/阶段。随着计算机应用的普及和我国经济实力的不断壮大,基于数据库技术对各类信息的计算机管理已经成为信息化社会的基本条件,因此数据库设计规划目前不再是数据库应用系统生命周期中的一个时期/阶段。同理,随着数据库管理系统软件功能的不断扩充和技术的成熟,数据库应用系统的生命周期中各设计阶段的分工也在微调。

基于以上考虑,本书从第4版起,将数据库应用系统的生命周期划分成4个时期、6个阶段;4个时期分别是用户需求分析时期、数据库设计时期、数据库实现时期、数据库运行与维护时期;6个阶段分别是用户需求分析阶段、概念结构设计阶段、逻辑结构设计阶段、物理结构设计阶段、数据库应用行为设计与实现阶段、数据库运行与维护阶段。数据库应用系统的生命周期及各个时期对应的阶段划分如图3.1所示。

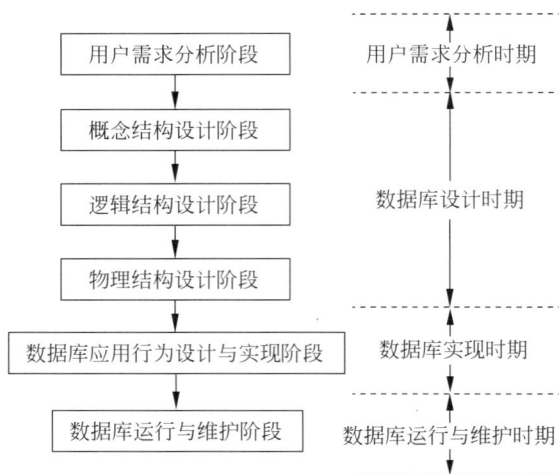

图 3.1　数据库应用系统的生命周期及各个时期对应的阶段划分

3.1.2　数据库应用系统设计方法

从理论上讲,数据库应用系统的设计涉及数据库应用系统生命周期的各个时期和阶段,但在数据库应用系统正式投入运行和使用后的漫长阶段中,除了设计者必要的改正性维护（修改软件投入运行后发现的某些软件设计错误）、适应性维护（为了适应变化了的软件和硬件环境而进行的修改软件活动）、完善性维护（修改某些设计时考虑不周的情况和因增加新功能而修改软件）外,基本上都属于用户对该系统的使用、管理和维护问题。因此,数据库应用系统的设计方法主要涉及用户需求分析、数据库设计、数据库实现、数据库运行与维护4个时期。

1. 用户需求分析时期

用户需求分析时期的主要工作包括分析用户对数据管理的功能需求、应用需求和安全性需求,是进行数据库应用系统设计的基础。用户需求分析的结果能否准确反映用户对数据管理应用需求的实际要求,将直接影响以后各个阶段的设计工作,并事关整个数据库应用系统设计的成败。

2. 数据库设计时期

数据库设计时期的主要工作是针对某一用户组织的数据管理应用需求,设计（构造）最优的数据库概念结构、逻辑结构和物理结构,使之能有效地存储和管理数据,以满足用户的信息管理和数据操作需求。

3. 数据库实现时期

数据库实现时期的主要工作是依据数据库应用系统的功能需求和数据库物理结构设计阶段设计好的存储结构和存取方法,创建数据库、创建数据库表和设计数据库的子模式,给已经创建好的数据表装入实验数据,设计编程实现能够满足该用户组织中各个用户对数据库应用需求的功能模块及其行为特性,装入实际数据进行系统试验性运行等。

4. 数据库运行与维护时期

数据库应用系统运行与维护时期的主要工作包括:必要的改正性维护、适应性维护、完善性维护;数据库转储备份与恢复及故障维护;数据库运行性能的检测与改善等。

3.1.3 数据库应用系统研发、管理和使用人员视图级别

数据库应用系统的使用、开发和管理人员主要有数据库应用系统用户(简称用户)、应用程序员、系统分析员和数据库管理员(Database Administrator,DBA)。不同人员所看到的数据库是有区别的,即数据库应用系统具有不同的视图级别。了解这些人员在数据库应用系统生命周期中各阶段的作用,对于数据库应用系统的设计和实现及管理使用都是有意义的。图 3.2 给出了数据库应用系统的视图级别模型。

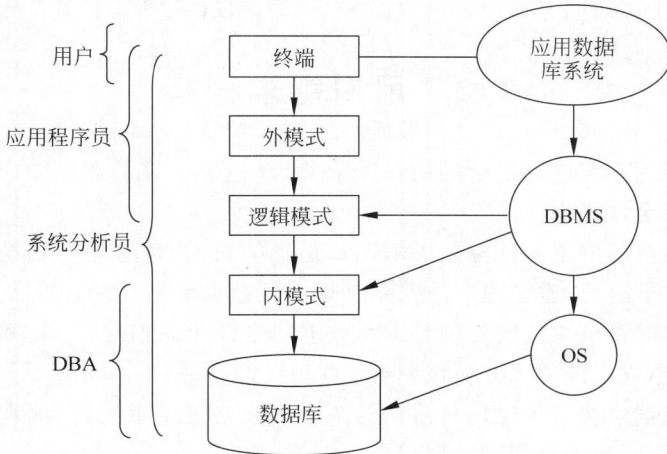

图 3.2　数据库应用系统的视图级别模型

图 3.2 形象地描述了在数据库使用、开发和管理过程中,不同人员看到的数据库和所处的角色。

(1) 用户,仅指使用数据库应用系统的人员。一般指从事某一具体领域工作的业务管理人员,只需熟练掌握该数据库应用系统的使用方法,而无须了解该数据库应用系统的有关设计问题。但在比较小型的数据库应用系统中,一般不配置专门的数据库管理员,所以用户同时要承担 DBA 的职责。

(2) 应用程序员,仅指那些在数据库应用系统设计中专门从事应用程序编写的程序员。一般情况下,应用程序员编程需要知道(看到)数据库的逻辑模式、外模式和自己编写的程序模块的输出结果界面(终端)。但在一些情况下,部分应用程序员也会与系统分析员一起完

第 3 章

数据库应用系统设计方法

成数据库外模式、逻辑模式和存储模式的设计，并根据外模式、逻辑模式和输出结果界面要求编写应用程序。

（3）系统分析员，指在数据库应用系统设计中负责系统需求分析，承担数据库应用系统的软、硬件配置，参与数据库各级模式设计的工作人员。所以系统分析员实质上是指那些负责数据库应用系统设计的总体设计人员或总体设计师。在一个数据库应用系统的设计中，要求系统分析员熟悉计算机系统的软、硬件知识；熟悉数据库应用系统的设计技术；熟悉系统设计中所用的数据库软件等。

（4）数据库管理员（DBA），仅指在数据库系统运行过程中监管系统运行情况，改进系统性能和存储空间管理，负责数据库的备份与恢复等工作的系统管理人员。数据库管理员的职责如下。

① 数据库运行情况的监控。确保数据库始终处于正常运行状态。

② 数据库数据的备份。即按要求定期备份数据库。

③ 数据库的恢复。即当数据库在运行过程中遇到硬件或软件故障时，负责恢复数据库软件的正常运行，恢复数据库中数据的正确性。

④ 数据库的存储空间管理与维护。根据数据库存储空间的变化情况进行存储空间分配；根据存储效率情况对存储空间进行整理，如收集碎片等。

需要说明的是，这里给出数据库应用系统研发、管理和使用过程中的人员视图级别，目的是厘清不同人员的职责，以便于更好地理解数据库应用系统设计过程中各类人员的作用和地位。

3.2　用户需求分析

围绕数据库应用系统设计进行的用户需求分析，包括管理的数据需求、系统功能需求、系统环境配置及安全性需求。

用户需求分析阶段的主要任务是了解用户组织的机构，建立用户组织的结构层次方框图；分析用户的业务活动，建立用户的数据管理业务数据流图；收集所需数据，整理数据库中的信息内容；分析用户的数据处理要求和数据安全性与完整性要求；确定系统功能和软硬环境配置，最终形成系统需求分析说明书。

数据流图和数据字典是描述用户需求的图形和表格表示手段，因而在系统地介绍用户需求过程之前，先介绍数据流图和数据字典。

3.2.1　数据流图

数据流图（Data Flow Diagram，DFD）是一种用于描绘系统逻辑模型的图形工具，是逻辑系统的图形表示。数据流图只关心系统需要完成的基本逻辑功能，而无须考虑这些逻辑功能的实现问题，所以数据流图中没有任何具体的物理元素，只从数据传递和处理的角度反映信息在系统中的流动情况。

数据流图一般用图 3.3 中的 4 种基本符号表示。

1. 数据源点或终点

数据的源点指数据的起源处；数据的终点指数据的目的地。数据的源点和终点分别对应于外部对象，这些外部对象是存在于系统之外的人、事物或组织，如作者、出版社、书库管

图 3.3　数据流图的基本符号

理员等。数据的源点或终点用方框表示,对外部对象的命名写在方框内。

2. 数据处理

数据处理是对数据流图中的数据进行特定加工的过程。一个处理可以是一个程序、一组程序或一个程序模块,也可以是某个人工处理过程。对数据的处理用圆圈表示,表示每个处理功能或作用的名称一般写在圆圈内。

3. 数据存储

数据存储代表待处理的处于静态状态的数据存放的场所。一个数据存储可以是一个文件、文件的一部分、一个数据库、数据库中的一个记录等。文件可以是磁盘、磁带、纸张或其他存储载体或介质上的文件,数据库也可以看作一个文件。数据存储用右开口的长方形表示。数据存储的名称写在右开口的长方形中。

4. 数据流

数据流指数据流图中数据的流动情况,用单向箭头表示数据流图中由它连接的两个符号间的数据流动,单向箭头的指向即为数据的流动方向。除流向或流出数据存储的数据流可以不命名外(因为其含义已经表示了对文件的存入或读取操作),一般都要给出流动的数据的命名,并写在相应单向箭头的旁边。

【例 3.1】 用数据流图描述图书预订系统的业务处理逻辑。答案如图 3.4 所示。

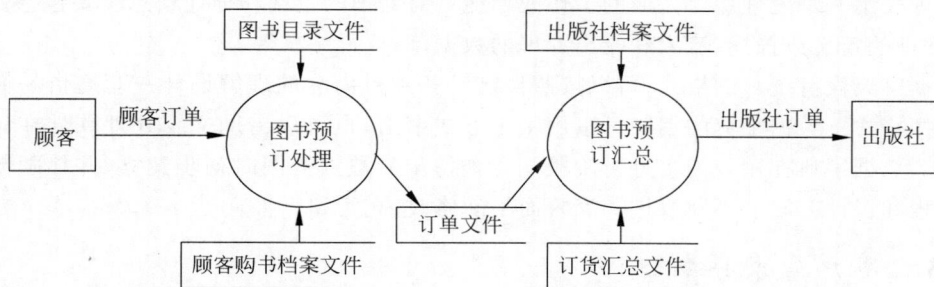

图 3.4　描述图书预订系统处理逻辑的数据流图

3.2.2　数据字典

数据流图表示了数据与处理的关系,但无法表达出每个数据和处理的具体含义和详细描述信息。数据字典(Data Dictionary,DD)用于详细地给出数据流图中所有数据的定义和描述信息,是描述和定义数据流图中所有数据的集合。数据字典通常包括以下四部分。

1. 数据项

数据项是不可再分的数据单位,是组成数据流的基本元素。数据项的定义和描述信息主要有数据项名、别名、含义、类型、长度、取值范围、使用频率、使用方式、与其他数据项的逻辑关系等。其中,"取值范围"和"与其他数据项的逻辑关系"是定义数据完整性的约束条件。

51

第 3 章

数据库应用系统设计方法

2. 数据流

数据流表示数据处理过程中的输入或输出的数据,可以是数据项,也可以是由数据项组成的某种数据结构的数据单位。对数据流的定义和描述信息主要有数据流名、含义、组成数据流的数据项或数据结构、数据流的来源或去向、数据流的流量等。

3. 数据表

数据表是信息管理中最常见的数据格式,许多数据表与数据库逻辑设计后的关系模式有一定的对应关系。对数据表的描述信息主要有数据表名、数据表中各字段序号、字段名、数据类型、字段长度、字段名含义(备注)、数据表的所有者等。这些信息为数据库逻辑模式中相关信息的确定奠定了良好的基础。

表 3.1 是进行大学教学信息管理数据库应用系统的数据需求分析时,建立的数据字典中的一个典型的数据表。

表 3.1　课程数据表

序　　号	中 文 名 称	数 据 类 型	字 段 长 度	备　　注
1	课程代号	字符串	7	课程代号
2	课程名称	字符串	20	课程名称
3	课程类型	字符串	8	课程类型
4	学时	整数	3	学时
5	学分	整数	1	学分
6	任课教研室	字符串	12	任课教研室

4. 处理

处理表示一个处理所要完成的工作或功能。对处理的定义和描述信息主要包括处理的名称、处理的定义或描述、流入和流出处理的数据流、执行频次等。

数据字典没有统一的格式,可以按照自己对各条目内涵的理解设计一套通俗易懂的图表或文档格式。数据字典的编制可以用手工方式书写,也可以借助文字处理软件在计算机上实现。数据字典在用户需求分析阶段配合画初步的数据流图时初步建立,并伴随数据库设计过程和设计方案的不断改进和完善而不断修改、充实和完善。

3.2.3　用户需求分析过程

1. 分析用户的业务活动,建立用户业务数据流图

了解用户组织中各业务的活动内容,建立描述用户业务处理及其信息流动过程的数据流图,是用计算机自动或部分自动地实现满足用户业务流程要求的信息化管理的关键步骤。所以,需要详细了解各用户(科员或部门)当前业务活动、业务流程和业务处理中各环节之间的信息流动顺序、处理顺序、需要的信息存储支持和处理的结果信息存储需求;梳理各业务活动和业务流程中的输入信息和输出信息,及其与中间信息的关系。

分析的基本方法是和用户(主管领导、科室业务人员)进行个别询问和座谈交流;查阅各部门的业务处理记录和档案资料;视情进行必要的跟班作业;在此基础上对在以往的业务活动中或模棱两可,或互相推诿的问题进行问卷调查,在广泛征求各方面意见的基础上给出合理的业务处理流程,并以数据流图的形式给出描述用户业务处理过程及其数据详细流动情况的系统逻辑模型。

本部分需求分析的结果是建立描述用户业务信息流动和处理逻辑的数据流图。

2. 整理用户业务信息流动和处理的数据信息,建立描述数据信息的数据字典

(1) 要收集和整理描述用户业务信息流动和业务处理要求所涉及的各种数据信息,包括各种账表、单据、报表、合同和档案中的数据描述要求,从各种规章、制度和业务处理文件中抽取出来的数据描述信息。

(2) 通过进一步梳理和分类,标注出各个数据所相关的业务范围或相关部门。例如,可将教学管理数据库中的学生的学号、姓名、性别、出生日期等有关反映学生自然情况的数据信息作为一类。

(3) 确定每类信息中数据元素的确切的名称、类型、长度、取值范围和应用特征,例如该数据元素是否可为空值(NULL)等。

(4) 进一步弄清每类信息允许哪些用户执行哪些操作及操作的频度等。

本部分工作的基本方法是从涉及的各种文档资料中收集、分析和整理建立数据库所需的数据信息,并通过必要的个别交谈咨询和问卷调研等措施完善收集和整理的数据信息。本部分工作的结果主要是完成数据字典的编制。

3. 分析用户的信息处理要求,确定系统的信息管理和系统处理功能

宏观上来说,数据库应用系统的基本功能就是实现对要管理的业务数据信息的录入、删除、修改、查询和报表输出打印等,但不同的应用领域和管理层对信息的管理和处理都有各自不同的特定要求。因此,这一步是在前几步工作的基础上,进一步了解和细化用户组织中各业务部门的信息处理要求,即他们希望从数据库中获得哪些信息,要获取的信息包括哪些具体内容;希望数据库应用系统完成什么样的处理功能,对数据的处理方式和响应时间有什么样的要求。在此基础上,根据计算机目前的处理能力来确定系统应实现的功能和所应具有的性能。

本步工作的基本方法包括个别交谈询问和集体座谈交流,查阅业务处理记录和档案资料,进行必要的跟班作业。分析的结果是以文档形式描述的系统功能需求列表、系统性能要求列表和必要的辅助说明信息。

4. 调研用户组织的机构组成和地理分布,初步确定系统的软硬环境配置方案

本部分主要是通过对用户组织的机构组成、各部门的职责及其相互关系、各部门的规模和地理分布范围等信息的调研了解,为系统网络环境及体系结构、系统硬件环境及性能要求、系统的软件环境配置及开发工具需求等的确定提供依据。

调研了解的基本方法是与该用户组织中的有关领导和业务主管进行座谈,索取和收集相关的文档资料。在调研了解的基础上,勾画出一张能够比较全面反映该用户组织机构及其相互关系的组织机构层次方框图,如图 3.5 所示的大学教务部门的组织机构层次方框图。

根据各部门的地理分布情况和初步的投资意向,初步确定系统的网络拓扑结构和网络软硬件配置;根据整个系统的信息处理需求,确定系统相关的硬件和软件配置,给出相应的开发平台与开发工具需求。同时,也要根据用户组织的性质和信息安全要求,确定相应的信息安全措施,例如网络防火墙的配置、数据库加密指施、信息传输中的安全措施等。

5. 收集、整理需要进行管理的具体数据

通过这一步的工作,一方面可通过现有的实际数据及其组织格式的分析,进一步完善数据字典中有关数据信息的描述;另一方面,可进一步为数据库概念结构和数据库逻辑结构的设计提供参考;同时,也可为后续的系统实现验证和实际数据的录入奠定基础。本部分

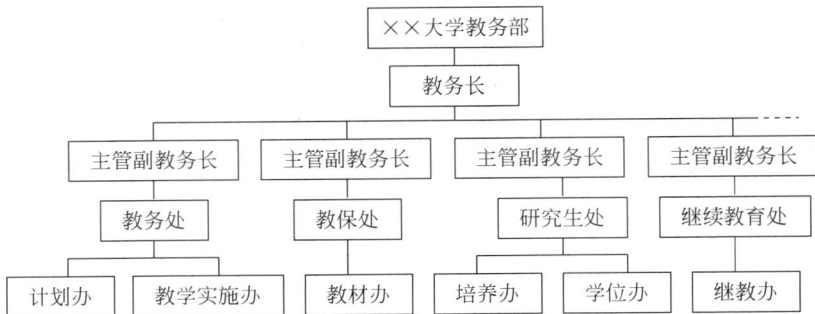

图 3.5　组织机构层次方框图示例

的工作可能一直延续到系统设计实现完成为止。

通过以上用户需求分析过程,可以最终形成完整的系统需求分析说明书。通常情况下还需要对需求分析说明书进行评审,根据评审意见进一步修改需求分析说明书。

3.2.4　数据库应用系统的功能需求

数据库应用系统的功能包括信息管理功能、信息处理功能和辅助决策功能。由于用户组织的层次、规模及应用领域的不同,不同的数据库应用系统的功能一般都有较大的区别。因此,要根据用户组织的特点、应用背景及决策需求,合理梳理功能需求类别,确定数据库应用系统的功能模块。下面通过两个实例说明不同数据库应用系统的功能需求。

1. 教学信息管理数据库应用系统的功能需求

实现教学信息管理是高等院校数据库管理系统最基本的信息管理要求,一般至少应具有下列主要功能模块。

1) 学生信息管理

学生基本情况的录入、修改、删除和灵活多样的查询功能;学生选课信息的录入、修改、删除和查询功能;学生课程考试成绩的录入、修改、删除和灵活多样的查询功能(如统计、排名等);学生留级、休学等特殊信息的管理功能。

2) 课程信息管理

课程基本信息的录入、修改、删除和查询功能;专业选课信息及选课要求信息的查询功能;课程安排及其主讲教师信息的查询功能等。

3) 院系及专业信息管理

院系机构设置和专业设置信息的管理,包括相关的录入、修改、删除和查询功能。

4) 常用教学信息报表输出

根据各种信息汇总要求,设置信息报表布局格式,将通过多表查询获得的各项数据填入表中,形成制式的报表并输出。

2. 企业网站的功能需求

各种网站实质上是一个网络信息管理系统,因此,一个功能较强且具有动态信息管理功能的网站一般应包含下列功能模块。

1) 新闻发布

管理员可对新闻进行增加、修改、删除,可上传相关图片等。

2）产品展示

用于展示企业的产品性能、指标和用途等信息。管理员可对产品进行增加、修改、删除，可设定打折额度及期限，可上传和更换产品图片等。

3）用户管理

支持客户通过网站进行注册。企业可通过客户信息的查询等，掌握客户的基本情况、产品需求情况和客户等级，并为客户提供必要的信息服务。

4）需求调查与信息反馈

支持客户通过该模块提出自己的产品需求，或反馈所购产品的质量信息等；可实现对客户需求和反馈信息的浏览、处理和答复。

5）网上购物

相当于电子商务中的在线销售模块。支持客户资料的管理、商品信息的管理、订单处理等；支持商品的进、销、存；支持客户的回访、意见受理等功能。

6）人才招聘

支持企业的人才招聘。应聘者可通过该模块进行注册，填写个人详细信息，并根据企业招聘要求选取合适的工作需求；企业管理人员可对应聘人员的信息进行浏览、筛选和招聘后进行删除等。

7）企业论坛

用于企业内部或对外进行交流。可自行定制论坛版块，管理员或领导可向全体人员发公开信，所有发布资料均自动记录在数据库中，以便后期查询及汇总。

3.2.5 数据库应用系统环境配置与安全性需求

1. 数据库应用系统的环境配置

在用户需求分析中，通过对用户组织的信息管理及应用功能的需求分析，可以初步获知要建立的系统的复杂程度。通过对用户组织机构组成的调研和分析，可以获知用户组织的规模、管理层次及其相互间的业务关系。通过用户组织各分机构的地理分布，例如，该用户组织位于一个办公室内，仅有比较单一的业务；该用户组织位于一个建筑物内；该用户组织位于一个占面积几千亩地的大院内；该用户组织的分支机构位于一个城市的不同街区；该用户组织的分支机构位于不同的城市等，就可获知该用户组织机构的地理分布情况。以此为基础就可确定要建的数据库应用系统的环境配置。

1）单机数据库应用系统还是基于网络的数据库应用系统

对于位于一个办公室内，且仅有比较单一业务的应用来说，一般采用在单个计算机上运行的单用户数据库应用系统。这类系统不需要考虑进行外部连接的网络环境。对于位于一个建筑物内的用户组织，一般采用局域网络环境，网络服务器和数据库服务器等设在信息中心，用户应用的客户端或浏览器计算机直接连接到各办公室。对于分支机构位于一个城市的不同街区，或位于不同城市的用户组织来说，一般采用广域网络环境，目前大多数采用Internet，同样将网络服务器和数据库服务器等设在信息中心，用户应用的浏览器计算机直接连接到各办公室。

对于基于网络的数据库应用系统来说，涉及系统网络拓扑结构和路由连接方式的确定；网络服务器和数据库服务器及网络等设备的选择；数据库应用模式的选择（采用 C/S 模式还是采用 B/S 模式,详见第 7 章)等。

2)采用的操作系统和数据库软件

目前,单机数据库应用系统和基于网络的数据库应用系统中的用户端计算机上基本采用 Windows 操作系统。数据库管理系统软件一般根据系统规模、用户要求和用户应用背景等确定,例如系统规模比较小、应用功能不太复杂的系统可以采用 Access 数据库;中等规模和中等复杂度的系统可以采用 SQL Server 数据库;有些军用系统则要求用 Oracle 数据库。开发数据库应用程序的主语言主要有 CB(C++Builder)、VC(Visual C++)、VB(Visual Basic)等,大多采用开发人员熟悉的语言。有关开发辅助工具的选择,主要取决于系统规模、经费投入大小和开发人员的需要和习惯等。

2. 系统的安全性需求

系统的安全性需求因系统应用背景的不同一般差别较大。最基本的系统安全性需求包括以下两方面。

1)数据库数据的备份

数据库数据的备份是指,人为定期地或系统自动定期地将整个数据库(文件)或数据库中的数据复制到别的存储介质上并放在别处的过程。这样,出现不可抗拒的故障时,就可利用备份的数据库数据,将系统中的数据库恢复到最后一次备份时的状态,并利用数据库管理系统的恢复机制和系统日志文件等,恢复最后一次备份时至系统遭受破坏这一期间的数据库信息,以便将数据的丢失和破坏减少到最低限度。有关概念详见第 10 章。

2)用户操作权限的授权和控制

用户操作权限的授权和控制是指,按不同用户对数据库中数据操作应用涉及的范围授予不同的操作权限。一般系统管理员具有对数据库的一切操作和管理权限;具有局部数据管理权的用户仅授予他/她所涉及的那部分数据的数据更新(插入、删除和修改)权限,可以授予他/她所涉及的全部业务数据的查询权限;没有局部数据管理权限的其他用户仅授予他/她所涉及的业务数据的查询权限。有关概念详见第 9 章。

进一步的信息安全措施还有数据库加密等。当然,网络防火墙的配置、信息传输中的安全措施等都会对数据库应用系统的安全起到进一步的保护作用。

3.3 数据库概念结构设计

概念结构是一种能反映用户观点并更接近于现实世界的数据模型,也称概念模型。数据库的概念结构一般是指用来表示用户组织中所涉及的所有对象和事物(即实体),以及它们之间联系的一组实体-联系模型(Entity Relationship Model,E-R 模型)。因此,概念结构设计的目标就是从需求分析中找到实体(集)、确认实体的属性、确认实体之间的联系,设计出反映用户组织信息管理需求的 E-R 模型,并进而确定信息的正确性和完整性。由于 E-R 模型是一种图示表示形式,所以 E-R 模型也称为实体-联系图(Entity Relationship Diagram,E-R 图)。

E-R 图数据库概念结构设计方法涉及较多内容,下面分成多节分别介绍构建 E-R 图时涉及的实体集与联系集、实体集之间的联系,以及 E-R 图的概念结构设计方法。

3.3.1　实体与实体集

1. 实体与实体集的概念

实体(Entity)是存在于用户组织中的抽象的但有意义的"事物",是用户组织中独立的客体。

(1) 实体可以是具体的对象。例如,一所学校、一个班。

(2) 实体可以是抽象的对象。例如,一次考试、爱和恨这样的概念。

(3) 实体可以是有形的对象。例如,一个学生、一把椅子。

(4) 实体可以是无形的对象。例如,专业、年级。

实体集是具有相同类型及相同属性的一组实体构成的集合。例如,一个专业的学生可构成一个学生实体集;所有的课程构成一个课程实体集;所有的福特汽车可构成一个福特汽车实体集。

2. 属性与实体集的标识码

实体集通过一组属性表示。属性(Attribute)是指实体集中所有实体所具有的共同特征。例如,不同专业的学生实体集的属性都包括"学号""姓名""性别""出生日期"等。

属性的值指属性的具体取值。例如,学生张华,其"姓名"取值为张华,"学号"取值为201401001,"性别"取值为男,"出生日期"取值为 1996-12-14。

属性的值域(Domain)指属性的取值范围。例如,大学生的"性别"的值域为{男,女}。属性的值域可以是整数的集合、实数的集合、字符串的集合,或其他类型的值的集合。

当某实体集的每个属性使它的值域中的一个值同该实体集中的一个实体相联系时,就具体地描述了该实体集中的某个特定的实体。例如,设学生实体集的属性分别具有如下值域。

(1) "姓名"的值域为{张华,李建平,王丽丽,……}

(2) "学号"的值域为{201401001,201401002,201401003,……}

(3) "性别"的值域为{男,女}

(4) "出生日期"的值域为{1996-12-14,1996-08-20,1997-02-02,……}

则当该学生实体集的每个属性使它的值域中的一个值同该实体集中的"张华"这个特定实体相联系时,学生张华的属性值集合{张华,201401001,男,1996-12-14,……}就具体地描述了该学生实体集中的一个特定实体——张华的特征。用来表示一个特定实体的属性值集合称为实体记录,例如{张华,201401001,男,1996-12-14,……}是一个实体记录。实体记录集即为同类实体的实体记录的集合。

一般地,把能够唯一地标识实体集中的每个实体的一个或一组属性称为实体集的标识码(Identification Key),并用实体集的标识码标识实体集中的不同实体。

3.3.2　实体集之间的联系及联系集

1. 实体集之间的联系

实体集之间的联系(Relationship)指实体集之间有意义的相互作用及对应关系。实体集间的联系有"一对一联系""一对多联系"和"多对多联系"3 种。

1）一对一联系

实体集 E1 中的每个实体(至少有一个)至多与实体集 E2 中的一个实体有联系；反之，实体集 E2 中的每个实体至多与实体集 E1 中的一个实体有联系，则称 E1 和 E2 是一对一联系(One-to-one Relationship)，记为 1∶1。图 3.6 中左面的图描述一对一联系的概念，右面的图是一对一联系的符号表示。

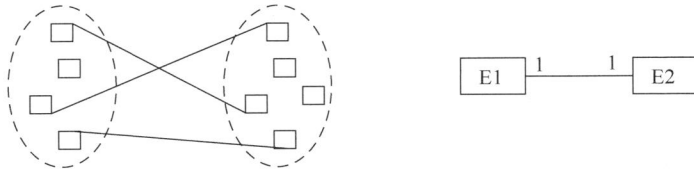

图 3.6 一对一联系

例如，住院的病人与床位之间、飞机的座位与乘客之间都是一对一联系。

2）一对多联系

实体集 E1 中至少有一个实体与实体集 E2 中的一个以上的实体有联系；反之，实体集 E2 中的每一个实体至多与实体集 E1 中的一个实体有联系，则称 E1 和 E2 是一对多联系(One-to-many Relationship)，记为 1∶N 或 1∶*，如图 3.7 所示。

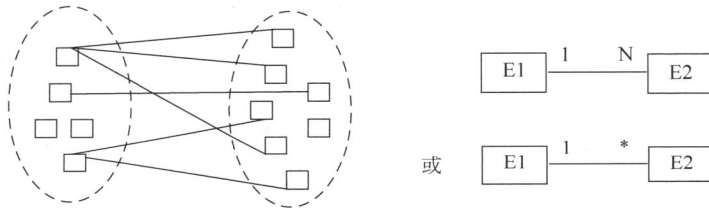

图 3.7 一对多联系

例如，系与学生之间是一对多联系。

3）多对多联系

实体集 E1 中至少有一个实体与实体集 E2 中的一个以上的实体有联系；反之，实体集 E2 中至少有一个实体与实体集 E1 中的一个以上的实体有联系，则称 E1 和 E2 是多对多联系(Many-to-many Relationship)，记为 M∶N 或 *∶*，如图 3.8 所示。

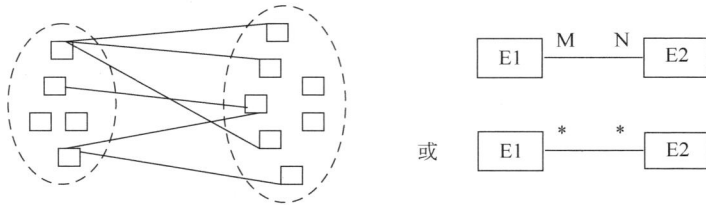

图 3.8 多对多联系

例如，学生与课程、教师与学生之间都是多对多联系。

2. 联系集

联系集(Relationship Set)指具有相同属性的联系构成的集合。同理，把能够唯一标识联系集中的每个联系的一个或一组属性称为联系集的标识码。联系集的标识码由被它联系的两个实体集的标识码组成。

3.3.3　E-R图及设计方法

E-R图是一种以直观图示的方式描述实体(集)及其之间联系的语义模型,是一种十分有效的数据库概念结构描述工具。

在E-R图中,每个实体集用一个矩形框表示,并将实体集的名字记入矩形框中;每个联系集用一个菱形框表示,并将联系集的名字记入菱形框中;每个属性用一个椭圆形框表示,并将属性的名字记入椭圆形框中。有时为了直观,在标识码属性名下面画一条横线;用一条直线表示一个实体集与一个联系集之间的联系,并在直线的端部标注联系的种类($1:1$、$1:N$、$M:N$或$1:1$、$1:*$、$*:*$)。

下面通过对于每个学生来说最有亲身体会的大学教学信息管理的例子来说明,如何用E-R图描述一所大学的教学信息管理情况,同时给出了E-R图的设计方法。

【例3.2】　仅以专业、课程、学生和教师为客体,设计反映一所大学的教学信息管理情况的E-R图。

分析:我国的大专院校虽然管理体制各具特色,但就其专业、课程、学生和教师之间的关系来说,可描述如下。

(1)一个大学有多个专业,每个专业用唯一的专业代码和专业名称标识。

(2)每个专业设置有多门课程,某些课程可被多个专业设置。

(3)一个专业有多个学生;一个学生只能属于某一专业,一个学生并属于某一个班级。

(4)一个学生必须学习多门课程,多个学生可以同时学习同一门课程。

(5)每位教师可以主讲多门课程,绝大多数课程由多位教师主讲。

由上述分析可知,专业、课程、学生和教师均可分别看作实体,并对应有专业实体集、学生实体集、课程实体集和教师实体集。同时:

(6)学生实体集与专业实体集之间的联系可用多对一($*:1$联系)的"归属"联系集来联系,且每个学生属于"归属"联系集的某个班级。

(7)专业实体集与课程实体集之间的联系可用多对多($*:*$联系)的"设置"联系集来联系。

(8)学生实体集和课程实体集之间的联系可用多对多($*:*$联系)的"学习"联系集来联系,且通过该课程学习后具有学习成绩"分数"。

(9)教师实体集和课程实体集之间的联系可用多对多($*:*$联系)的"讲授"联系集来联系。

进一步分析每个实体集应具有的基本属性的基础上,可以得到如图3.9所示的E-R图。

由图3.9可知,"专业代码"是专业实体集的标识码,"学号"是学生实体集的标识码,"课程号"是课程实体集的标识码,"教职工号"是教师实体集的标识码。联系集的标识码由被它联系的两个实体集的标识码组成。所以,归属联系集的标识码为"学号"和"专业代码";设置联系集的标识码是"专业代码"和"课程号";学习联系集的标识码是"学号"和"课程号";讲授联系集的标识码为"教职工号"和"课程号"。

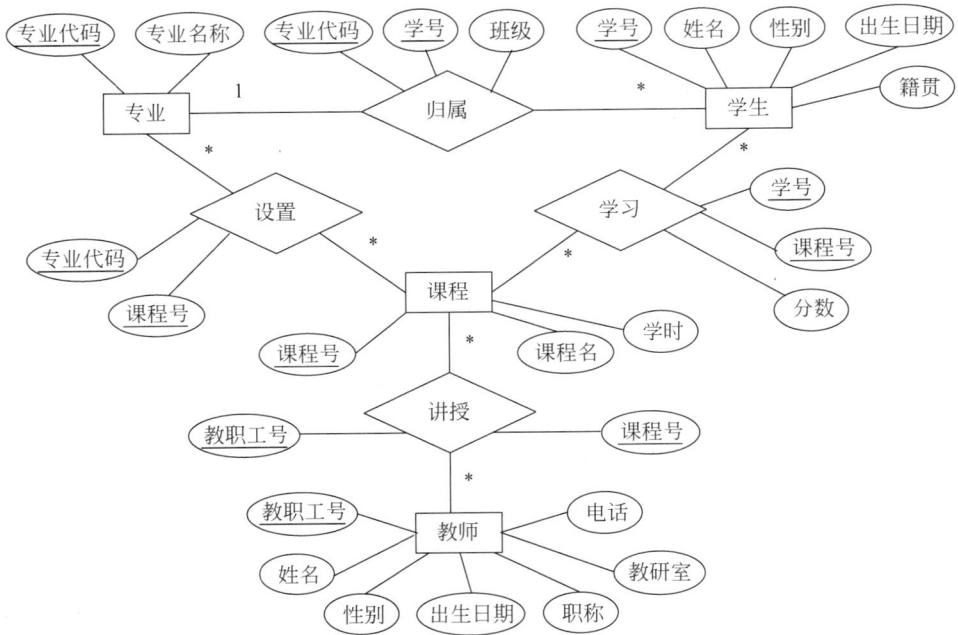

图 3.9　大学教学信息管理 E-R 图

3.3.4　实体-联系模型设计中的一些特殊情况

如图 3.9 所示的 E-R 图是一种比较规范的实体-联系图。现实中数据之间的联系十分复杂,在 E-R 图设计中还会遇到一些特殊情况。

1. 递归联系

之前介绍的联系是指不同实体集之间的联系。在实际应用中,有时还需要对"同一实体集"中的不同实体之间的联系进行模型化,这种联系称为递归联系(Recursion Relationship)。图 3.10(a)给出的递归联系:联系集是 MANAGE(管理),每个联系的一方是 MANAGER(经理),另一方是 MANAGED(被管理的人)。由于经理也是职工中的一员,所以实质上描述的是同一实体集中不同子集之间的联系。体现在图中就是同一实体集框对同一联系集框有两根连线,而且连线旁边标记了实体介入联系的方法。图 3.10(a)中的 1 : *联系表示的含义是:一个 MANAGER(经理)可以管理多个 MANAGED(被管理的人),每个被管理人最多只能有一个直接管理人。图 3.10(b)和图 3.10(c)分别是其他两个递归联系的例子。

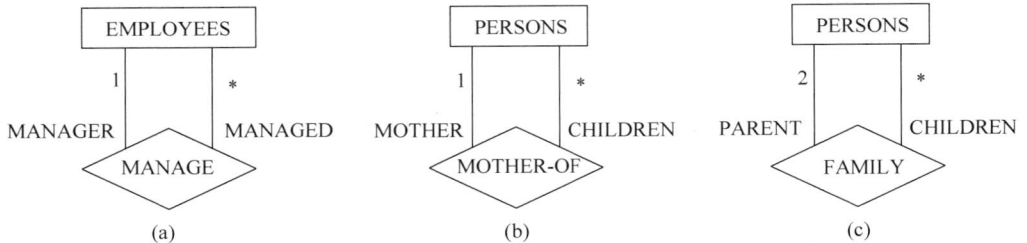

图 3.10　递归联系的 E-R 图表示

2. 冗余联系

冗余联系指在设计 E-R 图中建立的多余的联系。

【例 3.3】 在如图 3.11 所示的 E-R 图中,产品实体集与用户实体集之间的联系就是冗余联系。因为,某产品被供应给了哪些用户的信息,可以通过用户、合同、产品这 3 个实体集及它们相互之间存在的"签订"和"订货"两个联系来导出。

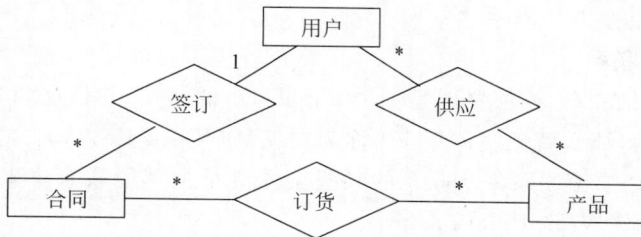

图 3.11　冗余联系示例

3. isa 联系

在 isa 联系中,A isa B 表示实体集 A 包含在实体集 B 中,A 是 B 中的一种特殊的群体。所以,isa 联系实质上是对同一实体集中的实体之间的联系进行模型化。下面通过实例说明 isa 联系如何用 E-R 模型描述的。

【例 3.4】 在图 3.12 的航空公司 E-R 图描述中,飞行员和机组人员之间存在 isa 联系,即飞行员也是机组人员的成员之一。

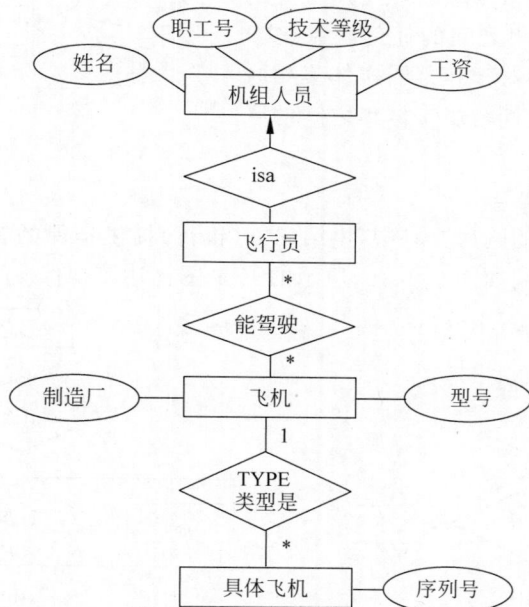

图 3.12　航空公司飞行员和机组人员的 isa 联系 E-R 图

其中:

(1) 把飞行员分离出来作为单独的实体集,一是为了使他同飞机实体集建立"能驾驶"联系,以表示每个飞行员能驾驶哪几种飞机;二是除了用机组人员的属性标识飞行员外,还可以再给飞行员实体集补充别的属性(例如,用于记录飞行员的训练及健康等信息)。

(2)飞机实体集与具体飞机实体集之间存在的 TYPE(类型是)联系是一种"具体意义上的联系"。具体飞机有唯一的序列号,每次出航对应一具体飞机。同一航线上同一型号的飞机,如波音 747,可能有许多架,它们具有不同的序列号。这就使多架具体飞机对应一种型号的飞机,而一种型号的飞机对应许多架具体飞机,所以 TYPE 联系是具体飞机实体集与飞机实体集之间的多对一联系。

4. 弱实体与弱联系

如果某实体集 E2 的存在依赖于另一个实体集 E1 的存在,并且这两个实体集之间的联系是用 E1 来标识的,那么就把实体集 E2 称为弱实体(Weak Entity)。在 E-R 图中用双矩形框表示弱实体。如果由联系集所联系的某些实体集是由其他联系集来标识的,那么就把这种联系称为弱联系(Weak Relationship)。

【例 3.5】 在图 3.13 的例子中,子女依赖于教职工的存在而存在(例如,在大学的附属医院中,子女随父母享受部分医疗待遇的情况),并且联系"抚养"是用来标识子女的,子女实体集是由"子女号"和抚养他(她)的"教职工号"来标识的,因此子女实体集是职工实体集的弱实体。

同理,子女实体集是由它的子女号,及它和一个教职工实体集的联系集("抚养"联系集)来标识的(由教职工号体现),则该教职工所抚养的子女实体集和其他实体集之间的任何联系(集)都将导致弱联系(集),即对于和某弱实体集相联系的其他实体集来说,它们与弱实体集之间的联系都是弱联系。

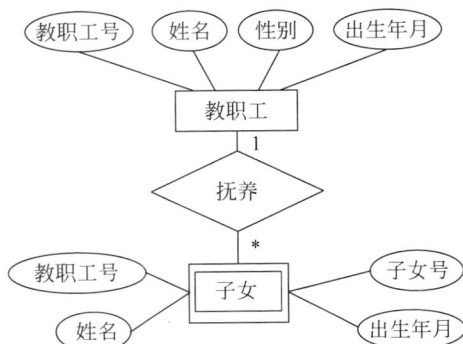

图 3.13 弱实体示例

5. 组合实体集(聚集)

在有银行贷款支持的购房交易中,由第三方(银行)提供担保的客户与项目之间存在的订购关系。逻辑上可以用如图 3.14(a)所示的 E-R 图描述该担保-订购关系。

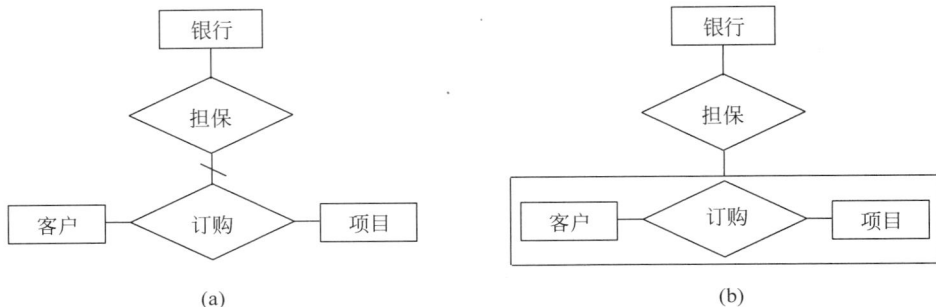

图 3.14 担保-订购关系的 E-R 图

显然,图 3.14(a)的 E-R 图违反了"联系集是实体集与实体集之间的联系"的 E-R 图设计约定。解决该问题的方案是:可以将该联系集(订购)和被其联系的实体集(客户和项目)组合(聚集)成高层实体集(组合实体集),并约定组合实体集也可以被看成一个实体集,并由某一联系集把它和其他实体集联系起来。这样,图 3.14(a)的 E-R 图就可以表示成图 3.14 (b)的 E-R 图了。把这种由两个实体集及一个联系集组合在一起形成的高层实体集称为组合实体集。

【例 3.6】 某海外代购公司为扩展公司业务,需要开发一个信息化管理系统。请根据其管理需求和涉及的实体集及其相互之间的联系描述,完成该系统的 E-R 图设计(本例题选自 2018 年上半年全国软件设计师综合技能考试试题二)。

该系统的管理需求和涉及的实体集及其相互之间的联系描述如下。

(1) 公司员工信息包括工号、身份证号、姓名、性别和一个手机号,工号唯一标识每一位员工。员工分为代购员和配送员。

(2) 商品信息包括商品条码、商品名称、所在超市名称、采购价格、销售价格和商品介绍,系统内部用商品条码唯一标识每种商品。一种商品只在一家超市代购。

(3) 顾客信息包括顾客真实姓名、身份证号(缴税用)、一个手机号和一个收货地址,系统自动生成唯一的顾客编号。

(4) 托运公司信息包括托运公司名称、电话和地址,系统自动生成唯一的托运公司编号。

(5) 顾客登录系统后,可以下订单购买商品;订单支付成功后,系统记录唯一的支付凭证编号。顾客需要在订单里指定运送方式(空运或海运)。

(6) 代购员根据顾客的订单在超市采购对应商品,一个订单所含的多个商品可能由多名代购员从不同超市采购。

(7) 采购完的商品交由配送员根据顾客订单组合装箱,然后交给托运公司运送。托运公司按顾客订单核对商品名称和数量,然后按顾客的地址进行运送。

根据以上的相关描述,可得到如图 3.15 所示的 E-R 图。其中:

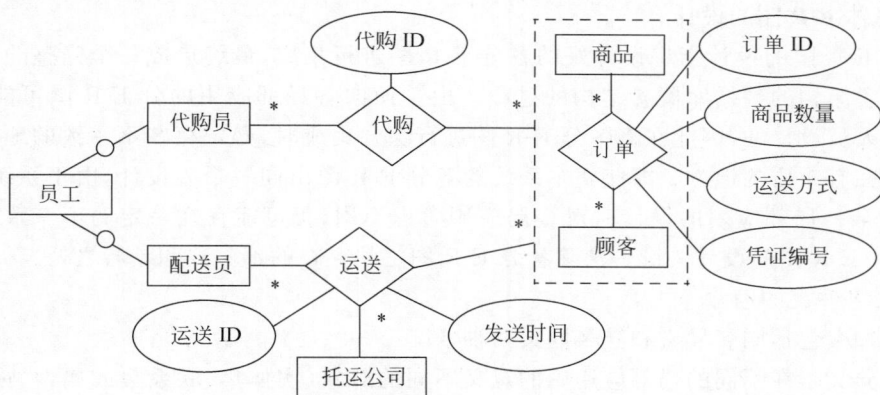

图 3.15　组合实体集 E-R 图示例

(1) 代购员实体集、配送员实体集与员工实体集之间是一种递归联系,即代购员和配送员都是员工,换句话说,只要在员工实体集中增加一个工种属性或标识码特征不同就可以区分他们是代购员还是配送员,所以不需要再为代购员和配送员单独设置实体集。为便于理解,图 3.16 从左至右表示了递归联系表示形式的 E-R 图的简化表示过程。

(2) "商品""顾客"及其联系"订单"三者作为一个整体(组合实体集),一是与"代购员"构成多对多联系;二是与"配送员"构成多对多联系;三是与"托运公司"构成多对多联系。

数据库原理及应用(SQL Server)(第5版)

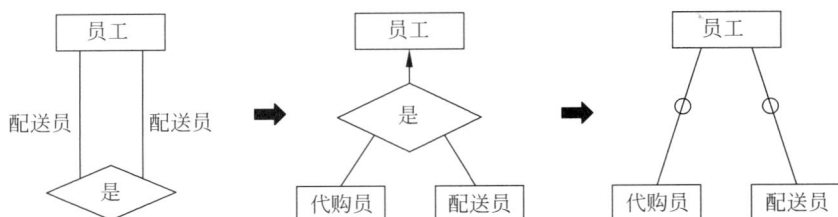

图 3.16　递归联系 E-R 图的简化过程

（3）对该 E-R 图的进一步理解，详见例 3.12。

3.3.5　基于 E-R 图的概念结构设计步骤和方法

用 E-R 图描述的概念结构的设计分为 3 个步骤：第 1 步是设计分 E-R 图，第 2 步是把各分 E-R 图合并成总体 E-R 图，第 3 步是对总体 E-R 图进行优化。

1. 分 E-R 图的设计

一个数据库应用系统往往涉及多个部门，一个部门通常包括多个数据库用户，不同用户对数据库具有不同的数据观点，因而不同用户对数据库数据的需求也不相同。分 E-R 图的设计是从不同用户或用户组的数据观点出发，将数据库应用系统划分成多个不同的局部应用，通过确定不同用户组所属部门管理业务的数据描述及数据之间的联系，设计出符合不同用户组或不同部门数据管理需求的局部概念结构。

例如，一个大学的教学管理数据库应用系统至少包括教务管理、研究生管理、科研管理、后勤管理等不同部门。由包括"培养""计划""招生""学科建设"用户组组成的研究生管理，就需要设计一个分 E-R 图。

2. 总体 E-R 图的设计

总体 E-R 图的设计指将设计好的各分 E-R 图进行集成，最终形成一个完整的、能支持各局部概念结构的数据库概念结构的过程。由于面向各局部应用的分 E-R 图可能是由不同的设计人员设计的，因此在将各分 E-R 图进行综合集成时，必定存在不一致的地方，甚至还可能存在有矛盾的地方。即使整个系统的各分 E-R 图由同一个人设计，由于系统的复杂性和面向某一局部应用的设计时对全局应用考虑不周，仍可能存在一定的不一致或矛盾。所以，总体 E-R 图的设计关键是消除各分 E-R 图之间存在的不一致和矛盾之处。

1）命名冲突的消除

命名冲突包括同名异义和异名同义两种情况。

同名异义指在不同的局部应用中的意义不同的对象（实体集、联系集或属性）采用了相同的名称。例如，一个大学的教学信息管理数据库应用系统设计中，如果在教务管理子系统和研究生管理子系统中都采用"学生"对本科生和研究生命名，就属于同名异义的情况。因为在教务管理子系统中的"学生"指本科生，而在研究生管理子系统中的"学生"指硕士研究生或博士研究生。

异名同义指同一意义的对象在不同的局部应用中采用了不同的名称。

消除属性命名冲突的方法是通过讨论和协商解决，或通过行政手段解决。对实体集和联系集的命名冲突要通过认真分析研究，给出合理的解决办法。

2) 属性特征冲突的消除

属性特征冲突指同一意义的属性在不同局部应用的分 E-R 图中采用了不同的数据类型、不同的数据长度、不同的数据取值范围、不同的度量单位等而产生的冲突。最常见的现象是某些局部应用采用整数表示人员的年龄,而另一些局部应用则以出生日期表示人员的年龄。

消除属性特征冲突的方法是在照顾全局应用和遵守惯例的基础上协商解决。例如在对人员年龄的表示上,不仅目前习惯上用出生日期表示,而且用出生日期表示后无须每年修改,所以应统一改为用出生日期表示。

3) 结构冲突的消除

结构冲突指同一意义的对象(实体集、联系集或属性)在不同局部应用的分 E-R 图中采用了不同的结构特征。一般包括以下 3 种情况。

(1) 同一实体集在不同局部应用的分 E-R 图中所包含的属性不一致,主要指属性个数不同,有时也要考虑各属性排列顺序的不一致。

消除这类冲突的办法是综合不同局部应用对该实体集各属性的观察角度和应用需求,进行必要的归并、取舍和调整使其一致。

(2) 表示同一意义的实体集间的联系在不同局部应用的分 E-R 图中采用了不同的联系类型。例如,实体 E1 和 E2 在一个局部应用的分 E-R 图中是一对多联系,而在另一个局部应用的分 E-R 图中是多对多联系。

消除这类冲突的办法是分析不同局部应用对该联系的观察角度和应用语义,进行必要的综合或调整,以便使其一致。

(3) 表示同一意义的对象(实体集、属性)在不同局部应用的分 E-R 图中具有不同的抽象。例如教职工的配偶在某一局部应用中抽象为实体,而在另一个局部应用中却看成(教职工的)属性。

消除这类冲突的办法是从实体与属性的确定原则和从不同局部应用的观察角度与应用语义这两方面的综合上,考虑将该对象确定为实体还是属性。

3. 总体 E-R 图的优化

在设计面向各局部应用的分 E-R 图时,可能对全局应用考虑不周,因而会使得到的总体 E-R 图存在冗余数据(可由基本数据导出的数据)和冗余联系(可由实体间的其他联系导出的联系),进而就会在由 E-R 图得到的不同关系模式之间产生冗余信息,导致在不同的关系模式中存在冗余属性(字段)。因而会破坏数据库的完整性,给数据库的维护带来困难,所以必须对集成后的总 E-R 图进行优化。

【例 3.7】 在图 3.17 的 E-R 图中,就课程实体集来说,应该有课程号、课程名、学时、学分 4 个属性;就学生学习某一门课程来说,学习联系集应该有学习该课程的学生的学号、标识该课程的课程号、学生学习该课程的分数、该课程的学分 4 个属性。但在两个关系模式:

- 课程关系模式:C(C♯,CNAME,CLASSH,C_NUMBER)
- 学习关系模式:SC(S♯,C♯,GRADE,C_NUMBER)

中同时存在学分(C_NUMBER)属性,显然是一种属性冗余的情况。分析可知,某个学生学习某门课程的学分可从课程的学分属性中导出,所以应当从图 3.17 的学习联系中消去学分属性,由此可得到没有冗余属性的关系模式:

- 课程关系模式：C(C♯,CNAME,CLASSH,C_NUMBER)
- 学习关系模式：SC(S♯,C♯,GRADE)

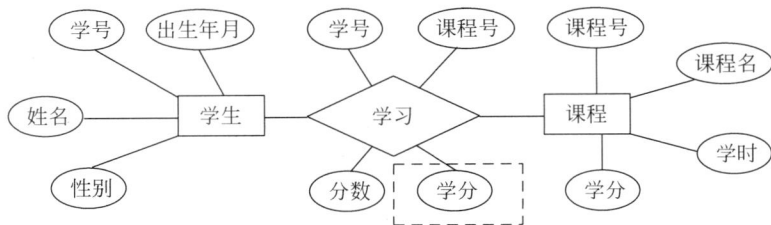

图 3.17 消除 E-R 图中的冗余信息示例

3.4 数据库逻辑结构设计

逻辑结构是一种由具体的 DBMS 支持的数据模型。关系数据库逻辑结构设计阶段的主要任务,就是把用 E-R 模型表示的数据库的概念结构转换成关系数据库管理系统所支持的逻辑数据模式;利用关系数据库的规范化理论对这组关系模式进行规范化设计;并根据数据库的完整性和一致性要求以及系统查询效率要求,对得到的关系模式进行必要的优化处理,从而得出满足所有数据要求的关系数据模型,即数据库的逻辑模式。

数据库的逻辑结构设计一般分成以下 3 步。

(1) 将由 E-R 图表示的概念结构转换成关系模型。

(2) 利用规范化理论对关系模型进行规范化设计和处理。

(3) 对关系模型进行优化处理。

3.4.1 E-R 图表示的概念结构向关系模型的转换

由 E-R 图表示的概念结构向关系模型的转换分为"多对多联系向关系模型的转换""一对多联系向关系模型转换""一对一联系向关系模型转换"3 种情况。

1. 多对多联系向关系模型的转换规则

(1) 把位于联系集两端的两个实体集分别转换成一个单独的关系模式,关系模式的属性用与之对应的实体集的属性表示,关系模式的主键用与之对应的实体集的标识码表示。

(2) 将联系集转换成一个关系模式,关系模式的属性用该联系集联系的两个实体集的标识码属性和该联系集的私有属性表示,关系模式的主键用该联系集联系的两个实体集的标识码表示。

【例 3.8】 按照上述转换规则,可将图 3.9 中的 3 组 ＊∶＊ 联系转换成如图 3.18 所示的 7 个关系模型。

2. 一对多联系向关系模型的转换

1) 常规的一对多联系向关系模型的转换规则

(1) 联系集不需要转换成单独的关系模式。

(2) 把位于联系集两端的两个实体集分别转换成一个单独的关系模式,关系模式的属性用与之对应的实体集的属性表示,关系模式的主键用与之对应的实体集的标识码表示。

(3) 把位于 1 端实体集的标识码属性和联系集的私有属性添加到位于多端的关系模式中。

学生关系模式：S（S#，SNAME，SSEX，SBIRTHIN，PLACEOFB）
专业关系模式：SS（SCODE#，SSNAME）
课程关系模式：C（C#，CNAME，CLASSH）
设置关系模式：CS（SCODE#，C#）
学习关系模式：SC（S#，C#，GRADE）
教师关系模式：T（T#，TNAME，TSEX，TBIRTHIN，TITLEOF，TRSECTION，TEL）
讲授关系模式：TEACH（T#，C#）

图 3.18　图 3.9 的 E-R 图中的 ＊：＊ 联系的关系模式

【例 3.9】　在图 3.9 中，一对多联系集"归属"不再设置对应的关系。将位于 1 端的"专业"实体集转换成一个关系模式，将位于 N 端的"学生"实体集转换成一个关系模式，并将位于 1 端的"专业"实体集的标识码"专业代码"和联系集"归属"的非标识码属性"班级"加入学生关系模式中。从而得到对应图 3.9 中的 1：N 联系的关系模式，如图 3.19 所示。显然，学生关系模式应该选用图 3.19 中的格式。

学生关系模式：S（S#，SNAME，SSEX，SBIRTHIN，PLACEOFB，SCODE#，CLASS）
专业关系模式：SS（SCODE#，SSNAME）

图 3.19　图 3.9 的 E-R 图中的 1：N 联系的关系模式

2）非常规的一对多联系向关系模型的转换规则

（1）联系集不需要转换成单独的关系模式。

（2）把位于联系集两端的两个实体集分别转换成一个单独的关系模式，关系模式的属性用与之对应的实体集的属性表示，关系模式的主键用与之对应的实体集的标识码表示。

（3）把联系集看成一个属性，添加到位于 ＊（多）端的关系模式中。

【例 3.10】　在图 3.12 的航空公司飞行员和机组人员的 E-R 图中，"飞机"实体集是"一般"意义上的飞机（抽象的飞机），"具体飞机"实体集是由一些具体飞机组成的实体集，"飞机"与"具体飞机"之间的联系是 1：＊。所以没有必要将联系集 TYPE 转换成一个关系，而只要将"飞机"实体集和"具体飞机"实体集分别转换成一个关系模式，并在"具体飞机"关系模式的属性表中（仅有序列号一个属性）再加上 TYPE 属性。

3. 一对一联系向关系模型的转换

当两个实体集间的联系为常规的 1：1 联系时，联系集不再转换成单独的关系模式，两个实体集的转换策略如下。

（1）联系集不需要转换成单独的关系模式。

（2）把位于联系集两端的两个实体集分别转换成一个单独的关系模式，关系模式的属性用与之对应的实体集的属性表示，关系模式的主键用与之对应的实体集的标识码表示。

（3）在转换成的两个关系模式中的任意一个关系模式的属性中加入另一个关系模式的主键属性和联系集的私有属性，这样就得到两组转换成的关系模式。

（4）选择两组关系模式中数据冗余小、信息完整和更符合实际的一组关系模式，作为最终的关系模式。

【例 3.11】　公司实体集与公司总裁实体集之间存在着 1：1 联系，其 E-R 图如图 3.20 所示。

数据库应用系统设计方法

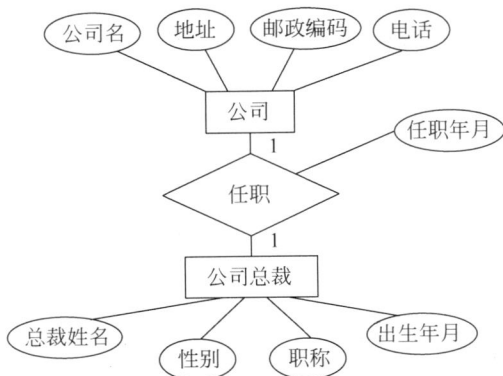

图 3.20　公司总裁与公司的一对一联系

第 1 步：转换

按"一对一联系"的转换规则,将公司实体集和公司总裁实体集分别转换成一个关系模式,并在"公司关系"中加入另一个关系模式("公司总裁关系")的总裁姓名(此处认为公司总裁姓名不重名,是"公司总裁关系"的主键)和任职年月(任职联系集的私有属性)。转换成的关系模式即为第一组关系模式。

第一组关系模式：

公司关系(公司名,地址,邮政编码,电话,总裁姓名,任职年月)
公司总裁关系(总裁姓名,性别,出生年月,职称)

同理,也可以转换成如下的第二组关系模式。

第二组关系模式：

公司关系(公司名,地址,邮政编码,电话)
公司总裁关系(总裁姓名,性别,出生年月,职称,任职年月,公司名)

第 2 步：优化选择

下面对转换成的两组关系模式进行分析,最终选出数据冗余小、信息完整和更符合实际的一组关系模式。

从本例来说,若第一组关系模式中的"公司关系"的主键为{公司名},每当公司更换总裁时,就要修改"公司关系"中的"总裁姓名"和"任职年月"两个属性的值,且"公司总裁关系"中的记录不能反映出历届总裁的"任职年月"信息,所以一旦"公司关系"中的"总裁姓名"和"任职年月"两个属性的值被修改为现任总裁信息时,历任总裁的任职信息就丢失了。即使将"公司关系"的主键改为{公司名,任职年月},该关系可以保存历任总裁的信息;但由于"总裁姓名"和"任职年月"不是"公司关系"的固有和自然属性,所以也有点不太符合实际。

而在第二组关系模式中的"公司关系"中,记录的都是公司的自然信息,与谁任总裁无关,且其"公司总裁关系"中的记录可反映出历届总裁及其任职时间。所以,从信息完整性和更符合实际角度出发,最终应该选择第二组关系模式作为本例的正确答案。即,本例的转换结果是：

公司关系模式(公司名,地址,邮政编码,电话)
公司总裁关系模式(总裁姓名,性别,出生年月,职称,任职年月,公司名)

4. 具有组合实体集的联系集向关系模型转换的方法

分析图 3.14 可知,在进行 E-R 图向关系模式的转换中,组合实体集内的实体集和联系集已经按其联系类型(一般都是＊：＊联系)被转换成相应的关系模式了。设置"客户-订购-项目"组合实体集的目的主要是强调联系集"担保"的存在。

具有组合实体集的联系集向关系模型转换的规则如下。

(1) 把位于联系集某一端的实体集按照前述规则转换成一个关系模式;把位于联系集某一端的组合实体集按照前述规则转换成若干关系模式。

(2) 如果是一对一联系或一对多联系,联系集不需要转换成一个单独的关系模式。

(3) 如果是多对多联系,把该联系集转换成一个关系模式,关系模式的属性由该联系集的私有属性、被联系的实体集的标识码属性,以及来自组合实体集中的联系集的全部或部分主码属性组成。

下面以例3.6的E-R图向关系模式的转化为例来进一步说明。

【例3.12】 例3.6中某海外代购公司信息管理数据库的E-R图向关系模式的转换。

根据例3.6的描述和图3.15的E-R图分析可知:

(1) 对多对多联系"商品-订单-顾客"的转换。

商品(商品条码,商品名称,所在超市名称,采购价格,销售价格,商品介绍)
顾客(顾客编号,顾客姓名,身份证号,手机号,收货地址)
订单(订单ID,顾客编号,商品条码,商品数量,运送方式,支付凭证编号)

(2) 对多对多联系"代购员(员工)-代购-顾客的商品订单"的转换。

员工(工号,身份证号,姓名,性别,手机号)
代购(代购ID,(代购员)工号,订单ID)

其中,用"工号"的编排特征区分其代购员的身份。

(3) 对多对多联系"配送员(员工)-运送-托运公司"的转换,以及多对多联系"托运公司-运送-顾客的商品订单"的转换。

托运公司(托运公司编号,托运公司名称,电话,地址)
运送(运送ID,(配送员)工号,托运公司编号,订单ID,发运时间)

"员工"关系模式如(2)中所示。同理,用"工号"的编排特征区分其配送员的身份。

5. E-R图向关系模型转换中的相关问题

通过以上4类转换规则及转换实例说明,还需要综合考虑以下问题。

(1) 一般情况下,E-R图中的多对多联系集的主码是由被联系集联系的两个实体集的主码组成,但在某些应用中,联系集自身的ID号码单独也可以构成其主码。例3.6和例3.12中的转换实例就说明了这一点。

(2) 在1∶N联系的转换规则中,"具体意义上的联系集"联系的实体集一个是某一实体集,另一个是该实体集中的某些具体的个体组成的特殊实体集,例如由一些具有不同序列号的个体飞机组成的"具体飞机"实体集。这种实体集与实体集之间的联系一般是名为"类型是"的特殊联系,且将一些具有特殊特性的个体组成"具体"的实体集是为了强调这些个体的特殊性,以便单独对其进行描述和处理。

(3) 对于那些既存在与某个实体集的"一对一联系",又存在与某个实体集的"多对多联系"的实体集(例如图3.9中的"学生"实体集),应选择属性多的那个关系模式作为其最终的关系模式。例如,在例3.8中,转换成的学生关系模式为:

S(S#,SNAME,SSEX,SBIRTHIN,PLACEOFB)

而在例 3.9 中,转换成的学生关系模式为:

S(S#,SNAME,SSEX,SBIRTHIN,PLACEOFB,SCODE#,CLASS)

所以,最终的学生关系模式应该是后者而不是前者。

(4) 对于那些是"三元联系"的联系集来说,转换成的关系模式中应该包括其可能涉及的所有实体集的标识码属性。例如,在例 3.12 中"运送"联系是三元联系,所以运送关系模式除了它的私有属性"运送 ID"和"发送时间"外,还包括员工实体集的(配送员)工号、托运公司实体集的托运公司编号、顾客-订单-商品组合实体集的订单 ID。"运送"联系的最终关系模式为:

运送(运送 ID,(配送员)工号,托运公司编号,订单 ID,发运时间)

(5) 在进一步的关系模式优化中,可能涉及对某些关系模式的进一步简化,一种最典型的情况是:若某个联系集只包括与它相联系的两个实体集的主码属性而无自己独有的属性,则由该联系集所转换成的关系模式有时可以删除掉。

3.4.2 关系数据库模式的规范化设计及优化

1. 关系数据库模式的规范化设计

经过数据库逻辑结构设计阶段后,就会得到用于描述用户组织数据管理需求的一组关系模式。关系模式的合理与否直接与关系数据库的查询性能有关,因此需要按照某种规则或标准来衡量得到的这组关系模式的合理性,即判断其是不是规范化的关系模式。

具体来说,所谓关系模式的规范化设计,就是按照不同的范式(标准)对关系模式进行分解,用一组等价的关系子模式来代替原有的关系模式,即通过将一个关系模式不断地分解成多个关系子模式和建立模式之间的关联来消除数据依赖中不合理的部分,最终实现一个关系仅描述一个实体或者实体间的一种联系的目的。

目前遵循的主要范式包括 1NF、2NF、3NF、BCNF 等几种,3NF、BCNF 应用最为广泛,一般推荐以 3NF 为标准。通过对关系模式的进一步规范化设计,可以有效地消除数据冗余,理顺数据的从属关系,保持数据库的完整性,增强数据库的稳定性、伸缩性、适应性。

这里只需要对关系模式规范化的目的和用途有初步了解,有关关系模式规范化设计的理论和方法将在第 5 章详细介绍。

2. 关系模式的优化

关系模式的规范化程度越高,关系模式分解得就越彻底,也就是说关系模式分解得就越"碎",这样在实际应用中必然会出现过多的连接运算而降低系统的询效效能。

另外,数据库逻辑设计的结果有时也不是唯一的,为了进一步提高数据库应用系统的性能,还应该结合应用需求适当地修改、调整数据模式的结构。

关系数据模式的优化就是通过对照需求分析阶段得到的信息处理需求,进一步分析得到的关系模式是否符合处理要求和系统查询效率,并从最常用的查询要求中找到最常需要进行的连接运算及相关的关系模式,进而从查询效率角度出发对某些模式进行合并或分解。

举例来说,假设下面是一个通过概念结构设计和逻辑结构设计得到的关系模式:

SSC(SCODE#,SSNAME,C#)

进一步分析可知,虽然一个学校的专业数相对于开设的课程数来说要少很多,但如果按照关系模式 SSC(SCODE♯,SSNAME,C♯)存储专业名称和开设的课程(课程号),专业名称就会出现大量的冗余存储情况。因此,从减少冗余等角度考虑,应该将关系模式 SSC 分解成两个关系模式:

SS(SCODE♯,SSNAME)
CS(SCODE♯,C♯)

当然,某些情况下也会涉及合并关系模式的情况。

通过本阶段的数据库逻辑结构设计,就可得到所要设计的数据库应用系统的数据库逻辑结构。

3.5　数据库物理结构设计

数据库的物理结构指数据库在物理存储设备上的文件组织方式、存储结构和存取方法。因此,数据库物理结构设计就是要建立数据库文件,并根据应用要求和所选用的 DBMS 的数据库存储结构及存储方法,为逻辑结构设计阶段设计好的逻辑数据库模型选择和设计其在物理存储设备上的物理存储结构和存取方法。基于 SQL Server 数据库管理系统开发数据库应用系统时,数据库的物理结构设计内容主要包括:创建数据库数据文件和日志文件,在数据库数据文件中创建二维表形式的关系模式(以下简称数据表、关系表或表,是关系模式在关系数据库中的存在形式),为数据表创建索引,对数据库的物理结构进行评价等。

要完成数据库的物理设计工作,设计人员必须了解所选用的关系 DBMS 的数据库文件的存储组织方式;了解数据库(表)中数据的存储结构和存取方法;了解数据库应用系统对处理频率和响应时间的要求;了解外存设备的特性等。一些大型的关系 DBMS 系统软件,例如 Oracle 数据库等,会涉及复杂的数据库物理存储组织等问题;但许多关系 DBMS 系统软件屏蔽了大量的内部物理结构,留给用户参与设计的主要是表和索引的建立等。

3.5.1　SQL Server 的数据文件及存储结构

本节以一个实际的商用数据管理系统——SQL Server 为例,介绍物理数据库设计的相关问题。首先介绍 SQL Server 的数据库文件及存诸结构,然后介绍 SQL Server 的数据库,最后介绍 SQL Server 数据库的数据文件和日志文件的创建方法。

1. SQL Server 的数据库文件

SQL Server 为每个用户组织的数据库应用系统都建有一组相应的数据库文件,这组数据库文件包括数据文件和日志文件两种。

1) 数据文件

数据文件(Data File)指存储用户的数据库对象(如表、视图、索引等;详见 3.5.2 节)和用户数据的文件。对于一个数据量不是很大的数据库应用系统,有且仅有一个数据文件,即主数据文件。对于一个数据量很大的大型数据库应用系统,可以有一个主数据文件和多个次数据文件,主数据文件用于存储数据库的启动信息和部分数据,并指向数据库中的其他次数据文件。主数据文件的扩展名是.mdf;次数据文件的扩展名是.ndf。

2)日志文件

日志文件(Log File)是一个系统文件,其功能是用于记录用户在数据库中插入新数据、删除原数据、修改原数据时的各种相关的更新信息,这些更新信息也称为恢复数据库所需的日志信息。日志文件的扩展名为.ldf。

数据库的更新信息一般包括:从事更新的用户标识信息;开始更新时间,结束更新时间;当为修改操作时,未修改前的数据和修改后的数据;当为插入操作时,新插入的数据;当为删除操作时,删除前的原数据等。这样当数据库运行过程中由于某种原因造成程序的中止运行、磁盘损坏、系统掉电等使数据库中信息不安全和不一致的情况时,就可在系统恢复机制的控制下,利用日志文件中的信息实现对数据库中部分数据的恢复。

每个数据库至少应有一个日志文件。对于一个大型或较大型数据库来说,为了保障充足的日志信息、比较长的恢复时段和更快的恢复速度,每个数据库应至少配置两个或 3 个日志文件。数据库以连续方式写入一个日志文件,直到写满为止,然后再从第二个日志文件开始写起。当最后一个日志文件写满后,数据库系统会用新的更新信息记录覆盖(重写)第一个日志文件的内容。即又在第一个日志文件开始写数据库的更新信息记录,并如此循环。

SQL Server 的数据库中的数据文件和日志文件组合在一起,形成了 SQL Server 数据库的物理表象。

2. SQL Server 数据库的存储结构

SQL Server 数据库文件的存储结构如图 3.21 所示。SQL Server 的数据库文件由数据文件和日志文件组成;每个 SQL Server 文件由多个盘区(extent)组成,每个盘区由 8 个连续的页面组成。SQL Server 利用盘区和页面数据结构给数据库对象分配存储空间。

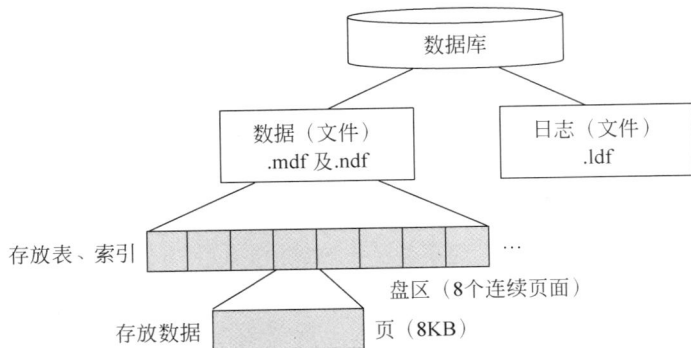

图 3.21 SQL Server 数据库的存储结构

1)盘区

每个盘区是由 8 个连续页组成的数据结构,大小为 8KB×8=64KB。当创建一个数据库对象(例如,一个表、一个索引)时,SQL Server 自动以盘区为单位给它们分配存储空间。每个盘区只能包含一个数据库对象,每个数据对象可以占用多个盘区。

2)页面

每个页面大小为 8KB(8192 字节),页面的开始部分是 96 字节的页头信息,用于存储该页的页编号、页类型、该页可用的空间数量、占用该页的数据库对象的对象标识等系统信息;剩余的 8096 字节用于存放该页的数据库对象的数据信息。

SQL Server 2012 的页面分为数据页、索引页、文本页、图像页等 8 种。数据是按行存储在数据页中的,数据页中行的最大长度为 8096 字节,行不能跨页存储。

3.5.2　SQL Server 2012 的数据库

数据库是以数据库文件形式存在的,数据库文件是数据库的物理表象。SQL Server 2012 的数据库分为系统数据库和用户数据库两类。

1. 系统数据库

系统数据库指存储 SQL Server 的有关系统信息的数据库。该类数据库存储的是 SQL Server 专用的、用于管理自身和管理用户数据库的数据。安装 SQL Server 2012 时,系统会自动创建 4 个系统数据库,分别是 master、model、tempdb 和 msdb。

(1) master 数据库。master 数据库存储的信息包括所有可用的数据库,及为每一个数据库分配的空间、使用中的进程、用户账户、活动的锁、系统错误等信息和系统存储过程等。

master 数据库和它的事务日志存储在文件 master. mdf 和 mastlog. ldf 中,由于这个数据库是系统用数据库,所以不允许用户修改它。

(2) msdb 数据库。msdb 数据库由 SQL Server Agent 服务使用,用于管理警报和任务。它还存储 SQL Server 管理数据库的每一次备份和恢复的历史信息。msdb 数据库存储在 msdbdata. mdf 中,其事务日志存储在 msdblog. ldf 中。

(3) model 数据库。model 数据库的作用是为新的数据库充当模板,用户新建的数据库是 model 的副本。用户可以对 model 数据库进行修改,包括添加用户定义的数据类型、规则、默认值和存储过程,对 model 数据库的任何修改都会自动反映到新建的数据库中。model 数据库存储在 model. mdf 中,其事务日志存储在 modellog. ldf 中。

(4) tempdb 数据库。tempdb 数据库是为所有 SQL Server 数据库和数据库用户共享的数据库。它用于存储临时信息,任何因用户行为而创建的临时表都会在该用户与 SQL Server 断开连接时删除;所有在 tempdb 中创建的临时表都会在 SQL Server 停止和重启时删除。tempdb 数据库存储在 tempdb. mdf 和 templog. ldf 中。

2. 用户数据库

用户数据库指存储用户的数据库对象、存储用户的数据和存储用户更新数据库时的日志信息的数据库。数据库是以数据库文件形式存在的,数据库文件是数据库的物理表象。用户的数据库文件包括数据文件和日志文件。如前所述,存储用户的数据库对象和数据的数据库文件称为数据文件,例如 JXGL. mdf。存储用户更新数据库时更新前后的相关数据和更新时间等信息的数据库文件称为日志文件,例如 JXGL_log. ldf。

在 SQL Server 中,用户可通过 SQL Server Management Studio 或使用 SQL 语言创建自己的数据库(文件)。用户创建了自己的数据库后,可在创建的数据库中进一步创建数据库对象。数据库对象是数据库的重要组成部分,也是数据库编程的主要对象。SQL Server 2012 中具有代表性的数据库对象主要如下所述。

(1) 表。即关系表,是关系模式在数据库中的物理表象,用于存放相应关系模式的数据。

(2) 视图。是一种虚拟的关系表,也称虚表;是一种用于查看数据库中一个或多个表中的部分字段的数据的一种方法。

(3) 索引。是对数据库表中一列或多列的值进行排序的一种结构,使用索引可加快访问数据库表中特定信息的速度,将在 3.5.5 节介绍。

（4）存储过程。是一组预先编译好的能实现特定数据操作功能的 SQL 语句集,用于简化相关或重复的数据库操作,将在第 6 章介绍。

（5）函数。将一个或多个 T-SQL 命令语句创建成函数,以便能够重复使用这些函数,将在第 6 章介绍。

（6）触发器。是一种特殊的存储过程,在用户向表中插入、更新或删除数据时自动执行;用于进行数据一致性验证等,将在第 9 章介绍。

（7）用户。数据库的用户,即允许访问数据库的用户列表。

3.5.3　使用 SQL Server Management Studio 创建数据库的方法

本书以 SQL Server 2012 数据库管理系统软件环境为依托,以大学教学信息管理数据库应用系统中的数据库创建为例,说明使用 SQL Server Management Studio 创建数据库的方法。

【例 3.13】　使用 SQL Server Management Studio 工具,为图 1.8 和图 1.11 所示的大学教学信息管理数据库应用系统创建数据库,数据库的名称为 JXGL。

（1）单击“开始→所有程序→Microsoft SQL Server 2012→SQL Server Management Studio”菜单命令,启动 SQL Server Management Studio 工具。

（2）在启动后弹出的“连接到服务器”对话框(如图 1.17 所示)中,单击“连接”按钮,连接数据库服务器。

（3）在成功启动后的 SQL Server Management Studio 工具主界面中,打开“对象资源管理器”(有时“对象资源管理器”已经自动打开,如图 1.18 所示)。在“对象资源管理器”中右击“数据库”对象,在弹出的快捷菜单上选择“新建数据库”。系统将显示“新建数据库”对话框,如图 3.22 所示。

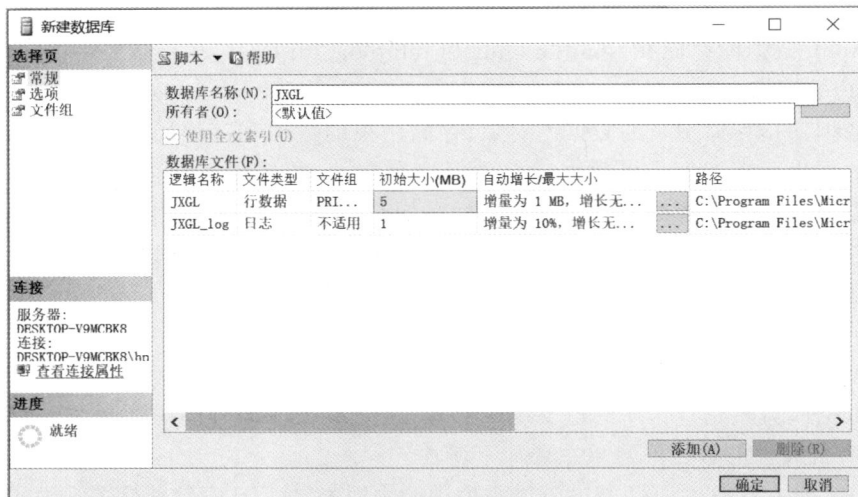

图 3.22　“新建数据库”对话框

（4）单击“新建数据库”对话框中的“常规”选项卡,进行数据库属性设置。设置过程如下。

① 在“数据库名称”文本框中输入要建立的数据库的名称“JXGL”。注意,数据库的名称必须遵循 SQL Server 的命名规范,并且不能与已有的数据库名重复。系统会自动为该数

据库建立两个数据库文件：数据文件 JXGL. mdf 和日志文件 JXGL_log. ldf，默认存储在"安装目录\Microsoft SQL Server\MSSQL1. MSSQLSERVER\MSSQL\DATA"目录下。

② 在"数据库文件"列表中的"逻辑名称"栏可以根据需求修改数据文件和日志文件的逻辑名称。如果确需修改，作为初学者，建议按①的方法在"数据库名称（N）"栏重新输入新的名称。

③ 根据需求可修改数据文件和日志文件的初始大小和自动增长方式。若要修改自动增长方式，则需单击"自动增长"栏中相应文件的 ... 按钮，在弹出的"更改 JXGL 的自动增长设置"对话框中进行相应的设置，如图 3.23 所示。建议初学者不要尝试做这一步。

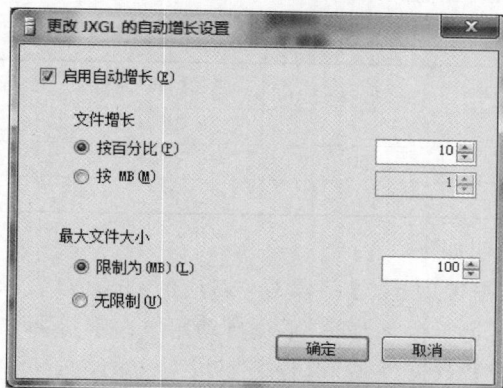

图 3.23 "更改 JXGL 的自动增长设置"对话框

④ 若要修改存储数据库文件的存储路径，先要在某硬盘分区（例如 D 盘）中建好目录，例如 D:\JXGL，然后单击"路径"栏中相应文件的 ... 按钮，在弹出的"选择文件夹（S）:"对话框中选择建好的存储路径 D:\JXGL，"选择文件夹（S）:"中的"所选路径（P）:"就设置成 D:\JXGL 了，接着单击"确定"按钮即可。需要说明的是，因为"选择文件夹（S）:"对话框中的"所选路径（P）:"中的内容只能从路径目录中选择，不能修改，也不接收新输入字符，所以必须先建好存储路径。

⑤ "添加（A）"是指新添加一个次数据文件或次日志文件。作为初学者，建议不要，也没必要尝试做这一步。

（5）在图 3.22 的窗体界面中，单击"确定"按钮，SQL Server 即完成数据库的创建。此时或在下次启动 SQL Server Management Studio 后，就可在"对象资源管理器"中看到新建的 JXGL 数据库了。

3.5.4 数据表及其创建与修改

数据表是 SQL Server 2012 中最基本的数据库对象。

1. 数据表的概念

数据表即关系表，简称表，是关系数据库中组织数据的基本单位；是关系模式在数据库中的物理表象；是数据库中存储各特定主题数据的地方；也是数据管理应用中从数据库中查询数据的"数据之源"。数据表及该表所属的数据是存储在数据库文件中的（如例 3.13 中的 JXGL. mdf），当数据库文件多于一个时，每个数据表及其数据只能存储在其中的一个数据库文件中。

2. 数据表的数据类型及约束

下面以图1.11给出的本书教学案例中的课程关系模式

C(C#,CNAME,CLASSH)

为例,说明与该关系模式对应的课程信息表涉及的相关概念。

在创建数据表时,需要给出表名、各属性(字段)名、各属性的数据类型和与该数据类型相适应的数据长度、是否为主键属性、该属性值是否允许空值(null)等。其中,字段类型、字段长度、是否主键属性、是否允许空值等都属于该属性的约束信息。主键属性的属性值约定不能为空值。课程关系表的属性、属性值及约束如表3.2所示。

表 3.2 课程关系表及其约束

字 段 名 称	字 段 类 型	字 段 长 度	主 键 属 性	允 许 空 值	字 段 含 义
C#	char	7	是	否	课程号
CNAME	varchar	20	否	否	课程名
CLASSH	int		否	是	学时

对表3.2中的数据说明如下。

(1) char为字符型数据类型,学号字段C#对应的char(7)表示学号的字符长度约定为7个字符的固定长度,当不足7个字符时,系统自动用空白字符补充。

(2) varchar也是字符型数据类型,课程名字段对应的varchar(20)表示课程名的最大长度是20个字符,但当课程名实际长度较短时,不需要补充字符。例如,"数据结构"的实际长度为8个字符,采用varchar数据类型,既考虑到了存储较长的课程名的需要,在存储较短的课程名时也不会浪费存储空间。

(3) int为整型数据类型,长度由系统约定,用户无须指定其长度。

(4) 主键属性为"是"时,表示该属性为主键属性,在创建表时要对该属性设置主键约束(🔑)。

(5) 字段"允许空值"约束为"是"时,在创建表时要将该属性的"允许null值"设置成"是"或"null";字段"允许空值"约束为"否"时,在创建表时要将该属性的"允许null值"设置成"否"或"not null"。

3. 创建数据表的方法

建立SQL Server数据库文件(空数据库)后,接下来就可以在该数据库文件中创建数据表了。在SQL Server中创建表的方法有两种:一种是利用SQL Server Management Studio工具创建表;另一种是利用SQL语句创建表(详见第4章)。下面介绍利用SQL Server Management Studio工具创建表的方法。

【例3.14】 利用表设计器在大学教学信息管理数据库JXGL中创建"课程表"C。

1) 进入"表设计器"对话框

(1) 启动SQL Server Management Studio工具,并连接数据库服务器。在SQL Server Management Studio工具的主界面中的"对象资源管理器"中展开"数据库",进而展开之前创建的JXGL。主界面中的资源管理器部分如图3.24所示。

(2) 右击JXGL下的"表"对象,在弹出的快捷菜单中选择"新建表"命令,如图3.25所示,系统会弹出"表设计器"对话框,如图3.26所示。

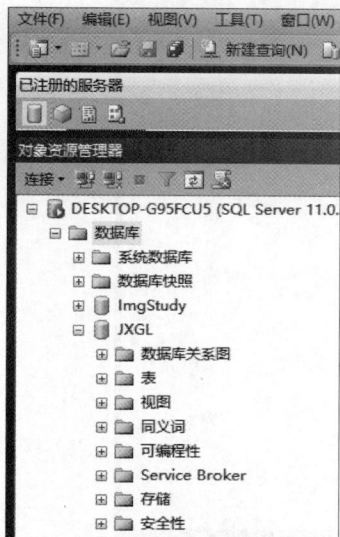

图 3.24　展开"数据库"和展开 JXGL

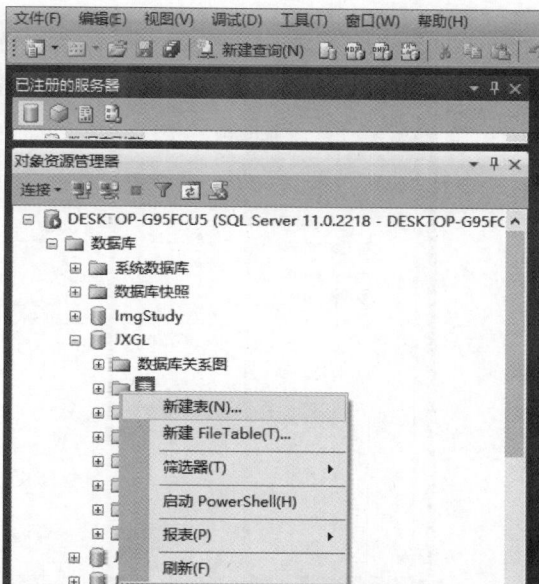

图 3.25　选择"新建表"菜单命令

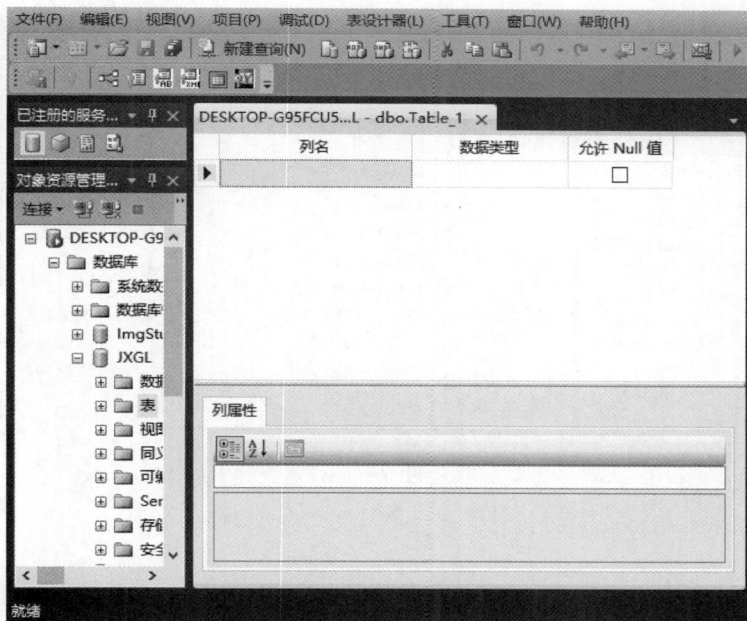

图 3.26　"表设计器"对话框

2) "课程表"结构的建立

在"表设计器"中依次输入已经设计好的"课程表"C 的各属性信息,包括列名、数据类型、是否允许为空值等,如图 3.27 所示。

3) 为"课程表"C 创建主键

(1) 在"表设计器"中右击 C♯字段,在弹出的快捷菜单中选择"设置主键"命令,如图 3.28 所示。

第
3
章

数据库应用系统设计方法

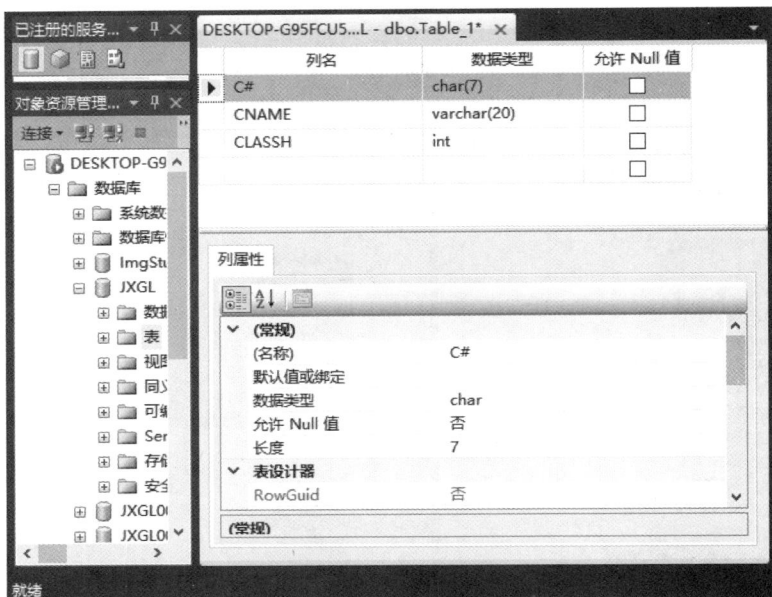

图 3.27 设计好的"课程表"C

图 3.28 "设置主键"的过程——弹出设置主键快捷菜单

（2）将课程号字段设置为主键，如图 3.29 所示。

4）保存创建的表

（1）在"文件"菜单中选择"保存"菜单命令，弹出"选择名称"对话框，如图 3.30 所示，接着为该表输入名称 C，单击"确定"按钮，完成学生表 C 的创建。

（2）此时，或在下次启动 SQL Server Management Studio 后，在"对象资源管理器"的 JXGL 数据库下的"表"对象中，用户可以查看到刚刚建立的数据表 C。

4. 表结构的修改方法

创建表之后，由于某种原因需要对表结构、约束或其他列的属性进行修改。对一个已存在的表可以进行的修改操作包括以下几方面。

（1）更改表名。

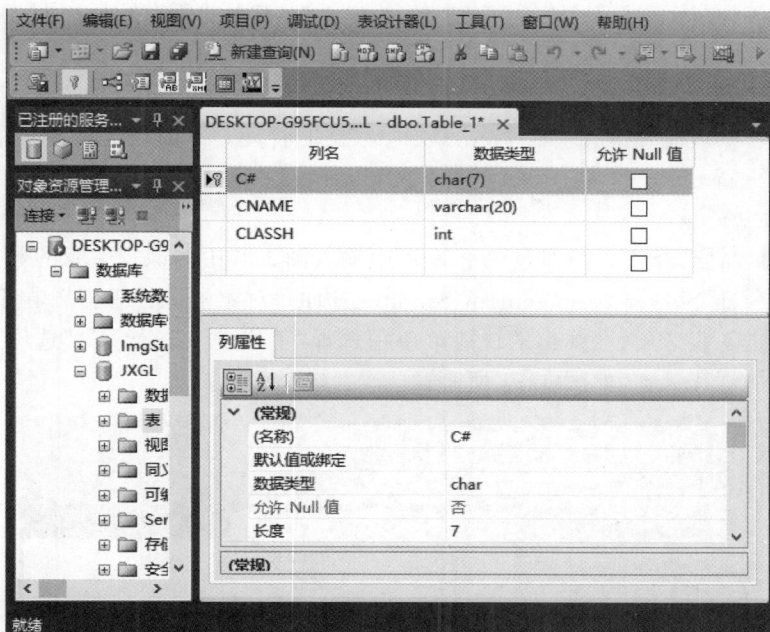

图 3.29 "设置主键"的过程——S♯为主键

图 3.30 "选择名称"对话框

（2）添加新的列。

（3）删除已有的列。

（4）修改已有列的属性（列名、数据类型、长度、默认值以及约束）。

第 1 项修改操作在 SQL Server Management Studio 工具的"对象资源管理器"中实施。只需右击要修改的表，在弹出的快捷菜单中选择"重命名"命令，即可修改表名。重命名一个表将导致引用该表的其他数据库对象（例如存储过程、视图、触发器等）无效，因此要慎重。

后 3 项修改操作均在"表设计器"对话框中进行，右击要修改的表，在弹出的快捷菜单中选择"修改"命令，即可弹出要修改的表，用户可对数据表的各列及其属性进行添加、删除和修改。

5．表的删除方法

对于数据库中不再需要的表，可以将其删除。另外，考虑到有时修改已经建立好的表也比较麻烦或有一定的限制，也可以将其删除再重新创建。

当要删除一个表时，首先在 SQL Server Management Studio 工具的数据库窗口的"对象资源管理器"中选中要删除的表，然后在要删除的表上右击，在弹出菜单中选择"删除"选项。另一种方法是选择 SQL Server Management Studio 主窗口的"编辑"→"删除"命令。

数据库应用系统设计方法

同修改表一样,当删除一个表时,该表的结构定义、表中的所有数据以及表的索引、触发器、约束等会都从数据库中永久删除,因此执行删除表的操作时要谨慎。

6. 表中数据的插入和更新

创建表的目的就是用表来存储数据和方便数据的管理。下面通过示例介绍表中数据的输入(添加)和更新方法。

1) 添加数据记录

【例 3.15】 向已经建立的课程关系表 C 中输入图 1.8 中的课程关系的数据记录。

(1) 展开 SQL Server Management Studio 左边的"对象资源管理器",在 JXGL 数据库的表目录中右击课程表 C,在弹出的快捷菜单中选择"编辑前 200 行(E)"选项,此时就打开了待输入数据的课程表 C,如图 3.31 所示。

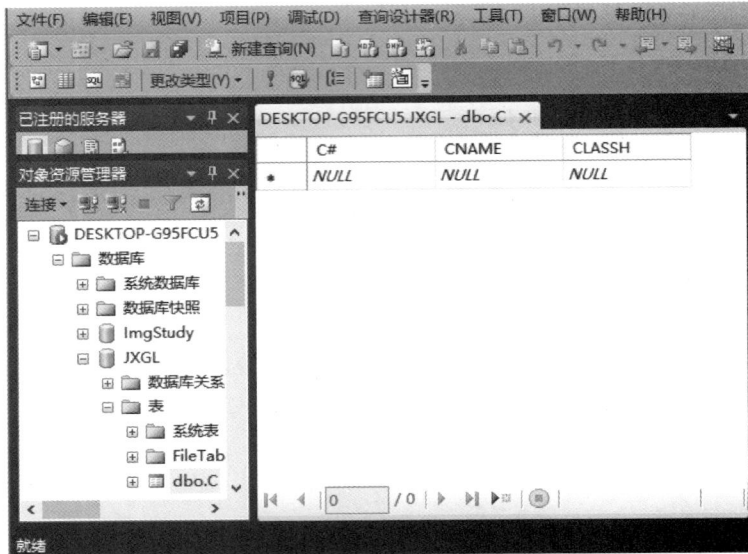

图 3.31 没有数据记录的数据表显示示例

(2) 将光标定位到"行编辑器"中有"*"的一行,即可输入要添加的记录。采用同样方法可完成图 1.8 中的课程关系的所有数据记录的输入,结果如图 3.32 所示。

(3) 所有数据记录输入完毕后,在"文件"菜单中选择"全部保存"命令即可。

2) 修改数据记录

如果之前添加的数据记录出错了或过时了,就需要对其进行修改。修改数据记录步骤如下。

(1) 将光标定位到需要修改的数据记录。

(2) 直接对需要修改的字段进行修改。

(3) 关闭数据表视图,系统自动保存表中数据。

3) 删除数据记录

当之前添加的数据记录不便于修改或不再需要时,就需要将其从表中删除。

【例 3.16】 删除大学教学信息管理数据库 JXGL 中课程关系表 C 中的"通信原理"课程。

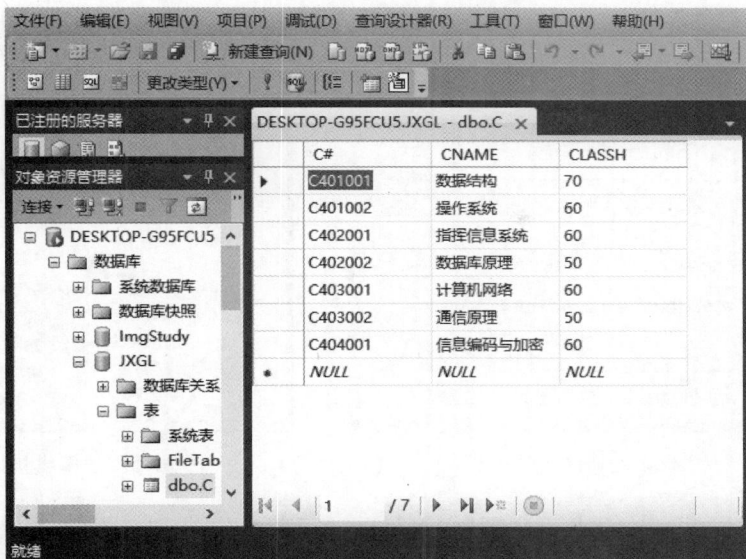

图 3.32　在表 C 中输入数据记录的数据视图

（1）右击拟删除的数据记录的"行定位器"，弹出快捷菜单，选择"删除"选项，如图 3.33 所示。

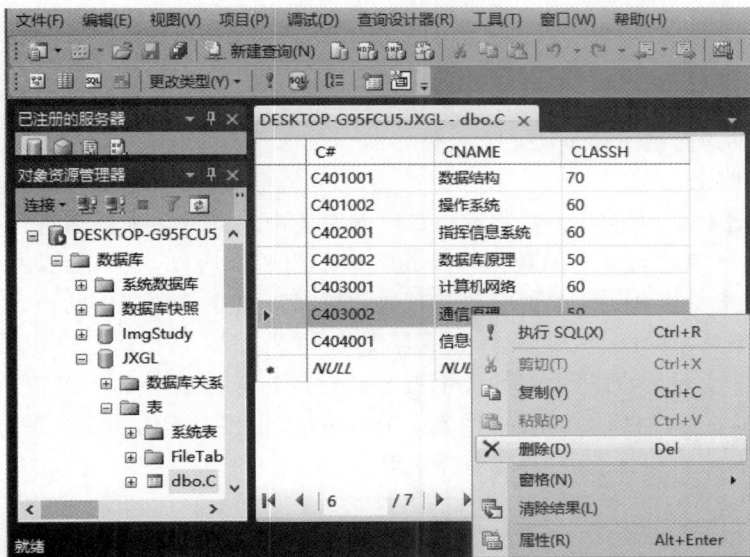

图 3.33　弹出快捷菜单选择"删除"选项

（2）选择"删除"命令，弹出如图 3.34 所示的确认删除记录提示对话框，单击对话框中的"是"按钮，即可删除该记录。

4）浏览表中的数据记录

用户通过 SQL Server Management Studio 工具可以方便地浏览数据表的所有记录。

【例 3.17】　浏览大学教学信息管理数据库 JXGL 中课程关系表 C 的所有课程记录。

（1）启动 SQL Server Management Studio 工具，在"对象资源管理器"中选择"数据库"

数据库应用系统设计方法

对象中的 JXGL 数据库。

（2）在 JXGL 数据库下的"表"对象中右击课程表 C,在弹出的快捷菜单中选择"编辑前 200 行"命令,如图 3.35 所示。

图 3.34　删除记录提示对话框

图 3.35　表编辑快捷菜单

（3）单击该选项后,在"数据视图"中将显示课程表 C 的所有记录,如图 3.32 所示。

3.5.5　索引技术

关系数据库是以表的形式组织数据的;各关系表中的数据是存储在数据库的数据文件中的;表中数据记录的查询是通过顺序扫描表来实现的。当一个表中的记录数很大(例如,几十万个记录,甚至几百万个记录),极端情况下且查询的内容是表中的最后一个记录时,则需要扫描完整个表后才能找到该记录,显然查询效率比较低。因此,提高表中数据记录的查询速度和减少访问时间,就成为数据库物理结构设计中一个非常重要的问题。目前提高表中数据记录查询速度的主要方法是为表建立索引。

1. 索引的概念

在关系数据库中,索引是一种物理地对数据库表中一列或多列的值进行排序的存储结构,是将一个关键字与它对应的数据记录相关联的过程。所以,一个索引由若干索引项构成,每个索引项至少包含一个关键字和其对应的数据记录在存储器中的位置的信息。索引技术是组织大型数据库以及磁盘文件的重要技术。

设 $k_i (i=1,2,\cdots,n)$ 为某一关系表中按其某种逻辑顺序排列的主键值,其对应的记录 R_{ki} 的地址为 $A(R_{ki})$,则 $(k_i, A(R_{ki}))$ 称为一个索引项,由多个索引项组成的如图 3.36 所示的表形式的数据结构称为索引,有时也称索引表。

k_1	k_2	k_3	$\cdots$	k_n
$A(R_{k1})$	$A(R_{k2})$	$A(R_{k3})$	$\cdots$	$A(R_{kn})$

图 3.36　索引结构

可见,索引的实质就是按照记录的主键值将记录进行分类,并建立主键值到记录位置的地址指针。图 3.37 是一种学生关系及其索引的图示表示方式。

由图 3.37 可知,只要给出索引的主键,就可以在索引表中查到相应记录的地址指针,并进而直接找到要查询的记录。由于索引表比它的关系表小得多,所以利用索引查找要比直接在关系表上查找快得多。

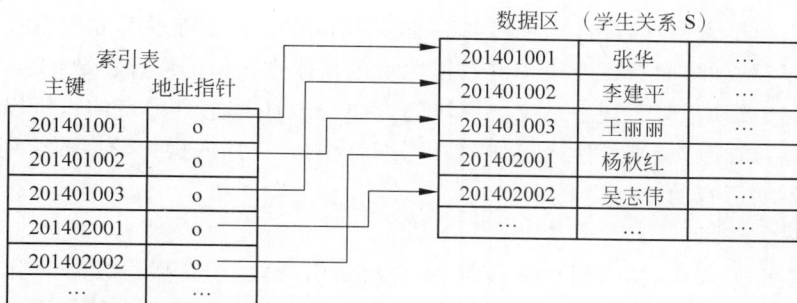

图 3.37　学生关系索引

2. 线性索引

线性索引是一种将索引项集合组织为线性结构的索引方式,或者说是使用单一下标按照顺序向下遍历每一行的索引项来引用表中数据记录的索引项组织方法,所以线性索引也称为索引表。线性索引可分为稠密索引和稀疏索引两种。

1）稠密索引

在稠密索引(Dense Index)方式中,按主键值的排序建立索引项,每个索引项包含一个主键值和一个由该主键值标识的记录的地址指针,所以每个索引项对应一个记录,记录的存放顺序是任意的。由于索引项的个数与记录的个数相等,也就是说索引项较多,所以称为稠密索引。图 3.37 的学生关系索引即是一个稠密索引的例子。

引入索引机制后,向关系表中插入记录,修改关系表中的记录和删除关系中表的记录就要通过索引来实现。对于稠密索引来说,由于数据记录的存放顺序是任意的,所以实现对关系表中记录删、插、改的关键是索引表中主键值的查找问题。由于按主键值排序的稠密索引表相当一个顺序文件,主键值的查找可以用顺序文件的查找方法,即当主键值不大时采用顺序扫描方式;当主键值较大时采用二分查找等查找方式。

稠密索引的优点是查找、更新数据记录方便,存取速度快,记录无须顺序排列。缺点是索引项多,索引表大,空间代价大。

2）稀疏索引

在稀疏索引(Sparse Index)方式中,所有数据记录按主键值顺序存放在若干块中,每个块的最大主键值(即该块最后一个数据记录的主键值)和该块的起始地址组成一个索引项,索引项按主键值顺序排列组成索引表。由于是每个块只有一个索引项,也就是说索引项较少,所以称为稀疏索引。图 3.38 所示是一个稀疏索引的例子。

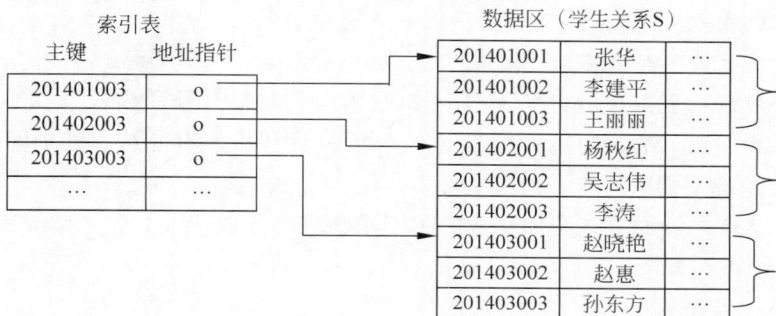

图 3.38　学生关系的稀疏索引方式

数据库应用系统设计方法

稀疏索引由于索引项较少,因而节省存储空间;但由于稀疏索引方式不仅索引表中的主键值是按序存放的,而且各个块中的数据记录也是按主键值的顺序存放的。与此同时,在各个块的存储组织中,对于同一系统来说块的大小一般还是相对固定的。所以实现对关系表中记录的删、插、改,特别是插入操作,是十分麻烦的。在插入操作较多的应用中采用稀疏索引方式是不太适宜的。

3. B—树

在稀疏索引方式中,当索引项很多时,可以将索引分块,建立高一级的索引;进一步,还可以建立更高一级的索引,……,直至最高一级的索引只占一个块。这种多级索引如图 3.39 所示,是一棵多级索引树,图中假设每个块可以存放 3 个索引项。

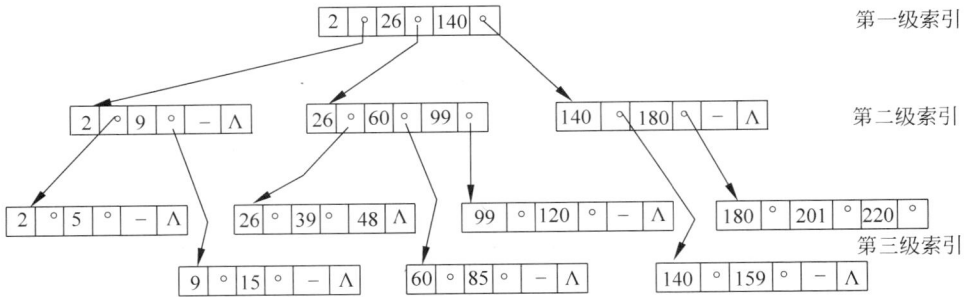

图 3.39　多级索引

当在多级索引上进行插入,使得第一级索引增长到一块容纳不下时,就可以再加一级索引,新加的一级索引是原来第一级索引的索引。反之,在多级索引上进行删除操作会减少索引的级数,于是就产生了 B—树(Balance—树)的概念。B—树的表述涉及下列一些术语。

(1) 结点。在 B—树中,将根结点、叶结点和内结点(B—树中除根结点和叶结点以外的结点)统称为结点。根结点和内结点是存放索引项的存储块,简称索引存储块或索引块。叶结点是存放记录索引项的存储块,简称记录索引块或叶块,每个记录索引项包含关系中一个记录的主键和它的地址指针。

(2) 子树。结点中每个地址指针指向一棵子树,即结点中的每个分支称为一棵子树。

(3) B—树的深度。每棵 B—树所包含的层数,包括叶结点,称为 B—树的深度。

(4) B—树的阶数。B—树的结点中最多的指针数称为 B—树的阶数。

在上述术语的基础上,有如下 B—树定义。

满足如下条件的 B—树称为一棵 m 阶 B—树(m 为不小于 3 的正整数)。

(1) 根结点或者至少有两个子树,或者本身为叶结点。

(2) 每个结点最多有 m 棵子树。

(3) 每个内结点至少有 $\lceil m/2 \rceil$ 棵子树($\lceil \ \rceil$ 为向上取整符号,例如,$\lceil 3/2 \rceil = 2$)。

(4) 从根结点到叶结点的每一条路径长度相等,即树中所有叶结点处于同一层次上。

在此定义基础上同时约定:

(1) 除叶结点之外的所有其他结点的索引块最多可存放 m−1 个主键值和 m 个地址指针,其格式为:

p_0	k_1	p_1	k_2	p_2	⋯	k_{m-1}	p_{m-1}

其中，$k_i (1 \leqslant i \leqslant m-1)$ 为主键值，$p_i (0 \leqslant i \leqslant m-1)$ 为指向第 i 个子树的地址指针。为了节省空间，每个索引块的第 1 个索引项不包含主键值，但它包含着所有比第 2 个索引项的主键值小的所有可能的数据记录。

（2）叶结点上不包含数据记录本身，而是由记录索引项组成的记录索引块，每个记录索引项包含有主键值和地址指针。每个叶结点中的记录索引项按其主键值大小从左到右顺序排列。每个叶结点最多可存放 n 个记录索引项（n 为不小于 3 的正整数），其格式应为：

k_1	p_1	k_2	p_2	...	k_n	p_n

叶结点到数据记录之间的索引可以是稠密索引：每个记录索引项的地址指针指向一个数据记录，这时，$k_i (1 \leqslant i \leqslant n)$ 为第 i 数据记录的主键值，p_i 为指向第 i 个数据记录的地址指针。也可以是稀疏索引：每个记录索引项的地址指针指向包含该记录索引项的主键值所在块的起始地址，这时，$k_i (1 \leqslant i \leqslant n)$ 为第 i 个记录块的最大主键值，p_i 为指向第 i 个记录块的起始地址指针。

通常，为了表述方便，许多文献将叶结点的格式简记为：

k_1	k_2	k_3	...	k_n

即，省略了记录索引项的地址指针。但应注意，这仅仅是为了便于描述，在记录索引项中必须要有地址指针。

（3）一般假设每个索引块能容纳的索引项数是个奇数，且 $m = 2d-1 \geqslant 3$；每个记录索引块能容纳的记录索引项也是个奇数，且 $n = 2e-1 \geqslant 3$。这里，d 和 e 是大于等于 2 的正整数。

图 3.40 是图 3.39 中多级索引结构的 B—树表示方法，该 B—树是一个 3 阶 B—树。

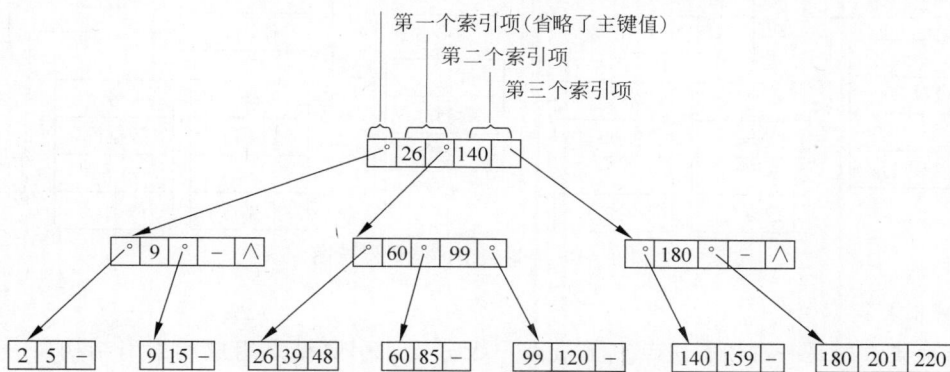

图 3.40　图 3.39 中多级索引的 B—树

4. SQL Server 的索引及其结构

SQL Server 有两种类型的索引：聚集索引（Clustered Index，也称聚类索引、聚簇索引）和非聚集索引（Nonclustered Index，也称非聚类索引、非聚簇索引）。

1）聚集索引

聚集索引是按照数据行（记录）键值的排列顺序在表中存储对应的数据记录，因而表中数据行的物理顺序与索引顺序一致，检索效率比较高。但由于聚集索引为了保证数据行在表中按键值的排列顺序存储，每当有新记录要插入表中时，都涉及表中所有数据行或部分数据行的重新排列,所以它所需要的空间也就特别大。

聚集索引的结构类似于一种树状结构,由根结点和非叶级结点的索引页和叶级结点的数据页组成,数据页是聚集索引的最底层(叶子结点)。也就是说,根页和非叶级页存放的是索引数据(索引行,由主键值和地址指针组成),叶级页存放的是表中的数据记录。根结点中的每一行指向分支结点,分支结点中的行又指向其他可能的分支结点,最后一级分支结点中的行最终指向叶子结点,最底层的叶子结点为实际的数据页。进一步讲,根结点和除最后一级分支结点的非叶级结点索引页中的每一行中,存放的是指向下一级索引页的指针(页号)及其中的一个主键值;最后一级索引页结点中的行中存放的是主键值和指向包含该主键值所在记录的叶级数据页的指针。进一步讲,SQL Server 中的聚集索引为稀疏索引,存放数据记录的块的大小是 SQL Server 的一个页的大小(8KB)。

聚集索引的结构如图 3.41 所示,其中由根页结点至最后一级分支索引页结点组成的索引结构是一种类似于图 3.40 所示的 B—树结构。

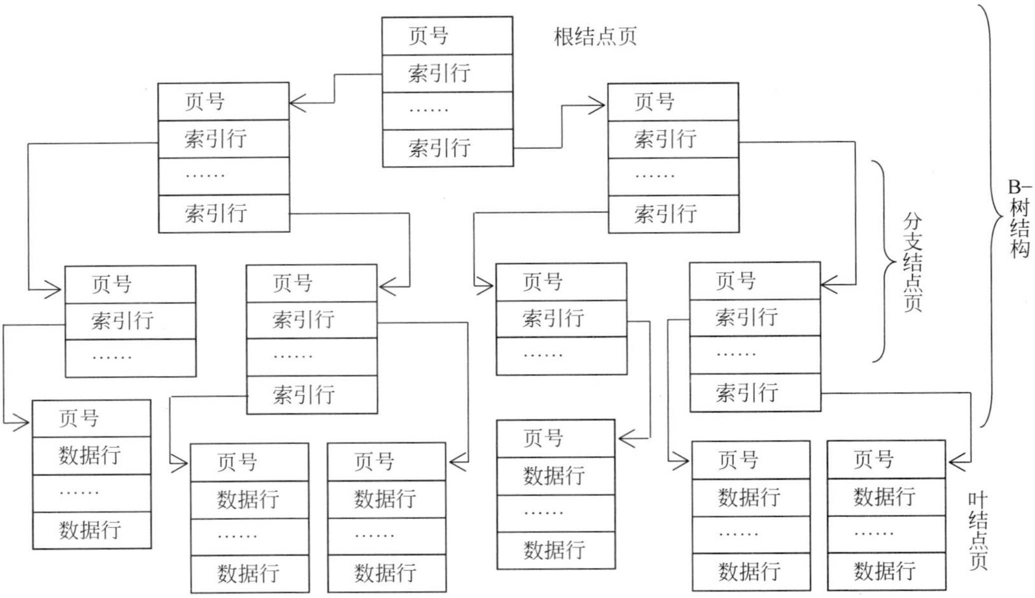

图 3.41　聚集索引的结构示意图

2) 非聚集索引

非聚集索引是一种由根页结点至最后一级分支索引页结点组成的索引结构(B—树结构),是完全独立于数据行的。也就是说,非聚集索引仍包含有按升序排列的列键值,但索引顺序与表中数据记录的物理顺序并不相同,即它并不对表中物理数据页中的数据记录的物理顺序进行重新排序;且叶级索引页中包含的是数据记录的主键值及其指向该数据记录的指针,而不是数据记录本身。

采用非聚集索引时,表中数据在各数据页中的组织采用堆(Heap)方式组织,所以非聚集索引最底层的叶级索引页的各行中的指向数据记录的指针值到各数据页号之间的映射,是一种 Hash 函数映射。

聚集索引的结构如图 3.42 所示,其中上部是 B—树形式的非聚集索引,下部为按堆结构组织的数据页。

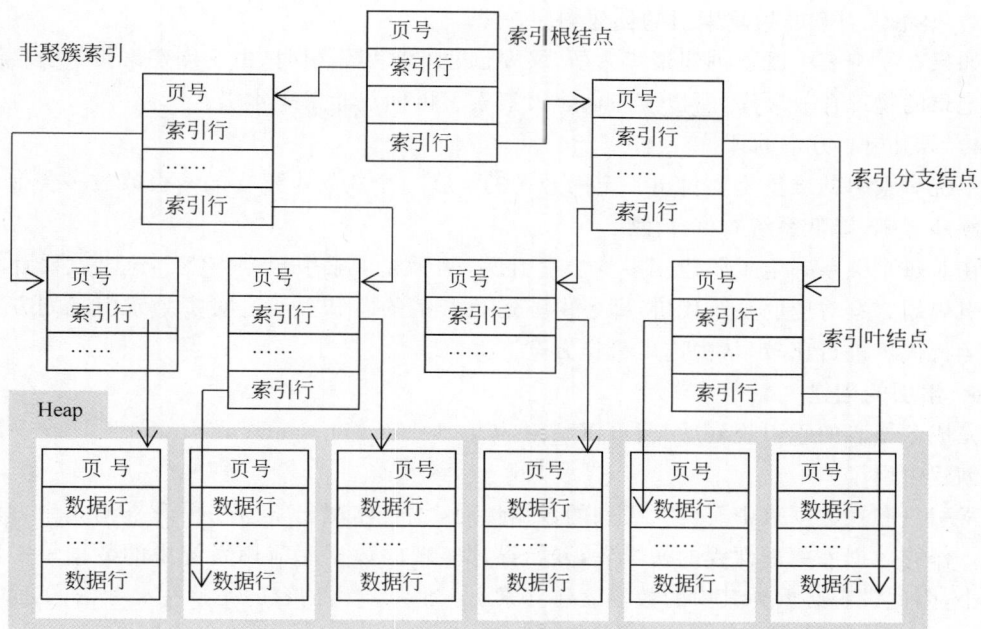

图 3.42 非聚集索引的结构示意图

在 SQL Server 中,聚集索引要求表中的数据记录只能以一种排序方式存储在磁盘上,所以一个表只能有一个聚集索引,但一个表可以有多个非聚簇索引。

3) 唯一索引及约束

唯一索引与其他索引唯一不同的是,唯一索引不允许索引键中存在两个相同的值。因为索引中每一个条目都与表中的行对应。唯一索引不允许重复值被插入索引,也就保证了对应的行不允许被插入索引所在的表。显然,唯一索引保障了主键和候选键功能的实现。

在为表声明主键或唯一约束时,SQL Server 会自动创建与之对应的唯一索引。当创建主键约束时,如果表上还没有创建聚集索引,则 SQL Server 将自动在创建主键约束的列或组合上创建聚集唯一索引,主键列不允许为空值。

5. 索引的规划

索引的规划是数据库物理设计的基本问题。索引规划首先是确定需要为哪些关系表建立索引,接着涉及选择建立索引的属性(字段)、建立索引的原则和顺序。

1) 选择索引字段

索引是建立在关系的字段上的,所以为表建立索引需要确定以下 3 个问题。

(1) 在哪些字段建立索引。

(2) 在哪些字段建立组合索引。

(3) 要将哪些索引要设计为唯一索引。

2) 确认在哪个或哪些字段上建立索引或建立组合索引的一般规则

(1) 如果一个(或一组)字段经常出现在选择或连接查询条件中,则考虑在这个(或这组)字段上建立索引(或组合索引)。

(2) 如果一个字段经常作为最大值和最小值等聚集函数的参数,则考虑在这个字段上建立索引。

3) 聚集索引和非聚集索引的创建顺序

如果在一个表中既要创建聚集索引,又要创建非聚集索引时,由于创建聚集索引会改变数据记录的物理存放顺序,所以应先创建聚集索引再创建非聚集索引。

4) 索引规划方案的评价

系统对索引的维护是要付出一定的开销的。在一个关系上建立的索引数过多会带来较多的额外开销,降低系统查询速度。

在对每个关系确定了要建立多少个索引后,就形成了索引规划方案。这时就要计算每个索引规划方案对应的系统代价,即各事务运行开销的总和。通过对多个索引规划方案的系统运行代价进行比较,从中选出最佳方案。

6. 索引的创建

完成数据表的索引规划后,就可以利用 SQL Server Management Studio 工具或 T-SQL 语句创建索引了。

索引只有在数据表中有巨大级别的数据量时,才会体现出索引在提升查询效率方面的作用。作为数据库原理课程的初学者,开始设计实现的数据库应用系统中的数据量一般都比较小,因此没有必要为其中的数据表建立索引。但从本书内容的完整性上考虑,下面将给出 SQL Server 创建索引的方法。

1) 创建索引

【例 3.18】 使用 SQL Server Management Studio,为大学教学信息管理数据库中的学生关系 S 在学生姓名 SNAME 列上建立非聚集索引,要求按升序排列。

(1) 启动 SQL Server Management Studio 工具,打开大学教学信息管理数据库 JXGL。

(2) 在"表"对象中选择学生关系表 S,右击选择"修改"菜单命令,打开"表设计器"对话框。

(3) 在"表设计器"界面上右击,弹出快捷菜单,如图 3.43 所示;选择"索引/键"菜单项,系统显示"索引/键"对话框,如图 3.44 所示。

图 3.43　弹出快捷菜单

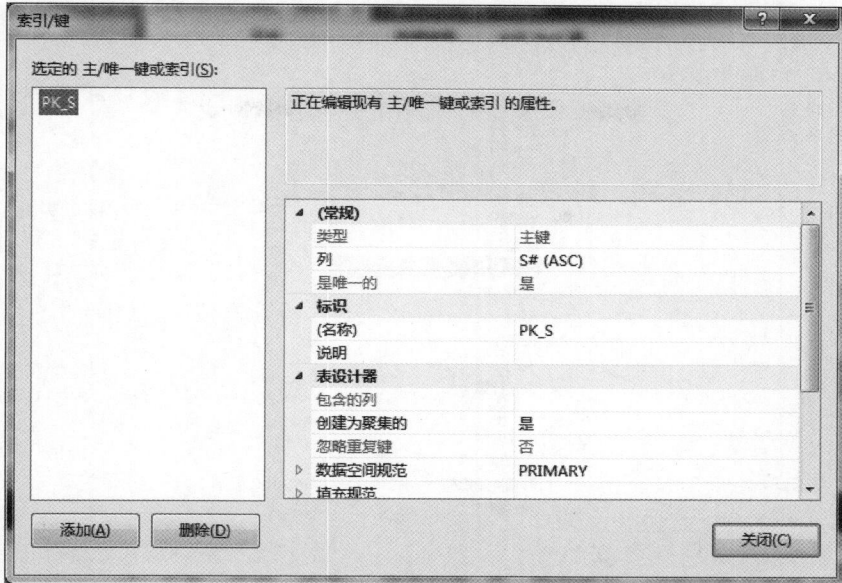

图 3.44 "索引/键"对话框

(4) 单击"添加"按钮。"选定的主/唯一键或索引"列表将显示新索引的系统分配名称 IX_S,如图 3.45 所示,然后依次设置索引的相关属性,步骤如下。

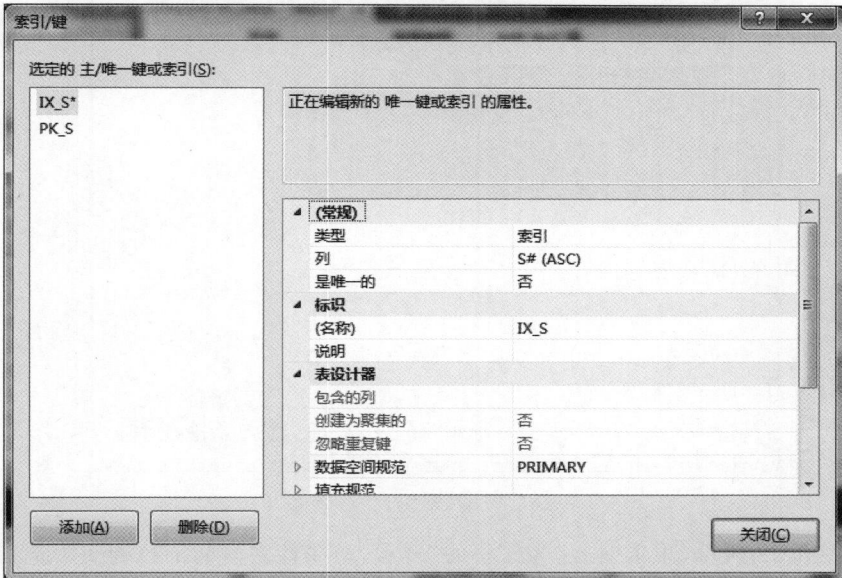

图 3.45 正在编辑的"索引/键"对话框

① 在"常规"选项中,选择"类型"选项,从属性右侧的下拉列表中选择"索引"项。

② 如图 3.46 所示,在"列"选项中单击[...]按钮,弹出"索引列"对话框(见图 3.47),选择 要进行索引的列——学生姓名 SNAME,指定排序顺序为升序(ASC)。最多可选 16 列, 为获得最佳的性能,一般为每个索引选择一列或两列。

第 3 章

数据库应用系统设计方法

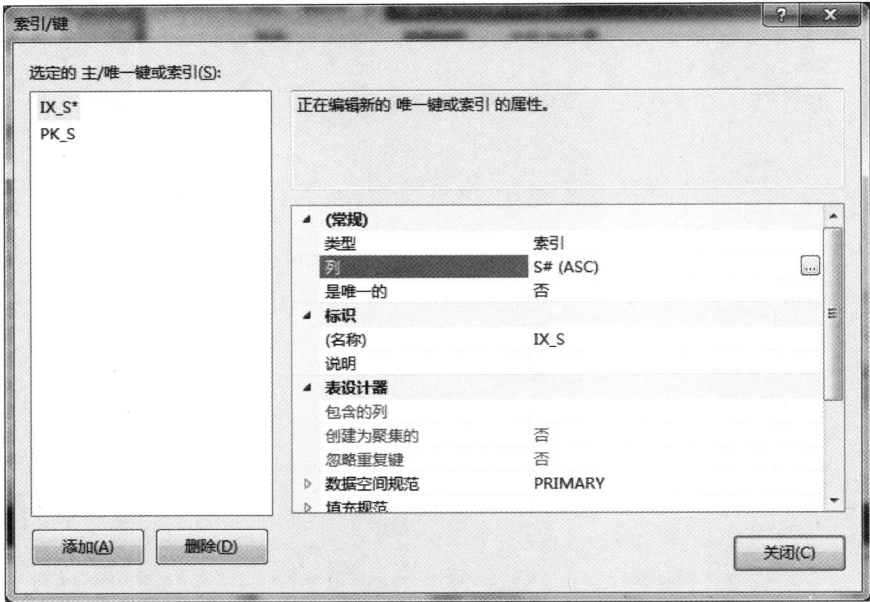

图 3.46 在"索引/键"对话框中编辑"列"选项

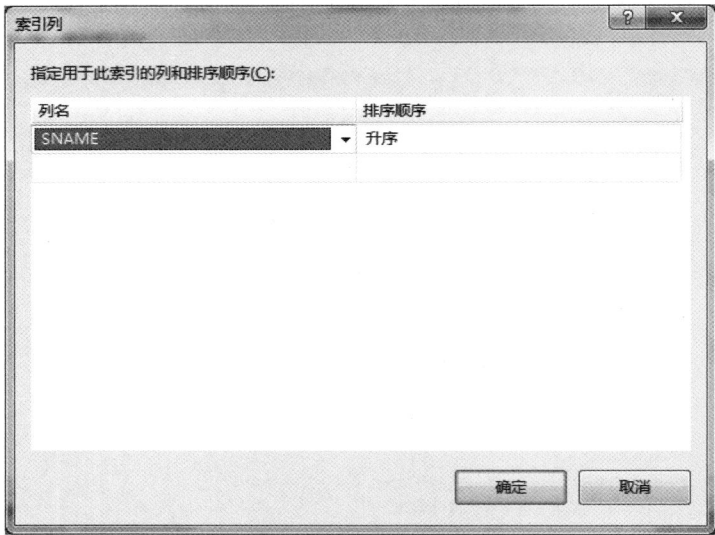

图 3.47 "索引列"对话框

③ 如图 3.48 所示,单击"创建为聚集的"选项,从属性右侧的下拉列表中选择"否"项。

(5) 设置完成后,单击"关闭"按钮,关闭"索引/键"对话框。

(6) 在"文件"菜单中,选择"保存"菜单命令,即可完成设置。

2) 查看索引

【例 3.19】 在大学教学信息管理数据库中,查看学生关系 S 中的索引。

(1) 启动 SQL Server Management Studio 工具,打开大学教学信息管理数据库 JXGL。

(2) 在"表"对象中选择学生关系表 S,展开"索引"目录,如图 3.49 所示。

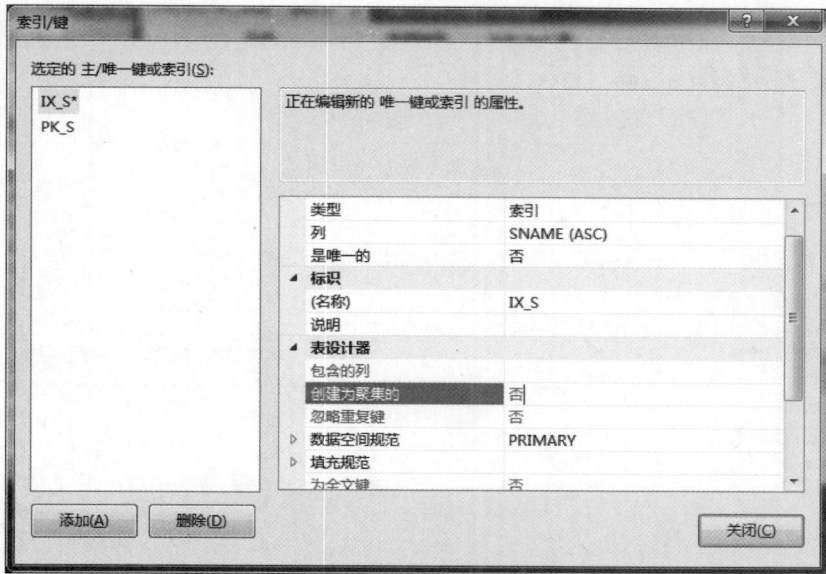

图 3.48 编辑"创建为聚集的"选项

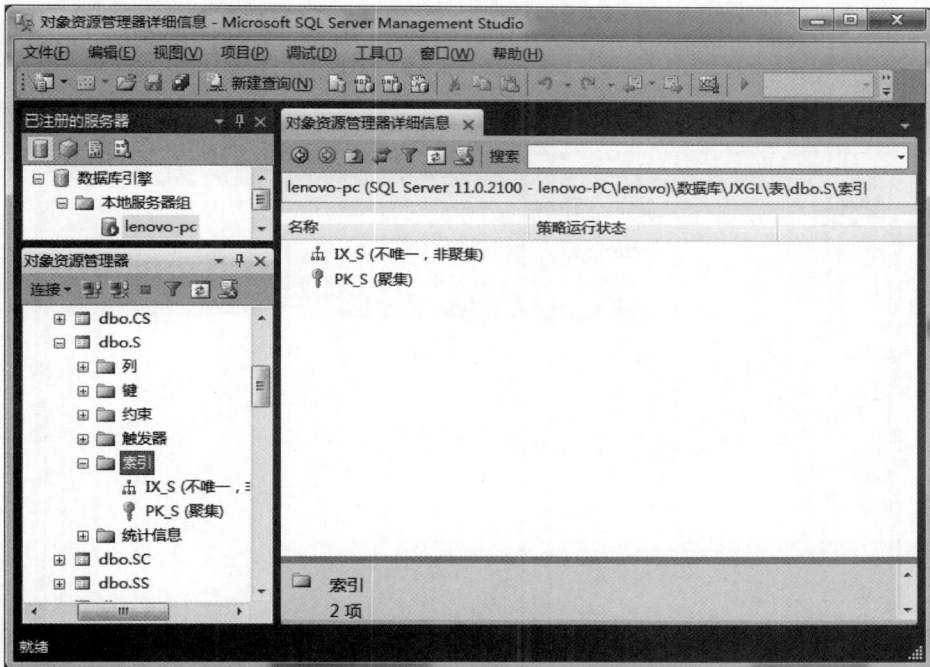

图 3.49 展开学生关系表 S 的"索引"目录

（3）右击要查看的"索引"项，选择"属性"菜单命令，弹出"索引属性"对话框，如图 3.50
所示。用户可以在该对话框中查看索引的各种属性。

3）删除索引

【例 3.20】 在大学教学信息管理数据库中，删除学生关系 S 中的索引。

（1）启动 SQL Server Management Studio 工具，打开大学教学信息管理数据库 JXGL。

数据库应用系统设计方法

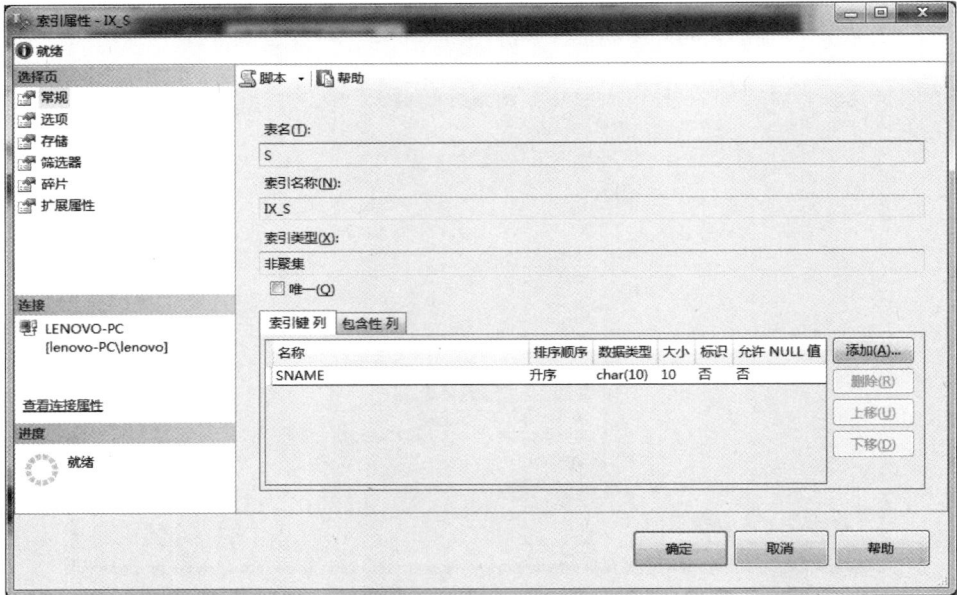

图 3.50 "索引属性"对话框

（2）在"表"对象中选择学生关系表 S，展开"索引"目录，选中想删除的索引，右击选择"删除"命令。

（3）在"删除对象"对话框中，如图 3.51 所示，单击"确定"按钮，完成删除。

图 3.51 "删除对象"对话框

3.5.6　数据库物理结构评价

在数据库的物理结构设计后,还需对设计好的物理结构进行评价,以便确定是否对其逻辑结构或物理结构进行进一步的优化设计。

评价方法就是对数据库物理设计过程中设计好的存储结构和存储方式,从时间效率、空间效率、维护代价和各种用户要求等方面进行定量估算和权衡。由于评价中要定量地估算各种方案的存储空间、存取时间和维护代价等,所以数据库物理结构的评价方法依赖于所选用的 DBMS。在定量分析和评价过程中由于进行性能比较可能会产生多种方案,数据库设计人员必须对这些方案进行细致的权衡、比较和分析,从中选择一个较优的方案作为数据库的物理结构。如果该结构不符合用户需求,则需要修改设计。

数据库物理结构设计及其评价后的修改过程,以及与逻辑设计和数据库实现阶段的关系如图 3.52 所示。

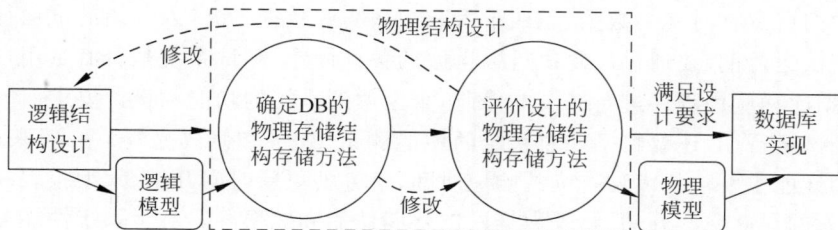

图 3.52　数据库物理结构的设计过程

3.6　数据库实现技术简介

数据库实现主要包括数据库的子模式设计、数据库应用行为设计与实现、装入实际数据进行系统试运行等。

1. 数据库的子模式设计

数据库的子模式设计是根据数据库应用系统面对的不同用户,及他们分别看到的数据库局部逻辑结构,由系统分析员创建必要的用户子模式(用户视图),以便为应用程序员面向各用户的数据库应用程序查询模块的设计提供方便。

2. 数据库应用行为设计与实现

数据库应用行为设计与实现是指在给数据库表录入和加载实验验证数据的基础上,利用所选用的 RDBMS 的主语言,编程设计能够满足该用户组织中各种用户对数据库应用需求的功能模块和行为特性,即进行应用程序的设计、调试和实现。

数据库应用程序的设计包括功能模块设计、统计分析设计、特殊功能要求设计、用户接口和系统界面设计等。一般来说,当纯粹利用数据库管理系统提供的开发工具开发应用程序时,实现比较方便、快捷,但界面格式相对单调,统计分析功能较弱,用户的一些特殊功能实现起来相对也困难一些。当利用某种主语言,例如 VB.NET 或 C♯编写应用程序时,实现方式比较灵活,便于实现功能比较强大的统计分析和用户的特殊功能要求。VB.NET 和 C♯都是一种既提供了比较好的用户界面设计功能,又便于低层统计分析和特殊功能实现的语言环境,是一种比较适合于数据库应用程序开发的主语言环境。

用 VB. NET 或 C♯这样的主语言编写应用程序时,程序调试方式与用其进行一般的软件系统设计时的软件调试方式基本类似。用数据库管理系统提供的开发工具开发应用程序时,熟练掌握该工具软件的应用特性及其环境参数的设置,对于应用程序的调试十分有益。

基于 SQL Server 2012 标准版数据库管理系统软件、Visual Studio 2010 集成环境中的 VB. NET 7.0 程序设计语言和. NET Framework 的 ADO. NET 2.0 数据库访问对象模型的数据库应用程序设计内容详见第 8 章。

3. 装入实际数据进行系统试运行

试验数据的加载和应用程序的设计与调试过程,实际上就是对建立的数据库应用系统的初步试运行过程,是对数据库应用系统的功能和性能进行测试和评价的过程。在这两阶段的工作中,实际上在不停地对发现的某些概念结构设计和物理结构设计中存在的缺陷和问题进行着某种程度的扩充、修改,甚至重构。但从总体上讲,数据库中的实验数据还比较少,还不便于发现特别是系统性能方面的深层次问题。所以在应用程序设计完成后,要删除掉数据库中的所有临时实验数据,正式录入和加载实际数据,并进入系统的试运行期。

在系统试运行期,要通过反复执行数据库的各种操作,测试系统是否满足用户的功能要求,并对数据库和应用程序进行必要的修改,直至达到系统的功能和设计要求。

在系统试运行期,还要特别注意系统的性能测试、评价和修改完善。一般来说,数据库应用系统的性能主要包括大型查询的响应时间、事务的更新时间开销、大型报表的生成时间开销、数据库的存储空间开销、物理数据库的存储性能和效率等。对于系统性能方面发现的问题要进行必要的专门测试实验,找出设计上的漏洞,及时进行完善和修改。

当数据库试运行结束后,就标志着数据库实现时期的工作已经结束,接下来就可以进入数据库应用系统生命周期的最后一个时期,即数据库应用系统运行与系统维护时期。

3.7 数据库应用系统运行与系统维护

下面先介绍数据库应用系统运行与系统维护过程中涉及的几个概念,再介绍数据库应用系统运行与维护时期的主要工作。

3.7.1 软件维护

一个软件系统投入运行后,系统所实现的功能的正确性、系统运行的可靠性、用户对该软件使用的方便性和系统功能的扩充等方面,往往会存在某些错误或不尽如人意的地方,所以必然涉及对投入运行后的软件系统的维护问题。

软件维护指一个软件交付使用之后,为了改正错误或满足新的需求而维护软件的过程。常用的软件维护包括改正性维护、适应性维护和完善性维护。

1. 改正性维护

软件投入运行后,对发现的某些软件错误地进一步诊断和修改的过程,称为改正性维护。例如,给软件打补丁实质上可看作一种改正性维护。

2. 适应性维护

把为了适应变化了的软件和硬件环境而进行的修改软件的活动,称为适应性维护。例如,软件的升级实质上可看作一种适应性维护。

3. 完善性维护

针对用户对投入运行后的软件提出的增加新功能或修改已有功能的建议而进行的修改和维护软件的活动,称为完善性维护。

3.7.2 运行与维护时期的主要工作

数据库应用系统运行与维护时期的主要工作如下。

1. 必要的改正性维护、适应性维护和完善性维护

数据库应用系统在投入实际应用后,和其他软件系统一样还会发现某些软件错误,因此必然要进行改正性维护;随着时间的推移,会涉及软件进一步适应变化的软件和硬件环境的问题,所以也涉及某种程度的适应性维护;也会发现有某些设计时考虑不周的情况,因而也要进行必要的完善性维护。

2. 数据库备份与恢复及故障维护

数据库在运行过程中,可能因意外的事故、硬件或软件故障、计算机病毒或"黑客"攻击等各种原因造成数据库故障或信息丢失,因此要定期地做好数据库备份工作。对于大型或较大型的数据库系统来说,必须每日进行数据库备份;对于一般的小型数据库来说,也要根据转储备份计划对数据库进行定期备份,以保证数据库发生故障时能尽快将数据库恢复到最近的一致性状态。

当数据库出现故障和信息被破坏或丢失时,要及时做好数据库系统的故障排除和数据恢复工作,确保数据库的正常运行。

3. 数据库运行性能的检测与改善

数据库性能检测就是利用数据库管理系统提供的系统性能参数检测工具,经常性地查看数据库运行过程中物理性能参数的变化情况,检测和分析数据库存储空间的应用情况。特别是,数据库经过较长时间的运行后,会因记录的不断插入、删除和修改产生大量空间碎片,造成数据库运行性能的急剧下降,所以要视情况对空间碎片进行整理,对数据库的存储空间状况及响应时间进行分析评价,结合用户反应确定改进措施,以保证数据库始终运行于最佳状态。

习 题 3

扫一扫 作业　扫一扫 自测题

3-1 解释下列术语。

(1) 数据库概念结构　　　　　(2) 数据库逻辑结构

(3) 一对多联系(1:*)　　　　(4) 多对多联系(*:*)

(5) 稀疏索引　　　　　　　　(6) 稠密索引

(7) 数据文件　　　　　　　　(8) 用户数据库

3-2 数据库应用系统的生命周期分为哪几个时期?每个时期又分别分为哪几个阶段?

3-3 分别简述数据库应用系统生命周期中的 6 个阶段的主要任务是什么?

3-4 何为数据流图?数据流图与程序流程图有哪些区别?

3-5 简述在下列情况下,实体—联系模型向关系模型转换的一般原则。

(1) 当两个实体集之间的联系为 M:N 联系时。

(2) 当两个实体集之间的联系为 1:N 联系时。

(3) 当两个实体集之间的联系为 1:1 联系时。

3-6 在图 3.53 所示的 E-R 图中,给出了职工、商店、商品实体集及联系集的属性信息等。
请给出从该 E-R 图可以转换成的关系模式,并指出每个关系模式的主键属性。

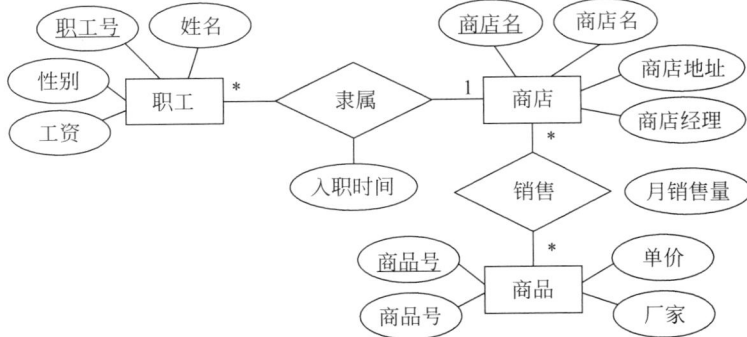

图 3.53 习题 3-6 图

3-7 设一个图书管理系统涉及的人员有读者(主要属性有借书证号、姓名、身份证号、工作
单位、读者类型、办证日期、借阅限量数等)、图书管理员(主要属性有管理员号、管理员
姓名、身份证号、职称等)、图书(主要属性有图书号、书名、作者、出版社、出版日期、单
价、库存数量等)。要求:

(1) 请设计反映读者借阅图书和管理员管理图书业务的 E-R 图。

(2) 将设计的 E-R 模型转换成关系模型。

3-8 图 3.54 给出的是一张交通违章处罚通知书。要求:

图 3.54 交通违章通知书图示

(1) 请根据这张通知书所提供的信息设计一个 E-R 模型(违章处罚通知书或只有警告处罚一种情况,或既有警告处罚也有罚款处罚两种情况),图上可省略属性标注。

(2) 将设计的 E-R 模型转换成关系模型(列出所有属性),并标出每一个关系模式的主码和外码(如果有)。

3-9 简述数据库的数据文件和日志文件的功能和作用。

3-10 SQL Server 2012 包括哪两类数据库?其作用是什么?

3-11 完成与本章内容相关的数据库应用系统课程设计部分内容,主要包括用户数据需求、功能需求和安全性需求分析;基于 E-R 图的数据库应用系统概念结构设计;以 E-R 图向关系模型转换为主要内容的数据库应用系统逻辑结构设计;与 SQL Server 2012 性能相适应的物理结构设计。

数据库应用系统设计方法

第4章　关系数据库语言 SQL

SQL(Structured Query Language,结构化查询语言)是一种介于关系代数和元组演算之间的关系数据库语言,1974 年由 Boyce 和 Chamberlin 提出;1975—1979 年由 IBM 公司在 System R 上实现;1986 年由美国国家标准局(American National Standard Institute,ANSI)批准为关系数据库语言的国家标准;1987 年由国际标准化组织(International Standard Organization,ISO)批准为国际标准;1993 年我国也批准为中国国家标准。随着SQL 的发展和完善,至 1999 年国际标准化组织已公布了最新的 SQL 标准 SQL-99,即 SQL-3。SQL 在绝大多数关系数据库中的采用,极大地推进了数据库技术的发展和广泛应用,并在数据库之外的其他领域的软件产品中得到应用。这进一步突显出学习数据库技术和 SQL的重要性。

4.1　SQL 的功能与特点

在 SQL 中,把关系模式称为基本表(Base Table),简称表;有时在容易与上下文有关概念相混淆的地方也称关系表。

4.1.1　SQL 的功能

SQL 按各语句完成的功能主要包括数据定义语句、数据操纵语句和数据控制语句 3 大类,相应的功能也分为三类。

1. 数据定义功能

SQL 的数据定义功能包括定义(和撤销)基本表、定义视图、定义索引等,由 SQL 语言的数据定义语句实现。

2. 数据操纵功能

SQL 的数据操纵功能包括数据查询和数据更新。数据查询指按某种要求从数据库中检索出需要的数据,并对其进行统计、分组、排序等,由 SQL 的数据查询语句实现;数据更新包括数据的插入、删除、修改等数据维护操作,由 SQL 的更新类语句实现。

3. 数据控制功能

SQL 的数据控制功能包括用户授权、基本表和视图授权、事务控制、数据完整性和安全性控制等,由 SQL 的数据控制类语句实现。

另外,由于 SQL 支持嵌入式工作方式,所以 SQL 语句嵌入在宿主语言程序中的使用规则等,也是 SQL 的功能之一。

4.1.2 SQL 的特点

SQL 集数据定义、数据查询、数据控制功能于一体；简洁易学，灵活易用；非过程性强，开发应用过程简单。同时在应用中具有以下两个特点。

1. SQL 具有交互式命令和嵌入式两种工作方式

SQL 提供了交互式命令（在 SQL 的交互式工作方式中，每一个 SQL 语句可看作一条 SQL 命令，所以常常称 SQL 语句为 SQL 命令）方式和嵌入式两种工作方式。在交互式命令工作方式下，用户可以以交互式命令方式通过直接输入 SQL 命令（语句）对数据库进行操作。例如，在 SQL Server 2012 中，用户可以在查询编辑器窗口直接输入 SQL 命令（语句）对数据库进行操作；在嵌入式工作方式下，SQL 语句可以被嵌入某种高级语言（例如，VB.NET、VC、Java 等）程序中实现对数据库的操作，并利用主语言（所嵌入的高级语言称为宿主语言，简称主语言）的强大计算功能、逻辑判断功能、屏幕控制及输出功能等，实现对数据的处理和输入/输出控制等。

2. SQL 支持数据库的三级模式结构

SQL 语言支持的关系数据库三级模式结构如图 4.1 所示。视图和部分基本表构成了关系数据库的外模式。视图由某个或某些数据库表中满足一定条件约束的数据组成，从程序员的观点看，视图和基本表是一样的。数据库应用系统中的全体基本表构成了该关系型数据库应用系统的全局逻辑模式。用于存储用户数据的所有数据文件和日志文件构成了该关系型数据库应用系统的内模式。一般情况下，一个表可以带有一个或多个索引，一个或多个表存放在一个存储文件中。存储文件对用户是透明的。

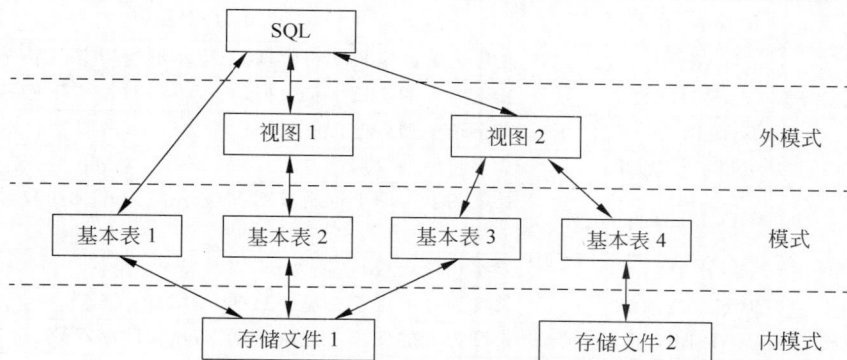

图 4.1　SQL 对关系数据库三级模式的支持

本章将以交互式命令方式的形式介绍 SQL 中主要的语句及其功能。在应用举例中除特别说明外，总是假设使用图 1.8 给出的大学教学信息管理数据库应用系统中的关系及其当前值和图 1.11 的大学教学信息管理数据库应用系统的逻辑模式。

4.2　表的基本操作

表的基本操作包括以表为对象的操作（表的创建、修改和撤销）和以表中数据为对象的操作（数据的插入、修改和删除）。

4.2.1 表的创建、修改与撤销

1. 创建表

利用 SQL 语句创建表是最常用的创建表方法之一。在 SQL 中,表的创建是由 CREATE TABLE 语句实现的,其语句格式为:

```
CREATE TABLE <表名>
    (<列名1><数据类型>[<列1的完整性约束>][,
     <列名2><数据类型>[<列2的完整性约束>],
        … ,
     <列名n><数据类型>[<列n的完整性约束>],
     [<表级完整性约束>]]);
```

其中:

(1) < >表示该项是必选项,[ ]表示该项是可选项。SQL 中的语句都必须以分号";"结束。

(2) <表名>是要定义的表的名称。表名不能与 SQL 中的保留字同名,不能与其他表名或视图名同名。表名和列名是以字母开头,由字母、数字和下画线_组成的字符串,长度不超过 30 个字符。

(3) 一个表至少要有一列(在 SQL 中将属性称为列),每一列必须有一个列名和相应的数据类型,同一表中的列名不能重名。

(4) <数据类型>是一个必选项,SQL 的典型数据类型如表 4.1 所示。

表 4.1 SQL 的典型数据类型

数 据 类 型	表 示 符 号	表示方式说明
字符型数据	CHAR(n)	长度为 n 的定长字符数据,长度不够时用空白字符补充
	VARCHAR(n)	长度为 n 的变长字符数据,长度不够时无须补充字符
数值型数据	SMALLINT	半字长整型数据,范围为 $-2^{15} \sim +2^{15}$,占用 2 字节
	INT/INTEGER	全字长整型数据,范围为 $-2^{31} \sim +2^{31}$,占用 4 字节
	DECIMAL(p[,q])	长度为 p 位的十进制数据,小数位数为 q,无小数时 q 可省略不写
	FLOAT	双字长浮点数,字长为 64 位
二进制型数据	BINARY[(n)]	长度为 n 的定长二进制数据,占用 n+4 字节
	VAR BINARY[(n)]	长度为 n 的变长二进制数据,占用实际字符数+4 字节
	IMAGE	长度为 n 的变长二进制数据,最大长度 $2^{31}-1$ 字节
日期时间型数据	DATETIME	日期型数据,形式为 YYYY-MM-DD
	TIME	时间型数据,形式为 HH:MM:SS

(5) [<列的完整性约束>]是一个可选项,表示该项内容可选,也可以不选。当不选该选项(该项空缺)时,默认为 NULL,表示该列可为空值;当选该选项(该项不空缺)时,该选项用于给出该列数据的完整性约束条件,由用户根据各属性列的数据特点和要求确定。列的完整性约束条件为下列选项中的一个。

[NULL|NOT NULL|PRIMARY KEY|DEFAULT|CHECK|UNIQUE|NOT NULL UNIQUE]

- NULL

NULL 用于指出该列可以为空值,其含义是指该列的值还没确定(例如,在学习关系

SC 中,当某课程还没有开设或还没有考试时,其中的"分数 GRADE"列可以为空值,即可以先不输入数据),NULL 不分类型。NULL 不同于数值型列的 0,也不同于字符型列的空格。零和空格都是一个具体的值,而 NULL 是空值,通常情况下不占存储空间。

* NOT NULL

NOT NULL 用于指出该列不能为空值,即该表中的所有元组在该列必须有确定的值。每个表中至少应有一个列的可选项为 NOT NULL。如果在表的完整性约束部分定义有主键,则除主键以外的其他列的可选项都可以是 NULL,因为主键列已隐含可选项为 NOT NULL。

* PRIMARY KEY

当表中只有一个列是主键时,该列的完整性约束可以为 PRIMARY KEY。

SQL 规定,主键列总具有唯一且非空的值,也就是说,定义为主键的列已经隐含具有 NOT NULL 选项和 UNIQUE 选项,所以在主键列中可以省略 NOT NULL 选项。

【例 4.1】 图 1.11 所示的大学教学信息管理数据库应用系统中的数据库逻辑模式(简称大学教学信息管理数据库)中的专业关系 SS,可用如下的表定义语句定义:

```
CREATE   TABLE SS
  (SCODE#   CHAR(5) PRIMARY KEY,
   SSNAME   VARCHAR(30) NOT NULL);
```

* DEFAULT

DEFAULT 用于给所在的列设置一个默认值,即在插入一个新记录时,如果带有 DEFAULT 选项的列没有新值,就将默认值插入该列。之所以使用默认选项,是因为对于一些数值型列,如果不输入数据,其中就可能是空值(NULL)而不是 0,由于在对数值型列进行求和等计算时,空值会使计算操作出错,所以对暂时不输入数据的数值型列一般应施加 DEFAULT 约束。DEFAULT 约束的格式如下:

DEFAULT(<默认值>)

* CHECK

CHECK 用于指出所在列的值只能取<值的约束条件>所规定的集合之内的值。其格式如下:

CHECK(<值的约束条件>)

其中,<值的约束条件>一般是一个条件表达式。CHECK 的作用是,当向 CHECK 所在的列插入一个新值时,DBMS 先要检查插入的值是否符合值的约束条件,如果符合就将新值放入该列中,如果不符合就拒绝接受插入的新值。

【例 4.2】 图 1.11 所示的大学教学信息管理数据库中的学生关系表 S,可用如下的表定义语句定义:

```
CREATE TABLE   S
  (S#        CHAR(9)  PRIMARY KEY,
   SNAME     CHAR(16)  NOT NULL,
   SSEX      CHAR(2)  CHECK(SSEX IN ('男', '女')),
   SBIRTHIN  DATETIME  NOT NULL,
   PLACEOFB  CHAR(16),
   SCODE#    CHAR(5) NOT NULL,
```

```
        CLASS        CHAR(6)    NOT NULL);
```

其中,对性别 SSEX 的约束表示该属性的值只能取"男"和"女"两个值中的一个。

利用 SQL Server 2012 的查询编辑器,实现创建例 4.2 的表 S 的过程如下。

① 启动 SQL Server Management Studio 工具,并连接到当前服务器。单击工具栏中的"新建查询"按钮(也可以在"文件"菜单中选择"新建"→"使用当前连接查询"),如图 4.2 所示。

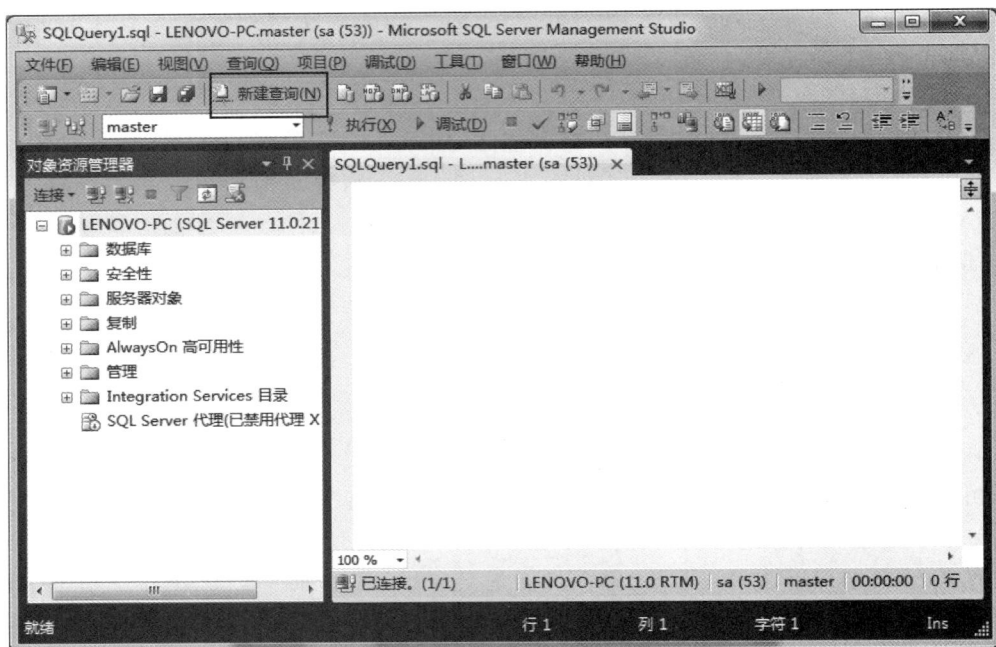

图 4.2 打开"查询编辑器"窗口

② 在"可用数据库"中选择当前操作的数据库为 JXGL 数据库,如图 4.3 所示。

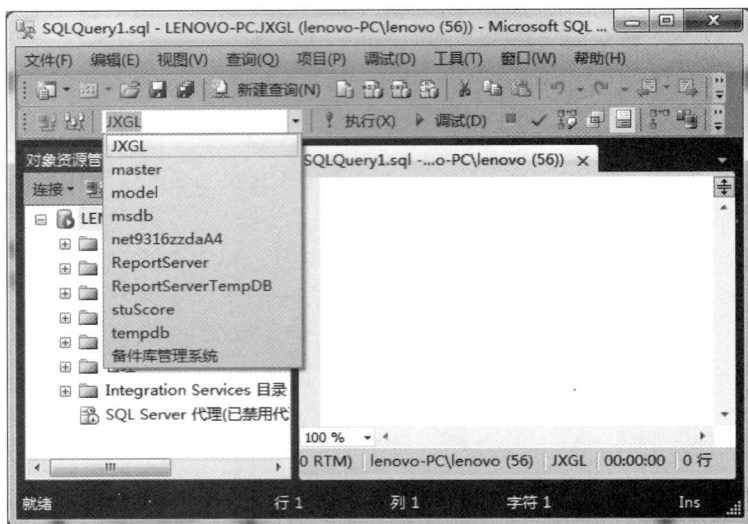

图 4.3 选择当前数据库为 JXGL 数据库

③ 在查询编辑器中输入例 4.2 的创建表 S 的 SQL 语句,然后单击"！执行(X)"按钮(也可以按 F5 键执行,或者在"查询"菜单上单击"执行"选项),在"消息"栏中显示"命令已成功完成",如图 4.4 所示。

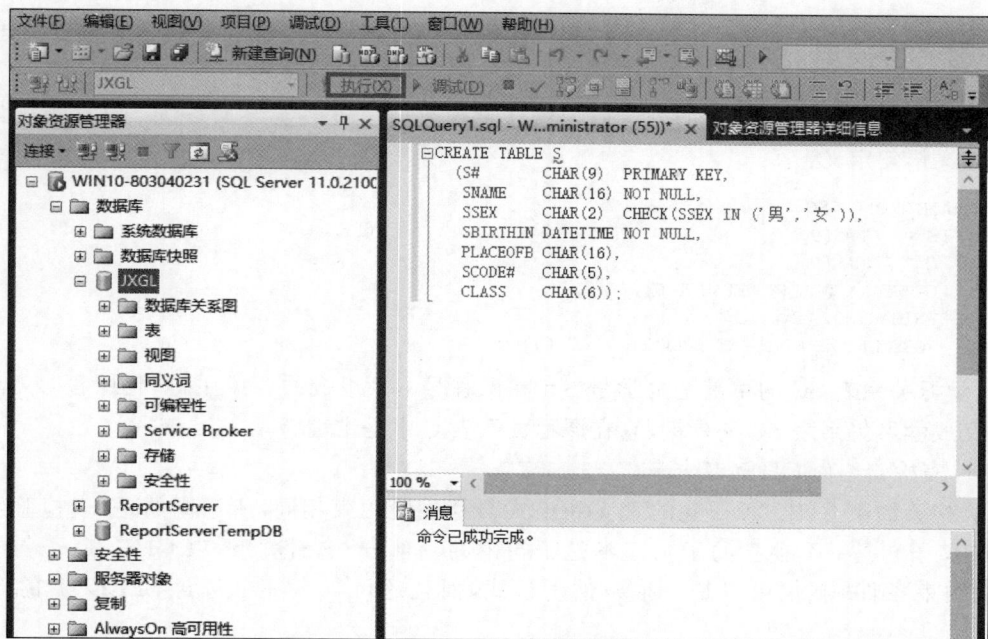

图 4.4 使用"查询编辑器"创建 S 表

- UNIQUE

UNIQUE 用于指出所在列的值对于所在的表来说是唯一的,即该列的值不允许相同。例如,如果某些表中需要设置一个表示元组顺序的"序号"列,则将该列的约束设置成 UNIQUE 是比较恰当的。

(6)[<表的完整性约束>]是一个可选项,当选该可选项时,<表的完整性约束>用于给出所在表的数据的约束条件。<表的完整性约束>由用户根据表中各属性列数据的特点和要求确定。表约束子句放在表中最后一列的后面。表的完整性约束条件主要有以下三种。

- 表的主键约束子句,格式如下:

PRIMARY KEY(<主键列名 1> [,<主键列名 2>,…,<主键列名 r>])

当表的主键由多个列名组合而成时,必须将表的主键定义成表约束格式。当然,当表中只有一个列是主键时,也可以将表的主键定义成表约束格式。

【例 4.3】 图 1.11 所示的大学教学信息管理数据库中的学习关系 SC,可用如下的表定义语句定义:

```
CREATE TABLE  SC
    (S#   CHAR(9),
    C#   CHAR(7),
    GRADE  SMALLINT DEFAULT(0),
    PRIMARY KEY(S#, C#));
```

其中,分数 GRADE 属性可先不输入数据,但不能将它设置成空值(NULL),因为当对 GRADE

进行运算操作时会出现错误,所以可给其设置默认值 0。

- 表的外键约束子句,格式如下:

FOREIGN KEY(<列名 1>) REFERENCES <表名>(<列名 2>)

本子句定义了一个列名为"<列名 1>"的外键,它与表"<表名>"中的"<列名 2>"相对应,且"<列名 2>"在表"<表名>"中是主键。

【例 4.4】 图 1.11 所示的大学教学信息管理数据库中的学习关系 SC,可重新用如下的表定义语句定义:

```
CREATE TABLE   SC
   (S#   CHAR(9),
    C#   CHAR(7),
    GRADE  SMALLINT DEFAULT(0),
    PRIMARY KEY(S#, C#),
    FOREIGN KEY (C#) REFERENCES  C(C#));
```

其中,学习关系表 SC 的主键是由学号 S# 和课程号 C# 组成的合成主键,且课程号 C# 又被定义成学习关系表 SC 的外键,它在课程关系表 C 中是主键。

- 表检验约束 CHECK 子句

表检验约束 CHECK 子句的含义和格式与列检验约束相同,所不同的是,表检验约束 CHECK 子句是一个独立的子句而不是子句中的一部分。表检验约束 CHECK 子句中的<值的约束条件>不仅可以是一个条件表达式,而且还可以是一个包含 SELECT 的 SQL 语句。

【例 4.5】 图 1.11 所示的大学教学信息管理数据库中的学习关系 SC,还可用如下的表定义语句定义:

```
CREATE TABLE   SC
   (S#   CHAR(9),
    C#   CHAR(7),
    GRADE SMALLINT DEFAULT(0),
    PRIMARY KEY(S#,C#),
    FOREIGN KEY (C#) REFERENCES C(C#),
    CHECK (GRADE BETWEEN 0 AND 100));
```

当一个新表生成时,它是一个没有数据的空关系,接下来的工作就是给它装入数据。数据的插入方式详见 4.2.2 节。

2. 修改表

常常因为事先考虑不周需要对已经建立好的表进行修改。对表的修改包括改变表名、增加列、删除列、修改列定义等。下面介绍利用 SQL 语句修改表的方法。

1) 改变表名

改变表名的语句格式如下:

SP_RENAME <原表名>, <新表名>;

【例 4.6】 将 SS 表改名为 SS1。

SP_RENAME   SS, SS1;

2) 增加列

在表的最后一列后面增加新的一列,但不允许将一个列插入原表的中间。增加列语句的格式如下：

```
ALTER TABLE <表名> ADD <增加的列名> <数据类型>;
```

其中,新增加的列后不能有可选项[NOT NULL],也就是说,新增加的列不能定义为 NOT NULL。表在增加了一个列后,原来的元组在新增加的属性上的值都被定义为空值。

【例 4.7】 给专业表 SS 增加一个新属性 NOUSE_COLUMN,设其数据类型为 DECIMAL(8,1)。增加新属性的语句格式如下：

```
ALTER TABLE SS ADD NOUSE_COLUMN DECIMAL(8,1);
```

3) 删除列

删除表中不再需要的列,语句格式如下：

```
ALTER TABLE <表名> DROP COLUMN <删除的列名> [CASCADE | RESTRICT];
```

其中,可选项[CASCADE | RESTRICT]是删除方式。当选择该选项时,由用户根据属性列的特点确定其中之一。CASCADE 表示在表"<表名>"中删除列"<删除的列名>",所有引用到该列的视图(视图操作详见 4.4 节)或有关约束也一起被删除；RESTRICT 表示在没有视图或有关约束引用列"<删除的属性列名>"时,关系中的该列才能被删除,否则拒绝该删除操作。

【例 4.8】 删除专业表 SS 中增加的属性 NOUSE_COLUMN 的两种删除语句分别如下：

```
ALTER TABLE SS DROP COLUMN NOUSE_COLUMN CASCADE;
ALTER TABLE SS DROP COLUMN NOUSE_COLUMN RESTRICT.
```

4) 修改列的定义

修改属性列的定义语句只用于修改列的类型和长度,列的名称不能改变。当表中已有数据时,不能缩短列的长度,但可以增加列的长度。修改列定义语句格式如下：

```
ALTER TABLE <表名> ALTER <列名> <新的数据类型及其长度>;
```

【例 4.9】 修改专业表 SS 中的专业名称 SSNAME(30)为 SSNAME(40),即长度增加 10。具体语句格式如下：

```
ALTER TABLE SS ALTER SSNAME VARCHAR(40);
```

3. 撤销表

撤销表就是将不再需要的表或创建有错误的表删除掉。当一个表被撤销时,该表中的数据也一同被撤销(删除)。撤销表的语句格式如下：

```
DROP TABLE <表名> [CASCADE | RESTRICT];
```

其中,CASCADE 表示在撤销表"<表名>"时,所有引用这个表的视图或有关约束也一起被撤销；RESTRICT 表示在没有视图或有关约束引用该表的属性列时,表"<表名>"才能被撤销,否则拒绝该撤销操作。

4.2.2 表中数据的插入、修改和删除

1. 插入数据

当一个新表建立后,就需要给它插入(输入)数据。向表中插入一行(单元组)数据的

INSERT 语句格式如下:

```
INSERT INTO <表名>
   [(<列名表>)]
     VALUES (<值表>);
```

其中:

(1) <列名表>的格式为: <列名 1>[,<列名 2>,…,<列名 m>]。

(2) <值表>的格式为: <常量 1>[,<常量 2>,…,<常量 m>],用于指出要插入列的具体值。

(3) 如果选择可选项"[(<列名表>)]",表示在插入一个新元组时,只向由<列名 i>指出的列中插入数据,其他没有列出的列不插入数据,且"<列名表>"中至少必须包括在表定义中为 NOT NULL 的列和主键列;并且,<值表>中的属性列值必须与<列名表>中的属性列名一一对应。如果没有选择可选项[<列名表>],则默认表中所有的列都要插入数据,并且<值表>中的列值必须与<列名表>中的属性列名一一对应。

【例 4.10】 给学习关系 SC 中插入王丽丽同学(学号为 201401003)学习计算机网络课(课程号为 C403001)的成绩(89 分),语句格式如下:

```
INSERT INTO  SC
  (S#,C#, GRADE)
     VALUES ('201401003', 'C403001', 89);
```

其中,由于插入的元组中的属性列个数、顺序与学习关系 SC 的结构完全相同,所以可以略写可选项,即上面的语句可简写如下:

```
INSERT INTO  SC
     VALUES ('201401003', 'C403001', 89);
```

【例 4.11】 如果在创建学习关系 SC 时已经把分数属性 GRADE 的值默认定义成 0,那么在学生的考试成绩出来之前就可输入学生的学号 S# 和课程号 C# 信息,等考试成绩出来后再通过修改表内容来输入成绩。语句格式如下:

```
INSERT INTO SC
  (S#, C#)
     VALUES ('201401003', 'C403001');
```

其中,由于 S# 和 C# 都是主键属性,所以必须插入这两个属性列的值。而且表名 SC 后的列名表(S#,C#)是不能省略的。

2. 数据修改

在 SQL 中,修改表中的数据是由 UPDATE 语句来实现的,其语句格式如下:

```
UPDATE <表名>
SET <列名 1>=<表达式 1>[,<列名 2>=<表达式 2>,…, <列名 n>=<表达式 n>]
[WHERE <条件>];
```

其中,"<列名 i>=<表达式 i>"指出将列"<列名 i>"的列值修改成<表达式 i>。可选项"[WHERE <条件>]"中的<条件>指定修改有关列的数据时所应满足的条件。当不选择该选项时,表示无条件修改表中全部元组中相应列的数据。

【例 4.12】 将学生关系 S 中的学生名字"王丽丽"改为"王黎丽"。

```
UPDATE   S
```

```
SET   SNAME = '王黎丽'
WHERE   S# = '201401003';
```

UPDATE 语句不仅可以修改一行数据,还可以同时修改多行数据。

【例 4.13】 将所有女同学的专业改为 S0404,语句格式如下:

```
UPDATE   S
SET   SCODE# = 'S0404'
WHERE   SSEX = '女';
```

3. 数据删除

在 SQL 中,对数据的删除是用 DELETE 语句实现的,其语句格式如下:

```
DELETE FROM <表名>
[WHERE <条件>];
```

【例 4.14】 在学生关系 S 中删除学号为 201403001 的学生的信息,语句格式如下:

```
DELETE   FROM   S
WHERE   S# = '201403001';
```

【例 4.15】 删除专业关系中的全部信息,语句格式如下:

```
DELETE   FROM   SS;
```

4.3   SQL 的数据查询

SQL 中最重要和最核心的部分就是它的查询功能。查询语句根据其查询要求的不同具有多种不同的表示形式,所以查询语句也是 SQL 中最复杂的语句。

4.3.1   投影查询

按照关系代数的运算规则,投影查询是从指定的表中选出所有记录的若干列的一种查询操作,其 SQL 查询语句格式如下:

```
SELECT <列名表>
FROM   <表名>
```

其中:

(1) <列名表>的格式为"<列名 1>[,<列名 2>,…,<列名 n>]",用于指出查询结果记录中的各列及其排列顺序。

(2) 若设<列名表>为 $A_1, A_2, \cdots, A_n$;<表名>为 R,则上述查询语句的意义可用关系代数表达式表示为 $\pi_{A_1, A_2, \cdots, A_n}(R)$。

(3) 显然,这是一种无条件的查询。即当要查询表中的全部数据,或要查询表中某个或某些特定列上的全部数据时,就要将表中的全部行(元组)都选择出来,因而无须任何选择条件,这种查询就称为无条件查询。

【例 4.16】 查询大学教学信息管理数据库应用系统教学案例中全部学生的基本信息,其语句格式如下:

```
SELECT
FROM   S;
```

其中，*表示包括表的全部列名。

利用 SQL Server 2012 的"查询编辑器"实现例 4.16 的查询的步骤如下。

(1) 打开 SQL Server 2012 的"查询编辑器"，选择 JXGL 数据库，输入查询语句，如图 4.5 所示。

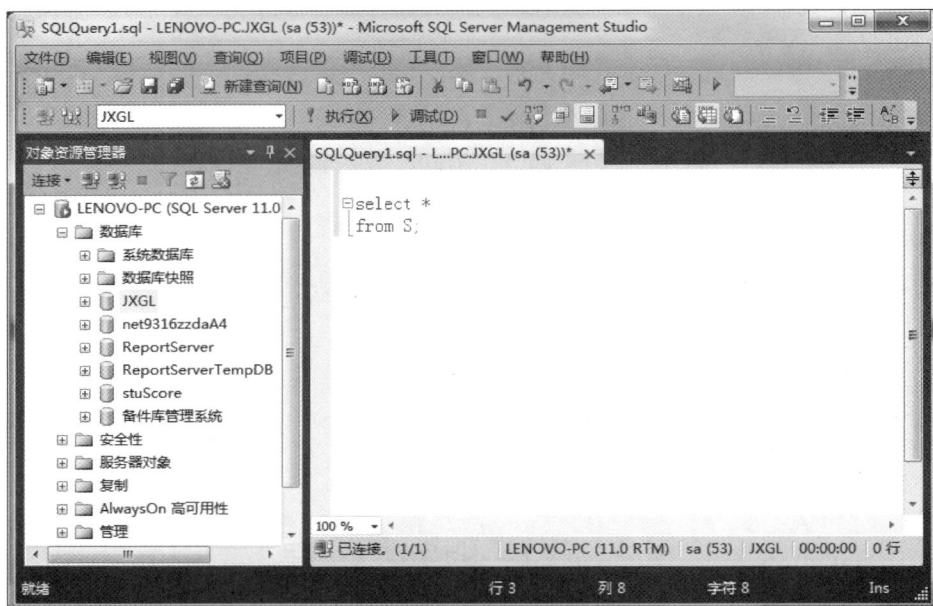

图 4.5　查询全部学生的信息

(2) 单击"！执行"按钮，对于图 1.8 中给出的关系的当前值来说（下面的例子相同，不再说明），查询结果如图 4.6 所示。

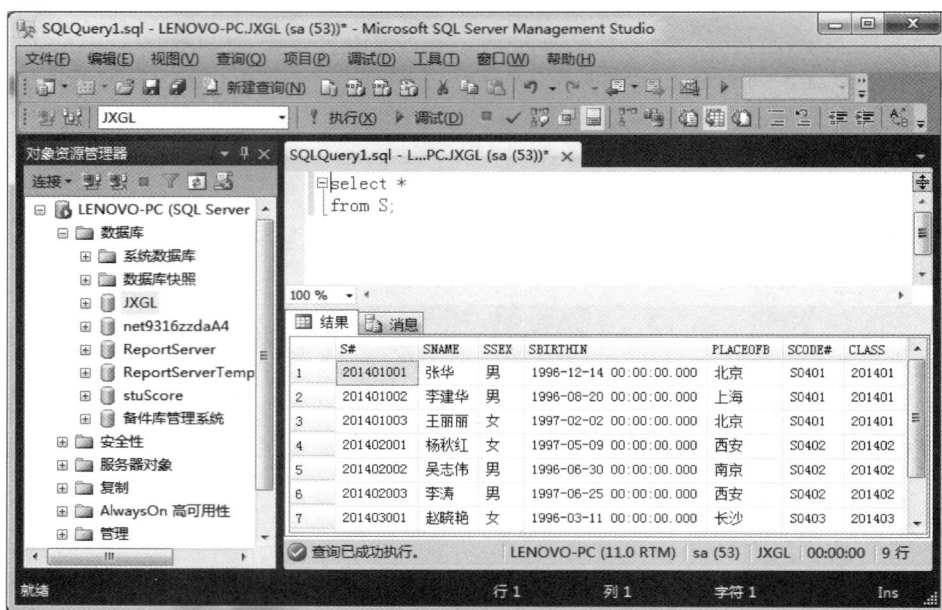

图 4.6　例 4.16 的查询结果

鉴于篇幅所限,以下的例子不再重复查询操作过程,且对查询结果的图示只截取图 4.6 右下部的结果显示部分内容。

【例 4.17】 查询大学教学信息管理数据库应用系统教学案例中全部教师的教职工号、姓名、职称和所属教研室(例 2.10(1),$\pi_{(T\#,TNAME,TITLEOF,TRSECTION)}$(T)),其语句格式如下:

```
SELECT  T#, TNAME, TITLEOF, TRSECTION
FROM  T;
```

查询结果如图 4.7 所示。

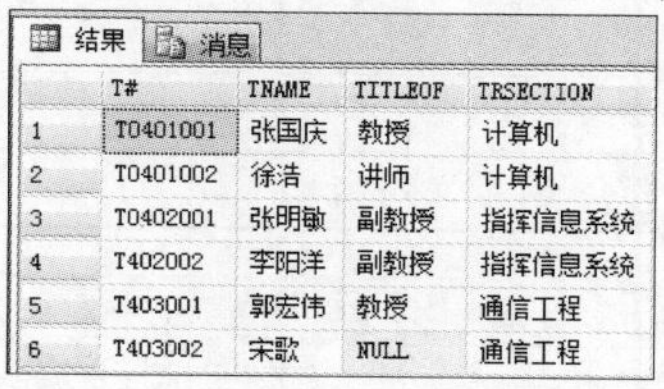

	T#	TNAME	TITLEOF	TRSECTION
1	T0401001	张国庆	教授	计算机
2	T0401002	徐洁	讲师	计算机
3	T0402001	张明敏	副教授	指挥信息系统
4	T402002	李阳洋	副教授	指挥信息系统
5	T403001	郭宏伟	教授	通信工程
6	T403002	宋歌	NULL	通信工程

图 4.7 例 4.17 的查询结果

【例 4.18】 查询课程关系 C 中的记录数,即开课的总门数,其语句格式如下:

```
SELECT COUNT( * )
FROM  C;
```

其中,函数 COUNT(*)用于统计课程关系中的总记录数(元组个数)。这种能够根据查询的结果集(也称为记录集)或根据查询结果的记录集中某列值的特点返回一个汇总信息的函数称为聚合函数。

查询结果如图 4.8(a)所示。

例 4.18 的查询结果显示课程库中有 7 个记录是正确的,但由于该查询语句的<列名表>中给出的是聚合函数 COUNT(*)而不是课程表的列名,所以,输出结果中对应于聚合函数 COUNT(*)所在的列没有列名,即"无列名"。因此,当在 SELECT 子句的<列名表>中用到 SQL 语言的聚合函数,且在对应的列指出其输出列值的含义时,就需要给该列起个别名。

给列名起别名的语句格式如下:

<函数或原列名> AS <该列的别名>

这样,给出列别名的查询课程关系 C 中记录数的例 4.18 的查询语句就可以写成如下格式:

```
SELECT COUNT( * ) AS 记录数
FROM  C;
```

查询结果如图 4.8(b)所示。

(a) 聚合函数无列名的查询结果   (b) 给聚合函数起别名后的查询结果

图 4.8 例 4.18 及给列起别名后的查询结果

在 SQL 中,常用的聚合函数如表 4.2 所示。

表 4.2 SQL 中常用的聚合函数

聚合函数名称及格式	功 能 说 明
COUNT(*)	计算元组的个数
COUNT(列名)	计算某一列中数据的个数
COUNT(DISTINCT 列名)	计算某一列中不同数据值的个数

聚合函数名称及格式	功 能 说 明
SUM(列名)	计算某一数据列中值的总和
AVG(列名)	计算某一数据列中值的平均值
MIN(列名)	求(字符、日期、属性列)的最小值
MAX(列名)	求(字符、日期、属性列)的最大值

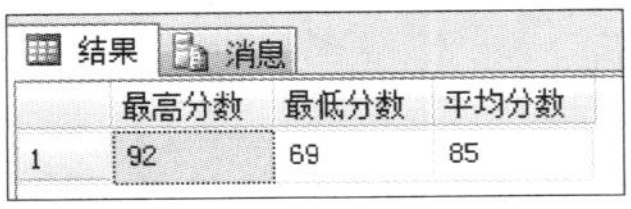

图 4.9　例 4.19 中给聚合函数
起别名的查询结果

【例 4.19】　计算所有学生所学课程的最高分数、最低分数和平均分数,语句格式如下。

```
SELECT  MAX(GRADE) AS 最高分数,MIN(GRADE) 最低分数,AVG(GRADE)
平均分数
FROM  SC;
```

查询结果如图 4.9 所示。

4.3.2　选择查询

按照关系代数的运算规则,选择查询是从指定的表中检索出满足指定条件的所有记录的一种查询操作。并且根据应用需求,有时只需要列出各记录的若干列的信息,对应的 SQL 语句格式如下:

```
SELECT <列名表>
FROM   <表名>
WHERE <条件>
```

其中:

(1)当 WHERE 子句仅由一个关系表达式组成时,称为单条件选择查询;当 WHERE 子句由多个关系表达式通过逻辑运算符连接而成时,称为多条件选择查询。

(2)若设 F 为条件表达式,则上述查询语句的意义为 $\pi_{A_1, A_2, \cdots, A_n}(\sigma_F(R))$。

1. 单条件选择查询

单条件选择查询就是 WHERE 子句中只有一个条件表达式的查询。在条件表达式中可以使用的关系比较符如表 4.3 所示。

表 4.3　条件表达式中的关系比较符

运　算　符	含　　义	运　算　符	含　　义
=	等于	<	小于
!= 或<>	不等于	<=	小于或等于
>	大于	IS NULL	是空值
>=	大于或等于	IS NOT NUL	不是空值

【例 4.20】　写出查询全部女学生的基本信息的查询语句(例 2.10(2),$\sigma_{SSEX='女'}(S)$),其语句格式如下:

```
SELECT *
FROM   S
WHERE  SSEX = '女';
```

查询结果如图 4.10 所示。

	S#	SNAME	SSEX	SBIRTHIN	PLACEOFB	SCODE#	CLASS
1	201401003	王丽丽	女	1997-02-02 00:00:00.000	上海	S0401	201401
2	201402001	杨秋红	女	1997-05-09 00:00:00.000	西安	S0402	201402
3	201403001	赵晓艳	女	1996-03-11 00:00:00.000	长沙	S0403	201403

图 4.10 例 4.20 的查询结果

2. 多条件选择查询

多条件选择查询就是 WHERE 子句中有多个条件表达式的查询。在 SQL 中，WHERE 子句中的多个条件表达式是由如表 4.4 中的逻辑运算符将它们组合在一起构成查询条件的。

表 4.4 逻辑运算符

运 算 符	含 义	运 算 符	含 义
NOT	逻辑非	OR	逻辑或
AND	逻辑与		

WHERE 子句中的优先级顺序为：关系比较符的优先级高于逻辑运算符；逻辑运算符的优先级从高到低依次为 NOT、AND、OR。

【例 4.21】 写出查询专业代码为 s0401 的男学生的学号和姓名的查询语句(例 2.10(3)，$\pi_{S\#,SNAME}(\sigma_{SSEX='男' \wedge SCODE\#='S0401'}(S)))$，其语句格式如下：

```
SELECT S#, SNAME
FROM   S
WHERE  SSEX = '男'  AND  SCODE# = 'S0401';
```

	S#	SNAME
1	201401001	张华
2	201401002	李建平

图 4.11 例 4.21 的查询结果

查询结果如图 4.11 所示。

【例 4.22】 查询年龄为 20～25 岁学生的基本信息，其 SQL 语句格式如下：

```
SELECT   *
FROM   S
WHERE  YEAR(GETDATE()) - YEAR(SBIRTHIN) BETWEEN 20 AND 25;
```

上述 SQL 语句中的 getdate()为取系统当前时间函数，year()为取当前时间的年份函数。常用的时间函数及其含义详见表 4.6。

查询结果如图 4.12 所示。

	S#	SNAME	SSEX	SBIRTHIN	PLACEOFB	SCODE#	CLASS
1	201401001	张华	男	1996-12-14 00:00:00.000	北京	S0401	201401
2	201401002	李建华	男	1996-08-20 00:00:00.000	上海	S0401	201401
3	201402002	吴志伟	男	1996-06-30 00:00:00.000	南京	S0402	201402
4	201403001	赵晓艳	女	1996-03-11 00:00:00.000	长沙	S0403	201403

图 4.12 例 4.22 的查询结果

类似地可以定义 NOT BETWEEN…AND，其含义与 BETWEEN … AND 相反。

4.3.3 分组查询

在 SQL 中,把元组按某个或某些列上相同的值分组,然后再对各组进行相应操作的查询方式称为分组查询。分组查询的语句格式如下:

```
SELECT <列名表>
FROM   <表名>
[WHERE <条件>]
[GROUP BY <列名表>
[HAVING <分组条件>]];
```

1. GROUP BY 子句

GROUP BY 子句用于将列的值分成若干组,从而控制查询的结果排序。

【例 4.23】 计算各个同学的平均分数,语句格式如下:

```
SELECT  S♯,AVG(GRADE) AS 平均分数
FROM   SC
GROUP BY  S♯;
```

在本例中,GROUP BY S♯表示将表 SC 按学号 S♯的值分成若干组。显然,分组的结果是将每个学生所学的各门课程分在同一组里,对各组中的记录计算其在分数 GRADE 属性上的平均值即可得到各个同学的平均成绩。查询结果如图 4.13 所示。

由于 GROUP BY 的分组条件是<列名表>,所以还可以按照多个条件进行分组。

【例 4.24】 查询每个专业的男、女生的人数,语句格式如下:

```
SELECT  SCODE♯ AS 专业代码,SSEX AS 性别, COUNT( * ) AS 人数
FROM   S
GROUP BY  SSEX, SCODE♯;
```

查询结果如图 4.14 所示。图 4.14 的结果说明,GROUP BY 子句是先按最后一个 SCODE♯分组,再按其前面的 SSEX 分组。

	S#	平均分数
1	201401001	88
2	201401002	81
3	201401003	69
4	201402001	88
5	201402002	92
6	201402003	83
7	201403001	91

图 4.13 例 4.23 的查询结果

	专业代码	性别	人数
1	S0401	男	2
2	S0401	女	1
3	S0402	男	2
4	S0402	女	1
5	S0403	女	1

图 4.14 例 4.24 的查询结果

2. HAVING 子句

在数据查询中,有时希望按某种条件进行分组。一般情况下是由 GROUP BY 子句指出在哪些属性上进行分组,由 HAVING 子句指出分组应满足的条件。

【例 4.25】 基于本教材的大学教学信息管理数据库应用系统教学案例的数据,查询学生总数超过 2 人的专业及其具体的总人数,其语句格式如下:

```
SELECT  SCODE♯,COUNT( * )
```

```
FROM  S
GROUP BY  SCODE#
HAVING COUNT( * )>= 3;
```

查询结果如图 4.15 所示。

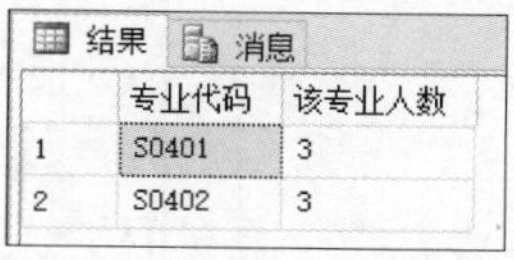

	专业代码	该专业人数
1	S0401	3
2	S0402	3

图 4.15　例 4.25 的查询结果

这里需要说明的是,HAVING 子句的作用与 WHERE 子句的作用相似,所不同的是 WHERE 子句是检查元组是否满足条件,只有那些满足 WHERE 条件的元组才能被选择出来,才能被分组(GROUP BY),才能被排序(ORDER BY);而 HAVING 子句是用来指出按"GROUP BY"指定的列(本例为 SCODE#)进行分组的每一组所应满足的条件,只有满足 HAVING 条件的那些组的记录才能被选择出来,因此,HAVING 条件必须是描述分组的属性,HAVING 条件必须与 GROUP BY 子句配对使用。

4.3.4　结果的排序查询

一般情况下,SELECT 的查询结果是按查询的自然顺序(元组在数据库中的存储顺序)给出的,行的排列顺序没有确定含义。但有时用户希望按照某种约定的顺序给出查询结果,ORDER BY 子句可以实现查询结果的排序功能,其语句格式如下:

```
SELECT <列名表>
FROM <表名表>
[WHERE <条件>]
ORDER BY <列名> [ASC/DESC][, <列名> [ASC/DESC] … ];
```

其中,ORDER BY 子句中的<列名>用于指出查询结果排序所依据的列属性。可选项[ASC/DESC]指出是按递增序排序(Ascending,简写为 ASC),或是按递减序排序(Descending,简写为 DESC);如果不选择该项,则默认为按递增序排序。当要按多个列进行排序时,要分别指出各个列名及它们所对应的递增或递减方式。按多个列排序意指:先按指定的第 1 个列排序;第 1 个列相同时,再按第 2 个列排序;第 2 个列相同时,再按第 3 个列排序,其余以此类推。

【例 4.26】　按学号递增的顺序显示学生的基本信息。其语句格式如下:

```
SELECT   *
FROM  S
ORDER BY S# ASC;
```

本例中,ORDER BY 子句中的 ASC 可以缺省。查询结果如图 4.16(a)所示。

【例 4.27】　按学号递增、课程成绩递减的顺序显示学生的课程成绩,其语句格式如下:

```
SELECT  S#, C#, GRADE
FROM  SC
ORDER BY S# ASC, GRADE DESC;
```

查询结果如图 4.16(b)所示。比较图 4.16(a)和图 4.16(b)并对照图 1.8(e)可知,图 4.16(a)中的数据是按照表中数据记录顺序,而图 4.16(b)中的数据是按照学号递增、课程成绩递减重新排列后的数据记录顺序。

	S#	C#	GRADE
1	201401001	C401001	90
2	201401001	C402002	90
3	201401001	C403001	85
4	201401002	C401001	75
5	201401002	C402002	88
6	201401003	C402002	69
7	201402001	C401001	87
8	201402001	C401002	90
9	201402002	C403001	92
10	201402003	C403001	83
11	201403001	C403002	91

(a) 例4.26的查询结果

	S#	C#	GRADE
1	201401001	C401001	90
2	201401001	C402002	90
3	201401001	C403001	85
4	201401002	C402002	88
5	201401002	C401001	75
6	201401003	C402002	69
7	201402001	C401002	90
8	201402001	C401001	87
9	201402002	C403001	92
10	201402003	C403001	83
11	201403001	C403002	91

(b) 例4.27的查询结果

图 4.16 例 4.26 和例 4.27 的查询结果比较

4.3.5 模糊查询(字符串匹配)

在 WHERE 子句的条件表达式中，有时需要进行两个字符串的部分字符相等比较，由于这种比较不属于两个确定性的条件比较，因而将这种基于字符串匹配的查询称为模糊查询。基于字符串匹配的模糊查询语句格式如下：

```
SELECT <列名表>
FROM <表名表>
WHERE <列名> [NOT] LIKE <含有通配符的匹配串>
```

其中：

(1) LIKE 运算符的含义是如果由<列名>表示的字符串与<含有通配符的匹配串>匹配(相像)，则条件为真；NOT LIKE 表示匹配结果取反。

(2) 最常用的通配符有百分号(%)和下画线(_)两种。

- 百分号%：表示可与其对应位置开始的一个长度等于零或大于零的任意字符串匹配。
- 下画线_：表示可与其对应位置的一个任意字符匹配，或与其对应位置的一个任意汉字匹配。

【例 4.28】 查询学生关系 S 中姓李的学生的学号和姓名，其语句格式如下：

```
SELECT  S#,SNAME
FROM  S
WHERE  SNAME LIKE  '李%';
```

查询结果如图 4.17 所示。

【例 4.29】 查询各专业中学号后 3 位为 001，名字长度为 3 个汉字且叫赵_艳的学生的学号和姓名。语句格式如下：

```
SELECT  S#, SNAME
FROM  S
WHERE  S# LIKE  '2014__001' AND SNAME LIKE '赵_艳';
```

查询结果如图 4.18 所示。

例 4.29 的验证结果再一次表明，当与汉字匹配时，每个汉字只需要一个下画线“_”，而不是两个下画线“_”。

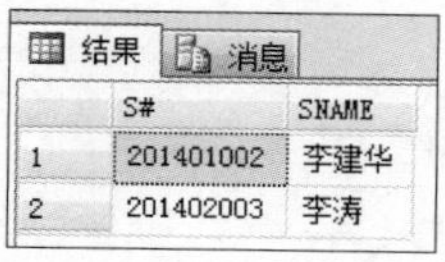

	S#	SNAME
1	201401002	李建华
2	201402003	李涛

图 4.17　例 4.28 的查询结果

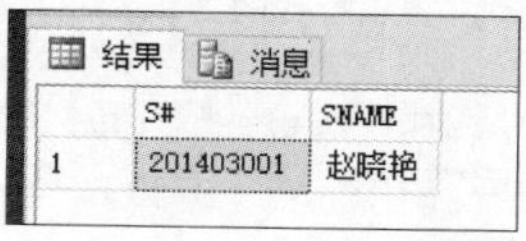

	S#	SNAME
1	201403001	赵晓艳

图 4.18　例 4.29 的查询结果

汇总前述内容可知，一个比较完整的 SELECT 查询语句格式如下：

```
SELECT <列名或列表达式序列>
FROM <表名>
[WHERE <条件>]
[GROUP BY <列名表>
[HAVING <分组条件>]]
[ORDER BY <列名> [ASC/DESC][, <列名> [ASC/DESC]]];
```

其中，只有前两个子句是必需的，其他子句可以根据查询和结果显示要求选择或缺省。

汇总前述的查询条件，可得常用的查询条件如表 4.5 所示。

表 4.5　常用的查询条件

查询条件	运算符	查询条件	运算符
单条件中的比较	=,<>,>,>=,<,<=	多条件逻辑复合	NOT,AND,OR
空值与非空值条件	IS NULL,IS NOT NULL	字符串匹配	LIKE,NOT LIKE
属性取值区间	IN,NOT IN		

4.3.6　SQL 中的常用函数

1. 日期型函数

日期和时间数据类型是 SQL 中的重要标准数据类型之一。日期和时间数据类型包括具体的日期和时间两部分，可以精确到秒。常用的日期和时间函数及其功能如表 4.6 所示。

表 4.6　常用的日期和时间函数及其功能

函数	功能
dateadd(datepart,n,date)	给指定日期 date 按日期组成部分 datepart 加上一个时间间隔 n 后的新时间值
datediff(datepart,startdate,enddate)	按日期组成部分 datepart 返回 enddate 减去 startdate 的值
datename(datepart,date)	返回指定日期 date 的日期组成部分 datepart 的字符串
datepart(datepart,date)	返回指定日期 date 的日期组成部分 datepart 的整数
day(date)	返回一个整数，表示指定日期 date 的"天"部分
getdate()	返回系统当前的日期和时间
getutcdate()	返回表示当前的 UTC 时间(通用协调时间或格林尼治标准时间)值
month(date)	返回一个整数，表示指定日期 date 的"月"部分
year(date)	返回一个整数，表示指定日期 date 的"年"部分

注：日期组成部分 datepart 的取值可以有 year，quarter，month，dayofyear，day，week，weekday，hour，minute，second，millisecond。

【例 4.30】　查询出生日期在 1996 年 1 月 1 日到 1996 年 12 月 31 日之间的所有学生的学号、姓名和出生日期，并按日期的递增顺序排列。其语句格式如下：

```
SELECT  S#, SNAME, SBIRTHIN
FROM  S
WHERE  SBIRTHIN  between '1996 - 1 - 1'  and  '1996 - 12 - 31'
ORDER BY SBIRTHIN;
```

查询结果如图 4.19 所示。

【例 4.31】 查询所有学生当前的年龄,并按年龄递增顺序排列。其语句格式如下:

```
SELECT  S#, SNAME, year(getdate()) - year(SBIRTHIN) AS AGE
FROM  S
ORDER BY AGE;
```

查询结果如图 4.20 所示。

结果 | 消息

	S#	SNAME	SBIRTHIN
1	201403001	赵晓艳	1996-03-11 00:00:00.000
2	201402002	吴志伟	1996-06-30 00:00:00.000
3	201401002	李建华	1996-08-20 00:00:00.000
4	201401001	张华	1996-12-14 00:00:00.000

图 4.19 例 4.30 的查询结果

结果 | 消息

	S#	SNAME	AGE
1	201401003	王丽丽	19
2	201402001	杨秋红	19
3	201402003	李涛	19
4	201403001	赵晓艳	20
5	201402002	吴志伟	20
6	201401001	张华	20
7	201401002	李建华	20

图 4.20 例 4.31 的查询结果

2. 字符串函数

字符串函数主要用于对定义为 char 和 varchar 等类型的列的字符串数据进行某种转换或某种运算操作。常用的字符串函数及其功能如表 4.7 所示。其中,除 ascii(string)和 len(string)函数返回数字值外,其余函数均返回的是字符(串)值。

表 4.7 常用的字符串函数及其功能

函数	功能
ascii(string)	返回字符串 string 中最左侧字符的 ASCII 代码值
left(string,n)	返回字符串 string 中从左边开始 n 个的字符
len(string)	返回指定字符串 string 的字符(而不是字节)数,其中不包含尾随空格
lower(string)	将字符串 string 中的大写字符转换为小写字符
ltrim(string)	返回删除了前导空格之后的字符表达式
replace(string1,string2,string3)	用第三个字符串 string3 替换第一个字符串 string1 中出现的所有第二个字符串 string2 的匹配项
replicate(string,n)	以指定的次数 n 重复字符表达式 string
right(string,n)	返回字符串 string 中从右边开始 n 个的字符
space(n)	返回由 n 个空格组成的字符串
str(num[,m,n])	将数值数据 num 按总长度为 m,小数位数为 n 转换为字符串数据,参数 m 和 n 可省略
substring(string,m,n)	返回字符串 string 的第 m 个字符开始取出的 n 个字符
upper(string)	将字符串 string 中的小写字符转换为大写字符

【例 4.32】 统计各教研室开设课程的门数。

分析课程关系模式及其图 1.8 中给出的关系的当前值可知,各门课程号的第 1 位由字符 C 开头,第 2～第 4 位为教研室编号,第 5～第 7 位是该教研室所开课程的序号。所以仅

由课程关系就可以统计出各教研室所开设课程的门数,其查询语句如下:

```
SELECT  substring(c#,2,3)  AS  教研室,  count(c#)  AS
开课门数
FROM  C
GROUP BY  substring(c#,2,3);
```

	教研室	开课门数
1	401	2
2	402	2
3	403	2
4	404	1

图 4.21 例 4.32 的查询结果

在上面的例子中,采用 substring()函数取课程号 c# 中从第 2 个字符开始的 3 位字符串,即教研室编号,查询结果如图 4.21 所示。

3. 数学函数

数学函数主要用于数值类属性列的有关计算,表 4.8 列出了主要的数学函数及其功能。

表 4.8 常用的数学函数及其功能

函　　数	功　　能
abs(n)	返回数 n 的绝对值
ceiling(n)	返回大于或等于所给数值 n 的最大整数
floor(n)	返回小于或等于所给数值 n 的最大整数
power(m,n)	返回数值 m 的 n 次幂的值
round(n,m)	对 n 的小数部分进行四舍五入,使其具备 m 的精度
sign(n)	根据参数 n 是正还是负,返回正号(+1)、负号(−1)和 0
rand()	返回 0~1 的随机 float 值
sqrt(n)	返回指定数值 n 的平方根
square(n)	返回指定数值 n 的平方
exp(n)	返回指定的 float 类型的数值 n 的指数值
pi()	返回 PI 的常量值
sin(n)	以近似数值(float 型)返回指定角度 n(以弧度为单位)的三角正弦值
cos(n)	返回以弧度表示的指定角度 n 的三角余弦值
tan(n)	返回以弧度表示的指定角度 n 的正切值
cot(n)	返回以弧度表示的指定角度 n 的三角余切值

4.3.7 表的连接查询

截至目前所涉及的查询都仅限于单表上的查询,一般称为一元查询。SQL 允许用户在同一查询语句中从两个或多个表中查询数据,即在两个表或多个表的连接运算的基础上,再从其连接结果中选取满足查询条件的元组,一般称为二元查询或多元查询。连接查询的语句格式如下:

```
SELECT <列名表>
FROM <表名表>
WHERE <基于多表的连接条件>
```

其中:

(1) <表名表>的格式为"<表名 1>[,<表名 2>,…,<表名 m>]"。

(2) 若设<列名表>为 A_1,A_2,…,A_n;<表名表>为 R_1,R_2,…,R_m,则上述查询语句的意义可表示成如下的关系代数表达式。

$$\pi_{A_1, A_2, \cdots, A_n}(\sigma_F(R_1 \bowtie R_2 \bowtie \cdots \bowtie R_m))$$

【例 4.33】 查询所有学习了数据结构课（课程号为 C401001）的学生的学号、姓名、专业和所在班级，其语句格式如下：

```
SELECT  S.S#, SNAME, SCODE#, CLASS
FROM  S, SC
WHERE  S.S# = SC.S# AND C# = 'C401001';
```

该查询语句的关系代数表达式是 $\pi_{S.S\#, SNAME.SCODE\#.CLASS}(\sigma_{C\# = 'C401001'}(S \bowtie SC))$，查询结果如图 4.22 所示。

	S#	SNAME	SCODE#	CLASS
1	2014401001	张华	S0401	201401
2	2014401002	李建平	S0401	201401
3	201402001	杨秋红	S0402	201402

图 4.22 例 4.33 的查询结果

（1）在上述查询语句中，由于 SNAME 属性、SCODE# 属性和 CLASS 属性仅出现在 S 表中，课程号 C# 属性仅出现在 SC 表中，不会引起二义性，所以在 SELECT 子句中没有给 SNAME 属性、SCODE# 属性和 CLASS 属性加表名限定，在 WHERE 子句中没有给"C# = 'C401001'"中的 C# 属性加表名限定。给 SELECT 子句中的学号 S# 加了表名限定，是因为它既出现在学生表 S 中，也出现在学习表 SC 中。

（2）本例是一个二元查询的例子。在多元（多表）查询中，必须在 WHERE 子句中对 FROM 中的两个表（本例是学生表 S 和学习表 SC）加主键与外键属性约束 S.S# = SC.S#。在这个例子中，S# 是学习表 SC 的主键属性之一，又是学生表 S 的主键，所以 S# 是学习表 SC 的外键。

【例 4.34】 写出查询网络工程专业（专业代码为 S0403）学习了"通信原理"课程的学生的学号、姓名和成绩（例 2.10（7），$\pi_{S\#, SNAME.GRADE}(\sigma_{SCODE\# = 'S0403' \wedge CNAME = '通信原理'}(S \bowtie SC \bowtie C))$），其语句格式如下：

```
SELECT S.S#, SNAME, GRADE
FROM S, SC, C
WHERE S.S# = SC.S# AND SC.C# = C.C# AND
SCODE# = 'S0403' AND CNAME = '通信原理';
```

	S#	SNAME	GRADE
1	201403001	赵晓艳	91

图 4.23 例 4.34 的查询结果

查询结果如图 4.23 所示。

4.3.8 嵌套查询

在 SQL 中，如果在一个 SELECT 语句的 WHERE 子句中嵌入了另一个 SELECT 语句，则这种查询称为嵌套查询。WHERE 子句中的 SELECT 语句称为子查询。在一个 SELECT 语句中仅嵌入一层子查询的语句称为单层嵌套查询；在一个 SELECT 语句中嵌入多于一层子查询的语句称为多层嵌套查询。

【例 4.35】 查询张华同学（学号为 201401001）的那个班的女同学的基本信息，其语句格式如下：

```
SELECT  *
FROM  S
WHERE  CLASS = (SELECT  CLASS
                FROM  S
                WHERE  S# = '201401001') AND SSEX = '女';
```

上述语句的执行顺序是：先执行 WHERE 子句中嵌套的 SELECT 语句，即先从学生关系 S 中查找学号等于 201401001 的班级编号，然后以“CLASS = '查询出的班级编号' AND SSEX ='女'”为条件，再从学生关系 S 中找出满足该条件的元组。查询结果如图 4.24 所示。

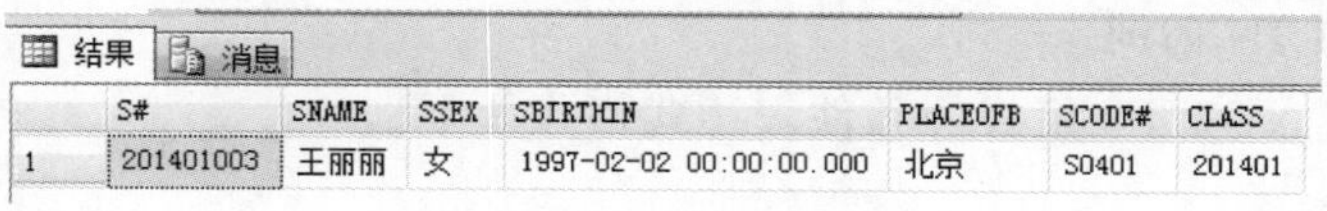

	S#	SNAME	SSEX	SBIRTHIN	PLACEOFB	SCODE#	CLASS
1	201401003	王丽丽	女	1997-02-02 00:00:00.000	北京	S0401	201401

图 4.24　例 4.35 的查询结果

由于嵌套查询是逐层求解，避开了连接查询的笛卡儿运算，所以执行效率比较高。

在嵌套查询中，当同一个关系既出现在父查询中，又出现在子查询中，且子查询的条件涉及父查询的属性时，为了避免描述上的混淆，一般需要对该关系进行更名描述。

表的更名描述格式如下。

```
<旧表名>  AS  <新表名>
```

【例 4.36】 检索考试成绩比该课程平均成绩低的学生的成绩，其语句格式如下：

```
SELECT  S#, C#, GRADE
FROM  SC
WHERE  GRADE < (SELECT  AVG(GRADE)
                FROM  SC  AS  X
                WHERE  X.C# = SC.C#);
```

查询结果如图 4.25 所示。

在例 4.36 的查询语句中，子查询的 WHERE 子句中的表 SC 指的是主查询中的表 SC，子查询的 WHERE 子句中的表 X 是子查询中涉及的表 SC 的新表名。

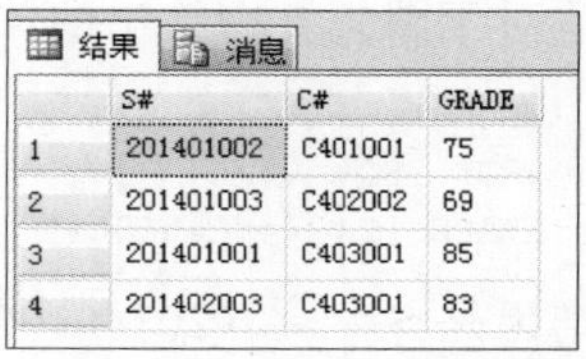

	S#	C#	GRADE
1	201401002	C401001	75
2	201401003	C402002	69
3	201401001	C403001	85
4	201402003	C403001	83

图 4.25　例 4.36 的查询结果

4.3.9　带有谓词的查询

SQL 是一种兼有关系代数和关系演算两者特点的语言，所以使用带有谓词的查询会使许多本来比较复杂的查询问题变得容易处理。

所谓带有谓词的查询，是指把谓词看作特殊比较操作符的查询。显然，作为特殊比较操作符的谓词应位于 WHERE 子句的条件表达式中。在 SQL 中，常用的谓词操作符如表 4.9 所示。

表 4.9　常用的谓词操作符

操　作　符	说　明
between A and B	某列的数值区间是[A, B]
not between A and B	某列的数值区间是[A, B]外
like	两个字符串的部分字符相等，其余可以任意
in	某列的某个值属于集合中的成员
not in	某列的值不属于集合成员中的任何一个成员
any	某列的值满足一个条件即可
some	某列的值满足集合中的某些值
all	某列的值满足子查询中所有值的记录
exists	总存在一个值满足条件
not exists	不存在任何值满足条件

表 4.9 中的前 3 个谓词在前面已经进行了介绍,下面通过实际例子介绍后面的几个主要谓词及其使用方式。

1. IN 和 NOT IN 谓词

由谓词 IN 或 NOT IN 组成的条件表达式格式如下。

```
<列值> IN <集合>
<列值> NOT IN <集合>
```

前者的含义是:如果列值(数据)是集合中的成员,那么其逻辑值为 true(条件成立),否则为 false。后者的含义是:如果列值(数据)不是集合中的成员,那么其逻辑值为 true,否则为 false。其中,集合可以是一个元组集合,或者是一个 SELECT 子查询出来的元组集合。

【例 4.37】 查询所有学习了数据结构课(课程号为 C401001)的学生的学号和姓名,利用带有 IN 谓词的查询语句实现。其语句表达格式及分析如下:

```
SELECT  S.S#, SNAME
FROM   S
WHERE  S# IN (SELECT S#
              FROM   SC
              WHERE  C# = 'C401001');
```

对于图 1.8 中给出的关系当前值来说,由于子查询:

```
SELECT  S#
FROM   SC
WHERE  C# = 'C401001';
```

的结果是 S# =(201401001,201401002,201402001),所以本例的查询语句就相当于:

```
SELECT  S.S#, SNAME
FROM   S
WHERE  S# IN (201401001,201401002,201402001);
```

含义是:从学生关系 S 中,找其学号是集合{201401001,201401002,201402001}中的成员的学生的学号和姓名。查询结果如图 4.26 所示。

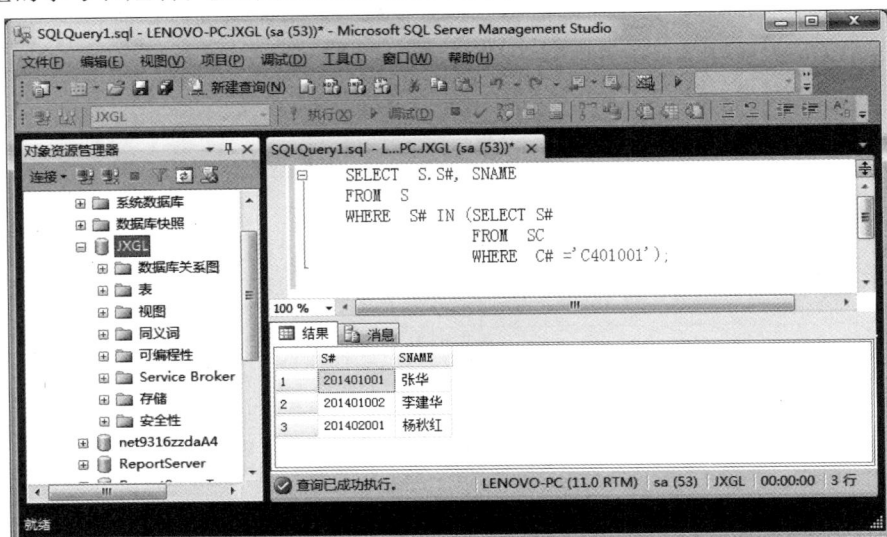

图 4.26　例 4.37 的查询结果

如果是查询所有没有学习数据结构课的学生的学号和姓名，只要将例 4.37 中的谓词 IN 改成 NOT IN 即可。

【例 4.38】 查询学习了"通信原理"课程的学生的学号与姓名，利用带有 IN 谓词的查询语句实现。语句表达格式如下：

```
SELECT   S.S#, SNAME
FROM   S
WHERE   S# IN(SELECT  S#
              FROM   SC
              WHERE  C# IN(SELECT  C#
                           FROM   C
                           WHERE  CNAME = '通信原理'));
```

查询结果见例 4.34 的查询结果(本例与例 4.34 的功能相同)。

2. ANY 和 SOME 谓词

由谓词 ANY 或 SOME 组成的条件表达式格式如下：

```
<列值> θ ANY <集合>
<列值> θ SOME <集合>
```

所表示的含义是：比较运算符 $\theta(<、<=、>、>=、=、!=$ 之一)左边的列值(数据)与右边集合中的某个或某些元素是否满足 θ 运算，若满足逻辑值为 true；若不满足逻辑值为 false。

在 SQL 中，ANY 和 SOME 具有相同的含义，早期的 SQL 版本都用的是 ANY，为了避免与英语中 ANY 的意思混淆，新的 SQL 版本都将其改为 SOME，在有些商用数据库版本的 SQL 中，同时保存了 ANY 和 SOME 两个谓词。

【例 4.39】 查询所有学习了数据结构课(课程号为 C401001)的学生的学号和姓名，利用带有 ANY 谓词的查询语句实现。语句表达格式如下：

```
SELECT   S.S#, SNAME
FROM   S
WHERE   S# = ANY(SELECT  S#
                 FROM   SC
                 WHERE C# = 'C401001');
```

查询结果见例 4.37 的查询结果(与例 4.37 的功能相同)。

由本例可见，当 ANY 前面有等号 $=$ 时，$=$ ANY 的作用相当于 IN。在 ANY 前面也可以用其他比较运算符，如 $!=、>、>=、<、<=$ 等。

谓词 SOME 与谓词 ANY 的用法基本相同。

3. ALL 谓词

由谓词 ALL 组成的条件表达式格式如下：

```
<列值> θ ALL <集合>
```

含义是：比较运算符 θ 左边的列值(数据)与右边集合中的所有元素满足 θ 运算。

【例 4.40】 查询考试成绩大于网络工程专业(专业代码为 S0403)所有学生的课程成绩的学生的基本信息，用包含 ALL 谓词的查询语句实现。语句表达格式如下：

```
SELECT   S.S#, SNAME, SSEX, SBIRTHIN, PLACEOFB, SCODE#, CLASS
```

```
FROM  S,SC
WHERE  S.S#  = SC.S# AND GRADE > ALL
                        (SELECT GRADE
                         FROM S, SC
                         WHERE S.S#  = SC.S#  AND SCODE#  = 'S0403');
```

查询结果如图 4.27 所示。

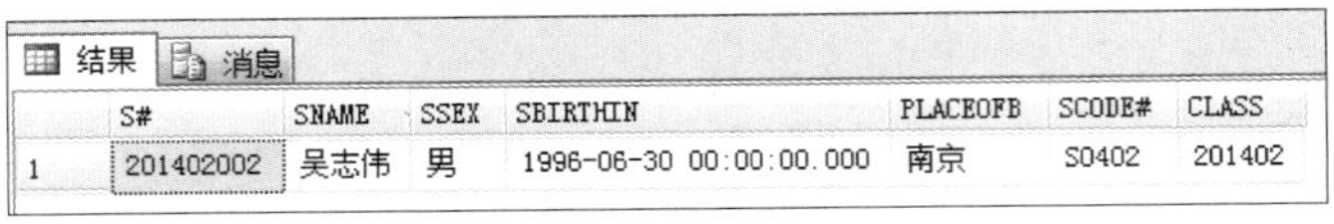

	S#	SNAME	SSEX	SBIRTHIN	PLACEOFB	SCODE#	CLASS
1	201402002	吴志伟	男	1996-06-30 00:00:00.000	南京	S0402	201402

图 4.27　例 4.40 的查询结果

4. EXISTS 和 NOT EXISTS 谓词

EXISTS 和 NOT EXISTS 是一个测试谓词，在形式上类似于一个函数，其格式如下：

```
EXISTS(<集合>)
NOT EXISTS(<集合>)
```

前者的含义是：当集合中至少存在一个元素(非空)时，其逻辑值为 true，否则为 false；后者的含义是：当集合中不存在任何元素(为空)时，其逻辑值为 true，否则为 false。

谓词 EXISTS 即为存在量词，通常用于测试子查询是否有返回结果。

【例 4.41】 查询所有学习了数据结构课(课程号为 C401001)的学生的学号和姓名，利用带有 EXISTS 谓词的查询语句实现。语句格式如下：

```
SELECT  S.S#, SNAME
FROM  S
WHERE  EXISTS  (SELECT  *
                FROM  SC
                WHERE  SC.S#  = S.S# AND C#  ='C401001');
```

查询结果见例 4.37 的查询结果(本例与例 4.37 的功能相同)。

【例 4.42】 查询没有学习数据结构课(课程号为 C401001)的学生的学号和姓名，利用带有 NOT ANY 谓词的查询语句实现。语句格式如下：

```
SELECT  S.S#, SNAME
FROM  S
WHERE  NOT EXISTS (SELECT  *
                   FROM  SC
                   WHERE  SC.S#  = S.S# AND C#  = 'C401001');
```

查询结果如图 4.28 所示。

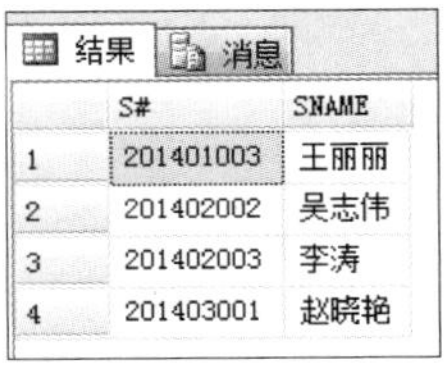

	S#	SNAME
1	201401003	王丽丽
2	201402002	吴志伟
3	201402003	李涛
4	201403001	赵晓艳

图 4.28　例 4.42 的查询结果

4.3.10　并、交、差运算查询

SQL 在查询结果的输出过程中引进了传统的集合运算，包括查询结果的并 UNION、查询结果的交 INTERSECT、查询结果的差 EXCEPT。

1. 并运算查询

查询结果的并操作是指将两个或多个 SELECT 语句的查询结果组合在一起作为总的查询结果输出。查询结果并操作的基本数据单位是行(元组)，其语句格式如下：

```
SELECT <列名表>
FROM <表名表>
```

```
[WHERE <条件>]
[UNION [ALL] {SELECT 语句} … ];
```

其中,如果不选择可选项 ALL,则在输出总查询结果时重复的行会自动被去掉,即如果某一行在两个查询结果中同时存在,并操作的结果只输出其中的一行。如果选择可选项 ALL,则表示将全部行合并输出,即不去掉重复行。

当有多个查询结果进行并操作时,可以看作先进行前两个查询结果的并操作,再将其并操作的结果与第 3 个查询结果进行并操作,以此类推,直到所有的查询结果都进行了并操作。

显然,参与并操作的查询结果必须具有相同的列数,且各对应列必须具有相同的数据类型(列名可以不同)。

【例 4.43】 合并学生关系和专业关系中的专业代码,语句格式如下:

```
SELECT   SCODE#
FROM   S
UNION SELECT   SCODE#
     FROM   SS;
```

查询结果如图 4.29 所示。

图 4.29　例 4.43 的查询结果

2. 交运算查询

查询结果的交操作是指将同时属于两个或多个 SELECT 语句的查询结果作为总的查询结果输出。查询结果交操作的基本数据单位是行,其语句格式如下:

```
SELECT <列名表>
FROM <表名表>
[WHERE <条件>]
[INTERSECT {SELECT 语句} … ];
```

当有多个查询结果进行交操作时,可以看作先进行前两个查询结果的交操作,再将其交操作的结果与第 3 个查询结果进行交操作,以此类推,直到所有的查询结果都进行了交操作。

123

第 4 章

关系数据库语言 SQL

同理,参与交操作的查询结果必须具有相同的列数,且各对应列必须具有相同的数据类型(列名可以不同)。

【例 4.44】 写出查询学习了课程号为 C401001 和课程号为 C403001 的学生的学号的查询语句(例 2.10(5), $\pi_{S\#}(\sigma_{C\#='C401001'}(SC)) \cap \pi_{S\#}(\sigma_{C\#='C403001'}(SC))$),其语句格式如下:

```
SELECT S# FROM SC WHERE C# = 'C401001'
INTERSECT
SELECT S# FROM SC WHERE C# = 'C403001';
```

查询结果如图 4.30 所示。

	S#
1	201401001

图 4.30 例 4.44 的查询结果

3. 差运算查询

查询结果的差操作是指从第 1 个 SELECT 语句的查询结果中去掉属于第 2 个 SELECT 语句查询结果的行作为总的查询结果输出。查询结果差操作的基本数据单位是行,其语句格式如下:

```
SELECT <列名表>
FROM <表名表>
[WHERE <条件>]
[EXCEPT {SELECT 语句}];
```

同理,参与差操作的查询结果必须具有相同的列数,且各对应列必须具有相同的数据类型(列名可以不同)。

【例 4.45】 写出查询没有学习课程号为 C402002 或课程号为 C403001 的学生的学号、姓名和班级的查询语句(例 2.10(8), $\pi_{S\#,SNAME,CLASS}(S) - \pi_{S\#,SNAME,CLASS}(\sigma_{C\#='C402002' \vee C\#='C403001'}(S \bowtie SC))$),其语句格式如下:

```
SELECT S#, SNAME, CLASS FROM S
EXCEPT
SELECT  S.S#, SNAME, CLASS
FROM  S, SC
WHERE  S.S# = SC.S# AND (C# = 'C402002' OR C# = 'C403001');
```

查询结果如图 4.31 所示。

	S#	SNAME	CLASS
1	201402001	杨秋红	201402
2	201403001	赵晓艳	201403

图 4.31 例 4.45 的查询结果

4.4 SQL 的视图操作

视图可以由某个或某些表中满足一定条件的行组成,还可以由若干表经过一定的运算而形成。视图可以在表上创建,也可以在另外的视图上创建。视图一旦被创建,就可以把它看作表一样在其上进行查询操作。只不过与基本表相比,视图是一种"虚表"。虚表是在实际的 SQL 数据库中不存在的表。

4.4.1 视图的创建

视图的创建由 CREATE VIEW 语句来实现,其语句格式如下:

```
CREATE VIEW <视图名> [(<视图列名表>)]
    AS <SELECT 语句>
        [WITH READ ONLY | WITH CHECK OPTION];
```

其中,<视图列名表>是一个可选项,当选择该项时,<视图列名表>就是新定义的视图的各个列的名称,它们与 SELECT 语句所选择的数据项(SELECT 查询结果中的列)一一对应,但名称可以不同;当不选择该项时,新定义的视图的列名就与 SELECT 语句所选择的数据项的列名相同。当选择[WITH READ ONLY]可选项时,表示该视图被定义为只读,不能进行插入、删除和修改操作;当选择[WITH CHECK OPTION]可选项时,用户必须保证每当向该视图中插入或更新数据时,所插入或更新的数据能够从该视图查询出来。根据作者多年的实践经验表明,在多个表上建立视图的目的一般是为了方便查询和保证逻辑数据的独立性。而只有在单个表上建立的视图,且该视图的属性列个数或与表的属性列个数相同,或少于表的属性列个数,但所少的各列所对应的表的列是可为空值(NULL)的列时,才可在该视图上进行插入(元组)数据和删除(元组)数据的操作。

【例 4.46】 在图 1.12 中,假设有教学安排视图、课程成绩关系视图和学生平均成绩关系视图,其格式分别如下:

```
教学安排视图:TA(C#,CNAME,CLASSH,TNAME,TRSECTION)
课程成绩视图:CG(S#,SNAME,C#,CNAME,CLASSH,GRADE)
学生平均成绩视图:A_GRADE(S#,SNAME,AVG_GRADE)
```

创建第一个视图的语句如下:

```
CREATE VIEW TA
    AS SELECT  C.C#, CNAME, CLASSH, TNAME, TRSECTION
        FROM  C, TEACH, T
        WHERE  C.C# = TEACH.C# AND TEACH.T# = T.T#;
```

在这个例子中,只有视图名 TA,没有<视图列名表>选项,说明视图 TA 的列名表与 SELECT 语句中的列名表相同。

创建最后一个视图的语句如下:

```
CREATE VIEW A_GRADE(S#, SNAME, AVG_GRADE)
    AS SELECT  S.S#, S.SNAME, AVG(GRADE)
        FROM  S,SC
        WHERE  S.S# = SC.S#
        GROUP BY  S.S#,S.SNAME;
```

其中,学生平均成绩视图的列名分别为学号 S#、姓名 SNAME 和平均分数 AVG_GRADE,分别与 SELECT 语句中的查询结果 S.S#、SNAME 和 AVG(GRADE)相对应,AVG(列名)是求平均值聚合函数。

4.4.2 在视图上进行查询操作

当视图建立后,就可以和基本表一样对其进行查询操作。

【例 4.47】 利用已经建立的视图 A_GRADE 查询学生所学课程的平均成绩,其语句格式如下:

```
SELECT  *
FROM  A_GRADE;
```

在系统已经建立了 A_GRADE 视图后,上述语句的查询结果如图 4.32 所示。

如果用查询语句实现查询学生所学课程的平均成绩,其查询语句如下。

	S#	SNAME	AVG_GRADE
1	201401001	张华	88
2	201401002	李建平	81
3	201401003	王丽丽	69
4	201402001	杨秋红	88
5	201402002	吴志伟	92
6	201402003	李涛	83
7	201403001	赵晓艳	91

图 4.32 例 4.47 查询结果

```
SELECT  S.S#, S.SNAME, AVG(GRADE)
FROM  S, SC
WHERE  S.S# = SC.S# AND GRADE IS NOT NULL
GROUP  BY S.S#, S.SNAME;
```

比较上述语句和例 4.46 的 A_GRADE 视图定义语句可知，视图的查询实质上是由 SELECT 查询语句在基本表上进行的，但在定义了视图后，其查询语句就变得十分简单，这种优越性在数据库应用系统设计时的应用程序编写中会明显体现出来。

4.4.3 用户视图对数据库应用系统设计及系统性能的影响

对于大多数数据库应用系统来说，一般有多个用户应用同一系统。由于不同用户在同一用户组织中所负责的业务或工作的侧重面不同，每个用户一般只用到数据库中的一部分数据，用户视图为每个用户使用自己关心的特定数据提供了可能。进一步讲，是用户视图为每个用户提供了特定的应用数据界面。

用户视图给数据库应用系统的设计提供了极大的优越性。在一个数据库应用系统的设计中，一般要为不同的用户设计满足其工作侧重面需求的应用程序，为不同用户的应用程序建立各自所需的用户视图。用户视图的建立，会使在应用程序中用到并反复出现的含有复杂关系连接和投影的查询语句被简单的视图查询语句所代替。这样不仅简化了用户接口，使应用程序中的 SQL 语句变得简单明了，清晰可读；而且可以使应用程序员把编写应用程序的主要精力集中在对数据的处理、分析和用户界面的实现上，方便应用程序的设计。

不同的用户具有不同用户视图，这样就使一个用户视图的变化不会影响其他用户视图。当数据库的逻辑结构（逻辑模型）或存储结构（存储模型）发生变化时，并且这些变化与某一或某些用户的视图无关时，就不必改变该用户的应用程序；当这些变化与某一或某些用户的视图有关时，可通过改变基本表到用户视图之间的映射关系，即通过重新定义用户视图（主要是改变视图定义语句中的 SELECT 语句），而使用户视图保持不变，从而不必修改应用程序或少量修改应用程序。这样就实现了数据库的逻辑数据独立性。

另外，由于不同用户具有不同的用户视图，这样就使得在各用户视图中只出现该用户关心的那部分数据，其他数据对该用户来说是不能使用的。而且给用户使用的是视图而不是在数据库中存储数据的表。这样就起到对数据库中数据进行安全保护的作用。

4.5 SQL 中带有子查询的数据更新操作

在 4.2.2 节中介绍的数据插入、修改、删除等是 SQL 中最基本的数据更新操作。在实际应用中还需要有一些带有子查询的数据更新操作。

4.5.1 带有子查询的数据插入操作

这里介绍的数据插入实质上是数据的导入，其操作的实质是把从某个或某些表中查询出来的数据插入另一个表中。语句格式如下：

```
INSERT INTO <表名>
    [(<列名表>)]
    <子查询>;
```

其中,<子查询>是一个合法的 SELECT 查询语句,其余与 4.2.2 节中数据插入语句的含义相同。

【例 4.48】 设在教学管理数据库应用系统中,由于某种管理要求需要用格式为 S_C (S#,SNAME,SSNAME,CLASS)的临时表暂存学习了"计算机网络"课程的学生的学号、姓名、专业名称和所在的班级时,则将从有关表中查询出的数据组成的记录插入表 S_C 中的插入语句如下:

```
INSERT INTO  S_C(S#,SNAME,SSNAME,CLASS)
    SELECT  S.S#, SNAME, SSNAME, CLASS
    FROM  S, SS
    WHERE  S.SCODE# = SS.SCODE#
           AND S.S# IN (SELECT S#
                        FROM  SC
                        WHERE  C# IN (SELECT  C#
                                      FROM  C
                                      WHERE  CNAME = '计算机网络'));
```

执行上述语句后,利用"select * from S_C"查询的验证结果如图 4.33 所示。

显然,对于本例的验证先需要用下列的表创建语句创建表临时表 S_C。

```
CREATE TABLE  S_C
    (S#  char(9) PRIMARY KEY,
     SNAME  char(16) NOT NULL,
     SSNAME  varchar(30) NOT NULL,
     CLASS  char(6) NOT NULL);
```

	S#	SNAME	SSNAME	CLASS
1	201401001	张华	计算机科学与技术	201401
2	201402002	吴志伟	指挥信息系统工程	201402
3	201402003	李涛	指挥信息系统工程	201402

图 4.33 例 4.48 插入数据后的查询结果

【例 4.49】 设在教学管理数据库应用系统中,由于某种管理要求需要用格式为 S_AVG(S#,AVG_GRADE)的临时表暂存平均成绩大于或等于 80 分的女同学的学号和平均成绩,则将从有关表中查询出的数据组成的记录插入表 S_AVG 中的插入语句如下:

```
INSERT INTO  S_AVG(S#,AVG_GRADE)
    SELECT  S#,AVG(GRADE)
    FROM  SC
    WHERE  S# IN (SELECT S#
                  FROM  S
                  WHERE SSEX = '女')
    GROUP BY S#
    HAVING AVG(GRADE)>= 80;
```

	S#	AVG_GRADE
1	201402001	88
2	201403001	91

图 4.34 例 4.49 插入数据后的查询结果

执行上述语句后,利用"select * from S_AVG"查询的验证结果如图 4.34 所示。

4.5.2 带有子查询条件的数据修改操作

这里介绍的数据修改与 4.2.2 节介绍的数据修改实质上是一样的,只是在修改语句的 WHERE 子句中增加了用子查询表示的条件。语句格式如下:

```
UPDATE <表名>
    SET <列名 1>=<表达式 1>[, <列名 2>=<表达式 2>, …, <列名 n>=<表达式 n>]
    WHERE <带有子查询的条件>;
```

【例 4.50】 为了加强对高水平尖子人才的重点培养,学校拟将计算机科学与技术专业

(专业代码为：S0401)中，各门课程均在 85 分以上的学生单独编为 2014T1 创新实验班，所以需要修改学生表 S 中相关学生的“班级”属性的值。其实现语句如下：

```
UPDATE   S
SET  CLASS  = '2014T1'
WHERE   (SCODE#  = 'S0401' OR SCODE#  = 'S0402')
        AND S#  IN (SELECT S#
                    FROM   SC
                    GROUP BY S#
                    HAVING min(GRADE)> = 85);
```

在没执行上述的 UPDATE 语句前，运行“select * from s”语句的执行结果如图 4.35(a)所示。执行上述 UPDATE 语句后，再运行“select * from s”语句的执行结果如图 4.35(b)所示。

结果　消息

	S#	SNAME	SSEX	SBIRTHIN	PLACEOFB	SCODE#	CLASS
1	201401001	张华	男	1996-12-14 00:00:00.000	北京	S0401	201401
2	201401002	李建平	男	1996-08-20 00:00:00.000	上海	S0401	201401
3	201401003	王丽丽	女	1997-02-02 00:00:00.000	上海	S0401	201401
4	201402001	杨秋红	女	1997-05-09 00:00:00.000	西安	S0402	201402
5	201402002	吴志伟	男	1996-06-30 00:00:00.000	南京	S0402	201402
6	201402003	李涛	男	1997-06-25 00:00:00.000	西安	S0402	201402
7	201403001	赵晓艳	女	1996-03-11 00:00:00.000	长沙	S0403	201403

(a) 执行UPDATE语句前“select * from s”语句的运行结果

结果　消息

	S#	SNAME	SSEX	SBIRTHIN	PLACEOFB	SCODE#	CLASS
1	201401001	张华	男	1996-12-14 00:00:00.000	北京	S0401	2014T1
2	201401002	李建平	男	1996-08-20 00:00:00.000	上海	S0401	201401
3	201401003	王丽丽	女	1997-02-02 00:00:00.000	上海	S0401	201401
4	201402001	杨秋红	女	1997-05-09 00:00:00.000	西安	S0402	2014T1
5	201402002	吴志伟	男	1996-06-30 00:00:00.000	南京	S0402	2014T1
6	201402003	李涛	男	1997-06-25 00:00:00.000	西安	S0402	201402
7	201403001	赵晓艳	女	1996-03-11 00:00:00.000	长沙	S0403	201403

(b) 执行UPDATE语句后“select * from s”语句的运行结果

图 4.35　例 4.50 中 UPDATE 前后 S 表中数据查询结果对比

从图 4.35 可知，S0401 班的张华和 S0402 班的杨秋红及吴志伟的班级属性值改成“2014T1”，这个结果与分析图 1.8 中学生关系表 S 和学习关系表 SC 所得结果相吻合。

【例 4.51】 由于试题难度原因，需要将“计算机网络”课的成绩提高 5%。其实现语句如下：

```
UPDATE SC
SET  GRADE  =  GRADE * 1.05
WHERE C#  IN (SELECT C#
              FROM   C
              WHERE CNAME  = '计算机网络');
```

在没执行上述的 UPDATE 语句前，运行“select * from sc”语句的执行结果如图 4.36(a)所示。执行上述 UPDATE 语句后，再运行“select * from sc”语句的执行结果如图 4.36(b)所示。

分析图 4.36 的查询结果可知，课程号为 C403001(计算机网络)的 3 个课程的成绩都增加了 5%。

	S#	C#	GRADE
1	201401001	C401001	90
2	201401001	C402002	90
3	201401001	C403001	85
4	201401002	C401001	75
5	201401002	C402002	88
6	201401003	C402002	69
7	201402001	C401001	87
8	201402001	C401002	90
9	201402002	C403001	92
10	201402003	C403001	83
11	201403001	C403002	91

(a) 执行UPDATE前S表的查询结果

	S#	C#	GRADE
1	201401001	C401001	90
2	201401001	C402002	90
3	201401001	C403001	89
4	201401002	C401001	75
5	201401002	C402002	88
6	201401003	C402002	69
7	201402001	C401001	87
8	201402001	C401002	90
9	201402002	C403001	96
10	201402003	C403001	87
11	201403001	C403002	91

(b) 执行UPDATE后S表的查询结果

图 4.36　例 4.51 中执行 UPDATE 前后 S 表中数据查询结果对比

4.6　嵌入式 SQL 与游标应用

本节首先介绍嵌入式 SQL 概念，再介绍 SQL Server 2012 的游标及其使用方法。

4.6.1　嵌入式 SQL

1. 嵌入式 SQL 的引入

本章前面介绍的 SQL 语句都是作为单独的命令在交互式方式下使用的，所以称为交互式 SQL(Interactive SQL)。交互式 SQL 是非过程性的，大多数语句的执行都是独立的，与上下文无关的。交互式 SQL 的这种特点无法满足绝大多数应用所需的过程性要求。为此，引入了嵌入式 SQL。

嵌入式 SQL 是指把 SQL 语句嵌入某种高级语言中的应用形式。嵌入有 SQL 语句的高级语言称为宿主语言(Host Languages)，简称主语言。含有嵌入 SQL 语句的高级语言应用程序称为宿主应用程序，简称应用程序。在应用程序中，对数据库的各种操作利用 SQL 语句实现，而对数据的各种处理由主语言语句实现。

2. SQL 语句与主语言之间的通信

在嵌入式应用中，SQL 语句有时需要把查询得到的结果传送给主语言变量，供主语言程序在其后进行处理；SQL 语句有时也需要利用主语言变量中的值对数据库进行修改更新。为此需要解决 SQL 语句中的列属性(也称为数据库工作单元)与主语言之间的通信问题。

数据库工作单元与主语言之间的通信用主变量(Host Variable)实现。主变量即主语言和 SQL 语句都可以对其赋值和引用其值的变量。当利用主变量实现数据库工作单元与主语言之间的通信时，它就会出现在 SQL 语句中。主变量可分成输入主变量和输出主变量两种类型。

1) 输入主变量

下面，通过一个利用一组主变量，传递向数据库表中插入一个数据记录的各字段值的例子，说明输入主变量的概念。

【例 4.52】 向课程数据库表中插入一个数据记录。

```
INSERT INTO C(C♯, CNAME, CLASSH)
    VALUES(@num, @cname1, @classh1);
```

其中,VALUES 项中有前缀符号"@"的 num、cname1、classh1 为主变量。

例 4.52 中的语句表示,将主变量 num、cname1、classh1 的值分别传递给课程关系表的属性字段 C♯、CNAME、CLASSH,并将由其组成的一个数据记录值插入数据库表 C 中。由于 VALUE 后的主变量 num、cname1、classh1 起输入作用,所以将它们称为输入主变量。

2）输出主变量

下面,通过一个利用一组主变量,接收从数据库表中查询到的一个数据记录的各字段的值的例子,说明输出主变量的概念。

【例 4.53】 根据由宿主变量 S1 给出的学生的学号值,查询学生的姓名、性别和出生日期。

```
SELECT  SNAME, SSEX, SBIRTHIN
INTO    @sname1, @ssex1, @sbirth
FROM    S
WHERE   S♯  = @s1;
```

其中,INTO 项和 WHERE 项中有前缀符号@的变量为主变量。

例 4.53 中的语句表示,从学生数据库表 S 中找出其学号等于主变量 s1 的值的学生的姓名、性别和出生日期,并将其查询结果传送到主变量 sname1、ssex1 和 sbirth。由于 INTO 后的主变量 sname1、ssex1、sbirth 起输出作用,所以将它们称为输出主变量。显然,s1 为输入主变量。

由例 4.52 和例 4.53 可以看出,当主语言变量出现在嵌入式应用中的 SQL 语句中时,通过在其前面加前缀符号@来标识,当主语言变量出现在应用程序中时,前面无须加任何标识,只需与其他变量一样对待处理即可。

4.6.2 SQL Server 2012 的游标及其使用

在 SELECT 语句的查询操作中,其查询结果是满足该语句的 WHERE 子句条件的所有记录组成的集合(称其为记录集或结果集,一般放在内存中开辟的一块区域中),但嵌入式 SQL 的宿主语言并不总能将记录数量不确定的结果集作为一个整体单元来进行处理,为此关系数据库查询语言提供了一种游标机制,用于支持应用程序对结果集(中的数据)进行查看和处理的能力。

游标机制与应用程序的结合,可以实现从结果集的当前位置逐行检索数据;对结果集中当前位置的行进行数据修改操作;对结果集中的特定行进行定位;支持在存储过程和触发器中访问结果集中的数据等。

游标机制的运用需要定义游标、打开游标、读取游标和关闭游标。

1. 定义游标

```
DECLARE <游标名> CURSOR
[LOCAL|GLOBAL]
[SCROLL|FORWARD_ONLY]
[STATIC|KEYSET|DYNAMIC|FAST_FORWARD]
```

```
[READ_ONLY|SCEOLL_LOCKS|OPTIMISTIC]
FOR < SELECT 语句>
[FOR UPDATE [OF <列名> [,… ]]]
```

其中：

（1）可选项 LOCAL 指出该游标的作用域是局部的。可选项 GLOBAL 指出该游标的作用域是全局的。

（2）可选项 SCROLL 指出该游标读取（结果集中）的数据记录时，游标指针的进退方式如图 4.37 所示。其中包括如下 4 个选项。

- FIRST：游标指针指向结果集中当前值的第一行，并将其作为当前行。
- LAST：游标指针指向结果集中当前值的最后一行，并将其作为当前行。
- PRIOR：游标指针指向此时它正指向的结果集的行的前一行，并将其作为当前行。
- NEXT：游标指针指向此时它正指向的结果集的行的后一行，并将其作为当前行。

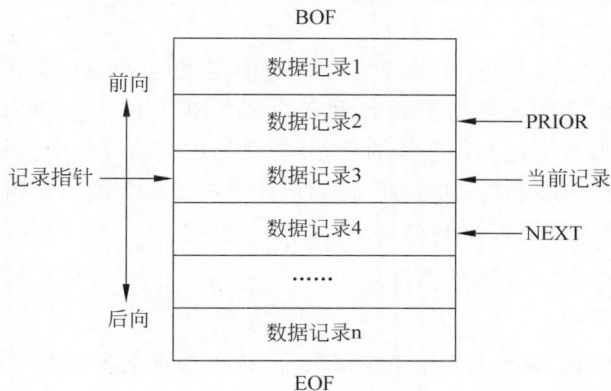

图 4.37　结果集结构示意图

可选项 FORWARD_ONLY 指出该游标为"只进"游标，即每次读取游标时只能前进一行，即 NEXT 方式。

（3）可选项 STATIC 指出该游标为"静态"游标，即该游标是只读的。可选项 KEYSET 指出该游标为"键集"游标，即当游标打开时，游标中行的成员的身份和顺序已经固定。可选项 DYNAMIC 指出该游标为"动态"游标，其意义是在移动游标指针时，能够反映结果集内的行所做的所有数据更改。可选项 FAST_FORWARD 指出启用了性能优化的 FORWARD_ONLY 和 READ_ONLY 游标。

（4）可选项 READ_ONLY 指出禁止通过该游标进行更新。可选项 SCEOLL_LOCKS 指出确保通过该游标进行的定位更新或定位删除可以成功。可选项 OPTIMISTIC 指出如果某行从被读入游标以来已得到更新，则通过该游标进行的定位更新或定位删除不会成功。

（5）可选项"FOR｛ READ ONLY ｜ UPDATE [OF <列名> [,…]]｝"用于定义该游标内可更新的行。

（6）SELECT 语句将查询获得的数据存储到结果集中。

【例 4.54】　定义一个静态游标，实现从学习关系表中查询由主变量 s1 的值给出的学号的学生所学的全部课程的课程号和分数的功能。

其语句格式如下:

```
DECLARE   @s1 CHAR(9)
DECLARE   CC1 CURSOR
STATIC
FOR SELECT   C#, GRADE
    FROM   SC
    WHERE   S# = @s1;
```

其中,CC1 是新定义的游标的名称;s1 是定义游标语句要用到的输入主变量,在定义游标 CC1 的语句之前必须对该输入主变量进行定义。

注意:应用程序不能引用没有定义的游标,所以定义游标语句必须位于程序中引用游标的所有语句之前。一个应用程序可以包含多个定义游标语句。每个定义游标语句定义一个不同的游标,并与不同的查询联系在一起。在同一程序中,两个定义游标语句说明同一个游标名显然是错误的。

2. 打开游标

打开游标语句的实质是执行在游标定义语句中定义的 select 语句,并把查询结果放到结果集中。即,打开游标语句根据游标名对应的 SELECT 语句中 WHERE 子句的查询条件(若存在),查询出那些满足查询条件的行,并把它们放到结果集中。结果集中当前等待被处理的行称为当前行。在刚打开游标时,游标指针指向结果集的第 1 行之前。

打开游标语句的句法格式如下:

```
OPEN {{[GLOBL] <游标名>} | <游标变量名>}
```

其中:

(1) 可选项 GLOBL 指定该游标是全局游标,该可选项缺省时约定该游标是局部游标。

(2) <游标名>为已定义的游标的名称。

(3) <游标变量名>为游标变量的名称,该游标变量用于引用一个游标。

需要注意的是,如果要 OPEN 的游标在定义时使用的是 STATIC 选项,那么 OPEN 语句将创建一个临时表来保存结果集;如果要 OPEN 的游标在定义时使用的是 KEYSET 选项,那么 OPEN 语句将创建一个临时表来保存键集。临时表存储在 tempdb 数据库中。

【例 4.55】 写出例 4.54 定义的游标的打开游标语句。

```
OPEN CC1;
```

3. 利用游标读取数据

打开游标后,就可以利用游标从结果集中读取数据了。利用 FETCH 语句可以从结果集中读取一行数据,并把该结果赋给 INTO 后的输出主变量。

FETCH 语句的句法格式如下:

```
FETCH
    [[NEXT|PRIOR|FIRST|LAST|ABSOLUTE {<行数>|<@行数变量>}
         |RELATIVE {<行数>|<@行数变量>}]
FROM
    ]
    {{[GLOBAL]<游标名>}|<@游标变量名>}[INTO  <@主变量名> [,… ]]
```

其中:

(1) 可选项 NEXT 指定取游标指针当前指向的行的下一行的数据,并把下一行作为新的当前行。第一次对游标实行读取操作时,NEXT 返回结果集合中的第一行。

（2）可选项 PRIOR 指定取游标指针当前指向的行的前一行的数据,并把前一行作为新的当前行。由于在刚打开游标时,游标指针指向的是结果集第 1 行之前,所以对于前面定义的游标,执行一次 FETCH NEXT FROM CC1 操作就可读取结果集中的第 1 行数据。

（3）可选项 FIRST 指定取结果集中第 1 行的数据,并将其作为新的当前行。同理,在刚打开游标时,执行一次 FETCH FIRST FROM CC1 操作就可读取结果集中的第 1 行数据。

（4）可选项 LAST 指定取结果集中最后一行的数据,并将其作为新的当前行。

（5）可选项 ABSOLUTE {<行数>|<@行数变量>}指出,采用绝对定位方式读取结果集中的数据。

- 当{<行数>|<@行数变量>}中的 n 值为正整数时,则读取从游标头开始的第 n 行,并将该行作为新的当前行。
- 当{<行数>|<@行数变量>}中的 n 值为负整数时,则读取从游标尾倒数的前第 n 行,并将该行作为新的当前行。
- 当{<行数>|<@行数变量>}中的 n 值为 0 时,没有读取结果返回。

（6）可选项 RELATIVE {<行数>|<@行数变量>}指出,采用相对定位方式读取结果集中的数据。

- 当{<行数>|<@行数变量>}中的 n 值为正整数时,则读取当前行之后的第 n 行,并将该行作为新的当前行。
- 当{<行数>|<@行数变量>}中的 n 值为负整数时,则读取当前行之前的第 n 行,并将该行作为新的当前行。
- 当{<行数>|<@行数变量>}中的 n 值为 0 时,则读取当前行。
- 如果是对游标的第一次读取,且 FETCH RELATIVE 的{<行数>|<@行数变量>}中的 n 值为负整数或 0 时,没有读取结果返回。

注意：PRIOR、FIRST、LAST、ABSOLUTE n 和 RELATIVE n 选项只适用于 SCROLL 游标。

（7）可选项 GLOBAL 指定该游标为全局游标,未指定 GLOBAL 时默认为局部游标。

（8）<游标名>为已定义的游标的名称。

（9）<游标变量名>为游标变量的名称,该游标变量用于引用一个游标。

（10）"[INTO <@主变量名>[,…]]"指出,将读取操作的列数据放到局部变量中。列表中的各个变量从左到右应与游标结果集中的相应列相关联。

说明：每执行一个 FETCH 操作,系统会利用@@FETCH_STATUS 函数（由 SQL Server 系统提供的 T-SQL 语言的全局变量,详见 6.2.2 节）报告一次 FETC 语句的执行状态。该函数的值及其状态如下。

- 为 0 时,表示 FEYCH 操作执行成功。
- 为－1 时,表示 FEYCH 语句执行失败。
- 为－2 时,表示读取的行不存在。

通常,在每条 FETCH 语句之后和返回数据结果之前,应该用@@FETCH_STATUS 函数测试 FETCH 语句的执行状态,以确定读取操作的有效性。

FETCH 语句通常置于应用程序中的循环结构之中,通过循环执行 FETCH 语句,就可以逐一地把结果集中的行取到主变量中,并借助应用程序对其进行处理,在取完所有行后,根据@@FETCH_STATUS 函数的检测条件,使程序从循环中跳出来。

4. 关闭游标

游标使用完后应及时关闭。关闭游标的语句格式如下:

CLOSE [GLOBAL] <游标名> | <@游标变量名>

其中:

(1)可选项 GLOBAL 指出原定义的游标是全局游标。

(2)<游标名>为已定义的游标的名称。

(3)<游标变量名>为与已打开游标关联的游标变量的名称。

5. 删除(释放)游标

利用 DEALLOCATE 删除游标后,即可释放该游标占用的内存及其他系统资源。删除游标的语句格式如下:

DEALLOCATE [GLOBAL] <游标名> | <@游标变量名>}

其中:

(1)<游标名>为已定义的游标的名称。

(2)<@游标变量名>为与已打开游标关联的游标变量的名称,且必须为 cursor 类型。

【例 4.56】 假设专业表 SS 中的当前值如表 4.10 所示,写出利用游标机制查询专业关系中的所有数据记录的批处理语句。

表 4.10 专业表 SS 的当前值

SCODE#	SSNAME	SCODE#	SSNAME
S0401	计算机科学与技术	S0403	网络工程
S0402	指挥信息系统工程	S0404	信息安全

批处理语句如下:

```
USE   JXGL                          /* 打开并使用名为 JXGL 的数据库(详见 6.4.2 节) */
GO                                  /* 结束前一个批处理(详见 6.1 节) */
DECLARE   CC2 CURSOR                 /* 定义游标 CC2,默认为 FORWARD_ONLD 游标 */
FOR SELECT   *
    FROM   SS;
OPEN   CC2;                          /* 打开游标 */
FETCH NEXT FROM   CC2;               /* 读取第 1 行数据 */
WHILE @@FETCH_STATUS = 0            /* FETCH_STATUS 为全局变量(详见 6.2.2 节),返回 0 表示
                                       FETCH 有效,否则停止 FETCH 操作 */

    BEGIN
        FETCH NEXT FROM CC2;
    END
CLOSE CC2;                           /* 关闭游标 */
DEALLOCATE CC2;                      /* 删除不再使用的游标 */
GO                                   /* 结束前一个批处理 */
```

本例的运行结果如图 4.38 所示。

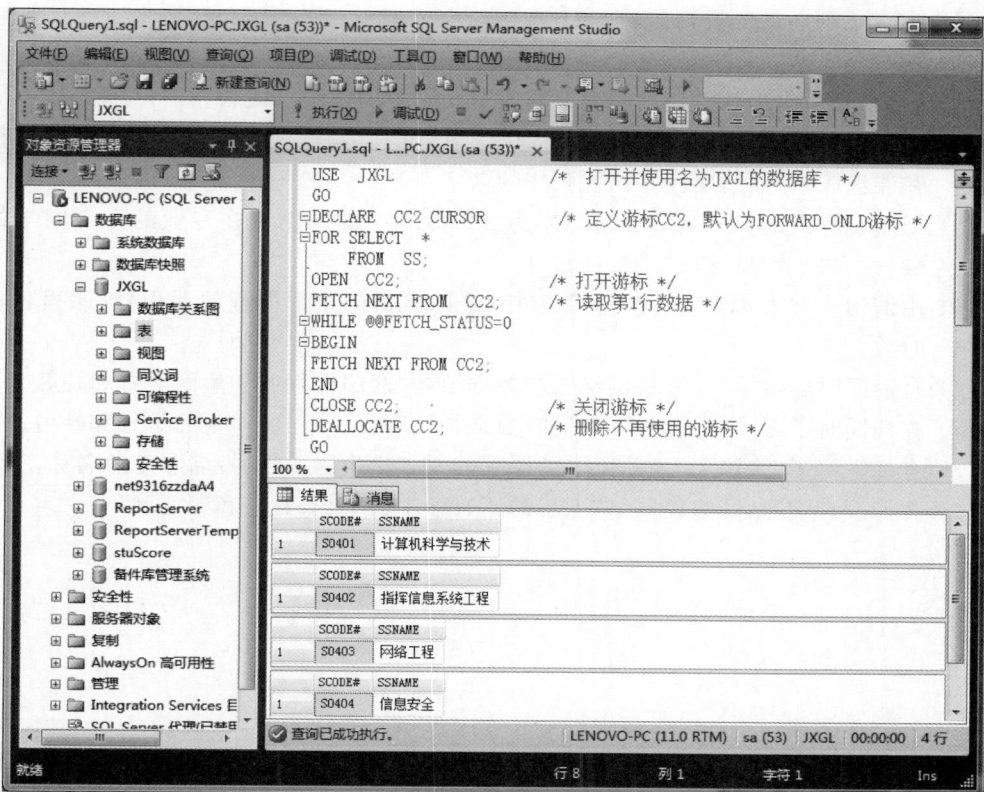

图 4.38 使用游标查询

习 题 4

扫一扫 作业   扫一扫 自测题

4-1 解释下列术语。

(1) 分组查询   (2) 嵌套查询

(3) 表的连接查询   (4) 模糊查询

(5) 嵌入式 SQL   (6) 主变量

4-2 分别简述数据定义语句、数据查询语句、数据操纵语句和数据控制语句的功能用途。

4-3 主键与列值非空(NOT NULL)有什么区别与联系?

4-4 分别利用查询编辑器建立大学教学信息管理数据库应用系统中的学生关系表 S 和课程关系表 C。

4-5 写出给学生关系表 S 和课程设置关系表 C 中插入一个数据记录的插入语句。

4-6 HAVING 子句与 WHERE 子句的区别与联系是什么?

4-7 根据教学管理数据库,完成以下操作。

(1) 写出学习成绩视图 GRADE_T 的创建语句,成绩视图 GRADE_T 的属性包括学号(S#)、姓名(SNAME)、课程号(C#)、课程名(CNAME)、学时(CLASSH)、成绩(GRADE)、任课教员编号(T#)、任课教员名称(TNAME)。

(2) 用 select * from GRADE_T 的查询结果验证创建的视图语句功能的正确性。

4-8 写出完成下列功能的查询语句。

（1）查询全部学生的学号、姓名、性别、专业和班级。

（2）查询 1997 年 1 月 1 日以后出生的所有女同学的学号和姓名。

（3）用多条件连接查询语句实现：查询"张华"同学学习的全部课程的课程号、课程名和课程成绩，输出属性并加上张华的名字。

（4）用嵌套查询语句实现：查询学号为 201402001 的同学所在专业的全部同学的学号、姓名和专业代码。

（5）用谓词查询语句实现：查询"郭宏伟"老师所讲的全部课程的课程号、课程名和学时数。

（6）查询同时学习了"计算机网络"或"数据结构"两门课程的学生的学号和姓名。

（7）查询同时学习了"计算机网络"和"数据结构"两门课程的学生的学号和姓名。

（8）查询学习了"张国庆"老师所讲的课程的所有学生的学号、姓名和专业名称。

（9）查询没有学习"计算机网络"课程的所有学生的学号、姓名和专业名称。

第 5 章　关系数据库模式的规范化设计

在一个关系数据库应用系统中,构成该系统的关系数据库的全局逻辑结构(逻辑模式)的基本表的全体,称为该数据库应用系统的关系数据库模式。

关系数据库模式设计是按照不同的范式(标准)对关系数据库模式中的每个关系模式进行分解,用一组等价的关系子模式代替原有的某个关系模式,即通过将一个关系模式不断地分解成多个关系子模式和建立模式之间的关联来消除数据依赖中不合理的部分,最终实现使一个关系仅描述一个实体或者实体间的一种联系的目的。关系数据库模式设计是数据库应用系统设计中的核心问题之一。

本章首先论述关系约束与关系模式的表示,然后讨论为什么要对关系模式进行规范化设计,在此基础上引出函数依赖的概念和函数依赖的公理体系,并给出函数依赖集的分解方法,接着给出保持无损分解的概念,并给出保持无损性的分解方法,最后给出关系模式的规范化方法。

5.1　关系约束与关系模式的表示

假设在大学教学信息管理数据库应用系统的设计中,通过直接整理用户组织日常所用的相关教学管理表格,得到课程(归属)表、学生成绩表、授课(统计)表和教师信息表。将这几个关系表合并在一起,构成的大学教学信息管理数据库应用系统中除学生学籍关系表以外的其他关系表结构如表 5.1 所示。

表 5.1　大学教学信息管理数据库应用系统中部分表的属性

表　　名	课程(归属)表	学生成绩表	授课(统计)表	教师信息表
表拥有 的属性	课程号	学号	课程号	教师工号
	课程名	姓名	课程名	教师姓名
	学时	课程号	学时	教师性别
	(归属)教研室	课程名	(任课)教研室	教师出生日期
		分数	教师工号	职称
		专业名称	教师姓名	(所在)教研室
			职称	

如果直接将图 1.8(a)和表 5.1 中 4 个表的表名作为关系模式名,将各表中的属性作为各关系模式的属性,就可以得到如下 5 个关系模式。

(1)学生学籍关系(学号,姓名,性别,出生日期,籍贯,专业代码,班级)。

(2)课程关系(课程号,课程名,学时,教研室)。

（3）学生成绩关系（学号，姓名，课程号，课程名，分数，专业名称）。

（4）授课关系（课程号，课程名，学时，教研室，教师工号，教师姓名，职称）。

（5）教师关系（教师工号，教师姓名，教师性别，教师出生日期，职称，教研室）。

按照一般的语义概念分析以上的关系模式可知，一个关系模式中的属性的全体构成了该关系模式的属性集合（设 U 表示关系模式的属性集合）；每个属性的值域（设 D 表示各属性的值域集合）实质上构成了对该关系的一种取值约束，并反映了属性集合向属性值域集合的映射或约束（设 DOM 表示属性集 U 到值域集合 D 的映射）。

同时，在每个关系表中都存在由一些属性的值决定另一些属性的值的数据依赖关系。例如，在课程关系中，给定一个"课程号"的值，就可以确定开设该课程的教研室的名称；在教师关系中，给定一个"教职工号"的值，就可以确定该教师所在的教研室的名称。由于这种依赖是用属性的值体现的，所以称为数据依赖；当用属性名集合表示其依赖关系时，就可以看作一种函数依赖（设 F 表示函数依赖集合）。

综上，当把所有这些要素完整地反映到关系模式的描述中时，就可以得到如下结论。一个关系模式应该完整地用一个五元组〈R，U，D，DOM，F〉表示，并一般地记为

$$R(U,D,DOM,F)$$

其中，R 是关系名；U 是关系 R 的全部属性组成的属性集合；D 是 U 中各属性的值域的集合；DOM 是属性集 U 到值域集合 D 的映射；F 是关系 R 的属性集 U 上的函数依赖集合。

在本章的关系数据库设计理论的相关概念讨论中，关系名 R、属性集 U 和依赖集 F 三者相互关联，相互依存，而 D 和 DOM 在讨论各概念的描述时关联性不是很大。所以为了简单起见，在本书后续内容的介绍中把关系模式简化地看作一个三元组 R(U，F)。当且仅当 U 上的一个关系 R 满足 F 时，将 R 称为关系模式 R(U，F) 上的一个关系。

需要进一步说明的是，在本章后续的内容中会涉及较多且比较严格的定义、定律和公式推导，为了表述上的方便，如不做特殊声明，总是假设有如下约定。

（1）用大写英文字母 A、B、C、D 等表示关系的单个属性。

（2）用大写字母 U 表示某一关系的属性集（全集），用大写字母 V、W、X、Y、Z 表示属性集 U 的子集。

（3）不再特意地区分关系和关系模式，并用大写字母 R、R_1、R_2、……和 S、S_1、S_2、……表示关系和关系模式。

（4）R(A，B，C)、R(ABC) 和 ABC 这 3 种表示关系模式的方法是等价的。同理，{A_1，…，A_n} 和 $A_1 \cdots A_n$ 是等价的，X∪Y 和 XY 是等价的，X∪{A} 和 XA 是等价的。

（5）用大写英文字母 F、F_1、……以及 G 表示函数依赖集。

（6）若 X={A，B}，Y={C，D}，则 X→Y、{A，B}→{C，D} 和 AB→CD 这 3 种函数依赖表示方法是等价的。

5.2　对关系模式规范化设计的必要性

本节先介绍关系模式规范化设计的必要性，然后介绍由此引出的关系模式分解的相关问题及解决思路。

5.2.1 对关系模式进行规范化设计的必要性

本节用一个由于构建的关系模式不合理而引起操作异常的例子说明对关系模式进行规范化设计的必要性。

对于 5.1 节的授课关系模式(调整了其中一些属性的顺序):

授课关系(课程号,课程名,学时,教研室,教师工号,教师姓名,职称)

可得用符号形式表示的授课统计关系模式为

TEACHES(T#,TNAME,TITLEOF,TRSECTION,C#,CNAME,CLASSH)

则这个关系模式在使用过程中会存在以下操作异常问题。

1) 数据冗余

对于每位教师所讲的每一门课,教师姓名、职称、教研室等信息都要重复存放,会造成大量的数据冗余。

2) 更新异常

由于有数据冗余,如果某教师的职称或教研室变化,就必须对所有具有教师职称或所属教研室的元组进行修改。这不仅增加了更新的代价,而且可能出现一部分元组修改了,另一部分元组没有被修改的情况,存在着潜在的数据不一致性。

3) 插入异常

由于这个关系模式的主键由教师工号 T# 和课程号 C# 组成,如果某一位教师刚调来,或某一位教师因为某种原因没有上课,就会由于关系的主键属性值不能为空(NULL)而无法将该教师的教师姓名、职称、教研室等基本信息输入数据库中。学校的数据库中没有该教师的信息,就相当于该学校没有这位教师,显然是不符合实际情况的。

4) 删除异常

如果某教师不再上课,则在删除该教师所担任的课程信息的同时,就会连同该教师的教师姓名、职称、教研室等基本信息都删除了。

以上表明,上述 TEACHES 关系模式的设计是不合适的。之所以存在这种操作异常,是因为在数据之间存在着一种依赖关系。例如,某位教师的职称或所属教研室只由其教师工号就可以确定,而与所上课程的课程号无关。

如果将上述关系模式分解为以下两个关系模式:

TEACHER(T#,TNAME,TITLEOF,TRSECTION)
COURSE(C#,CNAME,CLASSH)

就不会存在上述的操作异常了。一个教师的基本信息不会因为他没上课而不存在;某门课程也不会因为某学期没有上而被认为是没有开设的课程。

5.2.2 关系模式分解的思路

进一步分析授课关系 TEACHES 可知,其属性集 U 可表示为

U = {T#,TNAME,TITLEOF,TRSECTION,C#,CNAME,CLASSH}

如果给定一个教师工号 T# 的值,就能唯一地确定出该教师的姓名 TNAME、职称 TITLEOF 和所在教研室 TRSECTION 的值。例如以图 1.8 的关系当前值为例,当给出

关系数据库模式的规范化设计

T#的值为 T0401001 时,就能得到该教师工号对应的 TNAME、TITLEOF 和 TRSECTION 的值为{张国庆,教授,计算机}。这就是说,在该关系模式中存在着{T#}决定{TNAME,TITLEOF,TRSECTION}的函数依赖关系,即

{T#}→{TNAME,TITLEOF,TRSECTION}

同理,也存在着下述两个函数依赖:

{C#}→{CNAME,CLASSH}
{T#,C#}→{TNAME,TITLEOF,TRSECTION,CNAME,CLASSH}

综上分析可知,对于关系模式 TEACHES(U,F)来说,有

U={T#,TNAME,TITLEOF,TRSECTION,C#,CNAME,CLASSH}
F={{T#,C#}→{TNAME,TITLEOF,TRSECTION,CNAME,CLASSH},
   {T#}→{TNAME,TITLEOF,TRSECTION},{C#}→{CNAME,CLASSH}}

显然,当把关系模式 TEACHES(U,F)分解成

TEACHER(T#,TNAME,TITLEOF,TRSECTION)
COURSE(C#,CNAME,CLASSH)

时,可以对应地将它们表示为 TEACHER(U1,F1)和 COURSE(U2,F2),且有

U1={T#,TNAME,TITLEOF,TRSECTION}
F1={{T#}→{TNAME,TITLEOF,TRSECTION}}
U2={C#,CNAME,CLASSH}
F2={{C#}→{CNAME,CLASSH}}

5.2.3 关系模式分解的定义

将上述的关系模式分解思路可概念化地抽象成如下关系模式分解定义。

定义 5.1 设有关系模式 $R(U,F)$,如果 $U=U_1 \cup U_2 \cup \cdots \cup U_k$,并且对于任意的 $i,j(1 \leqslant i, j \leqslant k)$,$U_i \subseteq U_j$ 不成立,且 F_i 中的每个函数依赖 $X \rightarrow Y$ 的决定因素 X 和被决定因素 Y 中的属性都在 U_i 中(即 F_i 是 F 在 U_i 上的投影,详见 5.3.6 节),则称 $\rho = \{R_1(U_1, F_1), R_2(U_2, F_2), \cdots, R_k(U_k, F_k)\}$ 是关系模式 $R(U,F)$ 的一个分解。

定义 5.1 中的关键点是,对于属性子集集合 $\{U_1, U_2, \cdots, U_k\}$ 中的任意属性子集 U_i 及 $1 \leqslant i \leqslant k$ 和 U_j 及 $1 \leqslant j \leqslant k$,$U_i \subseteq U_j$ 既不成立,$U_j \subseteq U_i$ 也不成立。即属性子集集合 $\{U_1, U_2, \cdots, U_k\}$ 中的任意一个属性子集不是其他任何一个属性子集的子集。

如何将 F 分解成 F_1 和 F_2,即是 5.3 节将要介绍的函数依赖集分解方法;如何将 U 分解成 U_1 和 U_2,即是 5.4 节将要介绍的关系模式(属性集)分解方法。

5.3 函数依赖集分解方法

函数依赖(functional dependency)是关系所表述的信息本身所具有的特性,换而言之,函数依赖不是研究关系由什么属性组成或关系的当前值如何确定,而是研究施加于关系的只依赖于值的相等与否的限制。这类限制并不取决于某元组在它的某些分量上取什么值,而仅取决于两个元组的某些分量是否相等。正是这种限制给数据库模式的设计产生了重大而积极的影响。

5.3.1 函数依赖的定义

定义 5.2 设有关系模式 $R(A_1, A_2, \cdots, A_n)$ 和属性集 $U = \{A_1, A_2, \cdots, A_n\}$ 的子集 X、Y。如果对于具体关系 r 的任何两个元组 u 和 v，只要 $u[X] = v[X]$，就有 $u[Y] = v[Y]$，则称 X 函数决定 Y，或 Y 函数依赖 X，记为 $X \rightarrow Y$。

【例 5.1】 对于图 1.11 中的学生关系模式：

S(S♯,SNAME,SSEX,SBIRTHIN,PLACEOFB,SCODE♯,CLASS)

有 $X = \{S\sharp\}$，$Y = \{SNAME, SSEX, SBIRTHIN, PLACEOFB, SCODE\sharp, CLASS\}$。

也就是说，对于图 1.8 的大学教学信息管理数据库中的学生关系 S 的具体关系 r_s（即关系 S 的当前值）来说，不可能同时存在这样的两个元组：它们对于子集 $X = \{S\sharp\}$ 中的每个属性有相等的分量，但对于子集 $Y = \{SNAME, SSEX, SBIRTHIN, PLACEOFB, SCODE\sharp, CLASS\}$ 中的某个或某些属性具有不相等的分量。例如，对于 $X = \{201401003\}$，只能唯一地找到王丽丽同学的性别为"女"，出生日期为"1997-02-02"，籍贯为"上海"，专业代码为"S0401"，班级为"201401"，所以有 $X \rightarrow Y$。当然，并不是说依据某一具体的关系就可以验证该关系上的函数依赖是否成立，函数依赖是针对作为关系模式 R 的所有可能的值的。

由函数依赖的定义和例 5.1 可知，若关系模式 R 中属性之间的关系可用一个函数依赖 $X \rightarrow Y$ 表示，则决定因素 X 即为该关系的主键。

进一步分析可知，函数依赖是一种语义范畴的概念，所以要从语义的角度来确定各关系的函数依赖。例如，以学号为唯一主键属性的假设是认为不同的学生一定有不同的、唯一的学号。图 5.1 用图示方式直观地说明了学习关系 SC 的函数依赖 $\{S\sharp, C\sharp\} \rightarrow \{GRADE\}$。

学习关系 SC

学　　号	课程号	分数
201401001	C401001	90
201402002	C403001	92
201403001	C403002	91

(a) 函数依赖 　　　　　　　　　(b) 与图(a)对应的关系

图 5.1　学习关系中的函数依赖

函数依赖描述了每个关系中主属性与非主属性之间的关系。对于关系 $R(A_1, A_2, \cdots, A_n)$ 和函数依赖 $X \rightarrow Y$ 来说，属性子集 X 中包括且仅包括关系 R 的主属性，对于关系 R 的任何属性子集 Y，$X \rightarrow Y$ 一定成立。也就是说，对于 $X \rightarrow Y$，可能存在 $Y \subseteq X$ 和 $Y \subsetneq X$ 两种情况，所以约定：

(1) 若有 $X \rightarrow Y$，但 $Y \subsetneq X$，则称 $X \rightarrow Y$ 为非平凡函数依赖。

(2) 若 $X \rightarrow Y$，且 $Y \subseteq X$，则称 $X \rightarrow Y$ 为平凡函数依赖。

若不特别声明，总假定本章所讨论的是非平凡函数依赖。

5.3.2 具有函数依赖约束的关系模式

由函数依赖的概念可知：在一个关系模式中由函数依赖表征的、由一个属性或一组属性组成的被决定因素的值，对由一个属性或一组属性组成的决定因素的值的依赖性，实质上

关系数据库模式的规范化设计

反映了一个关系模式中不同属性集的值之间存在的约束关系。当把所有这种约束反映到对关系模式的描述时,就可以进一步由关系的属性集合和属性间的函数依赖(集合)来表示关系。例如,图 1.11 的大学教学信息管理数据库应用系统的关系模式可进一步表示为图 5.2 的形式。

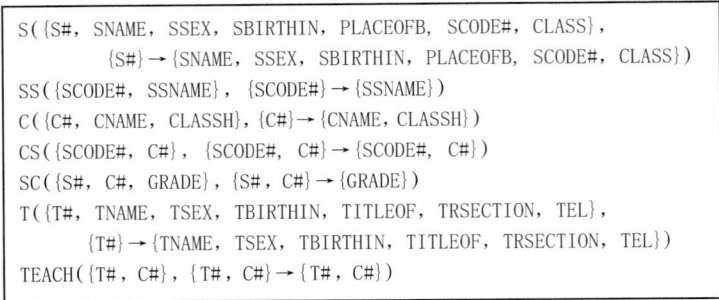

```
S({S#, SNAME, SSEX, SBIRTHIN, PLACEOFB, SCODE#, CLASS},
      {S#}→{SNAME, SSEX, SBIRTHIN, PLACEOFB, SCODE#, CLASS})
SS({SCODE#, SSNAME}, {SCODE#}→{SSNAME})
C({C#, CNAME, CLASSH}, {C#}→{CNAME, CLASSH})
CS({SCODE#, C#}, {SCODE#, C#}→{SCODE#, C#})
SC({S#, C#, GRADE}, {S#, C#}→{GRADE})
T({T#, TNAME, TSEX, TBIRTHIN, TITLEOF, TRSECTION, TEL},
      {T#}→{TNAME, TSEX, TBIRTHIN, TITLEOF, TRSECTION, TEL})
TEACH({T#, C#}, {T#, C#}→{T#, C#})
```

图 5.2 具有函数依赖约束的关系模式表示示例

对学习关系 SC 来说,有 U={S#,C#,GRADE},且设 X={S#,C#},Y={GRADE} 和 F={X→Y},则学习关系可一般地表示为

SC({S#,C#,GRADE},{{S#,C#}→{GRADE}}) 或 SC(U,F)

5.3.3 函数依赖的逻辑蕴涵

在研究函数依赖时,有时需要根据已知的一组函数依赖判断另外一个或一些函数依赖是否成立,或是否能从已知的函数依赖中推导出其他函数依赖,这就是函数依赖的逻辑蕴涵要讨论的问题。

定义 5.3 设有关系模式 R(U,F),X、Y 是属性集 U={$A_1,A_2,\cdots,A_n$} 的子集,如果从 F 中的函数依赖能够推导出 X→Y,则称 F 逻辑蕴涵 X→Y,或称 X→Y 是 F 的逻辑蕴涵。

所有被 F 逻辑蕴涵的函数依赖组成的依赖集称为 F 的闭包(closure),记为 F^+。一般有 $F \subseteq F^+$。

显然,如果能计算出 F^+,就可以很方便地判断某个函数依赖是否包含在 F^+ 中,即被 F 逻辑蕴涵,但函数依赖集 F 的闭包 F^+ 的计算是一件十分麻烦的事情,即使 F 不大,F^+ 也比较大。例如,有关系模式 R(A,B,C),其函数依赖集为 F={A→B,B→C},则 F 的闭包为

$$F^+ = \begin{bmatrix}
A→\phi, & AB→\phi, & AC→\phi, & ABC→\phi, & B→\phi, & C→\phi \\
A→A, & AB→A, & AC→A, & ABC→A, & B→B, & C→C \\
A→B, & AB→B, & AC→B, & ABC→B, & B→C, & \\
A→C, & AB→C, & AC→C, & ABC→C, & B→BC, & \\
A→AB, & AB→AB, & AC→AB, & ABC→AB, & BC→\phi, & \\
A→AC, & AB→AC, & AC→AC, & ABC→AC, & BC→B, & \\
A→BC, & AB→BC, & AC→BC, & ABC→BC, & BC→C, & \\
A→ABC, & AB→ABC, & AC→ABC, & ABC→ABC, & BC→BC, &
\end{bmatrix}$$

5.3.4 函数依赖的公理体系

由前述内容可知,对于关系模式 R(U,F)来说,为了从关系模式 R(U,F)的函数依赖集 F 中的函数依赖确定该关系的主键,需要分析各函数依赖之间的逻辑蕴涵关系,或者至少要根据给定的函数依赖集 F 和函数依赖 X→Y 确定 X→Y 是否属于 F^+,这显然涉及 F^+ 的计算。由于 F^+ 的计算是一件非常复杂的事情,经过一些学者的潜心研究,提出了一组推导函数依赖逻辑蕴涵关系的推理规则,并由 W. W. Armstrong 于 1974 年归纳成公理体系,这就形成了著名的 Armstrong(阿姆斯特朗)公理体系。Armstrong 公理体系包括公理和规则两部分。

1. 阿姆斯特朗公理

定义 5.4 设有关系模式 R(U,F)和属性集 U={$A_1,A_2,\cdots,A_n$}的子集 X、Y、Z、W,阿姆斯特朗公理包括如下内容。

- 自反律:若 X⊇Y,则 X→Y。
- 增广律:若 X→Y,则 XZ→YZ。
- 传递律:若 X→Y,Y→Z,则 X→Z。

从理论上讲,公理(定义)是永真而无须证明的,但为了进一步理解函数依赖的定义和加深理解,下面从函数依赖的定义出发,给出公理的正确性证明。

定理 5.1 阿姆斯特朗公理是正确的。

证明:

(1) 证明自反律是正确的。设 r 为关系模式 R 的任意一个关系,u 和 v 为 r 的任意两个元组。

若 u[X]=v[X],则 u 和 v 在 X 的任何子集上必然相等。

由条件 X⊇Y,所以有 u[Y]=v[Y]。

由 r、u、v 的任意性,并根据函数依赖的定义 5.2,可得 X→Y。

(2) 证明增广律是正确的。设 r、u 和 v 的含义同上,并设 u[XZ]=v[XZ],则 u[X]u[Z]=v[X]v[Z]。

由条件 X→Y,若 u[X]=v[X],则 u[Y]=v[Y],并推知 u[Z]=v[Z]。

所以 u[Y]u[Z]=v[Y]v[Z],则有 u[YZ]=v[YZ]。

根据函数依赖的定义 5.2,可得 XZ→YZ。

(3) 证明传递律是正确的。设 r、u 和 v 的含义同上,由条件 X→Y,若 u[X]=v[X],则 u[Y]=v[Y]。

又由条件 Y→Z,若 u[Y]=v[Y],则 u[Z]=v[Z]。

所以推知若 u[X]=v[X],则 u[Z]=v[Z]。

根据函数依赖的定义 5.2,可得 X→Z。证毕。

2. 阿姆斯特朗公理的推论

从阿姆斯特朗公理可以得出下面的推论。

推论 5.1(合并规则):若 X→Y 且 X→Z,则 X→YZ。

推论 5.2(分解规则):若 X→Y 且 Z⊇Y,则 X→Z。

推论 5.3(伪传递规则):若 X→Y 且 WY→Z,则 XW→Z。

关系数据库模式的规范化设计

证明：下面用阿姆斯特朗公理分别证明 3 个推论的正确性。

1）证明推论 5.1

由条件 X→Y，根据增广律可得 X→XY。

由条件 X→Z，根据增广律可得 XY→YZ。

根据传递律，由 X→XY 和 XY→YZ，可得 X→YZ。

2）证明推论 5.2

已知有 X→Y，由条件 Z⊆Y，根据自反律可得 Y→Z。

根据传递律，由 X→Y 和 Y→Z，可得 X→Z。

3）证明推论 5.3

由条件 X→Y，根据增广律可得 XW→WY。

根据传递律和已知条件 WY→Z，可得 XW→Z。证毕。

【例 5.2】 对于关系模式 R(CITY，STREET，ZIP)，依赖集 F={ZIP→CITY，{CITY，STREET}→ZIP}，候选键为{CITY，STREET}和{ZIP，STREET}。请证明{CITY，STREET}→{CITY，STREET，ZIP}和{STREET，ZIP}→{CITY，STREET，ZIP}成立。现证明后者。

证明：

已知有 ZIP→CITY，由增广律可得

$$\{STREET，ZIP\}→\{CITY，STREET\}。$$

又已知{CITY，STREET}→ZIP，由增广律可得

$$\{CITY，STREET\}→\{CITY，STREET，ZIP\}。$$

由上述所得的两个结论，并根据传递律即可得到

$$\{STREET，ZIP\}→\{CITY，STREET，ZIP\}。证毕。$$

定理 5.2 如果有关系模式 $R(A_1，A_2，\cdots，A_n)$，则 $X→A_1A_2\cdots A_n$ 成立的充要条件是 $X→A_i(i=1，2，\cdots，n)$ 均成立。

由合并规则和分解规则即可得到这个定理，其证明作为练习留给读者自己完成。

定理 5.2 的结论为数据库模式设计中各关系的主键的确定奠定了理论基础。

5.3.5　X 关于 F 的闭包及其计算

判断某个函数依赖是否被 F 逻辑蕴涵最直接的方法需要计算 F^+，但由于 F^+ 的计算比较复杂，人们经过研究提出了一种使用 X 关于 F 的闭包 X_F^+ 来判断函数依赖 X→Y 是否被 F 逻辑蕴涵的方法，且由于 X_F^+ 的计算比较简单，在实际中得到了较好的应用。

1. X 关于 F 的闭包 X^+ 的概念

定义 5.5 设有关系模式 R(U，F)和属性集 $U=\{A_1，A_2，\cdots，A_n\}$ 的子集 X，则称所有用阿姆斯特朗公理从 F 推出的函数依赖 $X→A_i$ 的属性 A_i 组成的集合为 X 关于 F 的闭包，记为 X_F^+，通常简记为 X^+，即

$$X^+=\{A_i|用公理从 F 推出的 X→A_i\}$$

显然有 $X⊆X^+$。

2. 使用 X 关于 F 的闭包定义计算 X^+

【例 5.3】 已知在关系模式 R(A，B，C)上有函数依赖 F={A→B，B→C}，求 X 分别等

于 A、B、C 时的 X^+。

解：

(1) 对于 X＝A，根据自反律有 A→A；

已知有 A→B，且由已知的 A→B，B→C，根据传递率可推得 A→C，所以有 X^+＝ABC。

(2) 对于 X＝B：

根据自反律有 B→B；且已知 B→C，所以有 X^+＝BC。

(3) 对于 X＝C，显然有 X^+＝C。

由例 5.3 可见，比起 F 的闭包 F^+ 的计算，X 关于 F 的闭包 X^+ 的计算要简单得多。

3. 使用 X^+ 判断某一函数依赖是否能从 F 导出的方法

定理 5.3　设有关系模式 R(U,F) 和属性集 U＝{A_1,A_2,…,A_n} 的子集 X、Y，则 X→Y 能用阿姆斯特朗公理从 F 导出的充要条件是 Y⊆X^+。

证明：

(1) 充分性证明：设 Y＝A_1,A_2,…,A_n,A_i⊆U(i=1,2,…,n)。假设 Y⊆X^+，由 X 关于 F 的闭包 X^+ 的定义，对于每一个 i,A_i 能由公理从 F 导出。再使用合并规则(推论 5.1)，即可得 X→Y。

(2) 必要性证明：设 Y＝A_1,A_2,…,A_n,A_i⊆U(i=1,2,…,n)。假设 X→Y 能由公理导出，根据分解规则(推论 5.2)和定理 5.2 有 X→A_1,X→A_2,…,X→A_n,由 X^+ 的定义可知,A_i⊆X^+(i=1,2,…,n)，所以 Y⊆X^+。证毕。

定理 5.3 的意义是，把判定 X→Y 是否能从 F 根据阿姆斯特朗公理导出，即该函数依赖是否被 F 蕴涵的问题，转换成 X^+ 是否包含 Y 的问题：当 X^+ 包含 Y 时，说明 X→Y 能从 F 根据阿姆斯特朗公理导出。

4. 计算 X 关于 F 的闭包 X^+ 的算法

算法 5.1　求属性集 X 关于函数依赖集 F 的闭包 X^+。

输入：关系模式 R 的全部属性集 U,U 上的函数依赖集 F,U 的子集 X。

输出：X 关于 F 的闭包 X^+。

计算方法：

(1) $X^{(0)}$＝X。

(2) 如果 F 中的所有函数依赖的左端属性都不被 $X^{(i)}$ 包含，或 F 为空集，转(4)。

(3) 否则，依次考察 F 中的每一个函数依赖，如果 $X^{(i)}$ 包含了某个函数依赖左端的属性，就把该函数依赖右端的属性添加到 $X^{(i)}$ 中，并把该函数依赖从 F 中去掉。即对于 F 中的某个 V→W，若有 V⊆$X^{(i)}$，则有 $X^{(i+1)}$＝$X^{(i)}$W；并得到新的 F＝F－{V→W}。接下来转(2)。

(4) 此时的 $X^{(i)}$ 即为求得的 X 关于 F 的闭包 X^+，输出 X^+。

【例 5.4】　已知有函数依赖集 F＝{AB→C,BC→D,ACD→B,D→EH,BE→C}，属性集 U＝{A,B,C,D,E,H},X＝BD,求 X^+。

解：

(1) $X^{(0)}$＝BD。

(2) 依次考察 F 中的函数依赖，由于 $X^{(0)}$ 包含 D→EH 的左端属性 D，所以将其右端属性 EH 添加到 $X^{(0)}$ 中，得到 $X^{(1)}$＝BDEH，并通过计算 F＝F－{D→EH}得到新的 F＝{AB→

关系数据库模式的规范化设计

C,BC→D,ACD→B,BE→C}。

（3）重新依次考察 F 中的函数依赖,由于 $X^{(1)}$ 包含 BE→C 的左端属性 BE,所以将其右端属性 C 添加到 $X^{(1)}$ 中,得到 $X^{(2)}$＝BCDEH,并得到新的 F＝{AB→C,BC→D,ACD→B}。

（4）重新依次考察 F 中的函数依赖,虽然 $X^{(2)}$ 包含 BC→D 的左端属性 BC,但其右端属性 D 已经包含在 $X^{(2)}$ 中,所以得到新的 F＝{AB→C,ACD→B}。

（5）进一步依次考察 F 中的函数依赖,发现 F 中剩余的函数依赖 AB→C 和 ACD→B 的左端属性都不被 $X^{(2)}$ 包含,计算终止。

（6）此时得到 $X^{(2)}$＝BCDEH,即为求得的 X^+,输出结果 X^+＝BCDEH。

5.3.6　函数依赖集的分解方法

下面介绍函数依赖集分解过程中用到的函数依赖集的投影概念。

1. F 在 U_i 上的投影

根据关系模式为 R(U,F)的约定,对关系模式的分解必然涉及对依赖集 F 中的各依赖的划分,由于这种划分是根据分解成的各子关系模式的属性来进行的,所以涉及 F 在各子关系模式的属性集 U_i 上的投影概念。

定义 5.6　设 U_i 是属性集 U 的一个子集,则函数依赖集合{X→Y|X→Y∈F^+∧XY⊆U_i}的一个覆盖 F_i 称为 F 在 U_i 上的投影。

按照依赖集覆盖(等价)的定义,定义 5.6 的含义是,对于属性集 U 的子集 U_i,存在一个与其对应的依赖子集 F_i,且由 F_i 中的每个函数依赖 X→Y 的决定因素 X 和被决定因素 Y 组成的属性子集 XY 均是 U_i 的子集。

在下面的关系模式分解定义中将会看到,当一个关系模式 R(U,F)分解时,除了要将其属性集 U＝{A_1,A_2,…,A_n}分解成 k 个属性子集 U_i 且 1≤i≤k 外,也要将依赖集 F 分解成 k 个依赖子集 F_i 且 1≤i≤k。定义 5.6 的意义就在于给出了组成 F_i 中的各函数依赖应满足的条件。

在定义 5.6 的基础上,可进一步给出意义更明确的 F 在 U_i 上的投影的定义。

定义 5.7　设有关系模式 R(U,F)和 U＝{A_1,A_2,…,A_n}的子集 Z,把 F^+ 中所有满足 XY⊆Z 的函数依赖 X→Y 组成的集合称为依赖集 F 在属性集 Z 上的投影,记为 $\pi_Z(F)$。

由定义 5.7,显然有 $\pi_Z(F)$＝{X→Y|X→Y∈F^+,且 XY⊆Z},所以定义 5.7 和定义 5.6 本质上是相同的。

2. 保持依赖的分解

在关系模式的分解中有一个重要的性质,就是要求分解后的子模式还应保持原关系模式的函数依赖,即分解后的子模式应保持原有关系模式的完整性约束,这就是保持依赖的分解要讨论的问题。

定义 5.8　设有关系模式 R(U,F),ρ＝{R_1,R_2,…,R_k}是 R 上的一个分解。如果所有函数依赖集 $\pi_{R_i}(F)$(i＝1,2,…,k)的并集逻辑蕴涵 F 中的每一个函数依赖,则称分解 ρ 具有依赖保持性,即分解 ρ 保持依赖集 F。

基于定义 5.8,可得保持函数依赖分解的判定方法。

（1）对 ρ 中的每一个 R_i 求 F_i＝$\pi_{R_i}(F)$。

(2) 求 $\bigcup\limits_{i=1}^{k} \pi_{R_i}(F)$。

(3) 判断 F 中每一个函数依赖 X→Y 是否能从 $\bigcup\limits_{i=1}^{k} \pi_{R_i}(F)$ 推出,如果均能推出,则分解 ρ 保持函数依赖,即具有函数依赖性;否则分解 ρ 不保持函数依赖,即不具有函数依赖性。

【例 5.5】 已知关系模式 R(U,F),U={S♯,SD,SM},F={S♯→SD,SD→SM}。通过对关系 R 的 3 种不同分解方法,根据定义 5.8 判断各分解方法是否为保持依赖的分解。

解:

(1) 方法 1。

设关系模式 R(U,F)被分解成 ρ_1={R_1(S♯,φ),R_2(SD,φ),R_3(SM,φ)}。

对 F 在各 R_i 上进行投影,有 $F_i=\pi_{R_i}(F)$ =φ(φ 表示空集),且有
$$F_1 \bigcup F_2 \bigcup F_3 = \phi \bigcup \phi \bigcup \phi = \phi \neq F$$

所以分解 ρ_1 不保持原关系 R 的函数依赖性,即该分解不保持依赖。

(2) 方法 2。

设关系模式 R(U,F)被分解成 ρ_2={R_1({S♯,SD},{S♯→SD}),R_2({S♯,SM},{S♯→SM})}。

因为 $\pi_{R_1}(F) \bigcup \pi_{R_2}(F)$ ={S♯→SD}$\bigcup${S♯→SM}
$$={S♯→SD,S♯→SM}$$

显然,对于 F 中的 SD→SM,有(SD→SM)$\notin${S♯→SD,S♯→SM}

即 $\pi_{R_1}(F)$ 和 $\pi_{R_2}(F)$ 的并集不逻辑蕴涵 F 中的函数依赖 SD→SM,所以分解 ρ_2 不保持函数依赖。

(3) 方法 3。

设关系模式 R(U,F)被分解成 ρ_3={R_1({S♯,SD},{S♯→SD}),R_2({SD,SM},{SD→SM})}。

因为 $\pi_{R_1}(F) \bigcup \pi_{R_2}(F)$ ={S♯→SD}$\bigcup${SD→SM}
$$={S♯→SD,SD→SM}$$
$$=F$$

所以分解 ρ_3 保持原关系 R 的函数依赖性。

5.4 关系模式的分解方法

在数据库应用系统设计中,一方面是为了减少冗余,另一方面是为了解决可能存在的插入、删除和修改等的操作异常,经常需要将包含属性较多的关系模式分解成几个包含属性较少的关系模式,下面讨论关系模式分解中的相关问题。

5.4.1 保持无损分解的概念

定义 5.9 设有关系模式 R(U,F),ρ=(R_1,R_2,…,R_k)是 R 的一个分解。如果对于 R 的任一满足 F 的关系 r,r=$\pi_{R_1}(r) \bowtie \pi_{R_2}(r) \bowtie \cdots \bowtie \pi_{R_k}(r)$ 成立,则称该分解 ρ 是无损连接分解,也称该分解 ρ 是保持无损的分解。

上述定义说明,r 是它在各 R_i 上的投影的自然连接。按照自然连接的定义,上式中两个相邻的关系在作自然连接时,如果至少有一个列名相同,则为自然连接;如果没有相同的列名,则为笛卡儿积运算。

【例 5.6】 已知关系模式 $R(U,F)$,$U=\{S\#,SD,SM\}$,$F=\{S\#\rightarrow SD,SD\rightarrow SM\}$,并设关系 R 有如图 5.3 的当前值 r。通过对关系 R 的 3 种不同分解方法,根据定义 5.9 判断各分解方法是否为无损连接分解。

S#	SD	SM
S1	D1	M1
S2	D2	M1
S3	D3	M2

图 5.3 例 5.6 关系 R 的当前值 r

解:

(1) 方法 1。

设关系模式 $R(U,F)$ 被分解成 $\rho_1=\{R_1(S\#,\phi),R_2(SD,\phi),R_3(SM,\phi)\}$。

对图 5.3 的已知具体关系 r 在 U_i 上进行投影,可得 $R_i=R(U_i)$ 的各 r_i 的当前值如图 5.4 所示。

S#
S1
S2
S3

(a) R_1 的当前值 r_1

SD
D1
D2
D3

(b) R_2 的当前值 r_2

SM
M1
M2

(c) R_3 的当前值 r_3

图 5.4　R_i 的当前值 r_i

根据定义 5.9,计算 $r=r_1 \bowtie r_2 \bowtie r_3=r_1 \times r_2 \times r_3$ 可得(在各 r_i 没有相同属性的情况下,其自然连接运算即是笛卡儿积运算):

$$
\begin{cases}
S1\ D1\ M1, & S2\ D1\ M1, & S3\ D1\ M1, \\
S1\ D1\ M2, & S2\ D1\ M2, & S3\ D1\ M2, \\
S1\ D2\ M1, & S2\ D2\ M1, & S3\ D2\ M1, \\
S1\ D2\ M2, & S2\ D2\ M2, & S3\ D2\ M2, \\
S1\ D3\ M1, & S2\ D3\ M1, & S3\ D3\ M1, \\
S1\ D3\ M2, & S2\ D3\ M2, & S3\ D3\ M2,
\end{cases}
$$

比较给定关系 R 的当前值 r 和所得元组集合(通过自然连接恢复的结果)可知,恢复后的关系 R 的当前值 r 已经丢失了原来信息的真实性(比原来的元组数多出许多)。所以分解 ρ_1 是有损原来信息的一种分解,或者说分解 ρ_1 不保持信息无损,不具有无损连接性。

(2) 方法 2。

设关系模式 $R(U,F)$ 被分解成 $\rho_2=\{R_1(\{S\#,SD\},\{S\#\rightarrow SD\}),R_2(\{S\#,SM\},\{S\#\rightarrow SM\})\}$。

对图 5.3 的已知具体关系 r 在 U_i 上投影,可得 $R_i=R(U_i)$ 的各 r_i 的当前值如图 5.5 所示。

计算 $r=r_1 \bowtie r_2$ 可得其结果与图 5.3 相同,说明分解 ρ_2 是保持无损连接的分解。

S#	SD
S1	D1
S2	D2
S3	D3

S#	SM
S1	M1
S2	M1
S3	M2

(a) R_1的当前值r_1 (b) R_2的当前值r_2

图 5.5 R_i 的当前值 r_i

（3）方法 3。

设关系模式 R(U,F)被分解成 $\rho_3 = \{R_1(\{S\#,SD\},\{S\#\rightarrow SD\}),R_2(\{SD,SM\},\{SD\rightarrow SM\})\}$。

对图 5.3 的已知具体关系 r 在 U_i 上投影,可得 $R_i = R(U_i)$ 的各 r_i 的当前值如图 5.6 所示。

S#	SD
S1	D1
S2	D2
S3	D3

SD	SM
D1	M1
D2	M1
D3	M2

(a) R_1的当前值r_1 (b) R_2的当前值r_2

图 5.6 R_i 的当前值 r_i

计算 $r = r_1 \bowtie r_2$ 可得其结果与图 5.3 相同,说明分解 ρ_3 是保持无损连接的分解。

在例 5.6 中,由于元组个数比较少,根据定义 5.9 和分解后的当前关系判断分解后的各关系是否为无损分解还是比较方便的;但是当一个关系的当前值具有成千上万个元组时,判断其分解后的若干子关系是否为无损连接分解就比较麻烦。为此,引入下面的判断保持无损连接分解的方法。

5.4.2 分解成两个以上子关系模式保持无损的判别方法

算法 5.2 判断一个分解是无损连接分解,即该分解是否具有无损连接性。

输入:关系模式 $R(A_1,A_2,\cdots,A_n)$,函数依赖集 F,R 的一个分解 $\rho = (R_1,R_2,\cdots,R_k)$。

输出:ρ 是否为无损连接的判断。

方法:

（1）构造一个 k 行 n 列的表,其中第 i 行对应于关系模式 R 分解后的模式 R_i,第 j 列对应于关系模式 R 的属性 A_j。表中第 i 行第 j 列位置的元素的填入方法为:如果 A_j 在 R_i 中,则在第 i 行第 j 列的位置填符号 a_j,否则填符号 b_{ij}。

（2）对于 F 中的所有函数依赖 X→Y,在表中寻找在 X 的各属性上都分别相同的行,若存在两个或多个这样的行,则将这些行上对应于 Y 属性上的元素值修改成具有相同符号的元素值,修改 Y 属性上各行值的方法如下。

① 只需这些行的 Y 属性上的某一行的值为 a_j（j 为 Y 属性对应的那些列的列序号,且 $j = 1,2,\cdots,n$)时,把这些行的 Y 属性列上的元素值都修改成 a_j。

② 当这些行的 Y 属性列中的值没有 a_j 时,则以 Y 属性列中下标较小的 b_{ij} 为基准,把这些行的 Y 属性列上的其他元素值都修改成 b_{ij}。

关系数据库模式的规范化设计

（3）按（2）逐个考察 F 中的每一个函数依赖,如果发现某一行变成了 $a_1,a_2,\cdots,a_n$,则分解 ρ 具有无损连接性;如果直到检验完 F 中的所有函数依赖也没有发现这样的行,则分解 ρ 不具有无损连接性。

【**例 5.7**】 设有关系模式 R(A,B,C,D,E),函数依赖集 F＝{A→C,B→C,C→D,DE→C,CE→A},分解 ρ＝{R_1,R_2,R_3,R_4,R_5},其中 R_1＝AD,R_2＝AB,R_3＝BE,R_4＝CDE,R_5＝AE。检验分解 ρ 是否具有无损连接性。

解:

（1）构造一个 5 行 5 列的表,并按算法 5.2 的（1）填写表中的元素,如图 5.7 所示。

R_i	A	B	C	D	E
R_1	a_1	b_{12}	b_{13}	a_4	b_{15}
R_2	a_1	a_2	b_{23}	b_{24}	b_{25}
R_3	b_{31}	a_2	b_{33}	b_{34}	a_5
R_4	b_{41}	b_{42}	a_3	a_4	a_5
R_5	a_1	b_{52}	b_{53}	b_{54}	a_5

图 5.7 例 5.7 第（1）步的结果

（2）对于函数依赖 A→C,在表中 A 属性列的 1、2、5 行都为 a_1,在 C 属性列的 1、2、5 行不存在 a_3,所以以该列第 1 行的 b_{13} 为基准,将该列第 2、5 行位置的元素修改成 b_{13},其结果如图 5.8 所示。

R_i	A	B	C	D	E
R_1	a_1	b_{12}	b_{13}	a_4	b_{15}
R_2	a_1	a_2	b_{13}	b_{24}	b_{25}
R_3	b_{31}	a_2	b_{33}	b_{34}	a_5
R_4	b_{41}	b_{42}	a_3	a_4	a_5
R_5	a_1	b_{52}	b_{13}	b_{54}	a_5

图 5.8 例 5.7 第（2）步的结果

（3）对于函数依赖 B→C,在表中 B 属性列的 2、3 行都为 a_2,在 C 属性列的 2、3 行不存在 a_3,所以以该列第 2 行的 b_{13} 为基准,将该列第 3 行位置的元素修改成 b_{13},其结果如图 5.9 所示。

R_i	A	B	C	D	E
R_1	a_1	b_{12}	b_{13}	a_4	b_{15}
R_2	a_1	a_2	b_{13}	b_{24}	b_{25}
R_3	b_{31}	a_2	b_{13}	b_{34}	a_5
R_4	b_{41}	b_{42}	a_3	a_4	a_5
R_5	a_1	b_{52}	b_{13}	b_{54}	a_5

图 5.9 例 5.7 第（3）步的结果

（4）对于函数依赖 C→D,在表中 C 属性列的 1、2、3、5 行都为 b_{13},在 D 属性列的 1 行存在 a_4,所以将该列第 2、3、5 行位置的元素修改成 a_4,其结果如图 5.10 所示。

（5）对于函数依赖 DE→C,在表中 DE 属性列的 3、4、5 行都相同,在 C 属性列的 4 行存在 a_3,所以将该列第 3、5 行位置的元素修改成 a_3,其结果如图 5.11 所示。

（6）对于函数依赖 CE→A,在表中 CE 属性列的 3、4、5 行都相同,在 A 属性列的 5 行存在 a_1,所以将该列第 3、4 行位置的元素修改成 a_1,其结果如图 5.12 所示。

R_i	A	B	C	D	E
R_1	a_1	b_{12}	b_{13}	a_4	b_{15}
R_2	a_1	a_2	b_{13}	a_4	b_{25}
R_3	b_{31}	a_2	b_{13}	a_4	a_5
R_4	b_{41}	b_{42}	a_3	a_4	a_5
R_5	a_1	b_{52}	b_{13}	a_4	a_5

图 5.10　例 5.7 第(4)步的结果

R_i	A	B	C	D	E
R_1	a_1	b_{12}	b_{13}	a_4	b_{15}
R_2	a_1	a_2	b_{13}	a_4	b_{25}
R_3	b_{31}	a_2	a_3	a_4	a_5
R_4	b_{41}	b_{42}	a_3	a_4	a_5
R_5	a_1	b_{52}	a_3	a_4	a_5

图 5.11　例 5.7 第(5)步的结果

R_i	A	B	C	D	E
R_1	a_1	b_{12}	b_{13}	a_4	b_{15}
R_2	a_1	a_2	b_{13}	a_4	b_{25}
R_3	a_1	a_2	a_3	a_4	a_5
R_4	a_1	b_{42}	a_3	a_4	a_5
R_5	a_1	b_{52}	a_3	a_4	a_5

图 5.12　例 5.7 第(6)步的结果

　　这时表中的第 3 行变成了 $a_1,a_2,\cdots,a_5$，所以分解 ρ 具有无损连接性。

　　算法 5.2 适用于关系模式 R 被分解成两个以上子关系模式的情况。如果只将关系模式 R 分解为两个关系模式，可以用定理 5.4 给出的检验方法进行检验。

5.4.3　分解成两个子关系模式保持无损的判别方法

　　定理 5.4　设有关系模式 $R(U,F)$，$\rho=(R_1,R_2)$ 是 R 的一个分解，当且仅当 $(R_1 \cap R_2) \to (R_1-R_2) \in F^+$ 或 $(R_1 \cap R_2) \to (R_2-R_1) \in F^+$ 时 ρ 具有无损连接性。

　　证明：分别将 $R_1 \cap R_2$、R_1-R_2、R_2-R_1 看成不同的属性集，并用算法 5.2 构造如图 5.13 所示的 2 行 k 列的表。

R_i	$R_1 \cap R_2$	R_1-R_2	R_2-R_1
R_1	$a_1 \cdots a_i$	$a_{i+1}\cdots a_j$	$b_{1,j+1}\cdots b_{1,k}$
R_2	$a_1 \cdots a_i$	$b_{2,i+1}\cdots b_{2,j}$	$a_{j+1}\cdots a_k$

图 5.13　用算法 5.2 构造 2 行 k 列的表

　　(1) 充分性证明：假设 $(R_1 \cap R_2) \to (R_1-R_2)$ 在 F 中，由算法 5.2 可将表中第 2 行的 $b_{2,i+1}\cdots b_{2,j}$ 改成 $a_{i+1}\cdots a_j$，使第 2 行变成 $a_1 \cdots a_k$。因此分解 ρ 具有无损连接性。

　　如果 $(R_1 \cap R_2) \to (R_1-R_2)$ 不在 F 中，但在 F^+ 中，则可用公理从 F 中推出 $(R_1 \cap R_2) \to A_y$，其中 $A_y \in (R_1-R_2)$，即 A_y 是 R_1-R_2 中的任一属性。所以用算法 5.2 可以将属性 A_y 列所对应的第 2 行中的 b_{2y} 改为 a_y，这样修改后的第 2 行就变成了 $a_1 \cdots a_k$，所以分解 ρ 具有无损连接性。

　　同理，对于 $(R_1 \cap R_2) \to (R_2-R_1)$，可类似地证得表中的第 1 行为 $a_1 \cdots a_k$。

(2) 必要性证明:假设分解 ρ 具有无损连接性,那么按照算法 5.2 构造的表中必有一行为 $a_1 \cdots a_k$。按照算法 5.2 的构造方法,若第 2 行为 $a_1 \cdots a_k$,则意味着 $(R_1 \cap R_2) \rightarrow (R_1 - R_2)$ 成立;若第 1 行为 $a_1 \cdots a_k$,则意味着 $(R_1 \cap R_2) \rightarrow (R_2 - R_1)$ 成立。证毕。

上面的必要性证明也可以这样来理解:根据定义 5.9,如果关系模式 R 的分解 ρ 是满足函数依赖集 F 的无损连接分解,则对于 R 的任一满足 F 的具体关系 r,必然有 $((R_1 \cap R_2) \rightarrow (R_1 - R_2)) \in F$,或者用公理可由 F 推出 $(R_1 \cap R_2) \rightarrow (R_1 - R_2)$。同理,有 $(R_1 \cap R_2) \rightarrow (R_2 - R_1)$ 的情况。

【例 5.8】 设有关系模式 R(A,B,C),函数依赖集 $F = \{A \rightarrow B, C \rightarrow B\}$,分解 $\rho = \{R_1, R_2\}$,其中 $R_1 = AB, R_2 = BC$。检验分解 ρ 是否具有无损连接性。

解:

$$因为 (R_1 \cap R_2) \rightarrow (R_1 - R_2) = (AB \cap BC) \rightarrow AB - BC$$
$$= (B \rightarrow A) \notin F$$
$$(R_2 \cap R_1) \rightarrow (R_2 - R_1) = (BC \cap AB) \rightarrow BC - AB$$
$$= (B \rightarrow C) \notin F$$

进一步分析可知,$(B \rightarrow A) \notin F^+$ 且 $(B \rightarrow C) \notin F^+$

所以分解 ρ 不具有无损连接性。

【例 5.9】 在例 5.6 中,已知有关系模式 R(S#,SD,SM),函数依赖集 $F = \{S\# \rightarrow SD, SD \rightarrow SM\}$。对于其中的方法(2),已知有分解 $\rho_2 = \{R_1(\{S\#, SD\}, \{S\# \rightarrow SD\}), R_2(\{S\#, SM\}, \{S\# \rightarrow SM\})\}$,且已求解知该分解是无损连接分解。用定理 5.4 的方法验证分解 ρ_2 具有无损连接性。

解:

$$因为 (R_1 \cap R_2) \rightarrow (R_1 - R_2) = (\{S\#, SD\} \cap \{S\#, SM\}) \rightarrow (\{S\#, SD\} - \{S\#, SM\})$$
$$= S\# \rightarrow SD \in F$$

所以分解 ρ_2 具有无损连接性。

【例 5.10】 在例 5.6 中,已知有关系模式 R(S#,SD,SM),函数依赖集 $F = \{S\# \rightarrow SD, SD \rightarrow SM\}$。对于其中的方法(3),已知有分解 $\rho_3 = \{R_1(S\#, SD), R_2(SD, SM)\}$,且已求解知该分解是无损连接分解。用定理 5.4 的方法验证分解 ρ_2 具有无损连接性。

解:

$$虽然 (R_1 \cap R_2) \rightarrow (R_1 - R_2) = (\{S\#, SD\} \cap \{SD, SM\}) \rightarrow (\{S\#, SD\} - \{SD, SM\})$$
$$= SD \rightarrow S\# \notin F^+$$
$$但是 (R_2 \cap R_1) \rightarrow (R_2 - R_1) = (\{SD, SM\} \cap \{S\#, SD\}) \rightarrow (\{SD, SM\} - \{S\#, SD\})$$
$$= SD \rightarrow SM \in F^+$$

所以分解 ρ_3 具有无损连接性。

这里要特别指出,定理 5.4 并不要求 $(R_1 \cap R_2) \rightarrow (R_1 - R_2) \in F^+$ 和 $(R_2 \cap R_1) \rightarrow (R_2 - R_1) \in F^+$ 同时成立,而是只要 $(R_1 \cap R_2) \rightarrow (R_1 - R_2) \in F^+$ 或 $(R_2 \cap R_1) \rightarrow (R_2 - R_1) \in F^+$ 之一成立即可。

例 5.5 和例 5.6 分别对同一关系 R 的 3 种不同分解方法进行了是否为保持依赖的分解和保持无损的分解的判断,其后的相关例子又对其进行了验证,结果是:方法 1 既不保持信息无损,也不保持函数依赖;方法 2 保持信息无损,但不保持函数依赖;方法 3 既保持信息无损,又保持函数依赖。所以,对一个关系模式的保持无损和保持依赖的判断结果应该具有以下 4 种情况。

(1) 既具有无损连接性,又具有保持依赖性。

(2) 具有无损连接性,但不具有保持依赖性。

(3) 不具有无损连接性,但具有保持依赖性。

(4) 既不具有无损连接性,又不具有保持依赖性。

显然,符合要求的关系模式分解应是第(1)种情况。

5.5 关系模式的规范化

在使用某种约束条件对关系模式进行规范化后,会使该关系模式变成一种规范化形式的关系模式,这种规范化形式的关系模式称为范式(Normal Form,NF)。根据规范化程度的不同,范式分为第一范式(1NF)、第二范式(2NF)、第三范式(3NF)、"鲍依斯-柯德"范式(BCNF)等。显然,最低级的范式是 1NF。可以把范式的概念理解成符合某一条件的关系模式的集合,这样如果一个关系模式 R 为第 x 范式,就可以将其写成 R∈xNF。

由于在判断一个关系模式属于第几范式时需要知道该关系模式的候选键,所以下面先介绍关系模式候选键的求解方法,再依次介绍各范式。

5.5.1 候选键的求解方法

1. 关系属性的分类

定义 5.10 对于给定的关系模式 S(U,F),关系 S 的属性按其在函数依赖的左端和右端出现分为以下 4 类。

(1) L 类:仅在 F 中的函数依赖左端(Left)出现的属性称为 L 类属性。

(2) R 类:仅在 F 中的函数依赖右端(Right)出现的属性称为 R 类属性。

(3) LR 类:在 F 中的函数依赖的左右两端都出现过的属性称为 LR 类属性。

(4) N 类:在 F 中的函数依赖的左右两端都未出现过的属性称为 N 类属性。

【例 5.11】 设有关系模式 S(A,B,C,D)和 S 的函数依赖集 F={A→C,B→AC,D→AC,BD→A},请指出关系 S 的属性分类。

解:分析可知 L 属性有 BD,R 属性有 C,LR 属性有 A。

2. 候选键的充分条件

定义 5.11 设有关系模式 S(U,F)和属性集 U={A_1,A_2,…,A_n}的子集 X。

(1) 若 X 是 R 类属性,则 X 不是任一候选键的成员。

(2) 若 X 是 N 类属性,则 X 必包含在 S 的某一候选键中。

(3) 若 X 是 L 类属性,则 X 必为 S 的某一候选键的成员。

(4) 若 X 是 L 类属性,且 X^+ 包含了 S 的全部属性,则 X 必为 S 的唯一候选键。

(5) 若 X 是 S 的 L 类属性和 N 类属性组成的属性集,且 X^+ 包含了 S 的全部属性,则 X 是 S 的唯一候选键。

3. 多属性候选键的求解方法

算法 5.3 多属性候选键的判定算法。

输入：关系模式 $R(A_1, A_2, \cdots, A_n)$ 和 R 的函数依赖集 F。

输出：R 的所有候选键。

方法：

(1) 将关系模式 R 的所有属性分为 L、R、N 和 LR 4 类,并令 X 代表 L 和 N 类,Y 代表 LR 类。

(2) 求 X_F^+：若 X_F^+ 包含了关系模式 R 的全部属性,则 X 是 R 的唯一候选键,转(8)。

(3) 在 Y 中取一属性 A,并求 $(XA)_F^+$：若 $(XA)_F^+$ 包含了关系模式 R 的全部属性,则 XA 为 R 的一个候选键。

(4) 重复(3),直到 Y 中的属性依次取完为止。

(5) 从 Y 中去掉所有已成为主属性的属性 A。

(6) 在剩余的属性中依次取两个属性、3 个属性、……,将其记为集合 B,并求 $(XB)_F^+$：若 $(XB)_F^+$ 包含了关系模式 R 的全部属性,且自身不包含已求出的候选键,则 XB 为 R 的一个候选键。

(7) 重复(6),直到 Y 中的属性按(6)的组合依次取完为止。

(8) 输出候选键,算法结束。

【例 5.12】 设有关系模式 R(A,B,C,D,E) 和 R 的函数依赖集 F={AB→C,C→D,D→B,D→E},求 R 的所有候选键。

解：根据算法 5.3

(1) 根据 F 对 R 的所有属性进行分类：A 为 L 类属性；B、C、D 均为 LR 类属性,并令 Y=BCD；E 为 R 类属性,没有 N 类属性。

(2) $A^+=A$；A^+ 不包含 R 的所有属性,所以 A 不是 R 的唯一候选键,但 A 为 L 属性,因此 A 必为 R 的候选键的成员。

(3) 从 Y 中取出一个属性 B,求得 $(AB)^+=ABCDE$,$(AB)^+$ 包含了 R 的全部属性,所以 AB 是 R 的一个候选键。

(4) 从 Y 中取出一个属性 C,求得 $(AC)^+=ABCDE$,$(AC)^+$ 包含了 R 的全部属性,所以 AC 是 R 的一个候选键。

(5) 从 Y 中取出一个属性 D,求得 $(AD)^+=ABCDE$,$(AD)^+$ 包含了 R 的全部属性,所以 AD 是 R 的一个候选键。

(6) 由于 Y 中的 B、C、D 均已经是主属性,不需要考察从 Y 中取 3 个属性的情况,候选键的求解到此结束。

综上可知,R 的候选键有 AB、AC 和 AD。

【例 5.13】 设有关系模式 R(A,B,C,D,E) 和 R 的函数依赖集 F={A→BC,CD→E,B→D,E→A},求 R 的所有候选键。

解：根据算法 5.3

(1) 根据 F 对 R 的所有属性进行分类：A、B、C、D、E 均为 LR 类属性,并令 Y=ABCDE；没有 L 类、R 类和 N 类属性。

(2) 从 Y 中依次取一个属性,由于本例中没有 L 属性,所以仅需要计算从 Y 中取出的属性关于 F 的闭包。

$A^+=ABCDE$,包含了 R 的全部属性,所以 A 为 R 的一个候选键。

$B^+=BD$，没有包含 R 的全部属性，所以 B 不是 R 的候选键。

$C^+=C$，没有包含 R 的全部属性，所以 C 不是 R 的候选键。

$D^+=D$，没有包含 R 的全部属性，所以 D 不是 R 的候选键。

$E^+=ABCDE$，包含了 R 的全部属性，所以 E 为 R 的一个候选键。

（3）从 Y 中去掉已经是候选键中的属性 A 和 E，并令 Y＝BCD。

（4）再从 Y 中依次取两个属性，并计算该属性集合关于 Y 的闭包。

$(BC)^+=ABCDE$，包含了 R 的全部属性，所以 BC 为 R 的一个候选键。

$(BD)^+=BD$，没有包含 R 的全部属性，所以 BD 不是 R 的候选键。

$(CD)^+=ABCDE$，包含了 R 的全部属性，所以 CD 为 R 的一个候选键。

（5）由于 B、C、D 也已经是主属性，不需要考察从 Y 中取 3 个属性的情况，候选键的求解到此结束。

综上可知，R 的候选键有 A、E、BC 和 CD。

5.5.2　第一范式（1NF）

定义 5.12　如果关系模式 R 中每个属性的值域的值都是不可再分的最小数据单位，则称 R 为满足第一范式（1NF）的关系模式，也称 R∈1NF。

当关系 R 的属性值域中的值都是不可再分的最小数据单位时，表示二维表格形式的关系中不再有子表。

为了与规范关系相区别，有时把某些属性有重复值（表中有子表）或空白值的二维表格称为非规范关系。图 5.14 给出了两个非规范关系。

DEPNAME	LOC	S-PART
DEP1	XIAN	P1
		P2
DEP2	WUHAN	P1
		P3
DEP3	CHENGDU	P2

TNAME	ADDRESS	PHONE
徐浩	5-1-2	88992
张明敏	12-2-4	88518
李阳洋	6-4-7	88826
宋歌	23-3-8	
郭宏伟	10-2-3	88158

(a) S-PART属性有重复值　　　　　　(b) PHONE属性有空白值

图 5.14　非规范关系示例

对于有重复值的非规范关系，一般采用把重复值所在行的其他属性的值也予以重复的方法将其转换成规范关系。对于有空白值的非规范关系，由于目前的数据库管理系统支持"空值"处理功能，所以采用的方法是将空白值赋予空值标志（NULL）。图 5.14 的非规范关系对应的规范关系如图 5.15 所示。

5.5.3　第二范式（2NF）

1. 完全依赖

定义 5.13　设有关系模式 R(U,F) 和属性集 U＝{A_1, A_2, …, A_n} 的子集 X、Y，如果 X→Y，并且对于 X 的任何真子集 X′ 都有 X′→Y 不成立，则称 Y 完全依赖于 X，记为 X$\xrightarrow{f}$Y。

例如，如果有 AB→C，且不存在 A→C 和 B→C 成立，则 C 完全依赖于 AB。

关系数据库模式的规范化设计

DEPNAME	LOC	S-PART
DEP1	XIAN	P1
DEP1	XIAN	P2
DEP2	WUHAN	P1
DEP2	WUHAN	P3
DEP3	CHENGDU	P2

TNAME	ADDRESS	PHONE
徐浩	5-1-2	88992
张明敏	12-2-4	88518
李阳洋	6-4-7	88826
宋歌	23-3-8	NULL
郭宏伟	10-2-3	88158

(a) S-PART属性的规范关系   (b) PHONE属性的规范关系

图 5.15 图 5.14 的非规范关系转换成的规范关系

【例 5.14】 在课程关系 C(C♯,CNAME,CLASSH)中有 $\{C\sharp\} \xrightarrow{f} \{CNAME\}$、$\{C\sharp\} \xrightarrow{f}$ $\{CLASSH\}$ 和 $\{C\sharp\} \xrightarrow{f} \{CNAME,CLASSH\}$,在学习关系 SC(S♯,C♯,GRADE)中有 $\{S\sharp\} \not\rightarrow \{GRADE\}$、$\{C\sharp\} \not\rightarrow \{GRADE\}$ 和 $\{S\sharp,C\sharp\} \xrightarrow{f} \{GRADE\}$。

2. 部分依赖

定义 5.14 设有关系模式 R(U,F)和属性集 $U=\{A_1,A_2,\cdots,A_n\}$ 的子集 X、Y,如果 $X \rightarrow Y$,但 Y 不完全依赖于 X,则称 Y 部分依赖于 X,记为 $X \xrightarrow{p} Y$。

例如,如果有 AB→C,且至少存在 A→C 或 B→C 之一成立,则 C 部分依赖于 AB。

比较定义 5.13 和定义 5.14 可知,所谓完全依赖,就是不存在 X 的真子集 $X'(X' \subseteq X$, $X' \neq X$)使 $X' \rightarrow Y$ 成立;若存在 X 的真子集 X'使 $X' \rightarrow Y$ 成立,则称为 Y 部分依赖于 X。

同时,由定义 5.13 和定义 5.14 可知,当 X 是仅包含一个属性的属性子集时,Y 都是完全依赖于 X 的,只有当 X 是由多个属性组成的属性子集时,才可能会有 Y 完全依赖于 X 和 Y 部分依赖于 X 两种情况。

3. 第二范式

定义 5.15 如果一个关系模式 R 属于 1NF,并且它的每一个非主属性都完全依赖于它的一个候选键,则称 R 为满足第二范式(2NF)的关系模式,也称 R∈2NF。

显然,如果一个关系模式 R 属于 1NF,并且它的主键只由一个属性组成(单属性主键),不可能存在非主属性对候选键的部分依赖,所以 R 一定属于 2NF。如果关系模式 R 的候选键是复合候选键(由多个属性组成的候选键),才可能出现非主属性部分依赖于候选键的情况。显然,如果在一个属于 1NF 的关系模式 R 中存在非主属性对候选键的部分依赖,则 R 不属于 2NF。

【例 5.15】 对于图 5.16 所示的规范化关系 SCT(S♯,C♯,GRADE,TNAME,TRSECTION)及其具体关系,该关系的主键为{S♯,C♯},表示在已知一个学号值和一个课程号值的情况下,就可以获知该学生学习该门课程的分数、(任课)教师名称及其所属的教研室。

在假设一门课程只能由一位教师讲授的情况下,显然有 C♯→TNAME,即关系 SCT 的非主属性 TNAME 部分依赖于候选键{S♯,C♯},所以图 5.16 的关系 SCT 是 1NF 而不是 2NF。然而,当把关系模式 SCT 分解成如图 5.17 所示的两个关系 SC 和 CT 时,SC 和 CT 既是 1NF,又是 2NF。

注意:当一个关系模式不是 2NF 时会产生以下问题。

(1) 插入异常。例如,在上述的 SCT 关系模式中,当某一位新调来的教师还没有担任

S#	C#	GRADE	TNAME	TRSECTION
201401001	C401001	90	徐浩	计算机
201401001	C402002	90	李阳洋	指挥信息系统
201401001	C403001	85	宋歌	通信工程
201401002	C401001	75	徐浩	计算机
201401002	C402002	88	李阳洋	指挥信息系统
201402001	C401001	87	徐浩	计算机
201402001	C401002	90	张国庆	计算机
201402002	C403001	92	宋歌	通信工程

图 5.16　一个关系模式 SCT 的具体关系

S#	C#	GRADE
201401001	C401001	90
201401001	C402002	90
201401001	C403001	85
⋮	⋮	⋮

(a) SC

C#	TNAME	TRSECTION
C401001	徐浩	计算机
C402002	李阳洋	指挥信息系统
C403001	宋歌	通信工程
C401002	张国庆	计算机

(b) CT

图 5.17　2NF 关系

讲课任务时,无法登记他的所属教研室信息(TRSECTION)。因为在关系 SCT 中要插入新记录时必须给定主键的值,在没有担任讲课任务时,主键中的课程编号由于无法确定而无法插入。

(2) 删除异常。例如,在上述的 SCT 关系模式中,当某教师暂时不担任讲课任务时,如临时负责一段时间的实验室,该教师原来的讲课信息就要删掉,显然其他信息也就随着被删掉,从而造成了删除异常,即不应该删除的信息也被删掉。

(3) 数据冗余,修改异常。例如,在上述的 SCT 关系模式中,当某教师同时担任多门课程时,他的姓名和所属教研室信息要重复存储,造成大量的信息冗余。而且当教师的自身信息变化时,需要对数据库中所有相关的记录同时进行修改,造成修改的复杂化。如果漏掉一个记录,还会给数据库造成信息的不一致。

所以保证数据库中各关系模式属于 2NF 是数据库逻辑设计中的最低要求。

在一个 1NF 关系模式转换成 2NF 关系模式后,可以在一定程度上减少原 1NF 关系中存在的插入异常、删除异常、数据冗余等问题,但并不能完全消除该关系中的所有异常和数据冗余,于是需要进一步引入第三范式。

5.5.4　第三范式(3NF)

1. 传递依赖

定义 5.16　设有关系模式 R(U,F)和属性集 U=\{A_1,A_2,\cdots,A_n\}的子集 X、Y、Z,如果有 $X \to Y, Y \to Z, Z-Y \neq \phi, Z-X \neq \phi$ 和 $Y \nrightarrow X$,则称 Z 传递依赖于 X,记为 $X \xrightarrow{t} Z$。

在定义 5.16 中,$Z-Y \neq \phi$ 说明在属性子集 Z 中至少存在一个属性不在属性子集 Y 中,因此保证了 $Y \to Z$ 是非平凡依赖。同理,$Z-X \neq \phi$ 说明在属性子集 Z 中至少存在一个属性不在属性子集 X 中,因此保证了 $X \to Z$ 是非平凡依赖。如果同时存在 $X \to Y, Y \to X$,则有 $X \leftrightarrow Y$,而 $Y \nrightarrow X$ 保证了该定义中只有 $X \to Y$ 成立,$X \leftrightarrow Y$ 不成立。

关系数据库模式的规范化设计

2. 第三范式

定义 5.17 如果一个关系模式 R 属于第一范式，并且 R 的任何一个非主属性都不传递依赖于它的任何一个候选键，则称 R 为满足第三范式的关系模式，也称 R∈3NF。

【例 5.16】 设有关系模式 SDR(S,I,D,M) 和函数依赖集合 F={SI→D,SD→M}，关系 SDR 的唯一主键为 SI，请分析 SDR 是第几范式。其中，S 表示商店名，I 表示商品，D 表示商品部，M 表示商品部经理。函数依赖 SI→D 表示每一个商店的每一个商品最多由一个商品部经销；SD→M 表示每一个商店的每一个商品部只有一个经理。

解：

如果设 X=SI，Y=SD，A=M。由 SI→D，可得 SI→SD，即 X→Y 和 Y→A 同时成立。这样就出现了非主属性（通过 ）传递依赖于候选键，所以关系模式 SDR 不属于 3NF。

但是在关系 SDR 中，既不存在非主属性 D 对候选键 SI 的部分依赖（D 完全依赖于 SI），也不存在非主属性 M 对候选键 SI 的部分依赖（即 M 不依赖于 S，也不依赖于 I），所以关系 SDR 属于 2NF。

【例 5.17】 分析例 5.15 中由关系模式 SCT 分解成的两个关系模式 SC(S♯,C♯,GRADE) 和 CT(C♯,TNANE,TRSECTION) 是第几范式。

解：

在关系模式 SC 中，因为非主属性 GRADE 既不部分依赖于 S♯ 或 C♯，也不传递依赖于{S♯,C♯}，所以 SC 是 3NF。

在关系模式 CT 中，有 C♯→TNAME 和 TNAME→TRSECTION，所以可推知 C♯→TRSECTION，即存在非主属性传递依赖于主键，所以 CT 不是 3NF。由于不存在非主属性对候选键的部分依赖，所以 CT 是 2NF。事实上，当某个教师主讲多门课程时，该教师所在的教研室信息要重复存储多次，即存在信息冗余。进一步，如果再把关系模式 CT 分解成 CT1(C♯,TNAME) 和 CT2(TNAME,TRSECTION)，CT1 和 CT2 就都是 3NF。

定理 5.5 一个 3NF 的关系模式一定是 2NF 的。

证明：用反证法。

设 R 是 3NF 的，但不是 2NF 的，那么一定存在非主属性 A、候选键 X 和 X 的真子集 Y，使得 Y→A。由于 A 是非主属性，所以 A－X≠φ，A－Y≠φ。由于 Y 是候选键 X 的真子集，所以 X→Y，但 Y↛X。这样在 R 上存在着非主属性 A 传递依赖于候选键 X，所以 R 不是 3NF 的，这与假设矛盾，所以 R 也是 2NF 的。证毕。

可以证明，如果一个关系模式 R 是 3NF，则它的每一个非主属性既不部分依赖于候选键，也不传递依赖于候选键。

【例 5.18】 图 5.18(a)给出了一个是第二范式而不是第三范式的例子。该关系的主键为 SUPPLIER，即供应商总部的名称，DISTANCE 属性的值是供应商总部到一个城市的距离。CITY 和 DISTANCE 都是非主属性，且都完全依赖于主键属性 SUPPLIER，所以该关系是第二范式。

然而，如图 5.18（b）所示，由于在该关系中存在 SUPPLIER→CITY 和 CITY→DISTANCE，即非主属性传递依赖于主键，所以导致了供应商总部到城市的距离存储了不止一次的不良特性。

由图 5.18(b)可知，该关系中存在的非主属性 DISTANCE 对主键 SUPPLIER 的传递

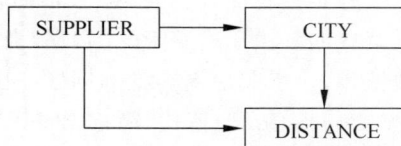

SUPPLIER	CITY	DISTANCE
S1	西安	300
S2	西安	300
S3	上海	1050
S4	上海	1050

(a) SUPPLIERS关系 (b) SUPPLIERS关系属性间的函数依赖

图 5.18 2NF 的规范化关系及其属性间的函数依赖

依赖,又可以看作存在非主属性 DISTANCE 对非主属性 CITY 的函数依赖。所以,如果某关系存在非主属性对非主属性的函数依赖,该关系即为第二范式。

SUPPLIERS 关系可以分解成两个第三范式的关系 SUPPLIERS1 和 DISTANCE,如图 5.19 所示。

SUPPLIER	CITY
S1	西安
S2	西安
S3	上海
S4	上海

CITY	DISTANCE
西安	300
上海	1050

(a) SUPPLIERS1关系 (b) DISTANCE关系

图 5.19 SUPPLIERS 关系的分解

【例 5.19】 假设关系模式 R 的候选键都是单属性,请判断该关系模式的最高范式能达到第几范式。

解:因为 R 的候选键都是单属性,所以一定不会存在非主属性对候选键的部分依赖,所以 R 满足 2NF。本例提供的已知条件还无法确认函数依赖集 F 中是否存在非主属性对候选键的传递依赖,所以该关系模式的最高范式只能达到 2NF。

【例 5.20】 全键属性的关系属于哪几范式?为什么?

解:全键属性的关系同时属于 1NF、2NF、3NF。

因为是全键关系,所以该关系中的属性都是主属性而不存在非主属性,也就不存在非主属性对键的部分函数依赖,所以属于 2NF;且不存在非主属性对键的传递函数依赖,所以全键关系也属于 3NF。属于 2NF 和 3NF 的关系自然已属于 1NF。

【例 5.21】 图 5.2 给出了大学教学信息管理数据库应用系统中的 7 个具有函数依赖约束的关系模式。由于其中的每个关系的函数依赖集中都只有一个函数依赖,显然不存在非主属性对候选键(主键)的部分依赖,也不存在非主属性对候选键(主键)的传递依赖,所以这 7 个关系都满足 3NF,且保持无损和保持依赖。

5.5.5 鲍依斯-柯德范式

第三范式的关系消除了非主属性对主属性的部分依赖和传递依赖,解决了存储异常问题,基本上满足了实际应用的需求。但是在实际中还可能存在主属性间的部分依赖和传递依赖,同样会出现存储异常。

例如,在关系模式 R(CITY,STREET,ZIP)中,R 的候选键为{CITY,STREET}和{ZIP,STREET},R 上的函数依赖集为 F={{CITY,STREET}→ZIP,ZIP→CITY}。

关系数据库模式的规范化设计

R 中没有非主属性,因此不存在非主属性对主属性的部分依赖和传递依赖,所以 R 是属于第三范式的。由于有 ZIP→CITY,当选取{ZIP,STREET}为主键时,主属性间存在着部分函数依赖,会引起更新异常等问题。因此,针对此类问题提出了修正的第三范式,即鲍依斯-柯德(Boyce-Codd)范式,简称 BCNF 范式。

定义 5.18 设有关系模式 R(U,F)和属性集 U 的子集 X 和 A,且 A⊆X,如果对于 F 中的每一个函数依赖 X→A,X 都是 R 的一个候选键,则称 R 是鲍依斯-柯德范式,记为 BCNF。

定义 5.18 说明,如果 R 属于 BCNF,则 R 中的每一个函数依赖的决定因素都是候选键。进一步讲,R 中所有可能的非平凡依赖都是一个或多个属性对不包含它们的候选键的函数依赖。

对于不是 BCNF 的关系模式,可通过模式分解使其成为 BCNF。例如,当把关系模式 R(CITY,STREET,ZIP)分解成 R_1(STREET,ZIP)和 R_2(ZIP,CITY)时,R_1 和 R_2 都属于 BCNF。

定理 5.6 一个 BCNF 的关系模式一定是 3NF 的。

证明：用反证法。

设 R 是 BCNF 的,但不是 3NF,那么必定存在非主属性 A、候选键 X、属性集 Y,使得 X→Y,Y↛X,Y→A,A∉Y。但由于 R 是 BCNF 的,若有 Y→A 和 A∉Y,则必定有 Y 是 R 的候选键,因此应有 Y→X,这与假设 Y↛X 矛盾。证毕。

与定理 5.6 的结论不同,关系模式 R(CITY,STREET,ZIP)的例子说明,一个属于 3NF 的关系模式不一定属于 BCNF。例如,对于关系模式 SC(S♯,C♯,GRADE),不存在非主属性对候选键{S♯,C♯}的部分依赖和传递依赖,所以 SC 属于 3NF。但是由于关系模式 SC 的函数依赖{S♯,C♯}→GRADE 的被决定因素是非主属性,所以 SC 不属于 BCNF。

5.5.6 范式之间的关系和关系模式的规范化

1. 范式之间的关系

对于前面介绍的 4 种范式,就范式的规范化程度来说,因为 BCNF 一定是 3NF,3NF 一定是 2NF,2NF 一定是 1NF,所以它们之间的关系满足 1NF⊇2NF⊇3NF⊇BCNF;就对函数依赖的要求(消除程度)来说,它们之间的关系如下。

第一范式(1NF)

  ↓ 消除了非主属性对候选键的部分函数依赖

第二范式(2NF)

  ↓ 消除了非主属性对候选键的传递函数依赖

第三范式(3NF)

  ↓ 消除了主属性对候选键的部分函数依赖和传递函数依赖

鲍依斯-柯德(BCNF)

通过比较可知,一个数据库模式中的关系模式如果都是 BCNF,那么它消除了整个关系模式中的存储异常,在函数依赖范畴内达到了最大程度的分解。3NF 的分解不彻底性表现在可能存在主属性对候选键的部分依赖和传递依赖。但是在大多数情况下,一个关系模式中既有主属性,又有非主属性,所以不会存在主属性对主属性的部分依赖和传递依赖,因此数据库模式中的关系模式都达到 3NF 一般就可以了。

2. 关系模式的规范化概念

为了把一个规范化程度较低(设为 x 范式)的关系模式转换成规范化程度较高(设为 x＋1 范式)的关系模式,需要对规范化程度较低的关系模式进行分解。其分解过程要求满足保持原信息的无损和保持原来的函数依赖。这种通过模式分解使满足低一级范式的关系模式转换为满足高一级范式的关系模式的过程称为关系模式的规范化。

最后还需要说明的是,Beeri 和 Bernstein 在 1979 年已经证明,仅确定一个关系模式是否为鲍依斯-柯德范式就是一个 NP 完全性问题(一个问题的 NP 完全性几乎肯定地隐含了它的计算时间是指数级的),所以目前还很难找到比较好的像鲍依斯-柯德范式的无损连接分解和保持依赖分解的算法。再加上实际中存在主属性间的部分依赖和传递依赖的情况比较少见,所以在目前的数据库模式设计中只考虑像 3NF 的保持无损连接和保持依赖分解就足够了。

5.6 小　　结

关系模式的规范化设计就是按照函数依赖理论和范式理论对逻辑结构设计中第一步所设计的关系模式进行规范化设计,基本设计方法可归纳如下。

(1) 根据每个关系模式的内涵,从语义的角度分别确定每个关系模式中各属性之间的数据依赖,进而确定每个关系模式的函数依赖集。

(2) 求每个关系模式的函数依赖集的最小依赖集,即按照函数依赖理论中的最小依赖集的求法:使每个关系模式的函数依赖集中没有多余依赖;每个依赖的左端没有多余属性;每个依赖的右端只有一个属性。

(3) 将求得的每个关系模式的函数依赖集中决定因素相同的函数依赖进行合并。例如,如果求得的最小依赖集为 G＝{X→A,X→B,X→C,YZ→D,YZ→E},那么将其决定因素相同的函数依赖合并后的结果为 G＝{X→ABC,YZ→DE}。

(4) 确定每个关系模式的候选键。

(5) 分析每个关系模式中存在的非主属性对候选键的部分依赖性和传递依赖性,确定其范式级别。

(6) 对不满足三范式的关系模式,按照关系模式分解理论和函数依赖理论,对每个关系模式及与之相关的函数依赖进行既保持无损连接性又保持函数依赖性的模式分解,直到所有关系模式都满足三范式为止。

(7) 通过以上模式分解过程后,可能会出现某些完全相同的关系模式,这一步要将完全相同的几个关系模式"合并"成一个单独的关系模式,即去掉多余的关系模式。

习　题　5

扫一扫　　扫一扫
作业　　自测题

5-1 解释下列术语。

(1) 非平凡依赖　　　　　(2) 函数依赖的逻辑蕴含

(3) 部分依赖　　　　　　(4) 完全依赖

关系数据库模式的规范化设计

(5) 无损连接分解　　　　　(6) 保持函数依赖的分解

(7) 2NF　　　　　　　　　(8) 3NF

5-2 设有关系模式 R(A,B,C,D,E,H),R 的函数依赖集为 F={A→D,E→C,AB→E,CD→H}。

(1) 当 X=AE 时,求 X 关于 F 的闭包 X^+。

(2) 当 X=AB 时,求 X 关于 F 的闭包 X^+。

5-3 设有关系模式 R(A,B,C,D,E),R 的函数依赖集为 F={A→D,E→D,D→B,BC→D,DC→A},求 R 的所有候选键。

5-4 设有关系模式 R(A,B,C,D,E),R 的函数依赖集为 F={AB→C,C→D,D→E},求 R 的所有候选键。

5-5 设有关系模式 R(A,B,C),R 的函数依赖集为 F={A→B,B→C},并有分解 ρ={R1(AB),R2(BC)},判断分解 ρ 是否为无损连接分解。

5-6 设有关系模式 R(A,B,C),R 的函数依赖集为 F={AB→C,C→A},并有分解 ρ={R1(AC),R2(BC)},判断分解 ρ 是否具有无损连接性。

5-7 设有关系模式 R(A,B,C),R 的函数依赖集为 F={A→B,B→C},并有分解 ρ={R1(AB),R2(BC)},判断分解 ρ 是否保持依赖性。

5-8 设有关系模式 R(A,B,C),R 的函数依赖集为 F={A→B,B→C},并有分解 ρ={R1(AC),R2(BC)},判断分解 ρ 是否保持依赖性。

5-9 设有关系模式 R(A,B,C,D),其函数依赖集为 F={D→A,C→D,B→C},判断 R 能达到第几范式。

5-10 设有关系模式 R(A,B,C,D),其函数依赖集为 F={B→D,AB→C},判断 R 能达到第几范式。

5-11 设有关系模式 R(A,B,C,D,E,P),R 的函数依赖集为 F={A→B,C→P,E→A,CE→D},并有分解 ρ={R1(ABE),R2(CDEP)},判断 R1 为第几范式。

第 6 章 　 T-SQL 与存储过程

为了提高 SQL 的数据处理功能和提供更加灵活的控制功能，实现应用程序与 SQL Server 服务器的通信，Microsoft 公司通过在 SQL Server 中对标准 SQL 的扩展，提供了一种 Transact-SQL(简称 T-SQL)语言。

T-SQL 不仅保持了 SQL 的交互式和嵌入式两种工作方式，而且增加了变量、运算符、函数、流程控制和注释等(一般的程序)语言元素。其流程控制语言要素的增加，使得在实现基于交互式方式的批处理时，具有了灵活的控制功能；其运算符和函数语言要素的增加，使得 T-SQL 具有了基本的程序设计能力和强大的数据处理功能。特别是，T-SQL 可以在 C/S 结构和 B/S 结构的 Web 应用程序环境下，通过向服务器发送 T-SQL 语句，实现应用程序与 SQL Server 服务器的通信。利用 T-SQL 还可以创建批处理、存储过程、触发器与自定义函数。

存储过程(Stored Procedure)是一组完成特定功能的 T-SQL 语句的集合。存储过程通常要预先编译好并存储在服务器上，由客户端应用程序、其他过程或触发器来调用执行。

触发器(trigger)是 SQL Server 提供给程序员保证数据完整性的一种方法，它是与表事件相关的特殊的存储过程。触发器的执行不是由程序调用，也不是手工启动，而是由事件(例如，对表进行 insert、delete、update 操作)触发。触发器经常用于加强数据的完整性约束和业务规则等。对触发器的进一步介绍详见 9.3.4 节。

本章首先介绍 T-SQL 的基础知识、基本元素和流程控制结构，接着阐述如何应用 T-SQL 实现数据库的创建、管理和应用，以便为基于 SQL Server 数据库的数据库应用系统实现奠定 T-SQL 编程基础。最后讲解存储过程的基础知识，以及如何在 SQL Server 平台中应用 T-SQL 创建、执行和管理存储过程。

6.1　T-SQL 基础

本节介绍的脚本、批处理和注释的概念，构成了学习 T-SQL 的基础。

1. 脚本

在 SQL Server 中，脚本是存储在文件中的一系列 T-SQL 命令语句，其文件扩展名是 .sql。脚本能够将相应的 T-SQL 命令组织起来，实现一个完整的功能目标。脚本提供了变量、分支、循环等控制语句，可以用来实现一些复杂的任务。通过组织一系列的 SQL 命令并把它们编成脚本，就会降低数据库管理的复杂性。

脚本可以直接在编辑环境中输入并执行，也可以保存在文件中再由查询分析器等工具执行。SQL Server Management Studio 不仅可以加载和执行存储在脚本文件中的 T-SQL 命令语句，还提供了功能强大的程序代码编辑功能，帮助用户创建和编辑 T-SQL 脚本文件。

由于脚本是一种纯文本保存的程序,简单地说就是一条条的文字命令,也可以用记事本等工具打开、查看和编辑。

脚本程序在执行时,是由系统的一个解释器将一条条的文字命令翻译成机器可识别的指令,并按程序顺序执行。因为脚本在执行时多了一道翻译的过程,所以它比二进制程序执行效率要稍低一些。

脚本的主要用途有以下两方面。

(1)将服务器上创建一个数据库的步骤永久地记录在脚本文件中。

(2)将语句保存为脚本文件,从一台计算机传递到另一台计算机,可以方便地使两台计算机执行同样的操作。

2. 批处理

批处理指包含一条或多条 T-SQL 语句的语句集合,是送至 SQL Server 数据库引擎执行的执行单位。利用批处理机制,可以将一组 T-SQL 语句一起提交给 SQL Server 一次性执行。

批处理的格式如下:

```
T-SQL 语句 1
T-SQL 语句 2
T-SQL 语句 3
…
T-SQL 语句 n
GO
```

其中,GO 是一个命令,用于指定一个批处理的结束,以便在 T-SQL 脚本文件分隔出一个或多个批处理。GO 并不是 T-SQL 语句,但 SQL Server Management Studio 和 SQLCMD 等工具程序均使用 GO 命令来识别批处理的结束。

当把一个或多个 T-SQL 语句组成的集合看作一个批处理(文件)时,将一个或多个批处理(文件)组织到一起就可形成一个脚本,即脚本是批处理的存在方式。

【例 6.1】 具有 3 个批处理和使用了两种类型注释的脚本的例子。

程序清单如下:

```
USE test                        -- 打开 test 数据库
GO
-- 多行注释的第 1 行
-- 多行注释的第 2 行
SELECT * FROM S
GO
/* 注释语句的第 1 行
   注释语句的第 2 行 */
SELECT * FROM SC
GO                              -- 在 T-SQL 调试过程中使用注释语句
```

通常,批处理中的所有语句是作为一个单元发出的,SQL Server 将其编译成一个可执行单元,称为执行计划。如果在编译时出现语法错误,则执行计划不被创建,批处理中没有语句被执行。如果在创建执行计划之后发生运行时错误,批处理的执行就停止,但对遇到运行时错误的语句之前执行的语句不受影响。

需要注意的是,一些 T-SQL 语句一定需要独立成为一个批处理,不能和其他 T-SQL 命令一起执行,如 CREATE DEFAULT、CREATE FUNCTION、CREATE PROCEDURE、CREATE RULE、CREATE TRIGGER 或 CREATE VIEW 等语句。换句话说,在这些命

令后一定要记得加上 GO 命令。

3. 注释

注释是编写 T-SQL 脚本十分重要的部分,因为良好的注释文字不但能够让程序设计者了解其目的,而且在程序维护上,也可以提供更多的信息。T-SQL 提供了两种方式的注释。

1) 行注释

第一种注释方式是使用--符号开始的行,或命令语句位于--符号之后的文字内容都是注释文字。格式如下:

```
-- 注释文本
```

2) 块注释

第二种注释方式是使用/ * 和 * /符号括起内容来标示为注释文字,即,/ * 标志块注释的开始, * /标志块注释的结束。格式如下:

```
/ * 注释文本 * /
```

或

```
/ * 注释文本
 * /
```

以上两种注释可以单独位于一行,也可以和执行代码同在一行,但最好有几个"空白"字符相隔。

6.2 T-SQL 的语言要素

T-SQL 的语言要素主要介绍有别于标准 SQL 的部分内容,包括 T-SQL 中的常量、变量、表达式与运算符、函数。

6.2.1 常量

常量通常用于表示一个特定数据值的符号。常量的格式取决于它所表示的值的数据类型,根据数据类型的不同,常量可以分为字符串常量、数值常量、日期时间常量等。

1. 字符串常量

字符串常量由字母、数字和符号组成,并包含在一对单引号内。例如,'sql server 2012'。

如果字符串常量中含有一个单引号,则要用两个单引号表示字符串常量中的单引号。例如,需要把 It's time to go,表示成'It''s time to go'。

如果在字符串常量前面加上字符 N,则表示该字符串常量是 Unicode 字符串常量。例如,N'SQL Server 2012'。Unicode 字符串常量中的每个字符占用 2 字节存储,而传统意义上的字符占用 1 字节存储。

2. 数值常量

数值常量分为二进制常量、bit 常量、int 常量、decimal 常量、float 常量、real 常量、money 常量等,含义分别如下。

(1) 二进制常量是以前缀 0x 开头的十六进制数值常量。例如,0x19AF。

(2) bit 常量是由 1 和 0 组成的常量。

（3）int 常量是整型常量，例如，365。

（4）decimal 常量是包含小数点的数值常量。例如，3.14156。

（5）float 常量和 real 常量是用科学记数法表示的浮点型数值常量。例如，314.156E-2。

（6）money 常量为货币常量，以 $ 为前缀，可以包含小数点。例如，$369。

3. 日期时间常量

日期时间常量包含在一对单引号中，可以只包含日期、只包含时间，或日期时间都包含。在 SQL Server 2012 的 T-SQL 中，提供了一组设置日期时间数据格式的命令。

6.2.2　变量

T-SQL 变量是一种脚本中的对象，可以用来存储指定数据类型的、在脚本执行期间暂存的数据。在 T-SQL 中变量的使用非常灵活方便，可以在任何 T-SQL 语句集合中声明使用，可以保存查询结果，可以在 T-SQL 语句中使用变量，也可以将变量中的值插入数据表中。T-SQL 变量可以分为全局变量和局部变量。

1. 全局变量

全局变量是 SQL Server 系统提供的一组特定的无参函数，其名称以@@开始，作用范围不局限于某一程序，而是任何程序均可以随时调用。由于全局变量是系统提供的变量，所以用户定义的局部变量的名称不能和全局变量的名称相同。

全局变量一般是系统返回的状态或特征参数值，所以全局变量对用户来说是只读的。用户不能定义全局变量，也不能修改全局变量，只能使用预先定义的全局变量。用户可以在程序中用全局变量来测试系统的设定值或者是 T-SQL 命令执行后的状态值。

SQL Server 提供了 30 多个全局变量。表 6.1 给出了 T-SQL 常用的全局变量。

表 6.1　T-SQL 常用的全局变量

函　　数	功　　能
@@ERROR	返回上一条 T-SQL 语句执行后的错误号，如无错误则返回 0
@@ROWCOUNT	返回上一条 T-SQL 语句影响的数据行数
@@IDENTITY	返回最后插入的标识值，作为最后 INSERT 或者 SELECT INTO 语句的结果
@@FETCH_STATUS	和 FETCH 配合使用。返回 0 表示 FETCH 有效，−1 表示超出结果集，−2 表示不存在该行
@@TRANCOUNT	返回活动事务的数量
@@CONNECTIONS	返回当前服务器连接的数目
@@SERVICENAME	返回正在运行 SQL Server 服务器所使用的登录表键名
@@SERVERNAME	返回脚本正在运行的本地服务器的名字

2. 局部变量

局部变量用于在 T-SQL 批处理和脚本中保存数据值的对象，能够拥有特定的数据类型，作用范围仅限于程序内部，其名称以@开始。局部变量由用户定义，其作用范围仅限于一个批处理内或一个程序内。

1）局部变量的定义

局部变量在引用前，必须先用 DECLARE 命令声明或定义，语句格式如下：

DECLARE @<变量名> <变量类型> [,@<变量名> <变量类型> [, …]]

其中：

（1）变量类型可以是用户定义的数据类型，也可以由系统提供的数据的数据类型决定。

（2）一次可以声明多个局部变量。局部变量在声明后但未赋值前，其值为 NULL。

2）局部变量赋值的方法

局部变量赋值的语句格式如下：

```
SET   @<变量名> = <表达式>
```

或

```
SELECT   @<变量名> = <表达式> <变量类型> [, … ]
FROM   <表名> [ WHERE <条件语句> ]
```

当赋予变量的值是确切的值或者是其他变量时，可使用 SET 语句，SET 语句一次只能给一个局部变量赋值。当赋予变量的值是基于一个查询时，可使用 SELECT 语句，SELECT 语句可以给一个或同时给多个变量赋值。

3）局部变量的引用

当为 T-SQL 局部变量赋值之后，接下来就可以使用该变量了。T-SQL 局部变量的值可以作为参数传给其他函数或存储过程，也可以作为 T-SQL 语句的一部分参与其他操作。

【例 6.2】 查询学生关系表 S 中女同学的信息，其语句格式如下：

```
USE JXGL                           -- 打开 JXGL 数据库
GO
DECLARE @ sex CHAR(2)              -- 声明局部变量
SET @ sex = '女'                   -- 局部变量赋值
-- 根据局部变量值进行查询
SELECT S# AS 学号, SNAME AS 姓名, SBIRTHIN AS 出生日期,
        PLACEOFB AS 籍贯, SCODE# AS 专业编号, CLASS AS 班级
FROM S
WHERE SSEX = @sex                 -- 局部变量引用
GO
```

执行结果如图 6.1 所示。

6.2.3 表达式与运算符

表达式是表示求值的规则，由运算符和配对的圆括号将常量、变量、函数等操作数以合理的形式组合/连接而成。每个表达式都产生唯一的值，其类型由运算符的类型决定。在 SQL Server 2012 中，运算符主要有以下 6 大类：赋值运算符、算术运算符、位运算符、比较运算符、逻辑运算符和字符串连接运算符。

1. 赋值运算符

在 T-SQL 中只有一个赋值运算符，即（＝）。赋值运算符能够将数据值指派给特定的对象。另外，还可以使用赋值运算符在列标题和为列定义值的表达式之间建立关系。

2. 算术运算符

算术运算符通过连接两个表达式来执行数学运算。T-SQL 支持的算术运算符包括加（＋）、减（－）、乘（＊）、除（/）和取模（％）。两个表达式可以是数字数据类型分类的任何数据类型。

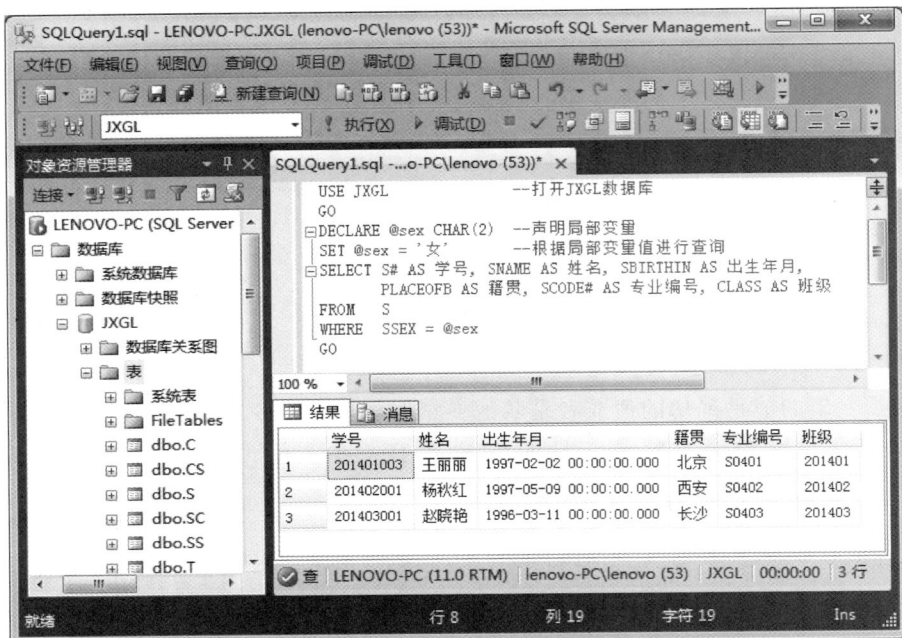

图 6.1　例 6.2 的执行结果

3．位运算符

位运算符仅用于整型数据或者二进制数据（image 数据类型除外）之间执行位操作。T-SQL 支持的位运算符包括按位与操作（&）、按位或操作（|）、按位异或操作（^）、对操作数按位取反（～）。注意，在位运算符左右两侧的操作数不能同时为二进制数据。

4．比较运算符

比较运算符也称为关系运算符，用于比较两个表达式的大小或是否相同，比较的结果是布尔值，即 TRUE（表示表达式的结果为真）、FALSE（表示表达式的结果为假）以及 UNKNOWN。T-SQL 支持的比较运算符包括大于（＞）、等于（＝）、大于或等于（＞＝）、小于（＜）、不等于（＜＞）和（!＝）、不大于（!＞）、不小于（!＜）等。比较运算符可以用于除 text、ntext、image 数据类型以外的所有表达式。

5．逻辑运算符

逻辑运算符可以把多个逻辑表达式连接起来。逻辑运算符包括与运算（AND）、或运算（OR）、取反运算（NOT），其优先级别顺序为 NOT、AND、OR。逻辑运算符和比较运算符一样，返回带有 TRUE 或 FALSE 值的布尔数据类型。

另外，SELECT 查询语句中的 LIKE、BETWEEN、IN、EXISTS、ANY、ALL、SOME 也属于 T-SQL 中的逻辑运算。

6．字符串连接运算符

字符串连接运算符与加号（＋）相同，用于实现两个字符串的串联连接。被连接的两个字符串要用一对单引号（'）引住。例如，SELECT 'ab' ＋ 'cde'，结果为 abcde。

7．运算符的优先等级

在 SQL Server 2012 中，运算符的优先等级从高到低如表 6.2 所示。

表 6.2　T-SQL 的运算符优先级

优先级	运算符级别	功 能 说 明
1	圆括号	( )
2	正、负、位非运算符	+,-,~
3	乘、除、取模运算符	*,/,%
4	加与连接、减、位与运算符	+,-,&
5	比较运算符	=,>,>=,<,<=,<>,!=,! >,! <
6	位异或、位或运算符	^,|
7	逻辑非	NOT
8	逻辑与	AND
9	逻辑或、查询逻辑运算符	OR,LIKE,BETWEEN,IN,ANY,SOME,ALL,EXISTS
10	赋值	=

6.2.4　T-SQL 函数

为了方便用户对数据库的查询和更新操作,SQL Server 不仅在 T-SQL 中提供了大量内部函数供编程调用,也为用户提供了自己创建函数的机制。系统提供的函数称为内置函数,也称为系统函数;用户创建的函数称为用户自定义函数。

1. 系统函数

系统函数为用户方便、快捷地执行某些操作提供了帮助。由于 SQL 是 T-SQL 的子集,所以在第 4 章中介绍的常用聚合函数(如表 4.2 所示)、常用日期和时间函数(如表 4.6 所示)、常用字符串函数(如表 4.7 所示)、常用数学函数(如表 4.8 所示)等,均适用于脚本和批处理的编写,这里不再赘述。下面补充一种典型的数据类型转换函数:CAST 函数。

CAST 函数用于将某种数据类型的表达式的值,显式地转换为另一种数据类型的值。其语句格式如下。

```
CAST(expression AS data_type)
```

其中,AS 为保留字。

【例 6.3】　按学号分组查询每个学生的平均成绩,并按"201401001 同学的平均成绩为88 分"的格式显示每个学生的平均成绩。语句格式如下:

```
USE   JXGL                          -- 打开 JXGL 数据库
GO
SELECT  S# + '同学平均成绩为 ' + CAST(AVG(成绩)  AS CHAR(2)) + '分'
FROM  SC
GROUP BY  S#
GO
```

2. 自定义函数

自定义函数类似一般程序语言的函数。在 SQL Server 中,除了系统内置的系统函数以外,用户在数据库中还可以利用 CREATE FUNCTION 语句自己定义函数,以便补充和自行扩展 SQL Server 系统函数。自定义函数是由一个或多个 T-SQL 语句组成的子程序,可用于封装代码以便重复使用。

自定义函数不能用于执行一系列改变数据库状态的操作,但它可以像系统函数一样在查询或存储过程等的程序代码中使用,也可以像存储过程一样通过 EXECUTE 命令来执行。如表 6.3 所示,自定义函数依据返回值的不同可以分为 3 种:标量函数、单语句表值函数和多语句表值函数。

表 6.3 自定义函数种类

函 数 种 类	返 回 结 果
标量函数	返回一个确定类型的标量值
单语句表值函数	返回单一 Select 语句查询结果的表
多语句表值函数	返回由多条 T-SQL 命令语句所形成结果的表

1) 标量函数的创建

使用 CREATE FUNCTION 创建标量函数的语句格式如下:

```
CREATE FUNCTION [owner_name.] function_name
  ( [ { @parameter_name [AS] scalar_parameter_data_type [ = default ] } [ , …n] ] )
  RETURNS scalar_return_data_type
  [ AS ]
    BEGIN
        function_body
        RETURN scalar_expression
    END
```

其中:

(1) function_name:用户自定义函数的名称。其名称必须符合标识符的命名规则,并且对其所有者来说,该名称在数据库中必须唯一。

(2) @parameter_name:用户自定义函数的参数,可以是一个或多个。每个函数的参数仅用于该函数本身;相同的参数名称可以用在其他函数中。参数只能代替常量,不能用于代替表名、列名或其他数据库对象的名称。函数执行时每个已声明参数的值必须由用户指定,除非该参数的默认值已经定义。如果函数的参数有默认值,在调用该函数时必须指定 default 关键字才能获得默认值。

(3) scalar_parameter_data_type:参数的数据类型。

(4) scalar_return_data_type:是用户定义函数的返回值,可以是 SQL Server 支持的任何标量数据类型(text、ntext、image 和 timestamp 除外)。

(5) function_body:位于 begin 和 end 之间的一系列 T-SQL 语句,其只用于标量函数和多语句表值函数。函数体中可使用的有效语句类型如下。

* declare 语句,该语句可用于定义函数局部的数据变量和游标。
* 为函数局部对象赋值,如使用 set 给标量和局部变量赋值。
* 游标操作,该操作引用在函数中声明、打开、关闭和释放局部游标。不允许使用 fetch 语句将数据返回到客户端。仅允许使用 fetch 语句通过 into 子句给局部变量赋值。
* 控制流语句。
* select 语句,该语句包含带有表达式的选择列表,其中的表达式将值赋予函数的局部变量。
* insert、update 和 delete 语句。
* execute 语句,用于调用扩展存储过程。

（6）scalar_expression：函数返回值的表达式。

【例 6.4】 创建一个返回今天是一周的第几天的用户自定义标量函数。

创建语句如下：

```
create function get_weekday(@date datetime)
returns int
as
begin
  return datepart(weekday, @date)
end
```

根据上述自定义函数，当执行如下语句。

```
select dbo.get_weekday(convert(datetime,'20110901',101))
```

执行结果如图 6.2 所示。

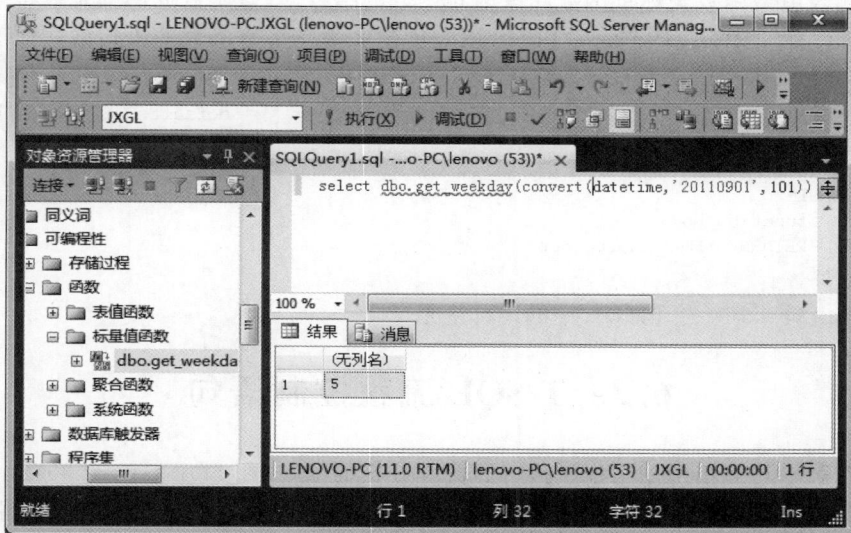

图 6.2　例 6.4 的执行结果

2）单语句表值函数的创建

单语句表值函数又称内联表值函数，用于返回一个 SELECT 语句查询结果的表（以表的形式返回一个值），相当于一个参数化的视图。使用 CREATE FUNCTION 语句创建单语句表值函数的语句格式如下：

```
CREATE FUNCTION [owner_name.] function_name
  ( [ { @parameter_name [AS] scalar_parameter_data_type [ = default ] } ] [ , …n] ] )
  RETURNS   TABLE
  [WITH { ENCRYPTION|SCHEMABINDING }]
  [ AS ]
  RETURN   (select sentence)
```

其中：

（1）WITH [{ ENCRYPTION|SCHEMABINDING }]中，ENCRYPTION 关键字用于指定 SQL Server 加密包含 CREATE FUNCTION 语句文本的系统表列，使用 ENCRYPTION 可以避免将函数作为 SQL Server 复制的一部分发布；SCHEMABINDING

T-SQL 与存储过程

关键字用于指定将函数绑定到它所引用的数据库对象上。

（2）select sentence 代表一个 SELECT 查询语句。

【例 6.5】 创建一个自定义函数,用于返回某班的学生关系表。

创建语句如下:

```
USE   JXGL
GO
CREATE FUNCTION s_table
   (@class1 VARCHAR(7))
RETURNS TABLE
AS
RETURN (select * from S where CLASS = @class1)
GO
```

3）多语句表值函数的创建

多语句表值型函数是标量函数和单语句函数的结合体,该函数返回的是一个表,可以进行多次查询。用 CREATE FUNCTION 语句创建多语句表值函数的语句格式如下:

```
CREATE FUNCTION [ owner_name. ] function_name
   ( [ { @parameter_name [AS] scalar_parameter_data_type [ = default ] } [ , …n] ] )
   RETURNS   @local_variable   TABLE
   [ AS ]
       BEGIN
           function_body
           RETURN scalar_expression
       END
```

其中,@local_variable 为 T-SQL 中的局部变量。

6.3   T-SQL 流程控制语句

流程控制语句指用于控制程序执行和流程分支的语句,在 SQL Server 2012 中,流程控制语句主要用来控制 SQL 语句、语句块或者存储过程的执行流程。下面介绍常用的流程控制语句。

6.3.1   BEGIN…END 语句

BEGIN…END 语句可以将多条 T-SQL 语句组合成一个语句块,并将它们视为一条语句。

BEGIN…END 语句的格式如下:

```
BEGIN
{
  <SQL 语句> | <SQL 语句块>
}
END
```

需要注意的是,BEGIN 和 END 必须成对使用,BEGIN … END 可以在内部嵌套 BEGIN…END。

6.3.2   IF…ELSE 语句

IF…ELSE 语句用于判断当某一条件成立时执行某段程序,当该条件不成立时执行另一段程序。SQL Server 允许嵌套使用 IF…ELSE 语句,且嵌套层数没有限制。

IF…ELSE 语句格式如下:

```
IF  <逻辑表达式>
  <SQL 语句 1>  | BEGIN  <SQL 语句块 1>  END
[ELSE
  <SQL 语句 2>  | BEGIN  <SQL 语句块 2>  END]
```

注意:当为 SQL 语句块时,别忘了 BEGIN 与 END。另外,对于 IF 判断有一个陷阱,就是 IF @var = NULL 这样的写法是不对的,因为 NULL 不等于任何东西,甚至也不等于 NULL,应该写成 IF @var IS NULL。

6.3.3 CASE 语 句

使用 CASE 语句可以方便地实现多分支选择。在 SQL Server 2012 中,CASE 语句分为简单 CASE 语句和搜索 CASE 语句两种形式。

1. 简单 CASE 语句

简单 CASE 语句格式如下:

```
CASE  <测试表达式>
  WHEN  <测试值 1>  THEN  <结果表达式 1>
  WHEN  <测试值 2>  THEN  <结果表达式 2>
  …
  [ELSE  <结果表达式 n>]
END
```

其中,测试表达式可以是局部变量,也可以是表中的字段变量名,还可以是一个用运算符连接起来的表达式。

注意:在简单 CASE 语句中,当有多个测试值与测试表达式值相同时,只返回第一个与测试表达式值相同的 THEN 子句后的结果表达式的值。如果不选择 ELSE 子句,则当前面的测试值都不满足时,返回一个 NULL 值。

2. 搜索 CASE 语句

搜索 CASE 语句格式如下:

```
CASE
  WHEN  <逻辑表达式 1>  THEN  <结果表达式 1>
  WHEN  <逻辑表达式 2>  THEN  <结果表达式 2>
  …
  [ELSE  <结果表达式 n>]
END
```

注意:在搜索 CASE 语句中,当有多个逻辑表达式的值为 TRUE 时,只返回第一个为 TRUE 的 THEN 子句后的结果表达式的值。如果不选择 ELSE 子句,则当前面的逻辑表达式的值都不为 TRUE 时,返回一个 NULL 值。

6.3.4 WHILE 语 句

WHILE 语句的格式如下:

```
WHILE  <逻辑表达式>
BEGIN
```

```
<SQL 语句 1> │ BEGIN  <SQL 语句块 1>  END
[BREAK]
<SQL 语句 2> │ BEGIN  <SQL 语句块 2>  END
[CONTINUE]
<SQL 语句 3> │ BEGIN  <SQL 语句块 3>  END
END
```

该语句的功能是,只要 WHILE 后的逻辑表达式为 TRUE,就执行 BEGIN…END 之间的语句;当 WHILE 后的逻辑表达式为 FALSE 时,终止循环,去执行 BEGIN…END 后面的语句。另外,CONTINUE 语句可以使程序跳过其后的语句,重新回到 WHILE 语句执行而进入下一次循环条件判断;BREAK 语句可以使程序跳出循环而去执行 BEGIN…END 后面的语句。

6.3.5 WAITFOR 语句

WAITFOR 语句是延迟执行语句,其功能是:通过指定某个时间或延迟某个时间间隔后,再执行其后的语句或存储过程。语句格式如下:

```
WAITFOR
DELAY <'time'> │ TIME <'time'>
```

DELAY 后的时间 time 为延迟时间间隔,TIME 后的时间 time 为指定的到达时间点。其中的 time 不能指定为天数,只能指定小时、分钟或秒。最大的延迟时间是 24 小时。

6.3.6 其他语句

1. GO 语句

GO 语句表示一个批处理的结束。

2. GOTO 语句

GOTO 语句格式如下:

```
<标号>:
    <SQL 语句 1> │ BEGIN <SQL 语句块 1> END
GOTO <标号>
```

注意:GOTO 语句和其标号可以用在语句块、批处理和存储过程中。跳转到的标号为字母数字串,且必须以冒号:结尾。

3. RETURN 语句

RETURN 语句格式如下:

```
RETURN [<整型表达式>]
```

该语句的功能是:无条件地退出批处理、存储过程或触发器。当选择<整型表达式>时,RETURN 语句可以返回一个整数给调用它的过程或应用程序。返回值 0 表示成功返回;−1 为丢失对象;−2 为发生数据类型错误等。用户可以定义返回的<整型表达式>状态值,但不能与 SQL Server 提供的状态值冲突。

4. PRINT 语句

PRINT 语句的格式如下:

```
PRINT <@局部变量>│<字符串表达式>
```

该语句的功能是向客户端返回用户定义消息。

5. EXECUTE 语句

EXECUTE 语句用于执行一个系统存储过程或用户定义的存储过程等。例如,最常见的操作语句 EXEC sq_help 就是执行一个系统存储过程。其中,EXEC 是 ECECUTE 的缩写。

6.4 基于 T-SQL 的数据库创建与管理应用

除了在 SQL Server Management Studio 工具的图形用户界面中创建数据库外,还可使用 SQL 语句来创建数据库。与界面方式创建数据庠相比,命令方式更常用,使用也更灵活。

6.4.1 利用 T-SQL 语句创建数据库

创建数据库语句格式如下:

```
CREATE DATABASE <新数据库名>
[ON [PRIMARY][<数据文件描述项>[, … n]][, <文件组项>[, … n]]]
[LOG ON {<日志文件描述项>[, … n]}]
[LOLLATE collation_name]
[WITH <外部访问选项>]
```

其中:

（1）新数据库名:数据库名称在 SQL Server 的实例中必须唯一,并且符合标识符规则。

（2）ON 子句:用于指定数据库的数据文件和文件组。记号[, …n]表示可以有几个与前面相同的描述。例如,"<数据文件描述项>[,…n]"的意义是"<数据文件描述项 1>,<数据文件描述项 2>,…,<数据文件描述项 n>"。

（3）LOG ON 子句:用于指定存储数据库事务日志的磁盘文件（日志文件）。如果没有指定 LOG ON 子句,系统将自动创建一个日志文件,其大小为该数据库的所有数据文件大小总和的 25% 或 512 KB,取两者之中的较大者。

（4）数据文件描述项和日志文件描述项的语法栺式如下:

```
(
NAME = <逻辑文件名>,
FILENAME = <文件路径及名称>
[, SIZE = <文件大小> ]
[, MAXSIZE = {<最大文件大小>}|UNLIMITED]]
[, FILEGROWTH = <增长增量>]
)
```

（5）文件组项的语法格式如下:

```
FILEGROUP <文件组名> [ DEFAULT ]<文件描述项>[, … n]
```

（6）各参数含义如下。

- PRIMARY:用于指定该关键字后的<数据文件描述项>项中定义的数据文件为数据库的主文件。若不指定主文件,则 CREATE DATABASE 语句中列出的第一个数据文件将成为主文件。一个数据库只能有一个主文件。

- 逻辑文件名:是在 SQL Server 系统中使用的数据库的逻辑名称;是数据库在 SQL

Server 中的标识符。

- FILENAME：用于指定包括由操作系统使用的路径在内的数据库文件名。该操作系统文件名与逻辑文件名一一对应。
- SIZE：指定数据库文件的初始容量大小。
- MAXSIZE：指定操作系统文件可以增长到的最大容量。如果没有指定，则文件可以不断增长直到充满磁盘。
- FILEGROWTH：指定数据库文件每次增加容量的大小。增长量可以是 GB、MB、KB 或百分比(％)。当指定数据为 0 时，表示数据库文件不增长。

【例 6.6】 创建大学教学信息管理数据库，数据库名为 JXGL，它包含一个数据文件和一个事务日志文件，其中主数据库文件逻辑名称为 JXGL_data，数据文件的操作系统文件名称为 JXGL.mdf，数据文件初始大小为 5MB，数据文件大小最大值为 200MB，数据文件大小以 5％的增量增加。日志逻辑文件名称为 JXGL_log，事务日志的操作系统文件名称为 JXGL.ldf，日志文件初始大小为 5MB，可按 2MB 增量增加，最大值为 50MB。程序清单如下：

```
USE master;                          -- 打开 master 数据库
GO
 -- 验证数据库 JXGL 是否存在，如果存在则删除
IF DB_ID (N'JXGL') IS NOT NULL
    DROP DATABASE JXGL;
GO
 -- 定义变量@data_path，用于存储当前默认路径
DECLARE @data_path nvarchar(256);
 -- 从系统视图 sys.master_files 中读取 SQL Server 默认数据文件的物理名称
 -- 再运用函数从中得到默认存储路径，最后将其赋值给变量@data_path
SET @data_path = (
    SELECT SUBSTRING(physical_name, 1, CHARINDEX(N'master.mdf',LOWER(physical_name)) - 1)
    FROM master.sys.master_files
    WHERE database_id = 1 AND file_id = 1);
 -- 执行 CREATE DATABASE 语句创建 JXGL 数据库
EXECUTE
(
CREATE DATABASE JXGL
ON
    ( NAME = JXGL_data,             -- 主数据库文件逻辑名称为 JXGL_data
    FILENAME = '''+ @data_path + 'JXGL.mdf'',
    SIZE = 5,                       -- 数据文件初始大小为 5MB
    MAXSIZE = 200,                  -- 数据文件大小的最大值是 200MB
    FILEGROWTH = 5% )               -- 数据文件大小以 5％的增量增长
LOG ON
    ( NAME = JXGL_log,
    FILENAME = '''+ @data_path + 'JXGL.ldf'',
    SIZE = 5MB,                     -- 日志文件初始大小为 5MB
    MAXSIZE = 50MB,                 -- 日志文件大小的最大值是 50MB
    FILEGROWTH = 2MB )'             -- 日志文件大小以 2MB 的增量增长
);
GO
```

执行以上脚本程序，如数据库创建成功，则窗口显示消息"命令已成功完成"，如图 6.3 所示。

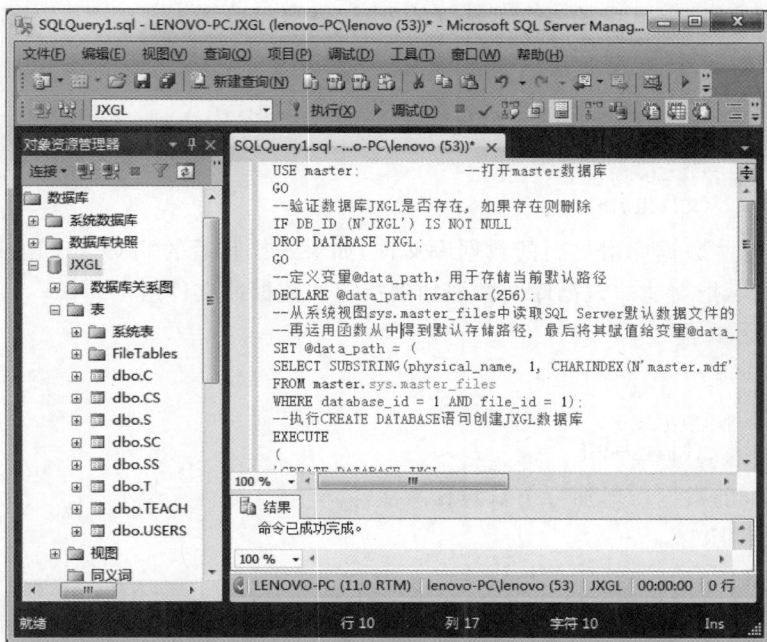

图 6.3 例 6.6 的执行界面

6.4.2 利用 T-SQL 语句管理数据库

对数据库的管理包括使用数据库、修改数据库和删除数据库。

1. 使用数据库

使用数据库的语句格式如下：

USE <数据库名>

含义是打开并使用名为"数据库名"的数据库。

2. 修改数据库

修改数据库主要包括：在数据库中添加或删除文件或文件组，更改文件和文件组的属性等。修改数据库的语句格式如下：

```
ALTER DATABASE <数据库名>
{   ADD FILE <文件描述项> [, … n] [TO TILEGROUP <文件组名>]
  | ADD LOG FILE <文件描述项> [, … n]
  | ADD FILEGROUP <文件组名>
  | REMOVE FILE <逻辑文件名>
  | REMOVE FILEGROUP <文件组名>
  | MODIFY NAME = <新数据库名>
  | MODIFY FILE <文件描述项>
  | MODIFY FILEGROUP <文件组名> {<文件组属性> | NAME = <新文件组名>}
}
```

其中：

（1）大括号{和}表示，一个修改数据库语句只能选择其中的一个可选项。

（2）[, …n]表示有多项。例如，"<文件描述项> [, … n]"的意义是"<文件描述项 1>，<文件描述项 2>，…，<文件描述项 n>"。

T-SQL 与存储过程

按照上面只能选择其中的一个可选项的要求,就可以分别实现以下的数据库修改功能。

1) 增加数据库文件

语句格式如下:

```
ALTER DATABASE <数据库名>
ADD FILE <文件描述项> [, … n ]
[ TO TILEGROUP <文件组名>]
```

用于给已有的数据库增加新的数据库文件,如果选择其后的"TO TILEGROUP <文件组名>"选项,表示把新建的数据库文件添加到指定的数据库文件组中。

2) 增加日志文件

语句格式如下:

```
ALTER DATABASE <数据库名>
ADD LOG FILE <文件描述项> [, … n ]
```

用于给已有的数据库增加一个新的日志文件。

3) 增加文件组

语句格式如下:

```
ALTER DATABASE <数据库名>
ADD FILEGROUP <文件组名>
```

用于给已有的数据库中增加一个新的文件组。

4) 删除数据文件和文件组

删除数据文件语句格式如下:

```
ALTER DATABASE <数据库名>
REMOVE FILE <逻辑文件名>
```

删除文件组语句格式如下:

```
ALTER DATABASE <数据库名>
REMOVE FILEGROUP <文件组名>
```

前者用于从已有的数据库中删除指定的数据文件或日志文件,后者用于从已有的数据库中删除指定的文件组。

5) 修改数据库名称

语句格式如下:

```
ALTER DATABASE <数据库名>
MODIFY NAME = <新数据库名>
```

用于将"数据库名"修改成"新数据库名"。

6) 修改数据文件或日志文件的属性

语句格式如下:

```
ALTER DATABASE <数据库名>
MODIFY FILE <文件描述项>
```

用于修改数据文件或日志文件的属性,文件的名称在"文件描述项"中指定。

7) 修改文件组属性

语句格式如下:

```
ALTER DATABASE <数据库名>
| MODIFY FILEGROUP <文件组名> {<文件组属性> | NAME = <新文件组名>}
```

当选用"<文件组属性>"可选项时,表示修改名为"<文件组名>"的文件组中的由"<文件组属性>"指定的文件组属性;当选用"NAME = <新文件组名>"可选项时,表示仅修改文件组的名称。

【例 6.7】 将例 6.6 创建的大学教学信息管理数据库的数据文件的初始大小增大为 10MB。完成其要求的使用数据库和修改数据库语句如下:

```
USE JXGL
GO
-- 修改逻辑数据库文件名为 JXGL_data 的 JXGL 数据库的数据文件的初始大小值
ALTER DATABASE  JXGL
MODIFY FILE(name = 'XGL_data', size = 10)
GO
```

3. 删除数据库

语句格式如下:

```
DROP DATABASE <数据库名> [, … n ]
```

例如,同时删除 JXGL 和 KYGL 两个数据库的 SQL 语句如下:

```
DROP DATABASE JXGL, KYGL
```

6.5 存 储 过 程

为了完成控制访问权限管理、进行数据库审计追踪、实现关系数据库及其所有相关应用程序的数据定义语句与数据操作语句的分隔,以及完成其他一些具有特定功能的复杂工作,SQL Server 提供了一种独立于数据表之外的称为存储过程(Stored-Procedure)的数据库对象。

6.5.1 存储过程基础

1. 存储过程的概念

从概念上来说,SQL Server 的存储过程类似于编程语言中的过程,它是人们使用 T-SQL 的编程方法,将某些需要多次调用的、实现某个特定任务的代码段编写成一个过程,并将其视为独立的数据库对象保存在数据库中,由 SQL Server 服务器通过过程名来调用它们。由于这样的过程是预先用 T-SQL 编写好并用一个指定的名称存储在数据库中的,所以称为存储过程。

显然,存储过程是一组为了完成特定功能的 T-SQL 语句集合,是利用 SQL Server 提供的 T-SQL 编写并预编译好的程序。T-SQL 具有以下功能。

(1) 存储过程可以接受输入参数,并以输出参数的形式为调用过程或批处理返回多个值。

(2) 存储过程包含有执行数据库操作的 T-SQL 编程语句,可以调用其他存储过程或嵌套调用。

(3) 存储过程可以为调用过程或批处理返回一个状态值,以表示成功或失败,以及失败原因。

2. 存储过程的优点

SQL Server 的存储过程有以下优点。

(1) 增强了代码的复用率和共享性。所有客户端可调用相同的存储过程来实现数据访问。

(2) 减少了网络中数据的流量。对存储过程的调用可以通过一条执行代码语句来执行,无须在网络上发送该存储过程的 T-SQL 代码。

(3) 提高数据库系统执行速度。存储过程只在创建时编译,以后每次执行存储过程都不需要再重新编译,而批处理的 T-SQL 语句每次执行都需要编译。

(4) 提高了系统安全性。不必给调用存储过程的每个用户授予被访问的存储过程引用的表或视图的权限,用户只要被授予了访问该存储过程的权限即可调用。

(5) 具有处理复杂功能任务的能力。存储过程可以接受输入参数,并以输出参数的形式向用户返回表格或多个标量结果信息;为调用过程或批处理返回一个状态值,以表示成功或失败(及失败原因)。

3. 存储过程的类型

SQL Server 2012 支持的存储过程主要有以下 5 类。

1) 系统存储过程

系统存储过程(System Stored Procedures)是由系统提供的存储过程,主要用于从系统表中获取信息,从而为系统管理员管理 SQL Server 提供支持。系统存储过程被放在 master 数据库中,以 sp_为前缀。系统存储过程可以在其他数据库中被调用而不必在存储过程名前加数据库名。

2) 用户定义的存储过程

用户定义的存储过程(User-defined Stored Procedures)是用户为完成某一特定功能而创建的存储过程,它被存于用户创建的数据库中,存储过程名前不需要前缀 sp_。

用户定义的存储过程有两种类型:一种是保存 T-SQL 语句集合的存储过程;另一种是 CLR 存储过程,该存储过程是指对 Microsoft.NET Framework 公共语言运行时(CLR)方法的引用,它们在 Microsoft.NET Framework 程序集中是作为类的公共静态方法实现的。

3) 临时存储过程

临时存储过程(Temporary Stored Procedures)与临时表类似,分为局部(本地)临时存储过程和全局临时存储过程,过程名称前面有前缀♯的为本地临时存储过程,过程名称前面有前缀♯♯的为全局临时存储过程。使用临时存储过程必须创建本地连接,当 SQL Server 关闭后,这些临时存储过程将自动被删除。

4) 扩展存储过程

扩展存储过程(Extended Stored Procedures)是 SQL Server 可以动态装载和执行的动态链接库(DLL)。扩展存储过程可直接在 SQL Server 实例的地址空间中运行。扩展存储过程只能添加到 master 数据库中,其前缀是 xp_。

对用户来说,扩展存储过程与普通存储过程一样,执行方法相同;可将参数传递给扩展存储过程,扩展存储过程可返回结果,也可返回状态。

5) 远程存储过程

远程存储过程(Remote Stored Procedures)是指从远程服务器上调用的存储过程。

4. 常用的系统存储过程及其使用

最常用的几种系统存储过程如下。

（1）sp_helpdb：用于查看数据库名称及大小。

（2）sp_helplogins：用于查看所有数据库用户登录信息。

（3）sp_helpsrvrolemember：用于查看所有数据库用户所属的角色信息。

（4）sp_helptext：查看未加密的存储过程、用户定义函数、触发器、视图等的文本信息。

（5）sp_renamedb：用于重新命名数据库。

6.5.2 创建存储过程

SQL Server 中有两种创建存储过程的方法，一种是使用 SQL Server Management Studio 创建存储过程；另一种是使用 T-SQL 中的 CREATE PROCEDURE 命令创建存储过程。在创建存储过程时，需要根据拟创建的存储过程要完成的功能，提前确定以下要素。

（1）存储过程的名称。

（2）存储过程的输入参数及其类型，要传回给调用者的输出参数及其类型。

（3）根据实现的功能要求确定流程控制语句、对数据库的操作语句、是否要调用其他存储过程（语句）。

（4）该存储过程返回给调用者的状态值，以及指明调用是成功还是失败的约定。

1. 使用 SQL Server Management Studio 创建存储过程

（1）单击"开始→所有程序→Microsoft SQL Server 2012→SQL Server Management Studio"菜单命令，启动 SQL Server Management Studio 工具，并连接到要使用的服务器，如图 6.4 所示。

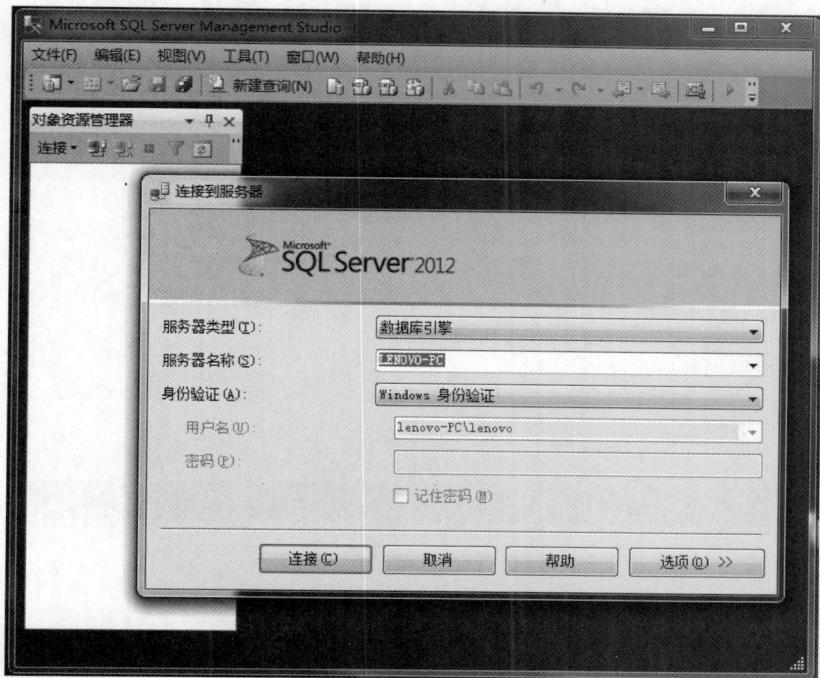

图 6.4 打开 SQL Server 2012 并连接到服务器

T-SQL 与存储过程

（2）选择 JXGL 数据库，如图 6.5 所示，打开"可编程性"文件夹，在"存储过程"上右击，选择"新建存储过程"命令。

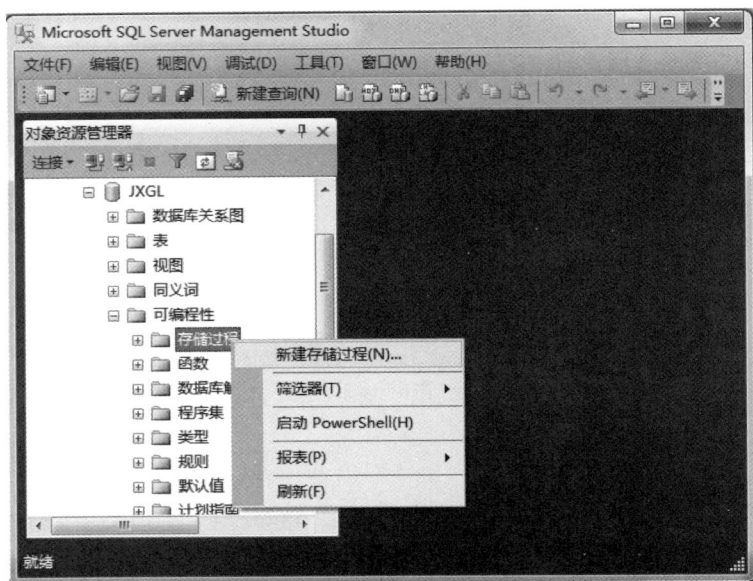

图 6.5　创建存储过程——命令选择

（3）如图 6.6 所示，在打开的 SQL 语句编辑窗口中，系统给出了创建存储过程命令的模板，用户只需要修改该模板中创建存储过程的语句即可。

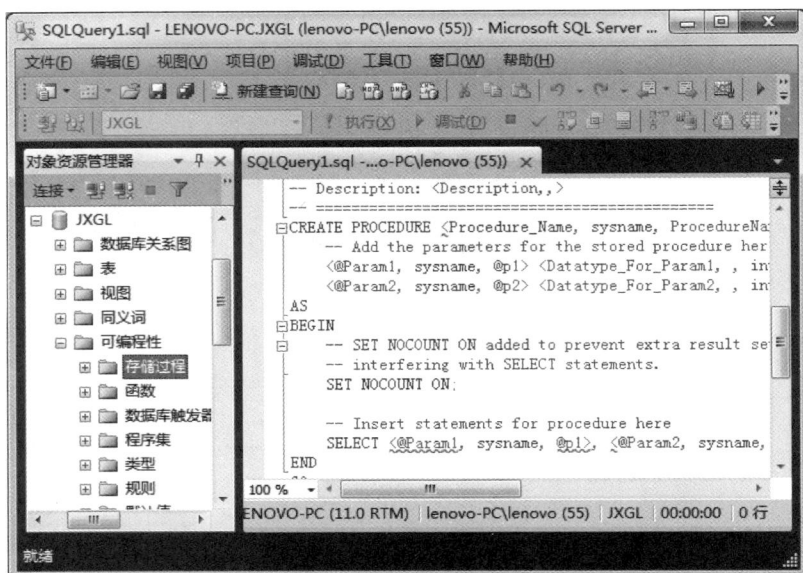

图 6.6　创建存储过程——模板

2. 使用 T-SQL 语句创建存储过程

使用 T-SQL 语句创建存储过程即使用 CREATE PROCEDURE 语句创建存储过程。在创建时应该考虑以下几方面的因素。

（1）不能将 CREATE PROCEDURE 语句与其他 SQL 语句组合在一个批处理中。

（2）只能在当前数据库中创建属于当前数据库的存储过程，但临时存储过程总是创建在 tempdb 数据库中。

（3）数据库的所有者具有默认的创建存储过程的权限，它可把该权限传递给其他的用户。

（4）作为数据库对象的存储过程，其命名必须符合标识符的命名规则。

（5）一个存储过程的最大容量为 128MB。

创建存储过程语句 CREATE PROCEDURE 的格式如下：

```
CREATE PROC[EDURE] [OWNER. ]procedure_name [; number ]
   [{@parameter data_type }
   [VARYING] [ = default] [OUTPUT]] [, … n ]
   [WITH
   { RECOMPILE | ENCRYPTION | RECOMPILE, ENCRYPTION } ]
   [ FOR REPLICATION ]
   AS sql_statement [;] [, … n ]
   [;]
```

其中：

（1）procedure_name 为指定的要创建的存储过程的名称。

（2）@parameter 为过程的参数。在 CREATE PROCEDURE 语句中可以声明一个或多个参数。

（3）data_type 用于指定参数的数据类型。

（4）VARYING 用于指定作为输出 OUTPUT 参数支持的结果集。

（5）default 用于指定参数的默认值。

（6）OUTPUT 表示该指定的参数是一个返回参数。

（7）RECOMPILE 可选项用于指明 SQL Server 不会保存该存储过程的执行计划。

（8）ENCRYPTION 可选项用于表示 SQL Server 加密了 syscomments 表，该表的 text 字段是包含 CREATE PROCEDURE 语句的存储过程文本。

（9）AS 用于指定该存储过程要执行的操作。

（10）sql_statement 是存储过程中要包含的任意数目和类型的 T-SQL 语句。

在存储过程创建后，存储过程的名称存放在 sysobject 表中，文本存放在 syscomments 表中。

【例 6.8】 创建一个存储过程，其实现的功能是根据某学生的学号返回学生的姓名、所学课程的课程名和成绩。

创建的存储过程语句如下：

```
USE JXGL
GO
CREATE PROCEDURE SCG_name
    @s_number varchar(9)
AS
SELECT SNAME, CNAME, GRADE
FROM S, SC, C
WHERE S.S# = @s_number AND S. S# = SC.S# AND SC.C# = C.C#
GO
```

利用编辑器窗口创建该存储过程及完成信息如图 6.7 所示。

T-SQL 与存储过程

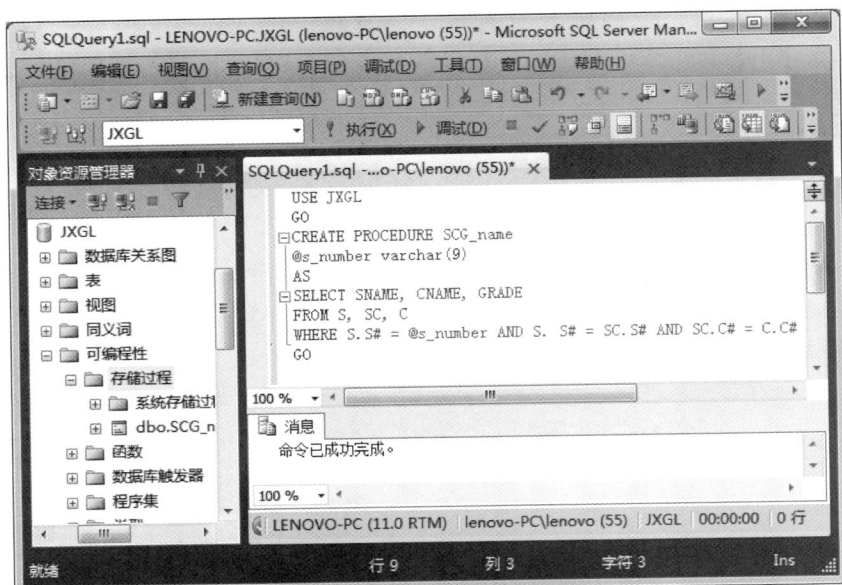

图 6.7　例 6.8 的执行界面

6.5.3　执行存储过程

存储过程创建成功后,保存在数据库中。在 SQL Server 中可以使用 T-SQL 的 EXECUTE 命令来直接执行存储过程。

使用 T-SQL 语句执行(调用)存储过程的语句格式如下:

```
[ EXEC[UTE]]
    { [@return_status = ]
    procedure_name [;number] | @procedure_name_var }
    [[@parameter = ] {value | @variable [OUTPUT] | [DEFAULT]}]
    [ ,…n ]
    [WITH RECOMPILE ]
```

其中:

(1) return_status 代表返回值变量,是可选的整型变量,用于保存存储过程向调用者返回的值。

(2) procedure_name_var 是一变量名,用于代表存储过程的名字。

(3) parameter 为参数,如果@参数是输出参数,则其后要加选项 OUTPUT。

(4) WITH RECOMPILE 选项表示下次执行时对其重新编译,一般用该选项创建一个新的执行规划。如果所传递的参数与经常传递给存储过程的参数很不相同时,则使用该选项;如果数据从存储过程被最后一次重编译后进行了较大的改变,该选项就很有用处。

【例 6.9】　通过调用例 6.8 的存储过程,查询学号为 201401003 的学生的所学课程和成绩。

例 6.8 创建的存储过程是一个带有输入参数的存储过程,因此执行该存储过程的语句如下:

```
USE JXGL
```

```
EXECUTE SCG_name '201401003'
GO
```

执行结果如图 6.8 所示。

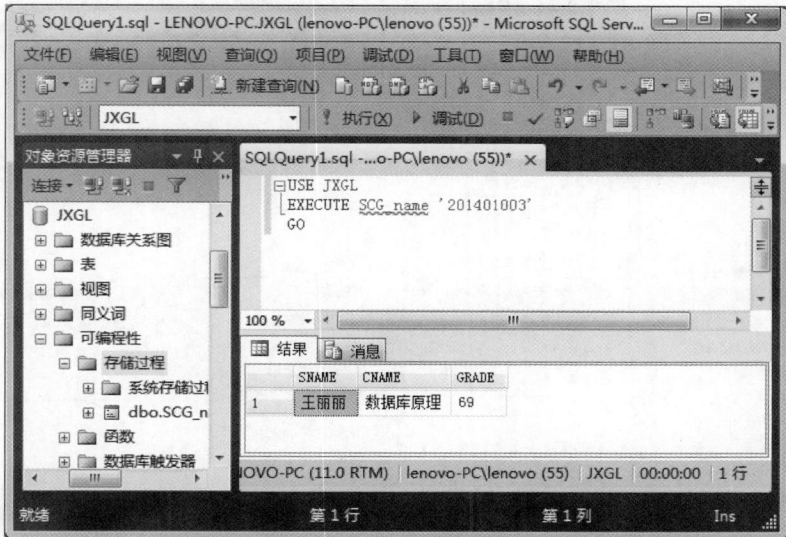

图 6.8　例 6.9 的执行界面

6.5.4　管理存储过程

对存储过程的管理包括查看、修改和删除存储过程等，同样也有使用 SQL Server Management Studio 管理存储过程和使用 T-SQL 语句管理存储过程两种方法。

1. 使用 SQL Server Management Studio 管理存储过程

1）查看存储过程

在 SQL Server Management Studio 中，展开指定的服务器和数据库，选择并展开"可编程性"结点中的"存储过程"，然后在要查看的存储过程名称上右击，从弹出的快捷菜单中选择"编写存储过程脚本为"→"CREATE 到"→"新查询编辑器窗口"命令，即可查看到该存储过程的源代码，如图 6.9 所示。新创建的存储过程需在"存储过程"结点上右击，选择"刷新"才能显示出来。

2）修改存储过程

在 SQL Server Management Studio 中，展开指定的服务器和数据库，选择并展开"可编程性"→"存储过程"结点，选择要修改的存储过程右击，从弹出的快捷菜单中选择"修改"命令，打开修改存储过程窗口，如图 6.10 所示。在该窗口中直接修改定义该存储过程的 T-SQL 语句，然后单击"执行"按钮执行该存储过程的修改。

可以使用 ALTER PROCEDURE 语句修改已经存在的存储过程。如果在创建该存储过程时使用过参数，则在修改语句中也应该使用这些参数。存储过程的修改并不改变该存储过程的权限。其主要语法格式如下：

```
ALTER PROC[EDURE] procedure_name [ ; number ]
    {@parameter data_type }
    [VARYING] [ = default] [OUTPUT]] [, … n ]
```

T-SQL 与存储过程

186

图 6.9　查看存储过程

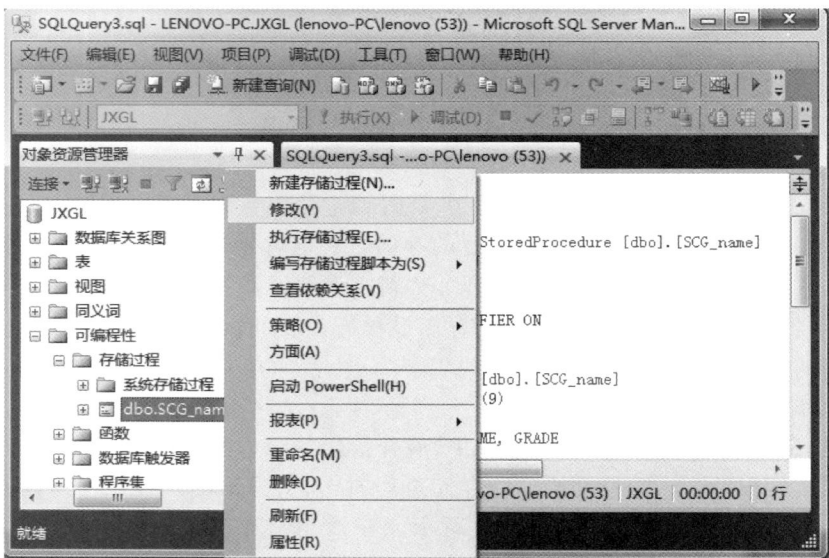

图 6.10　修改存储过程

```
[WITH
    { RECOMPILE | ENCRYPTION | RECOMPILE, ENCRYPTION } ]
[ FOR REPLICATION ]
AS sql_statement [;][, … n ] [;]
```

【例 6.10】　修改例 6.8 的存储过程,将其修改为根据某学生的学号,用输出参数返回学生的姓名、所学课程的课程名和成绩。

修改语句如下：

```
ALTER PROCEDURE SCG_name
    @s_number varchar(9),
    @xinming char(10) OUTPUT,
    @kechenming char(16) OUTPUT,
    @chenji int OUTPUT
AS
SELECT @xinming = SNAME, @kechenming = CNAME, @chenji = GRADE
FROM S, SC, C
WHERE S.S# = @s_number AND S. S# = SC.S# AND SC.C# = C.C#
GO
```

在 SQL Server Management Studio 工具中，修改存储过程 SCG_name 后，单击"执行"按钮，提示"命令已成功完成"的消息，如图 6.11 所示。

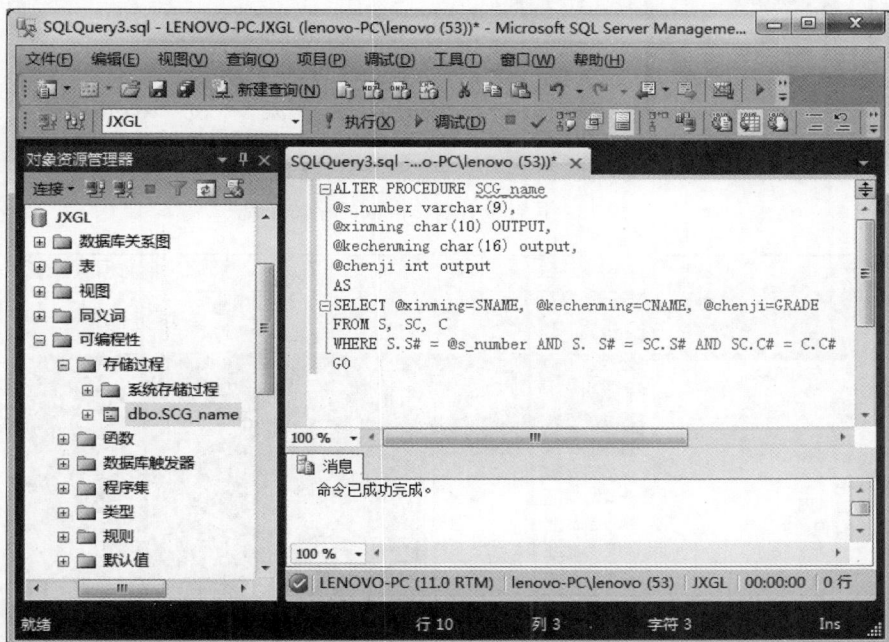

图 6.11　修改已有存储过程的语句

修改后的存储过程 SCG_name 是一个既带有输入参数，又带有输出参数的存储过程。其执行语句和结果如图 6.12 所示。

3）删除存储过程

在 SQL Server Management Studio 中，在要删除的存储过程上右击，从弹出的快捷菜单中选择"删除"命令，打开"删除对象"对话框，如图 6.13 所示，选中该存储过程，然后删除即可。

2. 使用 T-SQL 语句查看存储过程

存储过程被创建之后，它的名字存储在系统表 sysobjects 中，它的源代码存放在系统表 syscomments 中。

T-SQL 与存储过程

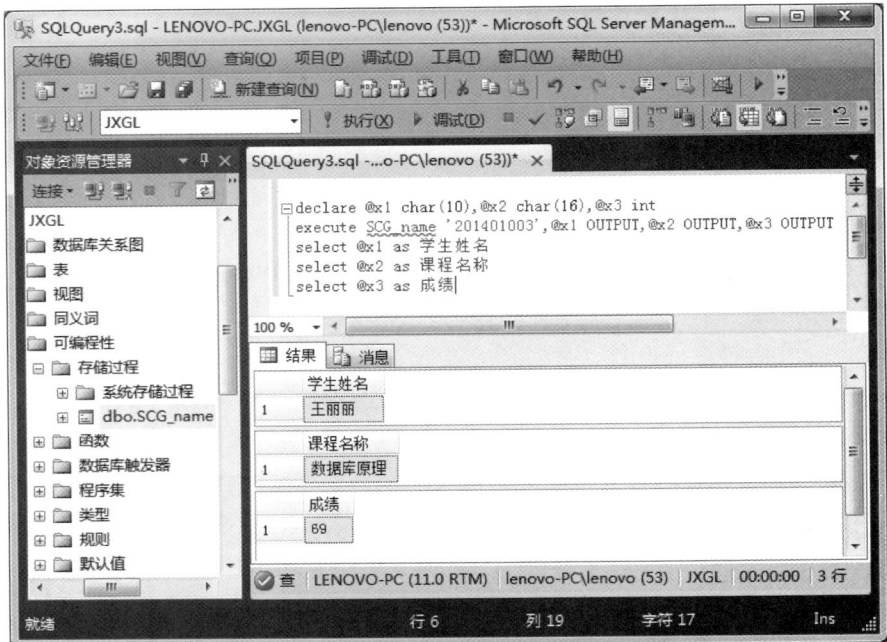

图 6.12 执行带有输出参数的存储过程

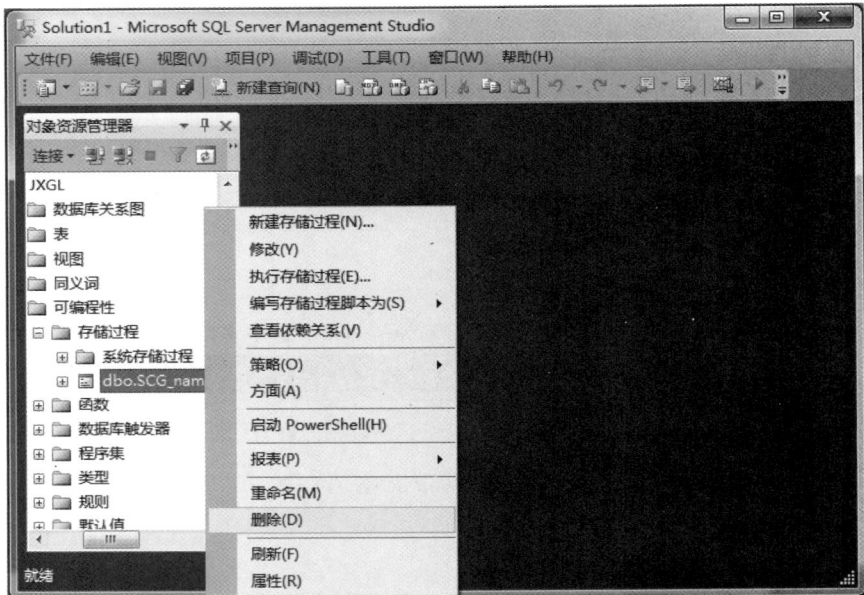

图 6.13 删除存储过程

1）查看存储过程的定义

系统存储过程 sp_helptext 可查看未加密的存储过程的定义脚本，也可用于查看规则、默认值、用户定义函数、触发器或视图的定义脚本。语法格式如下：

```
sp_helptext  [@objname = ] 'name'
```

2）查看存储过程的信息

使用系统存储过程 sp_help 可查看有关存储过程的信息。语句格式如下。

[execute] sp_help   proc_name

图 6.14 为执行 sp_help 系统存储过程查看用户自定义的存储过程 SCG_name 的信息。

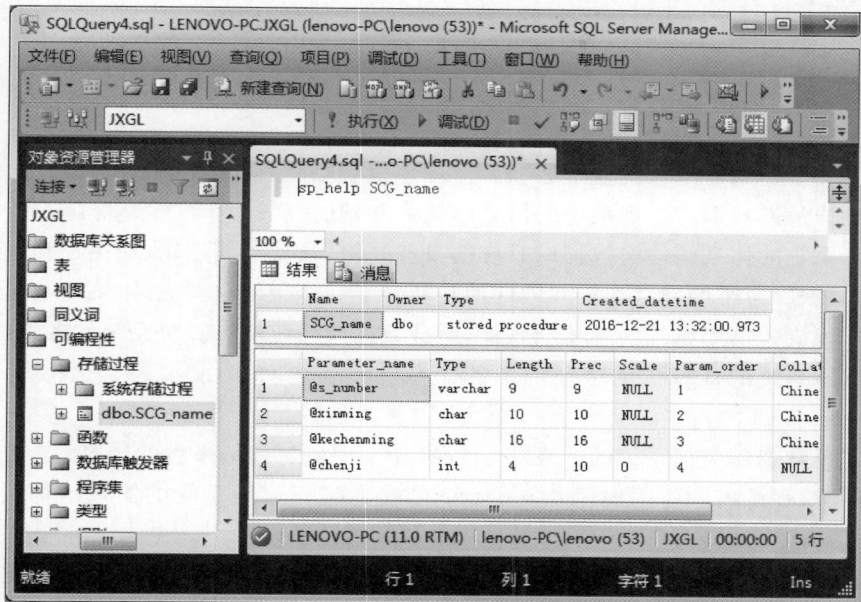

图 6.14　使用 sp_help 查看信息

习　题　6

6-1　解释下列术语。

（1）脚本　　　　　　　　　　　　　　（2）批处理

（3）SQL 的局部变量　　　　　　　　（4）SQL 的全局变量

（5）自定义函数　　　　　　　　　　　（6）存储过程

6-2　SQL Server 批处理的功用是什么？

6-3　系统提供用户自定义函数的用途是什么？

6-4　单语句表值函数的功用是什么？

6-5　多语句表值函数的功用是什么？

6-6　简述 SQL Server 中的主要流程控制语句的功能。

6-7　SQL Server 2012 支持的存储过程主要有哪几类？

6-8　创建查询表 S 的所有内容的存储过程 query_s，加密，并执行。

6-9　创建存储过程 select_s，查询指定学生学号和性别的学生的学号、姓名、性别、课程名和成绩。

T-SQL 与存储过程

第 7 章 数据库系统体系结构与访问技术

本书的数据库系统概念涵盖了数据库管理系统和数据库应用系统,因为数据库应用系统的体系结构是以数据库管理系统的体系结构为基础的。

数据库系统的体系结构与数据库系统的事务逻辑、数据存储逻辑、应用逻辑及其界面有关,反映了数据库系统的硬件架构和软件的功能分配。基于以上考虑,本书的数据库系统体系结构是指组成数据库系统的各功能软件,承载数据库系统的计算机系统的各组成部分,以及承载数据库系统的计算机网络环境中各计算机节点之间的相互关系、概念结构和功能属性。

一个基于数据库应用系统的开发必须解决 3 个问题:一是平台的选择,包括数据库管理系统软件、编程语言和应用程序开发平台;二是数据库应用系统的体系结构;三是数据库接口及其访问方法的实现。

数据库访问技术是一种解决应用程序访问多种数据库的互连技术和解决方案。编写应用程序的编程语言自身一般并不具备对数据库进行操作的功能,它对数据库的处理是通过数据库访问接口来实现的。

数据库接口及其访问方法与计算机体系结构及数据库系统的体系结构的发展密切相关。随着计算机技术的发展及计算机体系结构的演变,数据库系统的体系结构也在不断地发展演变。

7.1 数据库系统体系结构的变迁

自从数据库诞生以来,数据库系统的体系结构已经经历了从集中式结构的数据库系统到客户机/服务器(Client/Server,C/S)结构的数据库系统,从 C/S 结构的数据库系统到浏览器/服务器(Browser/Server,B/S)结构的数据库系统的两级大跨越,目前正处于 C/S 结构的数据库系统和 B/S 结构的数据库系统并存的数据库技术高速发展阶段。

7.1.1 集中式结构的数据库系统

在计算机的发展历程中,不论是最早的单机系统(1 台主机和 1 个控制台终端,系统管理员用该控制台终端管理计算机,用户利用该控制台终端使用计算机),还是接着发展起来的多用户系统(1 台主机、1 个系统管理员用的控制台终端、几个或几十个用户使用的用户终端),都属于集中式的计算机系统。基于集中式结构的计算机系统开发的数据库管理系统和数据库应用系统,即是"集中式结构的数据库系统",其架构如图 7.1 所示。

不论是单用户的集中式结构的数据库系统,还是多用户的集中式结构的数据库系统,终

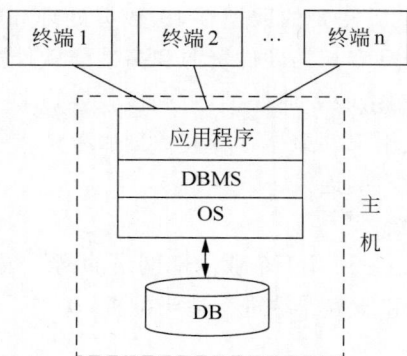

图 7.1 集中式计算模式的数据库应用系统

端都仅仅作为输入设备,最多只完成输入字符到 ASCII 码或二进制数据的转换功能,而所有的数据计算、分析和处理功能,都是由主机完成的。在单用户的集中式结构的数据库系统中,单个用户独占计算机的一切系统资源;在多用户的集中式结构的数据库系统中,多个用户分时使用 CPU 资源、共享存储器和打印设备等资源。

随着计算机科学技术的发展,这种集中式计算模式显露出了其硬件投资高、可移植性差、资源利用率低等缺点。

7.1.2 C-S 结构的数据库应用系统

随着计算机硬件技术的进步和计算机网络技术的发展,计算机体系结构从单机时代的集中式结构发展到了局域网时代的两层 C/S(Client/Server,客户机/服务器)结构和互联网时代的三层 C/S 结构,与之相适应的也有了 C/S 结构的数据库系统。

1. C/S 结构

C/S 是 20 世纪 80 年代末逐步发展起来的一种软件系统体系结构(称为 C/S 结构或 C/S 模式),是一种基于企业内部网络的应用系统。C/S 结构分为客户机和服务器两层,客户机和服务器是分别位于企业内部网络系统的不同位置的计算机,通常是一台计算机用作服务器,其余的多台计算机用作客户机。

C/S 结构的关键是功能分布,即合理地将一些功能放在前端机(即客户机,Client 端)上执行,也就是说客户机必须有专门的客户端软件支持,将另一些功能放在后端机(即服务器,Server 端)上执行,从而可以充分利用两端的硬件环境优势,降低系统的通信开销。

2. 客户机及其功能

客户机是客户端使用的微型计算机/PC,用于运行客户(Client)端的各种支持软件、开发工具和应用程序,并通过网络获得服务器提供的服务。

客户机的功能包括:接收用户的数据和处理要求,执行客户端应用程序,并把客户端应用程序的主要数据存取和信息服务要求提交给服务器(程序);在收到服务器送回的存取和服务结果后,再将返回结果以特定的形式显示给用户;或按客户端应用程序的功能对返回结果进行必要的处理后,把最终的处理结果显示给用户。

3. 服务器及其功能

服务器是具有高性能处理器、大容量内存、稳定快速的总线和网络传输能力、可靠完整

数据库系统体系结构与访问技术

的安全措施,并能为用户提供所需要的数据存取、数据处理和数据服务的多用户计算机系统。也就是说,服务器是一台具有高档硬件资源和高性能软件资源的多用户计算机系统。

服务器的功能包括建立网络服务地址,监听和接收客户端程序提出的服务请求,给用户分配可用的服务器资源,完成用户的数据存取和数据服务请求功能,再将存取与服务结果返回给客户端程序,并释放与用户的连接。

4. C/S 结构的数据库系统

C/S 结构的数据库系统是一种基于企业内部网络的网络数据库系统。在网络环境下通过将 DBMS 的功能在客户端和服务器端进行适当配置,实现了 C/S 结构的数据库系统功能的分布和服务器资源的共享。

1) 数据库及应用功能的划分

(1) 在客户机一端,需要在安装于客户端的数据库管理系统软件的支持下,开发设计数据库应用系统的应用程序,且开发的应用程序也在客户端计算机上运行。客户端应用程序完成的主要逻辑功能包括用户窗体界面管理,接收用户输入的数据,生成并向数据库服务器发出数据库操作请求,接收服务器返回的结果,按用户应用要求输出结果等。

(2) 在服务器一端,需要在安装于服务器端的数据管理系统软件的支持下,完成 DBMS 的核心功能,包括接收来自客户端的数据库操作请求,处理数据库操作请求,将处理结果返回给客户端,并完成实现 DBMS 核心功能过程中涉及的安全性和完整性检查及维护等。

(3) 客户机和数据库服务器之间的信息和处理请求的传递,以及处理结果回送等网络通信功能,由网络中间软件完成。网络中间软件是一种实现客户机和服务器之间的透明网络连接和数据通信的标准网络接口和标准软件接口。

2) 两层 C/S 模式的数据库系统架构

在传统的 C/S 模式中,客户端应用程序不仅要构建可视化的用户窗体界面,响应用户的输入请求,显示应用程序的运行结果等,还要与数据库服务器端进行数据存取和数据服务交互(发送请求和接收结果),完成客户端程序的相关业务逻辑和数据处理功能;而服务器端程序只需要完成用户的数据存取和数据服务请求功能即可。所以这种传统的 C/S 模式是一种"胖客户端"(Fat Client)、"瘦服务器端"(Thin Server)的网络结构模式,也称为两层 C/S 结构。

基于两层 C/S 结构的数据库系统架构如图 7.2 所示。

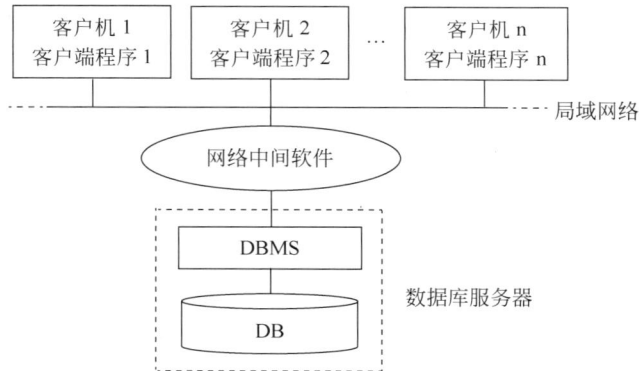

图 7.2 两层 C/S 结构的数据库应用系统架构

在两层 C/S 结构的数据库应用系统中,由于用户界面设计、业务逻辑处理、数据访问请求等都在客户端实现,当数据库或用户界面需要改变时,就要重新开发或较大地修改应用程序;另外,当较多用户同时向服务器发数据请求和数据通信时,服务器和各用户通信效率就会明显降低,并成为两层 C/S 结构的瓶颈问题,加上其他方面的不足,就使得两层 C/S 结构在规模较大的应用系统中运用时,会出现效率低下、安全性差、维护困难、可伸缩性差、共享性低和集成能力有限等缺陷;且由于两层 C/S 结构是单一服务器和以局域网为中心,难以扩展至大型企业的广域网或 Internet 上,难以管理大量的客户机。因此,三层 C/S 结构应运而生。

5. 三层 C/S 结构的数据库系统

进一步探究数据库系统的运行机理不难发现,两层 C/S 结构中客户端的用户应用功能可进一步分成各自独立的表示层和功能层,加上原来的数据管理功能层(数据层),就出现了三层 C/S 结构的数据库系统。

1) 表示层

表示层是用户接口层,主要负责构建可视化的图形用户界面、窗口和交互接口,检查用户从键盘等输入的数据,显示应用程序的运行结果(输出)数据。表示层中的程序代码仅与用户和系统的接口界面元素有关;对输入数据的检查仅限于数据的形式和值的范围,不包括有关业务本身的处理逻辑。

2) 功能层

功能层是应用逻辑层,主要负责响应用户发来的请求,实现相关业务的数据预处理,通过与数据库服务器打交道进行数据存取,实现应用所需的各种数据处理功能。

3) 数据层

数据层即 DBMS 核心功能层,主要负责接收功能层的数据请求,实现对数据库数据的读写、安全性确认和完整性检查、事务恢复、优化查询及数据管理等。

三层 C/S 结构数据库系统的功能装载到硬件的方法主要有两种,如图 7.3 所示。功能层和数据层放在同一台(数据库)服务器上的实现方式与两层 C/S 结构的数据库系统相比,其不同之处是功能层由数据库服务器实现。功能层和数据层分别放在不同的服务器上体现了真正的三层结构,功能层功能由应用服务器完成,数据层功能由数据库服务器完成。

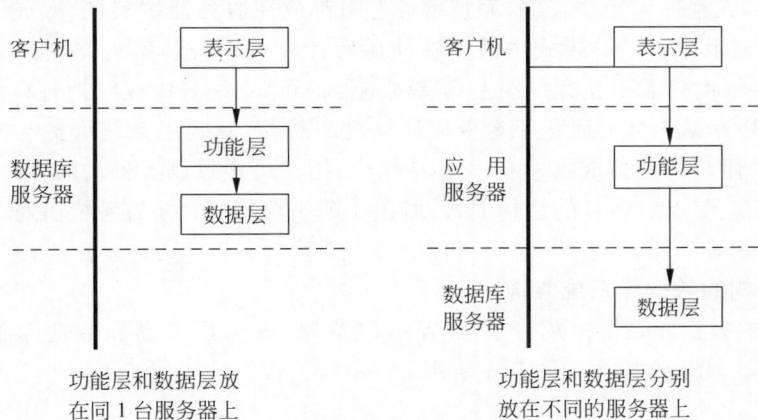

图 7.3　三层 C/S 结构数据库系统的硬件结构及功能划分

数据库系统体系结构与访问技术

三层 C/S 结构数据库系统同时适用于局域网络环境和广域网络环境,已在 Internet 上得到了较为广泛的应用。例如,QQ 就是一种典型的三层 C-S 模式的数据库应用系统,计算机桌面上的 QQ 就是腾讯公司的特定客户端,客户端需要安装腾讯公司的客户端软件;而应用服务器和数据库服务器则设在腾讯公司各个不同地域的网络中心。

6. 三层 C/S 结构数据库系统的系统架构

三层 C/S 结构数据库系统的系统架构如图 7.4 所示。

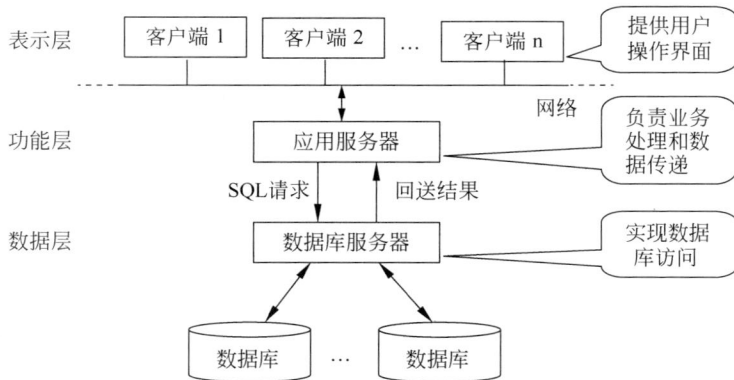

图 7.4　三层 C/S 结构的数据库系统的架构

与两层架构相比,三层架构的优点是增加了系统的可扩展性、复用性和可迁移。三层架构由于表示层只能访问逻辑层,逻辑层再访问数据层,因此牺牲了一定的运行效率。但它的这一缺陷与它的优势相比,在现代硬件高速发展的时代可以忽略不计。同时,由于在数据层只包含有数据库和数据存取过程,且所有数据读取都在数据层进行,因而三层架构明显地提高了数据库访问效率和安全性。

7.1.3　B/S 结构的数据库系统

随着 Internet 的流行,C/S 模式已经不能满足全球网络互联、信息随处可见和信息共享的新要求,于是就出现了 B/S 结构的计算模式。在这种结构下,客户端的用户可以通过 Web 浏览器去访问 Internet 上的文本、数据、图像、动画、视频点播和声音信息;客户端除了 Web 浏览器外,无须任何用户程序,而将事务逻辑都放在服务器端实现,形成了一种全新的三层体系结构。相对于 C/S 模式中需要在使用者计算机上安装实现与用户交互的客户端软件来说,B/S 结构只需要在客户端上具有浏览器即可,系统升级或维护时只需更新服务器端软件即可。B/S 结构大大简化了客户端计算机的载荷,减轻了系统维护与升级的成本和工作量,降低了用户的总体成本。在 B/S 结构中,用户可通过浏览器访问多个应用平台,形成了一点对多点、多点对多点的结构模式,解决了跨平台问题;并为系统面对无限未知用户提供了可能。

1. B/S 结构的数据库系统架构

B/S 结构的数据库系统采用分别由 Web 浏览器、Web 服务器和数据库服务器实现的三层 B/S 结构。其系统架构如图 7.5 所示。
其中:

(1) Web 浏览器是一种利用 HTTP 协议访问 Web 服务器或其他网络资源的客户端程

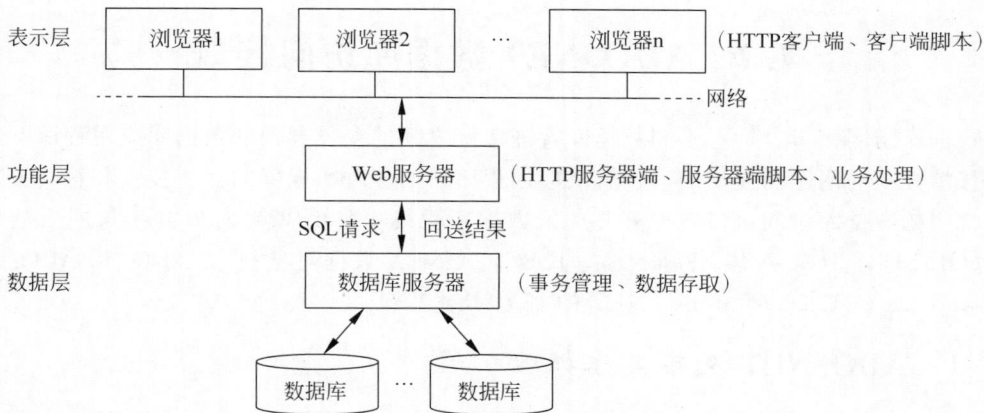

图 7.5　三层 B/S 结构的数据库应用系统的架构

序,用于下载网页,解释 Web 文档的 HTML 代码,并在浏览器中显示 Web 页面。

（2）HTTP(HyperText Transfer Protocol,超文本传输协议)是 Web 浏览器用于访问 Web 服务器的协议。利用 HTTP 协议不仅可以将 Web 服务器的超文本文档快速地传输到本地浏览器,而且还可以确定传输超文本文档中的哪一部分,以及哪部分内容首先显示等。

（3）超文本(Hyper text)是用超链接的方法,将各种不同空间的文字信息组织在一起的网状文本。超文本更是一种用户界面范式,用于显示文本及与文本相关的内容。

（4）Web 服务器也称为 WWW(World Wide Web,万维网,环球信息网)服务器,是指驻留于因特网上的某种类型的计算机程序,用于根据 Web 浏览器(客户端)的请求给 Web 客户端提供文档和运行脚本程序处理 Web 客户端的请求,并将处理结果及其文件反馈到浏览器上。

2. B/S 结构的数据库系统的三层功能划分

图 7.5 的三层 B/S 数据库系统架构中包含三个层次,分别是表示层、功能层和数据层。

1）表示层

表示层位于客户端,其任务是由 Web 浏览器向网络上的某一 Web 服务器提出服务请求,Web 服务器用 HTTP 协议把所需的主页(提供的服务结果)传送给客户端,客户端接受传来的主页内容,并把它显示在 Web 浏览器上。

2）功能层

功能层是实现业务逻辑与数据操作的核心部分,其任务是接受用户的请求,对用户身份和数据库存取权限进行验证,运行服务器脚本程序并连接数据库,利用 SQL 方式将数据处理请求发送到数据库服务器(即数据层),然后将数据库服务器的数据处理结果提交给 Web 服务器,再由 Web 服务器将结果传回给客户端。

3）数据层

数据层位于数据库的服务器端,其任务是接受 Web 服务器对数据库操纵的请求,实现对数据库的查询、修改和更新等功能及相关服务,并将运行结果提交给 Web 服务器。

B/S 结构代表了当前数据库软件技术发展的趋势,是目前人们开发基于 Web 的数据库系统普遍采用的体系结构。

数据库系统体系结构与访问技术

7.2 ADO. NET 数据库访问接口

数据库访问接口是针对不同数据库管理系统之间的差异导致的数据库应用程序不兼容和可移植性差的问题而提供的一种解决应用程序访问多种数据库的互连技术和解决方案。

常用的数据库访问接口技术有开放式数据互联技术(ODBC)、对象链接与嵌入数据库技术(OLE DB)、Java 数据库互联技术(JDBC)、ActiveX 数据对象技术(ADO)和 ADO. NET (ActiveX Data Objects for the . NET 的缩写)技术等。

7.2.1 ADO. NET 及其工作机理

ADO. NET 是一组用于和数据源进行交互的面向对象类库,提供了应用程序访问 SQL Server、Oracle、Access、MySQL 等多种数据源的互连技术和访问接口。也就是说,用户应用程序可以使用 ADO. NET(即 ADO. NET 面向对象类库中的相关类)连接到这些数据源,进而用 SQL 语句查询和更新数据源中的数据。在 Visual Studio 2010 集成开发环境中,采用的是 ADO. NET 4.0 版本。

1. 数据源

数据源是指数据库应用程序所使用的数据库或者数据库服务器。当一个数据库管理系统软件(例如 SQL Server)安装到计算机上并建立了一个数据库实例(例如 JXGL)时,有关用户应用程序与数据库进行连接的信息,如数据源名称(Data Source)、数据库名称(Initial Catalog)、用户账号(User ID)、密码(Password)、数据库驱动器(不同的 DBMS 软件有各自的数据库驱动器程序)等,都被存储在数据源中,这样就可以根据数据源名称(Data Source Name,DSN)找到相应的数据库连接,就像通过指定文件名称可以在文件系统中找到文件一样。在 SQL Server 中,数据源名称默认为数据库服务器的名称,而数据库服务器的名称默认为计算机名,因而数据源名称也就是计算机名。

2. ADO. NET 的命名空间

ADO. NET 是一组用于和数据源进行交互的面向对象类库,. NET 将数据类划分到不同的命名空间。在编写数据库应用程序时,必须先导入相应的命名空间,才能引用该命名空间下的类库中的类。在 ADO. NET 中有 3 个命名空间,分别是 System. Data(包含了 ADO. NET 操作数据库的基本数据访问类)、System. Data. SqlClient(包含了 ADO. NET 操作 SQL Server 数据库的类)和 System. Data. Oledb(包含了 ADO. NET 操作 Oracle、Access 和 MySQL 等数据库的类),它们分别支持所对应的数据源的数据处理。

导入命名空间的基本语法如下:

```
Imports namespace
```

由于 System. Data. SqlClient 包含了 ADO. NET 操作 SQL Server 数据库的类,所以在使用 ADO. NET 访问 SQL Server 时,就需要导入 System. Data. SqlClient 命名空间,对应的导入(定义)命名空间的语句格式如下:

```
Imports System. Data. SqlClient
```

注意:导入命名空间的语句不能位于任何类或过程定义中,必须位于模块的声明部分。

3. ADO. NET 的访问架构

ADO. NET 是. NET 框架中的数据访问模型，包含了两个核心组件，分别是数据提供程序. NET Framework 和数据集 DataSet，支持从不同数据源访问数据的结构。ADO. NET 中的数据访问架构分为 3 层，如图 7.6 所示。

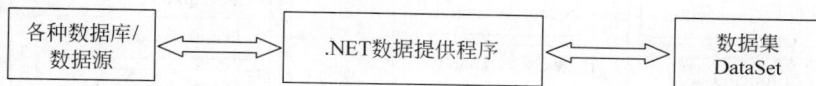

图 7.6 数据访问架构

1) 各种数据库/数据源

各种数据库/数据源是指物理层的数据存储。在宏观上，数据源是指用户(客户端)要访问的数据库管理系统，如 SQL Server、Oracle 和 MySQL 等，所以这里才将各种数据库管理系统与数据源看作同一概念。在微观上，数据源是指数据库应用程序所使用的数据库服务器或数据库(数据文件)，所以在 SQL Server 的数据库应用程序中，将数据源看成数据库服务器的名称。

2). NET 数据提供程序及其数据操作组件

. NET Framework 数据提供程序用于连接数据库、执行命令和检索结果。检索的结果或被直接处理，或放置在 DataSet 中根据需要进行显示、与多个源中的数据组合，或用于远程处理。. NET Framework 数据提供程序有以下 4 种。

(1) SQL Server. NET Framework 数据提供程序，主要提供对 Microsoft SQL Server 7.0 及更高版本的数据访问，使用 System. Data. SqlClient 命名空间。因此，本书编程应用要导入的命名空间是 System. Data. SqlClient。

(2) OLE DB. NET Framework 数据提供程序，适用于使用 OLE DB 公开的数据源，使用 System. Data. OleDb 命名空间。

(3) ODBC. NET Framework 数据提供程序，适用于使用 ODBC 公开的数据源，使用 System. Data. Odbc 命名空间。

(4) Oracle. NET Framework 数据提供程序，适用于使用 Oracle 客户端软件 7.1.7 及更高版本，使用 System. Data. OracleClient 命名空间。

. NET 数据提供程序有 4 个数据操作组件，分别是 Connection、Command、DataAdapter 和 DataReader，主要用于负责建立与特定数据源的连接和对数据源中的数据进行操作，负责将数据源中的数据取出后植入 DataSet 对象中，或将 DataSet 对象中的数据存储到数据源中。数据操作组件是数据集(DataSet)和数据源之间的桥梁。

3) 数据集 DataSet

数据集 DataSet 可以看成内存中的数据库，是从数据库查询出的数据的存放地。即，DataSet 是从数据源中查询到的数据在内存中驻留的表示形式(在内存中映射成的缓存)因此 DataSet 是不依赖于数据库的独立数据集合。就是说，当把从数据库中查询出的数据填充到 DataSet 后，即使断开数据链路，或者关闭数据库，DataSet 依然是可用的。

4. ADO. NET 的五大对象

ADO. NET 中的数据操作组件由 Connection 对象、Command 对象、DataAdapter 对象、DataReader 对象和 DataSet 对象组成，其中前 4 个是. NET 数据提供程序的核心对象。

数据库系统体系结构与访问技术

ADO. NET 组件及五大对象如图 7.7 所示。

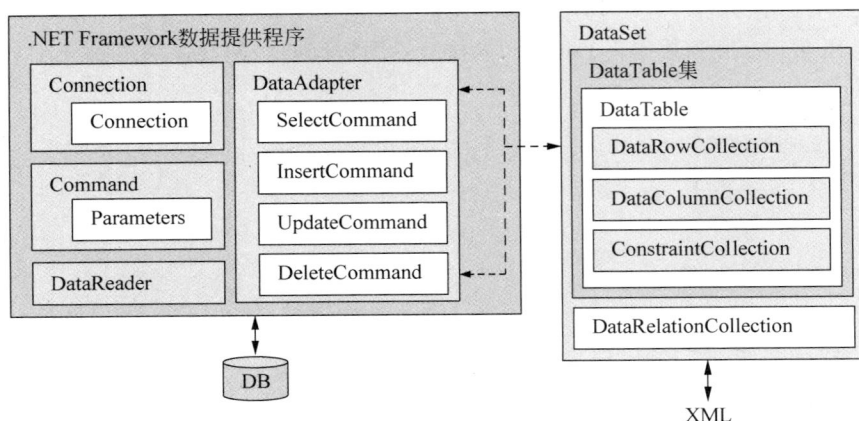

图 7.7　ADO. NET 组件及五大对象

1) Connection 对象

要访问数据库，首先要建立到数据库的物理连接，即开启应用程序和数据库之间的连接。在没有利用连接对象将数据库打开时，是无法从数据库中读取数据的。Connection 对象即用于建立与特定数据源（数据库）的连接。可通过 Connection 的不同属性指定数据源的类型、位置。

Connection 对象有两种连接形式：一种是 SqlConnection，它是微软开发的专门用于针对 SQL Server 的连接；另一种是 OleDbConnection，用于其他数据库的连接。在创建 Connection 对象之前，用户必须先引用 System. Data. SqlClient（或 System. Data. OleDb）和 System. Data 命名空间。

SqlConnection 对象的常用属性和方法（有圆括号的是方法）如表 7.1 所示。

表 7.1　SqlConnection 对象的常用属性和方法

属性（方法）名称	功 能 说 明
ConnectionString	用于获取或设置打开数据库的字符串
Database	用于获取当前数据库或连接打开后要使用的数据库的名称
DataSource	用于获取要连接的数据库实例的名称
State	用于获取连接的当前状态
Close()	用于关闭与数据库的连接
Open()	用 ConnectionString 所指定的属性设置打开数据库连接
CreateCommand()	创建并返回一个与 Connection 关联的 Command 对象

2) Command 对象

Command 对象主要用于对通过 Connection 连接的数据库下达操作数据库的命令，调用存在数据库中的存储过程等。Command 对象利用 SQL 语句可对数据库执行的操作（命令）包括插入、删除、修改和查询等。与 Connection 对象一样，Command 对象也有 SqlCommand 和 OleDbCommand 两种。下面介绍访问 SQL Server 数据库的 SqlCommand。

SqlCommand 对象的常用属性和方法如表 7.2 所示。

表 7.2　SqlCommand 对象的常用属性和方法

属性(方法)名称	功 能 说 明
Connection	用于设置或获取命令对象所使用的连接
CommandText	用于获取或设置命令对象的命令字符串(需要对数据源执行的 SQL 语句或存储过程)
CreateCommand()	用于建立 SqlCommand 对象
ExecuteReader()	比较适合返回多条记录的 Select 语句的执行工作,它执行之后将 SQL 语句发送到数据库并生成一个 SqlDataReader
ExecuteScalar()	执行 SQL 语句后返回单个值,即返回第 1 行第 1 列的值,忽略其他列或行,比较适合执行聚合函数 Count()、Max()等查询操作
ExecuteNonQuery()	执行后不返回结果,通常用于执行 Insert、Delete、Update 操作,对执行 SQL 语句后只返回数据库受影响的行数
ExecuteXmlReader()	执行后将 SQL 语句发送到数据库并生成一个 XmlReader

3) DataReader 对象

DataReader 对象用于以一种只读的、一次读一行的且指针只能移向下一行的方式读取数据源中的数据。这些被读取的数据是存放在数据库服务器中的,只能通过游标读取当前行的数据,且这些数据是只读的,不允许进行其他操作。DataReader 对象是连接式的,每次对数据库进行存取都会影响到数据库。由于 DataReader 在读取数据的时候限制了每次只读取一笔,而且只能只读,所以使用起来不但节省资源而且效率很好。

创建了 Command 对象后,只能通过调用 Command.ExecuteReader()方法再创建 DataReader 对象,可使用 DataReader.Read 方法检索返回的记录集。

SqlDataReader 对象的常用属性和方法如表 7.3 所示。

表 7.3　SqlDataReader 对象的常用属性和方法

属性(方法)名称	功 能 说 明
HasRows	指出 SqlDataReader 是否包含一行或多行
FieldCount	当前行中的列数
Item	DataReader 中列的值
Read()	使 sqlDataReader 移到下一条记录,SqlDataReader 的默认位置在第一条记录前面
Close()	关闭 SqlDataReader 对象
GetName()	获取指定列的名称
GetValue()	获取指定序号处的列的值

4) DataAdapter 对象

DataAdapter 主要用于在数据源和 DataSet 之间执行数据传输工作,即负责从数据源中查询数据,并把查询到的数据填充到 DataSet 对象中的表中;同时,把用户对 DataSet 对象的更改写到数据源中。DataAdapter 有 SqlDataAdapter 和 OleDbDataAdapter 两种类型。下面介绍访问 SQL Server 数据库的 SqlDataAdapter。

SqlDataAdapter 对象的常用属性和方法如表 7.4 所示。

数据库系统体系结构与访问技术

表 7.4　SqlDataAdapter 对象的常用属性和方法

属性(方法)名称	功 能 说 明
SelectCommand	对应于 SELECT 语句,用于在数据源中查询数据记录
DeleteCommand	对应于 DELETE 语句,用于从数据集中删除数据记录
InsertCommand	对应于 INSERT 语句,用于向数据源中插入新数据记录
UpdateCommand	对应于 UPDATE 语句,用于更新数据源中的数据记录
Fill()	在 DataSet 中添加或刷新行,以匹配使用 DataSet 名称的数据源中的行,并创建一个 DataTable
Update()	为指定 DataSet 中每个已插入、已更新、已删除的行调用相应的 INSERT、UPDATE、DELETE 语句

基于表 7.4 的 SqlDataAdapter 对象的常用属性和方法,就可以将数据库、DataSet 和 DataAdapter 之间的关系描述为:DataAdapter 提供了 Fill()方法来完成对 DataSet 的填充,在调用 Fill()方法时,DataAdapter 对象会利用 SelectCommand 返回的 DataReader 来读取数据,然后把数据填充到 DataSet 中。当一个 DataSet 在被构造时应该是空的,其中没有任何 DataTable。而在它被填充之后,就有了一个 DataTable,它不仅有数据,也有架构。因此,就可通过访问它的 Columns 集合得到数据列的名字。如果要更新数据,可以利用 DataAdapter 的 Update()方法,它会自动检查一个 DataSet 中的数据有没有被添加、更新和删除过,并调用相应的方法来把对数据的改动写回数据库。

5) DataSet 对象

DataSet 对象是内存中的一个缓存区,用于暂存从数据库中查询到的数据,可以看作内存中的数据库。DataSet 是数据表(DataTable)的集合,它可以包含任意多个数据表,独立于各种数据源。DataSet 对象本身不具备与数据源的沟通能力,而是把 DataAdapter 对象当作它自己(DataSet 对象)与数据源间传输数据的桥梁。

DataSet 对象支持 ADO.NET 的离线式数据操作。一旦读取数据库中的数据后,就在内存中建立数据库的副本,在此之后的操作都在内存中完成,直到执行更新命令。不管底层的数据源是什么形式,DataSet 都会提供一致的关系编程模型。

如图 7.8 所示,一个 DataSet 可以包含任意多个 DataTable,一个 DataSet 可以对应一个或多个数据源。DataSet 内部用 XML 来描述数据。

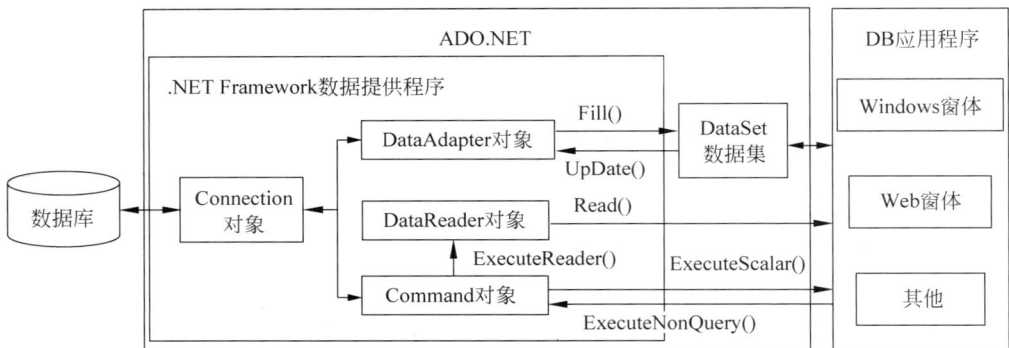

图 7.8　ADO.NET 数据访问模式

5. ADO.NET 中五大对象之间的关系及数据访问模式

ADO.NET 中五大对象之间的关系是体现在如下的非连接数据访问模式和连接式数据访问模式中的。

客户端应用程序基于 ADO.NET 有两种数据访问模式,分别是通过 DataSet 访问数据模式和通过 DataReader 对象访问数据模式。访问模式如图 7.8 所示。

1) 非连接数据访问模式

非连接数据访问模式是指当系统将从数据源获取的数据填充到内存中的数据库后,客户端就断开与数据源的连接,接下来客户端所有的数据操作都是针对内存中的数据进行的,操作完后当需要从数据源获取新数据或者要将被处理后的数据回传到数据源时,客户端再连接数据源来完成相应的操作。

非连接数据访问模式的操作步骤如下。

(1) 使用 Connection 对象连接到指定数据库服务器的数据库。

(2) 基于该数据库的 DataAdapter,通过指定的访问数据库命令 Command 从数据源获取数据。

(3) 将通过 DataAdapter 从数据库服务器获取的数据填充到 DataSet。

(4) 断开与数据库服务器的连接(关闭 Connection)。

(5) 客户端或者对 DataSet 中的数据进行更新操作,或者从 DataSet 中读取需要的数据。

(6) 接下来:

① 如果在第(5)步对 DataSet 中的数据进行了更新操作,需要重新连接数据库服务器,并通过 DataAdapter 将 DataSet 中更新了的数据提交到(回传到)数据库服务器。

② 如果还需要从数据源获取新数据,需要重新连接数据库服务器,通过指定访问数据库命令 Command 从数据源获取数据,转第(5)步。

③ 如果不再需要从数据源获取新数据,转第(7)步。

(7) 关闭与数据库的连接,释放占用资源。

非连接数据访问模式适用于一次读取和更新的数据量比较大的情况。

2) 连接式数据访问模式

连接式数据访问模式是指客户端在数据库读取过程中,一直与数据库保持着连接,即在数据库的连接一直打开的情况下,利用 Command 对象通过调用 Command.ExecuteReader() 方法创建 DataReader 对象,使用 DataReader 对象以只读、顺序方式从数据库(数据源)中读取数据。

连接式数据访问模式的操作步骤如下。

(1) 使用 Connection 对象连接到指定数据库服务器的数据库。

(2) 使用 Sqlcommand 对象在数据库上执行 SQL 查询语句,以只读、顺序方式逐记录从数据库中读取数据。

(3) 将 Sqlcommand 读取的数据放在 DataReader 对象中。

(4) 对 DataReader 对象中的数据进行处理或显示。

(5) 关闭与数据库的连接,释放占用资源。

DataReader 连接式数据访问模式适用于读取的数据量比较小的情况。

7.2.2 ADO.NET 访问数据库的方法

Microsoft 为了方便 SQL Server 的应用,在 ADO.NET 中开发了一套专门用于可引用 SQL Server 的类库的命名空间 System.Data.SqlClient。下面通过一个例子说明利用 ADO.NET 实现对 SQL Server 的数据查询的方法和步骤(VB.NET 语言)。

1. 引用命名空间

在基于 SQL Server 和 ADO.NET 的应用程序中,所谓引用命名空间,就是在应用程序的开始处添加如下的引用命名空间程序代码:

```
Imports System.Data;
Imports System.Data.SqlClient;
```

其中,System.Data 包含 ADO.NET 的基本数据访问类,System.Data.SqlClient 包含 ADO.NET 操作 SQL Server 数据库的类。

2. 连接数据库

要访问 SQL Server 数据库,首先要做的工作是建立与访问的数据库的连接。ADO.NET 中的 Connection 类即用于建立与数据库的连接,SQLConnection 类适用于 SQL Server 数据库。

核心代码如下:

```
'定义连接字符串 ConnectionString
Dim ConnectionString as string = "Server = 数据库服务器名;DataBase = 数据名;Uid = 用户名;Pwd = 密码";
'定义数据库连接对象 Conn 并初始化
Dim Conn As New SqlConnection(ConnectionString);
'打开连接
Conn.Open();
```

3. 操作数据库

建立与数据库的连接后,就可对数据库进行各种更新操作和查询数据库了。

1) 更新数据库

更新数据库要用 SQL 语句或存储过程实现。而对数据库的操作则要通过 ADO.NET 数据提供程序中的 Command 类来实现。

如表 7.2 所示,Command 对象提供了 4 种执行方法:ExecuteNonQuery、ExecuteScalar、ExecuteReader 和 ExecuteXmlReader。在使用 Command 对象操作数据库时,需根据操作语句的要求选择一种操作方法。

核心代码如下:

```
'定义 SQL 语句字符串;
Dim sqlstr as string = "SQL 操作语句";
'定义数据库命令对象 Cmd 并初始化
Dim Cmd As New SqlCommand(sqlstr, Conn)
'执行命令;
Cmd.ExecuteNonQuery();
```

2) 查询数据库

查询数据库通常有两种模式:一种模式是遍历 DataReader 中的记录;另一种模式是利用数据集对象 DataSet 和数据适配器对象 DataAdapter 访问数据库。

（1）遍历 DataReader 中的记录。Command 对象在执行 ExecuteReader()方法后，在返回记录的同时，将产生一个数据读取器对象 DataReader 来指向所返回的记录集，利用 DataReader 就可以读取返回的记录。

核心代码如下：

```
Dim sqlstr as string = "Select 语句";
Dim Cmd As New SqlCommand(sqlstr, Conn);
'定义一个数据读取器对象 sreader
Dim sreader As SqlDataReader;
sreader = Cmd.ExecuteReader();
'处理数据读取器 sreader 中的数据
Do While sreader.Read()
    '循环体
Loop
'关闭 DataReader 对象
sreader.close();
```

说明：上述的 Do While 循环遍历体也可以用 If…Else…Endif 语句块来处理数据读取器中的记录。

（2）利用数据集对象 DataSet 和数据适配器对象 DataAdapter 访问数据库。DataSet 并不像 DataReader 那样直接与 Command 打交道，而是通过数据适配器对象 DataAdapter 来实现与这两个对象的联系。

核心代码如下：

```
'定义一个数据库适配器对象 adapter
SqlDataAdapter adapter = new SqlDataAdapter("Select 语句",Conn);
'定义一个数据集对象 ds
DataSet ds = new DataSet();
'将查询结果填充数据集对象,并用一个表的别名 TableName 标记
adapter.Fill(ds, TableName);
'指定 GridView 的数据源,GridView 是以表格方式显示数据的控件;
GridView1.DataSource = ds.Tables("TableName")
```

4. 关闭数据库

由于连接数据库时已经建立了与访问的数据库的连接，所以在对数据库进行了相关的操作后，必须关闭数据库。关闭数据库的程序代码为：

```
'关闭与数据库的连接
Conn.close();
```

ADO. NET 代表最新的数据库访问技术，是一个用于创建分布式和数据共享应用程序的标准的编程模型。掌握 ADO. NET 的数据访问技术，就可以开发出功能强大、生命力持久的应用程序。

7.3   VB. NET 程序设计基础

第 8 章的数据库应用系统教学案例是以 Visual Basic. NET（简称 VB. NET）为主语言实现的。数据库应用系统的设计涉及 VB. NET 的窗体界面以及控件等对象，本节介绍与其相关的 VB. NET 程序设计基础。

VB. NET 是基于微软. NET Framework 之上的面向对象的中间解释性语言，可以看作

数据库系统体系结构与访问技术

VB 在. NET Framework 平台上的升级版本,增强了对面向对象的支持。在 VB. NET 中提供了可视化操作数据库的集成开发环境(Integrated Development Environment,简称 IDE)。在该环境中,用户可以利用这些可视化数据库工具方便地访问和操作数据库。

用 VB. NET 可以开发 C/S 和 B/S 两种模式下的数据库应用程序。在创建项目的"模板"中选择"Windows 应用程序",可以开发 C/S 模式的应用程序;选择"ASP. NET Web 应用程序",则可以开发 B/S 模式下的应用程序。VB. NET 自身并不具备对数据库进行操作的功能,它对数据库的操作是通过. NET Framework SDK 中面向数据库的类库实现的。

7.3.1　窗体

Windows 窗体应用程序是运行在用户本地计算机的基于 Windows 平台的应用程序,它提供了丰富的用户界面来实现用户交互,并可以访问操作系统服务和用户计算机环境提供的资源,从而实现各种复杂功能的应用程序。

用户界面一般由窗体来呈现,通过将控件添加到窗体表面可以设计出满足用户需求的人机交互界面。当设计和修改 Windows 窗体应用程序的用户界面时,需要添加、对齐和定位控件。

窗体是一种对象,是所有控件的容器,是 VB. NET 应用程序的基本构造模块,是运行应用程序时与用户交互操作的实际窗口。窗体对象具有自己的属性、方法和事件。表 7.5 中列出了窗体主要的属性、方法和事件。

表 7.5　窗体主要的属性、方法和事件

属性、方法、事件	功　能　说　明
MaximizeBox 属性 MinimizeBox 属性	获取或设置一个值(True/False)。设置在窗体上是否显示"最大化""最小化"按钮。若要该属性可用,还要设置 FormBorderStyle 属性取值为如下之一:FixedSingle、Sizable、Fixed3D、FixedDialog
Icon 属性	获取或设置窗体的图标。用于指定在任务栏中表示该窗体的图片以及窗体的控件框显示的图标
ControlBox 属性	获取或设置一个值(True/False)。该值指示在该窗体的标题栏中是否显示控件菜单框,控件菜单框是用户可单击以访问系统菜单的地方
BackgroundImage 属性	获取或设置在窗体中显示的背景图像
FormBorderStyle 属性	指定窗体的边框样式。其取值是枚举类型: • None：无边框 • FixedSingle：固定的单行边框 • Fixed3D：固定的三维边框 • FixedDialog：固定的对话框样式的粗边框 • Sizable：默认样式,可调整大小的边框 • FixedToolWindow：不可调整大小的工具窗口边框 • SizableToolWindow：可调整大小的工具窗口边框
WindowsState 属性	获取或设置窗体的窗口状态。其取值是枚举类型: • Normal：默认大小的窗口 • Minimized：最小化的窗口(以图标方式运行) • Maximized：最大化的窗口
AcceptButton 属性	获取或设置窗体的"接受"按钮(也称作默认按钮)。如果设置了"接受"按钮,则每当用户按 Enter 键,即单击"接受"按钮,而不管窗体上其他哪个控件具有焦点

属性、方法、事件	功能 说 明
CancelButton 属性	获取或设置窗体的"取消"按钮。如果设置了"取消"按钮,则每当用户按 Esc 键,即单击"取消"按钮,而不管窗体上其他哪个控件具有焦点
Activate()方法	激活窗体并给予它焦点
Hide()方法	对用户隐藏窗体
Show()方法	对用户显示窗体
ShowDialog()方法	将窗体显示为模式对话框
Close()方法	关闭窗体
Load()事件	在第一次显示窗体前发生。当应用程序启动时,自动执行 Load 事件,所以该事件通常用来在启动应用程序时初始化属性和变量
Activated()事件	当使用代码激活或用户激活窗体时发生
Resize()事件	在调整控件大小时发生

打开 VB. NET 程序设计界面,如图 7.9 所示。中间的灰色设计区域即为窗体,在窗体中可以放置控件;可以对窗体或控件设置属性值、调用方法或编写事件发生时的程序代码。

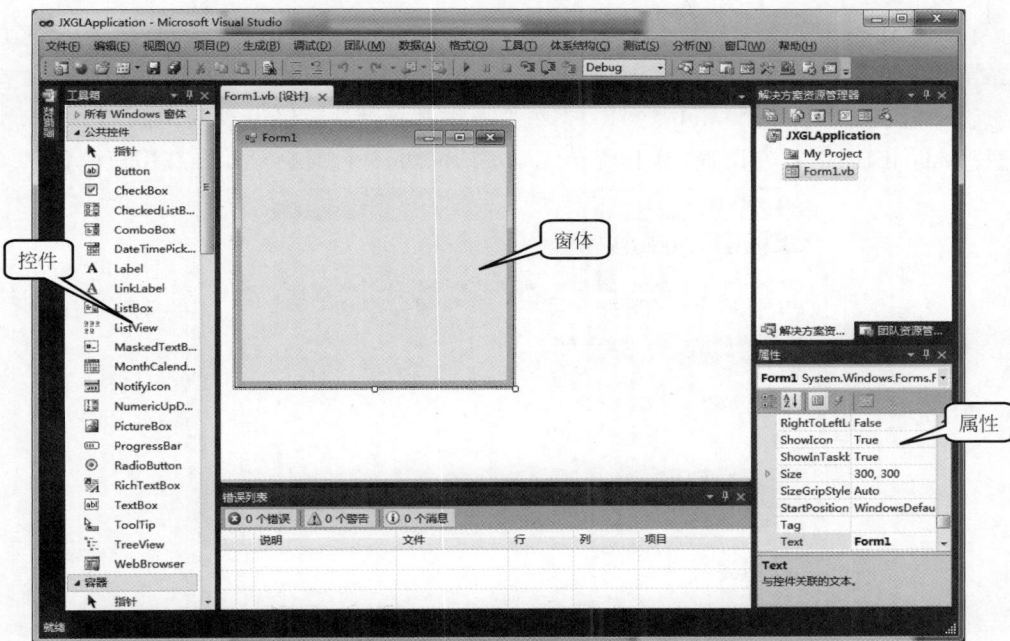

图 7.9 VB. NET 程序设计界面

7.3.2 控件

控件是包含在窗体对象内的对象,用于显示信息或接受用户输入。每种类型的控件都具有自己的属性集、事件和方法,以使该控件适合于特定用途。最常用的控件主要有 3 种,分别为 Label(标签)控件、TextBox(文本框)控件和 Button(按钮)控件。

1. Label(标签)控件

Label(标签)控件主要用来显示输出文本信息,也可以为窗体上其他控件作题注。Label 控件的主要属性如表 7.6 所示。

205

第 7 章

数据库系统体系结构与访问技术

表 7.6　Label 控件的主要属性

属 性 名 称	功 能 说 明
Text	获取或设置 Label 中的文本
Image	获取或设置 Label 中的图像
ImageList	获取或设置包含要在 Label 控件中显示的图像的 ImageList
ImageIndex	获取或设置在 Label 控件上显示的图像的索引值
TextAlign ImageAlian	获取或设置 Label 中文本/图像的对齐方式。取值为枚举型
AutoSize	获取或设置一个值(True/False)。该值指示是否自动调整控件的大小以完整显示其内容
BorderStyle	获取或设置控件的边框样式。取值为枚举型：None(无边框，默认值)、FixedSingle(单行边框)、Fixed3D(三维边框)

【例 7.1】　在窗体上创建一个标签，在标签框中显示"使用 VB. NET 进行数据库访问操作"，字号为"三号"，字体为"黑体"。

操作步骤如下。

(1) 在 Windows 窗体左下角选择"开始→所有程序→Microsoft Visual Studio 2010"选项，单击 Microsoft Visual Studio 2010，启动 Microsoft Visual Studio 2010 集成环境。若是安装后第一次启动 Visual Studio 2010，系统会要求选择默认环境设置，如图 7.10 所示。这里选择 Visual Basic 开发设置，单击"启动 Visual Studio"，此时会显示加载用户设置。

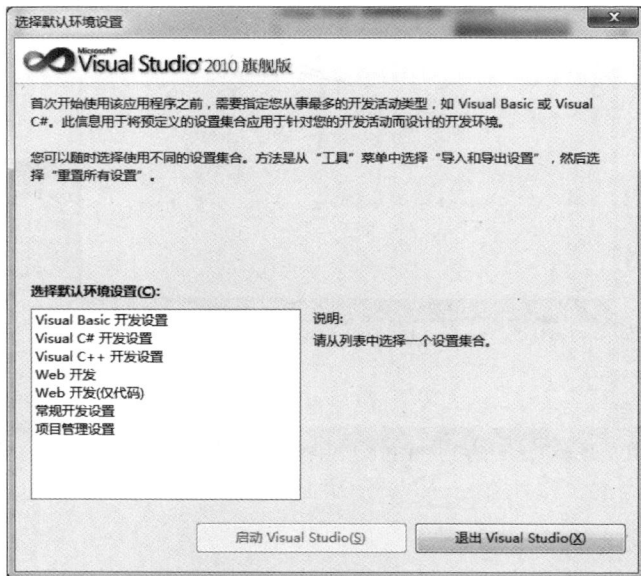

图 7.10　启动 Visual Studio 并加载用户设置

Visual Studio 2010 启动后,出现一个起始页,如图 7.11 所示。

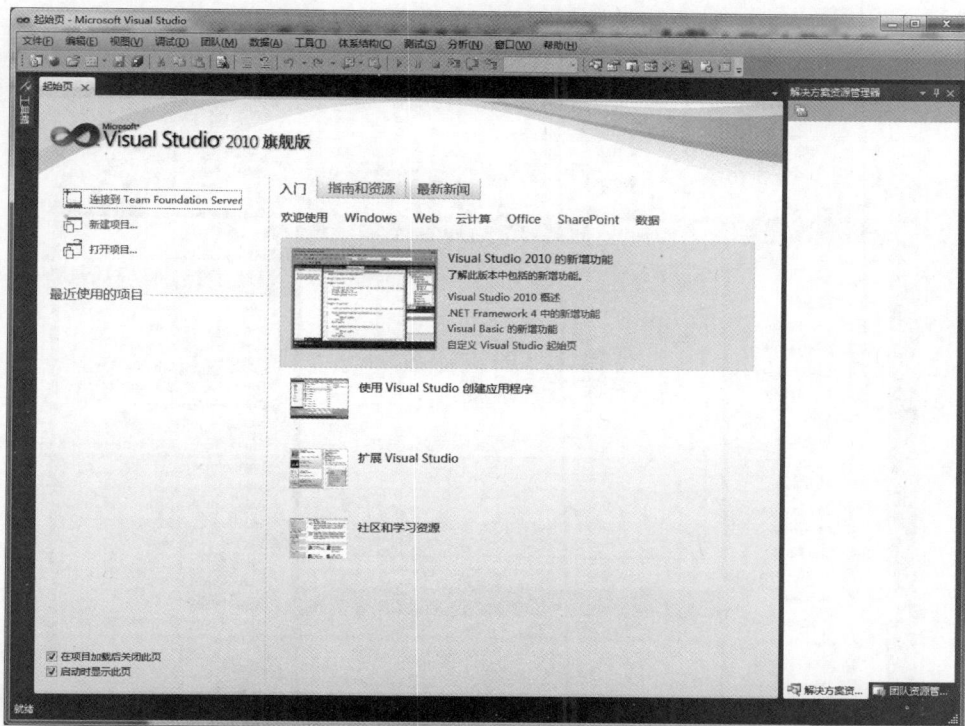

图 7.11　Visual Studio 起始页

(2) 在起始页选择"文件"菜单中的"新建项目"命令。

(3) 在"新建项目"对话框中选择"Windows 窗体应用程序",在该对话框下面名称输入框输入项目名称,如 JXGL,如图 7.12 所示。单击"确定"按钮,即可创建"Windows 窗体应用程序",即创建一个基于 VB. NET 语言的 Windows 窗体应用程序。

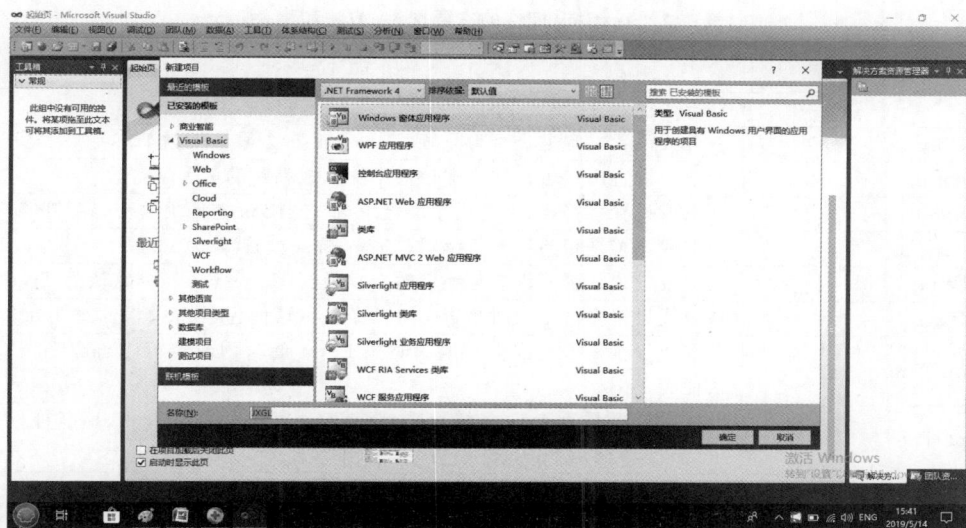

图 7.12　新建一个基于 VB. NET 的 Windows 窗体应用程序

（4）在 JXGL-Microsoft Studio 应用程序窗体，单击工具栏上的工具箱按钮，从打开的工具箱中选择 Label，在窗体上拖动鼠标创建一个标签。

（5）设置 Label 的 AutoSize 属性值为 False；Font 属性值为"黑体，三号"；设置 Text 属性值为"使用 VB. NET 进行数据库访问操作"，如图 7.13 所示。

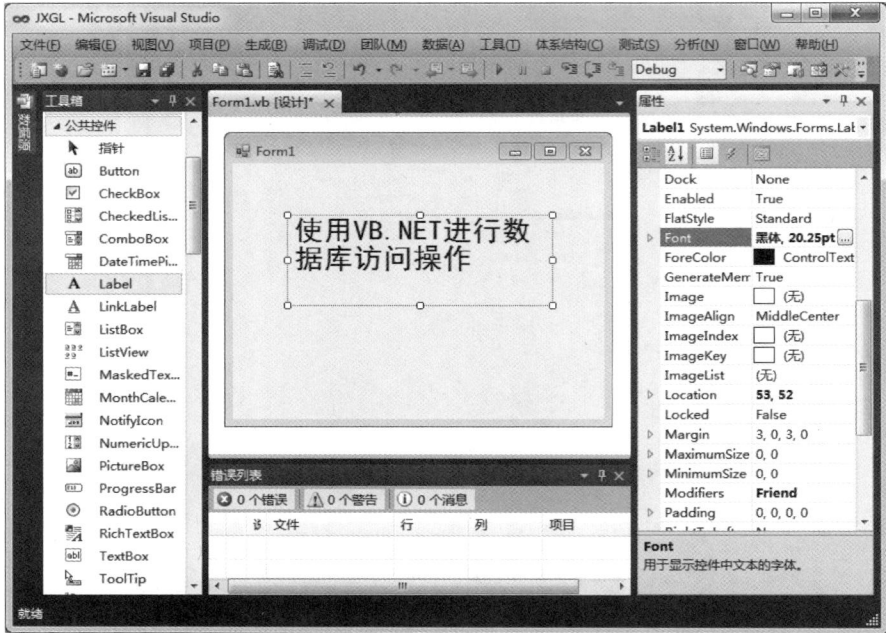

图 7.13　使用标签控件的例子

2. TextBox（文本框）控件

TextBox（文本框）控件是一个文本编辑区域，可以在该区域输入、编辑、修改和显示正文内容，即可创建一个文本编辑器。TextBox 控件的主要属性、方法和事件如表 7.7 所示。

表 7.7　TextBox 控件的主要属性、方法和事件

属 性 名 称	功 能 说 明
Text	获取或设置 TextBox 中的当前文本
ReadOnly	获取或设置文本框是否为只读（True/False）。默认值为 False
Maxlength	获取或设置用户可在文本框控件中输入或粘贴的最大字符数
PasswordChar	获取或设置字符，该字符用于屏蔽单行 TextBox 控件中的密码字符
Multiline	获取或设置是否允许多行编辑（True/False）。默认为 False
WordWrap	获取或设置是否允许多行编辑时自动换行（True/False）。默认为 True
ScrollBars	获取或设置多行编辑时是否带滚动条。默认值为 None
AcceptsReturn	获取或设置是否允许多行编辑时按 Enter 键时创建新行（True/False）。默认值为 False
AcceptsTab	获取或设置是否允许多行编辑时按 Tab 键时输入一个 Tab 字符（True/False）。默认为 False
SelectedText	获取或设置文本框中当前选定的文本
AppendText()方法	向文本框的当前文本追加文本
Clear()方法	从文本框控件中消除所有文本

属 性 名 称	功 能 说 明
Copy()方法	将文本框中的当前选定内容复制到"剪贴板"
Cut()方法	将文本框中的当前选定内容移动到"剪贴板"
TextChanged()事件	在 Text 属性值更改时发生
Leave()事件	当活动控件不再是文本框时发生

【例 7.2】 创建文本框,并在文本框中输入密码,密码以 ＊ 显示。

操作步骤如下。

(1) 创建 Windows 窗体应用程序。

(2) 在窗体上添加一个标签,标签属性 Text＝"输入密码",用于标示密码输入的地方。添加一个文本框 TextBox 控件,文本框属性 PasswordChar＝" ＊ ",用于输入密码。

(3) 单击工具栏上的"启动调试"按钮或按 F5 快捷键运行程序。在打开的窗体界面上的文本框中输入密码,显示为星号 ＊,如图 7.14 所示。

图 7.14　使用文本框控件的例子

3. Button(按钮)控件

Button(按钮)控件表示当用户按下它时要执行某种功能。在 VB. NET 窗体应用程序中一般都设有命令按钮,以便用户与应用程序进行交互。它常用来启动、中断或结束一个程序的执行。Button 控件的主要属性和事件如表 7.8 所示。

表 7.8　Button 控件的主要属性和事件

属 性 名 称	功 能 说 明
Text	获取或设置 Button 中的当前文本
Image	获取或设置显示在 Button 控件上的图像
mageList	获取或设置包含按钮控件上显示的 Image 的 ImageList
FlatStyle	获取或设置按钮控件的平面样式外观
Click()事件	单击 Button 控件时发生的事件
DoubleClick()事件	双击 Button 控件时发生的事件

7.3.3　属性

属性是与一个对象相关的各种数据,用于描述对象的特性,如性质、状态和外观等。不同的对象有不同的属性。对象常见的属性有 Name、Text、Visible 等。

每一个对象属性都有一个默认值,如果不明确地改变该值,程序就将使用它。设置对象属性的两种途径具体描述如下。

(1) 在设计阶段利用"属性窗口"直接设置对象的属性。具体做法是,先选定对象,然后在属性窗口中找到相应属性进行设置。

(2) 每个对象都有它的属性,其中 Name 属性是共有的,有了 Name 属性才可以在程序中进行调用。

在程序代码中通过赋值设置对象属性的格式为:

对象名.属性名 = 属性值

例如,给一个标签对象 Label1 设置文本 Text 属性为字符串"欢迎使用 Visual Basic",代码如下:

```
Label1.Text = "欢迎使用 Visual Basic"
```

虽然不同的对象有不同的属性,但是大部分控件也有一些通用的属性。表 7.9 列出了窗体和大部分控件的主要通用属性。

表 7.9　窗体和控件的主要通用属性

属 性 名 称	功 能 说 明
Name	所创建对象的名称,用于标志对象
Text	获取或设置与对象关联的文本。对于窗体,是窗体标题栏文本;对于 TextBox 控件,是获取用户输入或显示的文本信息;对于 Label、Button 等其他控件,是获取或设置控件上显示的文本信息
Size Width Height	获取或设置对象的大小。其中,Size 的值等效于(Width, Height)的值
Location Left Top	获取或设置对象的左上角相对于其窗口的左上角坐标。其中,Location 的值等效于(Left, Top)的值
Font	获取或设置控件显示的文字的字体。一般在设计器中通过"字体"属性对话框设置
ForeColor BackColor	获取或设置控件的前景色(即控件中文本的颜色)、背景色。一般在属性面板中通过选择相应的调色板颜色进行设置,包括"自定义""Web""系统"调色板;也可通过代码进行设置。例如,Button1.ForeColor=Color.Red
Enabled	获取或设置一个值,该值指示控件是否可以对用户交互做出响应(True、False)。默认值为 True
Visible	获取或设置一个值,该值指示是否显示该控件及其所有父控件(True、False)。默认值为 True
TabIndex	获取或设置控件的 Tab 键顺序。Tab 键索引可由任何大于等于零的有效整数组成,越小的数字在 Tab 键顺序中越靠前

7.3.4　事件

事件是对象发送的消息,以发信号来通知操作的发生。当事件发生时,将调用事件处理程序。

1. 事件

在 Visual Basic 中,系统为每个对象预先定义好了一系列事件,每个事件实质上是指能够被对象所识别的动作。事件分为用户交互事件和系统产生事件两类。所谓用户交互事件,是用户与应用程序交互时发生的事件,例如单击控件(Click)、按下键盘(KeyPress)、移动鼠标(MouseMove)等。系统产生事件是指当系统满足某种条件时发生的事件,如计时器事件。不同对象能够识别不同的事件,当事件发生时,VB 将检测两条信息,即发生的是哪种事件和哪个对象接收了事件。

2. 事件过程

每种对象能识别一组预先定义好的事件,但并非每一种事件都会产生结果,因为 VB 只是识别事件的发生,为了使对象能够对某一事件做出响应,就必须编写事件过程。当在对象上发生了事件后,应用程序处理这个事件,而处理的步骤就是这个事件过程。

事件过程是一段独立的程序代码,它是针对某一对象的过程,并与该对象的一个事件相联系,它在对象检测到某个特定事件时执行,即响应该事件。

Visual Basic 应用程序设计的主要工作就是为对象编写事件过程中的程序代码。事件过程的形式如下:

```
Sub    对象名.事件(参数列表)
   …        '事件代码过程
EndSub
```

当用户对一个对象发出一个动作时,可能同时在该对象上发生多个事件。写程序时,程序员只需编写必须响应的事件过程,并不要求对所有的事件都编写代码。表7.10列出了窗体和大部分控件主要的通用事件。

表 7.10　窗体和大部分控件主要的通用事件

事 件 名 称	功 能 说 明
Click	鼠标触发事件,在单击时发生
DoubleClick	鼠标触发事件,在双击时发生
MouseDown	鼠标触发事件,按下任何一个鼠标按钮时发生
MouseUp	鼠标触发事件,释放任何一个鼠标按钮时发生
MouseMove	鼠标触发事件,移动鼠标时发生
KeyPress	键盘触发事件,按下并释放一个会产生 ASCII 码的键时发生
KeyDown	键盘触发事件,按下任意一个键时发生
KeyUp	键盘触发事件,释放任意一个按下的键时发生

7.3.5　方法

方法是一个对象对外提供的某些特定动作的接口。它是对象的行为或动作,是对象本身内含的程序段。每个方法完成某个功能,但其实现步骤和细节用户既看不到,也不能修改,程序员能做的工作就是按照约定直接调用它们,即在使用各种对象的方法时,只需了解它们的功能和用法,无须知道其实现的内涵。

Visual Basic 的方法用于完成某种特定功能,如显示窗体(Show)方法、获得焦点(Focus)方法等。方法只能在代码中使用。对象方法的调用格式如下:

[对象.]方法([参数名表])

7.4　用 VB. NET 绑定数据

数据库应用程序的一个最常见的操作如下。

(1) 应用程序从数据库中查询数据,并把查询结果显示在屏幕上。

(2) 用户通过应用程序界面更新和处理数据,并把更新和处理的结果数据保存到数据库中。

为了更方便地实现数据源数据到用户界面的显示和对数据源数据的操作,VB. NET 提供了"数据绑定"的功能。

7.4.1 VB.NET 数据绑定概念

从一个 Windows 窗体的角度来看,"数据绑定"是一种把数据绑定到一种用户界面元素
(控件)的通用机制。在 Windows 窗体中有简单绑定和复杂绑定两种数据绑定方式。

1. 简单数据绑定

简单绑定指绑定后组件显示出来的字段只是单个记录,这种绑定一般用于在显示单个
值的组件上。支持简单绑定的控件有 TextBox、Label 等。

例如,为了在窗体上显示 S 表(学生关系表)的 Name 列值,可以将其绑定到一个
TextBox 的 Text 属性上。绑定这个属性之后,对 TextBox 的 Text 属性的更改将"传递"到
S 表的 Name 列,而对 S 表的 Name 列值的更改同样会"传递"到 TextBox 的 Text 属性上。
其代码形式如下:

```
TextBox.Text = S.Name
```

2. 复杂数据绑定

复杂数据绑定指将一个控件绑定到多个数据元素,即把一个基于列表的用户界面对象
(例如 ComboBox、Grid)绑定到一个数据实例列表(例如 DataTable)的方法。与简单数据绑
定一样,复杂数据绑定通常也是用户界面对象发生改变时传递到数据列表,数据列表发生改
变时传递到用户界面元素。

数据绑定提供了用户界面控件和数据源之间的桥梁。用户界面的控件被绑定到数据源
之后,对数据源的修改会反映到用户界面,而且用户界面上数据的修改也会引发对数据源的
更新。对于程序员来说,数据绑定封装了对用户界面控件和数据源进行同步的复杂代码;
通过数据绑定,程序员无须编写代码就可以实现用户和数据之间的交互。

下面以 DataGridView 控件为例,介绍 VB.NET 的数据绑定的操作方法。

7.4.2 DataGridView 控件绑定数据源

在 VB.NET 中,可以使用数据源配置向导的图形化操作方式为控件绑定数据源,这种
绑定方式无须写程序代码,操作过程简便,程序员容易掌握。

图 7.15 VB.NET 工具箱
中的数据控件

打开 VB.NET 编程环境下的工具箱,在"数据"选项卡
中,提供了多个数据控件,如图 7.15 所示。

其中,DataGridView 为数据表格视图,它提供一种强大、
灵活的以表格形式显示数据的方式。程序员可以使用
DataGridView 控件来显示少量数据的只读视图,也可以对其
进行缩放以显示较大数据集的可编辑视图。

DataGridView 控件支持标准 Windows 窗体数据绑定模
型,因此该控件可以绑定到以下接口类实例:BindingSource、
BindingList、DataTable、DataSet。DataGridView 控件具有极
高的可配置性和可扩展性,它提供大量的属性、方法和事件,
可以用来对该控件的外观和行为进行自定义。

7.4.3 用代码方式绑定数据源思路

在数据库应用系统的开发过程中,许多窗体的设计较为灵活,与数据库的交互要求高,在这种情况下,程序员除了利用程序代码对数据进行各种处理操作外,还可以采用编写代码的方式来绑定数据源。

仍然以 DataGridView 控件绑定数据源为例,按照 ADO. NET 访问数据库的方法,采用编写代码的方式绑定数据源,首先需要连接数据库,然后使用 DataAdapter 对象查询指定的数据,接着通过该对象的 Fill 方法填充 DataSet 数据集,最后将 DataGridView 控件的 DataSource 属性设置为 DataSet 数据集即可。由于这部分内容涉及较为复杂的编程问题,因此不再赘述。

习 题 7

扫一扫   扫一扫

作业   自测题

7-1 解释下列术语。

(1) 数据库应用系统体系结构　　　　(2) 数据库访问接口

(3) 客户机　　　　　　　　　　　(4) 服务器

(5) 网络中间软件　　　　　　　　(6) Web 浏览器

(7) Web 服务器　　　　　　　　(8) 数据绑定

7-2 简述三层 B-S 结构中表示层、功能层、数据层的功能。

7-3 . NET Framework 数据提供程序的功能是什么?

7-4 什么是 ADO. NET? ADO. NET 的主要用途是什么?

7-5 ADO. NET 中包含哪些对象?它们分别有什么作用?

7-6 DataSet 对象有哪些特点?

7-7 简述 ADO. NET 访问数据库的步骤。

7-8 简述 SqlCommand 的 ExecuteScalar、ExecuteReader、ExecuteNonQuery 3 种方法的区别。

第8章 数据库应用系统设计与实现

以第 3 章介绍的用户需求分析时期和数据库设计时期的相关设计工作为基础,首先简要地分析大学教学信息管理数据库应用系统的功能结构,然后基于 SQL Server 2012 环境创建数据库(包括数据文件 JXGL. mdf 和日志文件 JXGL_log. ldf),给出系统的数据表结构和基于 SQL Server Management Studio 的查询编辑器的批处理创建数据表方法,接着介绍为应用系统建立项目的方法,其后详细地介绍系统登录和各功能模块的设计与实现过程及编程方法,最后对本章设计的大学教学信息管理数据库应用系统的运行及相关情况进行进一步说明。

本章采用的软件平台为 SQL Server 2012 数据库管理系统和 Visual Studio 2010 编程环境,采用 Visual Basic. NET(即 VB. NET)可视化面向对象程序语言和 ADO. NET 数据库访问对象模型进行应用程序编程和实现对数据库的访问,全部程序都通过了调试,能够实际运行。读者可按本章介绍的设计步骤和设计方法,先完成大学教学信息管理数据库应用系统的设计、调试和运行,然后就可以本章程序代码为基础,设计实现满足某领域信息管理需求的数据库应用系统(基于数据库的信息管理系统)。

与本章内容相关的 SQL Server 2012 的安装过程详见附录 A,Visual Studio 2010 的安装过程详见附录 B,本章完整的程序源代码详见附录 C。

8.1 系统功能分析

一所大学的教学信息管理系统一般应该包括教师信息管理、学生学籍管理、课程信息管理、成绩及学分管理、教学计划管理、教室与实验室管理等。作为教学案例,本章设计实现的是一个简化的大学教学信息管理数据库应用系统,功能模块主要包括学生信息管理、课程信息管理、成绩信息管理等,各功能模块对数据库的操作主要包括信息的添加、查询、更新、删除等,系统的功能结构如图 8.1 所示。该系统属于单机版的数据库应用系统。

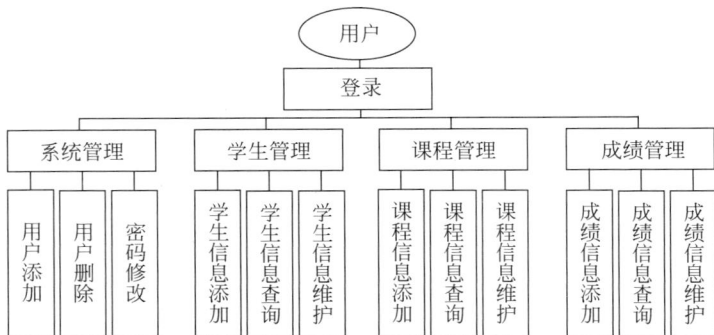

图 8.1　系统的功能结构

8.2　数据库与数据表创建

1. 数据库创建

在第 3 章中已经介绍了大学教学信息管理数据库应用系统的数据库(JXGL)的创建步骤和方法,这里不再赘述。图 8.2 是创建过程中的关键步骤图示。

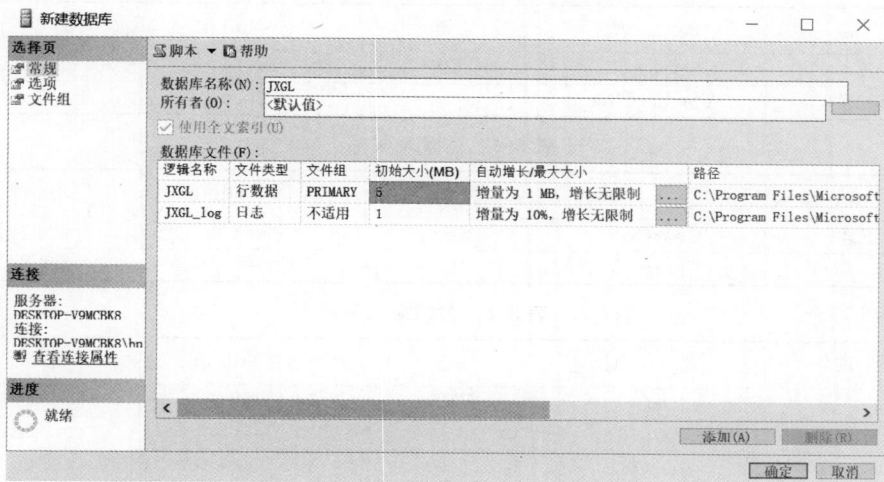

图 8.2　创建 JXGL 数据库的关键步骤图示

2. 数据库表结构

大学教学信息管理数据库应用系统的数据库中用 7 个表对象存储教学信息,1 个表对象存储验证登录用户的基本信息。存储教学信息的 7 个数据库表分别是学生表(S)、课程表(C)、学习表(SC)、专业表(SS)、设置表(CS)、教师表(T)和讲授表(TEACH);验证登录用户基本信息的表对象 USERS 存储合法用户的用户名和密码。表 8.1~表 8.8 给出了各个表的数据结构,主要包括字段、类型、主键、允许 Null 值和备注。

表 8.1　学生表(S)

字　段	类　型	主　键	允许 Null 值	备　注
S#	Char(9)	YES	NO	学号
SNAME	Char(16)		NO	姓名
SSEX	Char(2)		NO	性别
SBIRTHIN	datetime		NO	出生日期
PLACEOFB	Char(16)		YES	籍贯
SCODE#	Char(5)		YES	专业代码
CLASS	Char(6)		YES	班级

表 8.2　课程表(C)

字　段	类　型	主　键	允许 Null 值	备　注
C#	Char(7)	YES	NO	课程号
CNAME	Char(20)		NO	课程名
CLASSH	smallint		YES	学时

表 8.3　学习表(SC)

字　段	类　型	主键	允许 Null 值	备　注
S#	Char(9)	YES	NO	学号
C#	Char(7)	YES	NO	课程号
GRADE	smallint		NO	成绩

表 8.4　专业表(SS)

字　段	类　型	主键	允许 Null 值	备　注
SCODE#	Char(5)	YES	NO	专业代码
SSNAME	Varchar(30)		NO	专业名

表 8.5　设置表(CS)

字　段	类　型	主键	允许 Null 值	备　注
SCODE#	Char(5)	YES	NO	专业代码
C#	Char(7)	YES	NO	课程号

表 8.6　教师表(T)

字　段	类　型	主键	允许 Null 值	备　注
T#	Char(8)	YES	NO	教师工号
TNAME	Char(16)		NO	教师姓名
TSEX	Char(2)		NO	性别
TBIRTHIN	datetime		NO	出生日期
TITLE	Char(10)		YES	职称
TRSECTION	Char(12)		YES	教研室
TEL	Char(11)		YES	电话

表 8.7　讲授表(TEACH)

字　段	类　型	主键	允许 Null 值	备　注
T#	Char(8)	YES	NO	教师工号
C#	Char(7)	YES	NO	课程号

表 8.8　用户表(USERS)

字　段	类　型	主键	允许 Null 值	备　注
USER#	Char(10)	YES	NO	用户名
PASSWORD#	Char(20)		NO	密码

3. 数据库表的创建

宏观上来说,基于 SQL Server 数据库管理系统的数据库表创建方法有 3 种。

1) 方法一

使用 SQL Server Management Studio 工具中的表设计器创建数据库表(详见例 3.14)。

2) 方法二

使用 SQL 中的创建表语句(CREATE TABLE)逐个创建表(详见 4.2.1 节)。

由于在一个实际的数据库应用系统中有多个甚至几十个数据库表,所以使用 SQL Server Management Studio 工具中的表设计器和单个的创建表语句创建数据库表都比较麻烦,本案例采用方法三创建数据库表。

3) 方法三

基于 SQL Server Management Studio 的查询编辑器的批处理创建数据库表。

首先,利用记事本编写批处理创建数据库表的脚本程序。由于本章简化的大学教学信息管理数据库应用系统仅涉及学生表(S)、课程表(C)、学习表(SC)、用户表(USERS),所以从简化描述出发,下面的批处理程序中仅包含了其中 4 个表的创建。

```
CREATE TABLE S
(S#       CHAR(9) PRIMARY KEY,
 SNAME    VARCHAR(16) NOT NULL,
 SSEX     CHAR(2)   CHECK(SSEX IN ('男','女')),
 SBIRTHIN DATETIME NOT NULL,
 PLACEOFB VARCHAR(16),
 SCODE#   CHAR(5),
 CLASS    CHAR(6));

CREATE TABLE C
(C#      CHAR(7) PRIMARY KEY,
 CNAME VARCHAR(20) NOT NULL,
 CLASSH SMALLINT NOT NULL);

CREATE TABLE SC
(S# CHAR(9) NOT NULL,
 C# CHAR(7) NOT NULL,
 GRADE SMALLINT NOT NULL,
 PRIMARY KEY (S#,C#));

create table USERS
(USER#  char(10),
 PASSWORD# VARchar(20),
 PRIMARY KEY (USER#,PASSWORD#));
```

然后,将记事本中的文本形式的上述脚本程序复制到 SQL Server Management Studio 工具中的查询编辑器,单击"执行"按钮即可完成各数据库表的创建。

接着,向创建好的数据库表中插入数据,目的是方便程序的调试和验证。同理,可以用批处理方式给各表插入数据。下面是插入大学教学信息管理系统教学案例的上述 4 个表格的数据的批处理程序脚本。为了简化设计程序,本案例省去了用户注册过程,所以需要提前将用户的用户名和密码插入 USERS 表中。

```
INSERT INTO S VALUES('201401001','张华','男','1996-12-14','北京','S0401','201401');
INSERT INTO S VALUES('201401002','李建平','男','1996-08-20','上海','S0401','201401');
INSERT INTO S VALUES('201401003','王丽丽','女','1997-02-02','上海','S0401','201401');
INSERT INTO S VALUES('201402001','杨秋红','女','1997-05-09','西安','S0402','201402');
INSERT INTO S VALUES('201402002','吴志伟','男','1996-06-30','南京','S0402','201402');
INSERT INTO S VALUES('201402003','李涛','男','1997-06-25','西安','S0402','201402');
INSERT INTO S VALUES('201403001','赵晓艳','女','1996-03-11','长沙','S0403','201403');

INSERT INTO C VALUES('C401001','数据结构',70);
INSERT INTO C VALUES('C401002','操作系统',60);
INSERT INTO C VALUES('C402001','指挥信息系统',60);
INSERT INTO C VALUES('C402002','数据库原理',50);
INSERT INTO C VALUES('C403001','计算机网络',60);
INSERT INTO C VALUES('C403002','通信原理',50);
```

数据库应用系统设计与实现

```
INSERT INTO C VALUES('C404001', '信息编码与加密',60);

INSERT INTO SC VALUES('201401001', 'C402001',90);
INSERT INTO SC VALUES('201401001', 'C402002',90);
INSERT INTO SC VALUES('201401001', 'C403001',85);
INSERT INTO SC VALUES('201401002', 'C401001',75);
INSERT INTO SC VALUES('201401002', 'C402002',88);
INSERT INTO SC VALUES('201401003', 'C402002',69);
INSERT INTO SC VALUES('201402001', 'C401001',87);
INSERT INTO SC VALUES('201402001', 'C401002',90);
INSERT INTO SC VALUES('201402002', 'C403001',92);
INSERT INTO SC VALUES('201402003', 'C403001',83);
INSERT INTO SC VALUES('201403001', 'C403002',91);

INSERT INTO USERS VALUES('ljs', '123456');
```

8.3 新建项目

1. 为应用系统新建项目

打开 Visual Studio 2010,选择"文件"|"新建项目"命令,打开"新建项目"对话框,如图 8.3 所示。在左边的"已安装的模板"中选择 Visual Basic 下的 Windows 选项,再选择"Windows 窗体应用程序"。在下方的项目名称中,默认名称是 WindowsApplication1,将其修改为新项目名称——JXGLdbas。

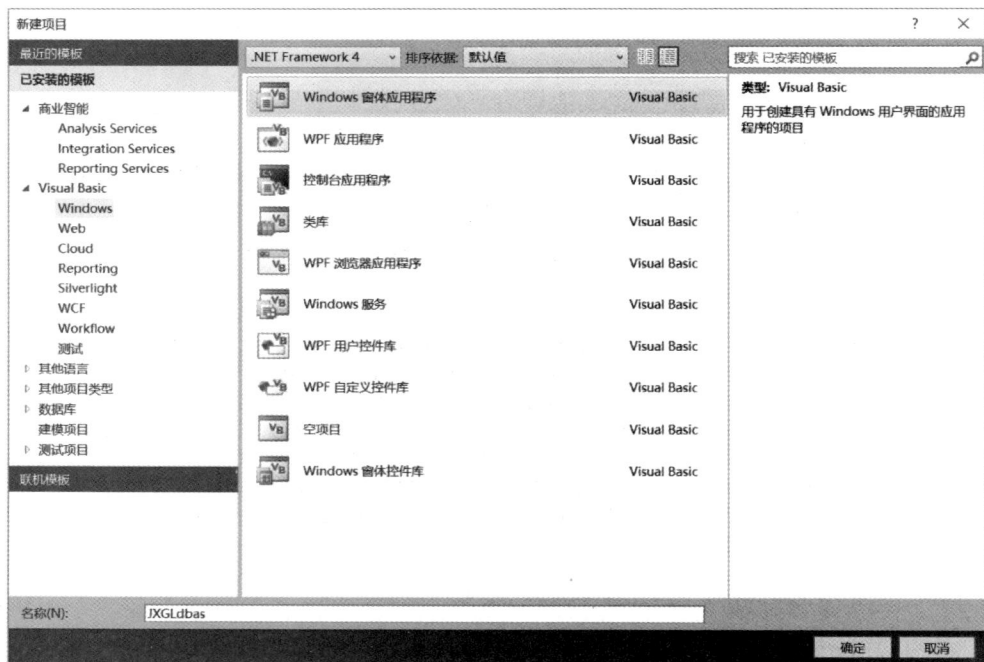

图 8.3 新建项目

单击"确定"按钮,进入新建项目的设计界面,如图8.4所示。

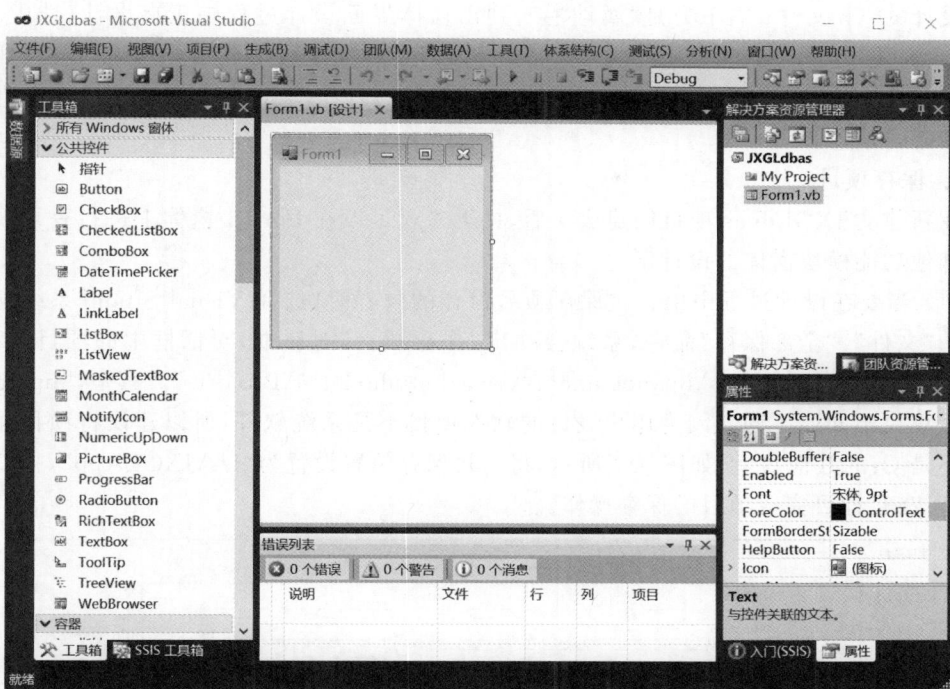

图 8.4　项目设计界面

2. 项目及窗体设计界面布局及功能

使用 Visual Studio 及其中的 VB. NET 语言环境新建项目和进行应用软件设计时的窗体布局如图8.5所示,该窗体及设计界面分为五部分: 最左边的是"工具箱",列出窗体界面

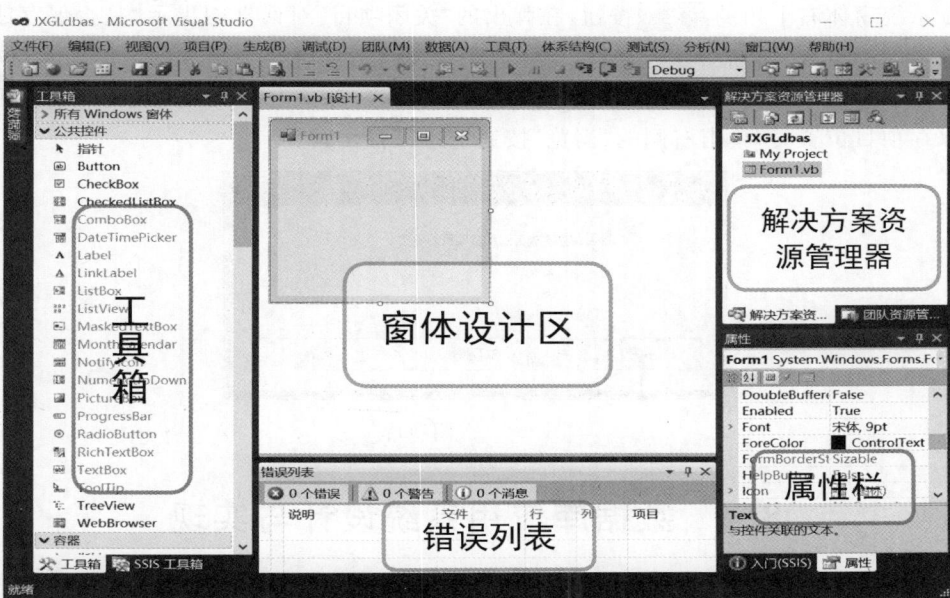

图 8.5　项目及应用软件设计时的 Visual Studio 窗体布局

数据库应用系统设计与实现

设计过程中可以选用的各种控件/对象;右上方是"解决方案资源管理器",列出新建项目及用户设计的.vb 文件;右下方是"属性栏",列出窗体界面设计过程中正在设计(选中)的控件/对象需要设置的属性和事件;中间为"窗体设计区",是进行窗体布局和编写程序代码的区域;中间下方为"错误列表",用于在编辑窗体和进行程序调试/运行时列出系统检查出的错误和警告信息。

3. 保存项目

在新建的 JXGLdbas 项目创建成功后,接下来就可以在 Form1 窗体上进行登录模块窗体或其他功能模块窗体的设计了。

(1) 当要在设计过程中第一次保存项目设计的内容时,选择 Visual Studio 系统窗体左上角的"文件"|"全部保存"命令,系统会弹出"保存项目"对话框,对话框中的项目保存"位置"的默认值是"C:\Users\hp\documents\visual studio 2010\Projects"。其中,"hp"随被安装的计算机不同而不同。因为用户设计的软件项目不是系统软件,所以建议将项目保存到盘符不是 C:的其他盘上,如图 8.6 所示,将项目保存位置设置为"D:\JXGLApp",接着单击"保存"按钮,即可完成项目的保存操作。

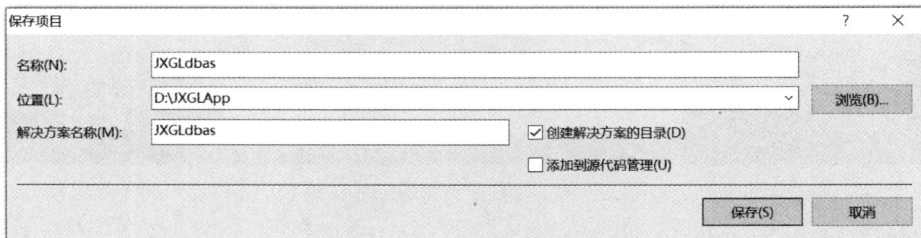

图 8.6 "保存项目"对话框及保存位置选择

(2) 当在项目设计过程中一直没有保存过项目设计内容却要关闭项目时,单击 Visual Studio 系统窗体右上角的 ✕ 按钮,在弹出的"关闭项目"对话框中提示"是否保存或放弃对当前项目的更改?",如图 8.7 所示。单击"保存"按钮,系统会弹出如图 8.6 所示的"保存项目"对话框,按(1)所述的思路修改盘符和项目目录名,并单击"保存"按钮即可;也可以在选择保存项目位置时,单击右侧的"浏览"按钮选择保存位置。

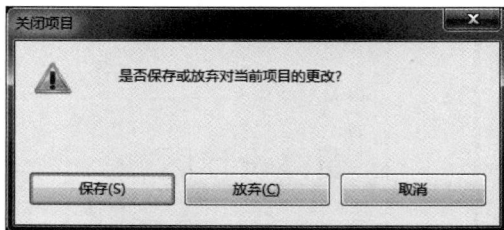

图 8.7 关闭项目

8.4 数据库应用系统设计与实现

大学教学信息管理数据库应用系统包括登录模块、数据库表信息添加功能模块、数据库表信息查询功能模块、基于下拉组合框的信息查询功能模块、基于标记框的信息修改功能模块和主界面模块。本节详细介绍每个模块的功能描述和窗体界面设计方法,给出每个模块的程序代码及设计思路,并通过每个程序模块的调试运行,使学习者对数据库应用系统的设计实现过程和 SQL Server 数据库管理系统软件的运用有一个架构性的学习和了解。

8.4.1 登录模块

1. 功能描述

登录模块根据登录者输入的用户名和密码验证其是否是合法的用户。在登录过程中,登录模块要读取数据库中 USERS 表中的内容,并通过判定与登录者输入的用户名和密码是否一致来完成用户合法身份的验证。当登录者输入的用户名和/或密码有错误时,系统会给出"用户名或密码错误"提示;当用户名或密码为空时,系统会给出"用户名和密码不能为空"的提示。

2. 界面布局和对象及属性设置

登录模块窗体界面的布局如图 8.8 所示,该窗体界面中各对象及其属性值的设置如表 8.9 所示。

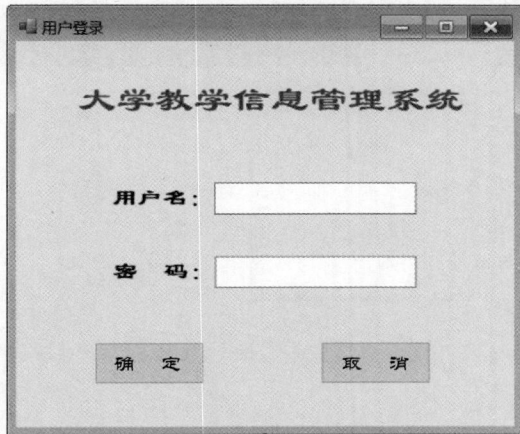

图 8.8 登录模块窗体界面的布局

表 8.9 "登录"窗体界面中对象的属性值设置

对 象 名	属　性	属　性　值	备　注
Login	Text	用户登录	标题栏显示文字
	StartPosition	CenterScreen	指定窗体在屏幕中心出现
Label1	Text	大学教学信息管理系统	系统名标签显示文字
	AutoSize	True	自动调整大小
	Font	隶书、粗体、二号	字体
	ForeColor	HotTrack	标签文字的颜色
Label2	Text	用户名:	用户名标签显示文字
	Font	楷体、粗体、四号	字体(与 Label3 的字体相同)
Label3	Text	密码:	密码标签显示文字
TextBox1	MaxLength	10	用户名最大允许输入长度
	Font	宋体、常规、四号	字体(与 TextBox2 的字体相同)

数据库应用系统设计与实现

对 象 名	属 性	属 性 值	备 注
TextBox2	MaxLength	20	密码最大允许输入长度
	PasswordChar	*	输入密码时显示为 *
Button1	Text	登录	登录按钮表面显示文字
	Font	楷体、粗体、小三号	字体(与 Button2 的字体相同)
Button2	Text	取消	取消按钮显示文字

3. 控件及属性设计

1) Login 文件命名

在 8.3 节新建项目后,在"窗体设计区"弹出的"Form1.vb[设计]"即可作为登录模块的 Login 窗体(如图 8.4 所示),因此需要将其对应的文件名重命名为 Login,方法是:在 Visual Studio 平台右上方的"解决方案资源管理器"栏中右击 Form1.vb,在弹出的快捷菜单中选择"重命名"选项,将原文件名 Form1.vb 改为 Login.vb,如图 8.9 所示。

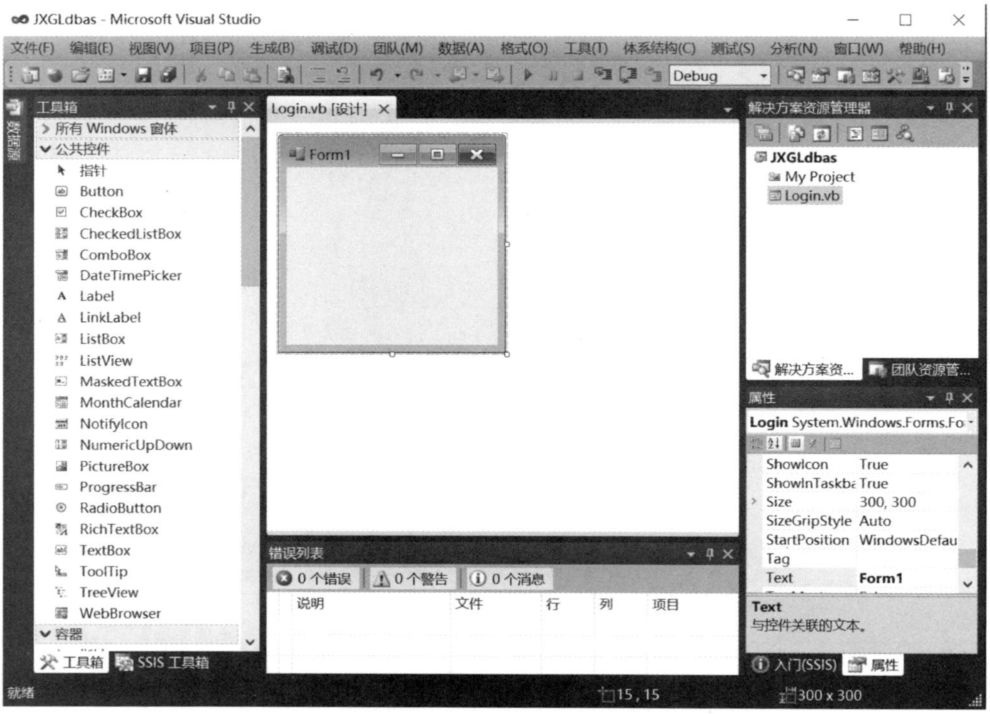

图 8.9 登录模块程序重命名后的窗体

2) 控件及属性设计

登录窗体中包含以下对象:窗体 Login;标签 Label1(大学教学信息管理系统)、标签 Label2(用户名)、标签 Label3(密码);文本框 TextBox1(用于输入用户名)、文本框 TextBox2(用于输入密码);按钮 Button1(确定)、按钮 Button2(取消)。下面分别介绍对各对象进行属性设置的方法。

(1)给登录模块的 Login 窗体重命名,方法是:单击 Form1 窗体,Visual Studio 平台右下方的"属性栏"显示 Login(见图 8.9),表示是对 Login 窗体对象设置属性。找到 Text 属性,将其默认值"Form1"修改为"用户登录";找到 StartPosition 属性,单击其右侧(单击该属性栏内的最右侧部分),在出现的下拉菜单中选择 CenterScreen(含义是在运行时要求该窗体位于屏幕正中间)。

(2)设计登录模块的 Login 窗体的 3 个 Label 控件,方法是:从 Visual Studio 平台左部的"工具箱"中选中 Label 控件,在 Login 窗体的合适位置用鼠标拖拉得到 Label1,在右下方的"属性栏"找到 Text 属性,将其值设置为"大学教学信息管理系统";找到 Autosize 属性,将其值设置为 True(含义是该标签会随文字自动调整大小);找到并单击 Font 属性右侧的设置按钮[...],在打开的"字体"对话框中设置 Label1 的字体、字形和大小为"楷体、粗体、二号"(如图 8.10 所示);设置 ForeColor 属性为 Highlight(含义是 Label1 的文字颜色为亮彩色)。以同样方法,可为标签 Label2(对应用户名)和标签 Label3(对应密码)设置相应的属性值,只是其字体、字形和大小设置为"楷体、粗体、四号"。

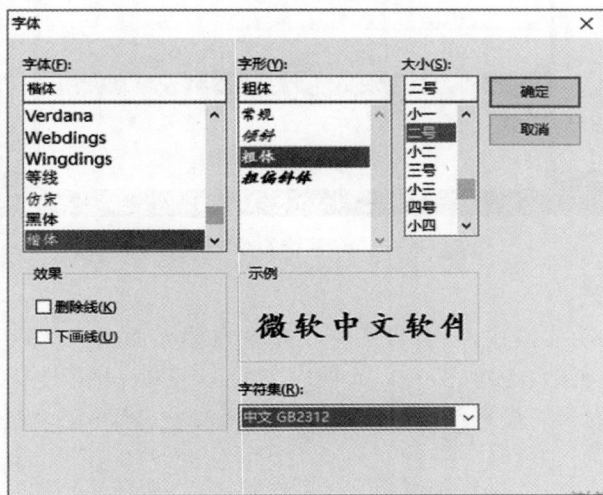

图 8.10 字体、字形和大小设置窗体

(3)设计登录模块的 Login 窗体的两个 TextBox 控件(对应用户名和密码文本输入框),方法是:从 Visual Studio 平台左部的"工具箱"中选中 TextBox 控件,在 Login 窗体上的合适位置用鼠标拖拉得到 TextBox1,在右下方的"属性栏"找到 MaxLength 属性,将其值设置为 10;找到并单击 Font 属性的设置按钮[...],在打开的"字体"对话框中设置 TextBox1 的字体、字形和大小为"宋体、常规、四号"。以同样的方法,可为 TextBox2(对应密码)设置相同的 Font 属性值;接着找到 MaxLength 属性,将其值设置为 20(含义是用户输入密码最大长度为 20 个字符);由于要隐藏密码文本框中的每个实际密码值并用符号"*"代替,所以还要找到 PasswordChar 属性,将其值设置为"*"。

(4)设计登录模块的 Login 窗体的两个 Button 按钮(对应确定和取消命令按钮),方法是:从 Visual Studio 平台左部的"工具箱"中选中 Button 控件,在 Login 窗体的合适位置用鼠标拖拉得到 Button1,在右下方的"属性栏"找到 Text 属性,将其值设置为"确定";找到并单击 Font 属性右侧的设置按钮[...],在打开的"字体"对话框中设置 Button1 的字体、字形和大小为"楷体、粗体、小三号"。以同样的方法,可为按钮 Button2(对应取消)设置相应的属性值。

223

第 8 章

数据库应用系统设计与实现

经过以上的设计过程,得到如图 8.11 所示的大学教学信息管理系统的登录窗体界面。

图 8.11　JXGL 系统的登录窗体界面

4. 程序代码设计

根据登录模块的功能描述,只有当用户在登录窗体界面输入了用户名和密码,并单击"确定"按钮后,系统才开始读取 JXGL 数据库中的 USERS 表并进行用户的合法性验证。所以,程序代码设计的第一步是:双击图 8.11 中的 Button1(确定)按钮,进入代码编写页,如图 8.12 所示。

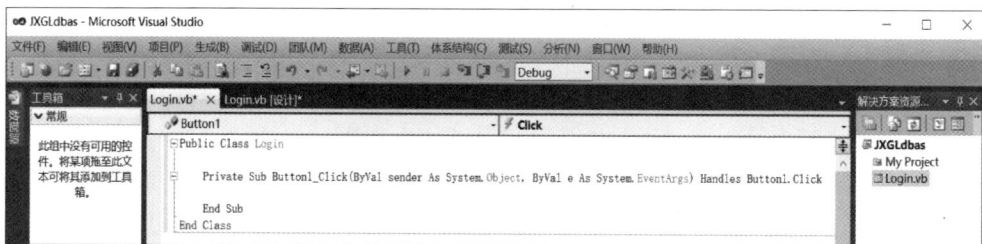

图 8.12　双击 Button1 控件后的代码编写页

1) 添加 SqlClient 命名空间

由于 System.Data.SqlClient 包含了 ADO.NET 连接和操作 SQL Server 数据库的类,所以为了实现对 SQL Server 数据库的连接和访问,需要在程序的最前面添加 SqlClient 的引用命名空间语句,格式如下:

```
Imports System.Data.SqlClient
```

也就是需要在图 8.12 的程序代码(Public Class Login)前面添加"Imports System.Data.SqlClient"语句,如图 8.13 中的程序代码的前两行所示,其中,以单引号"'"开头的句子为注释语句。

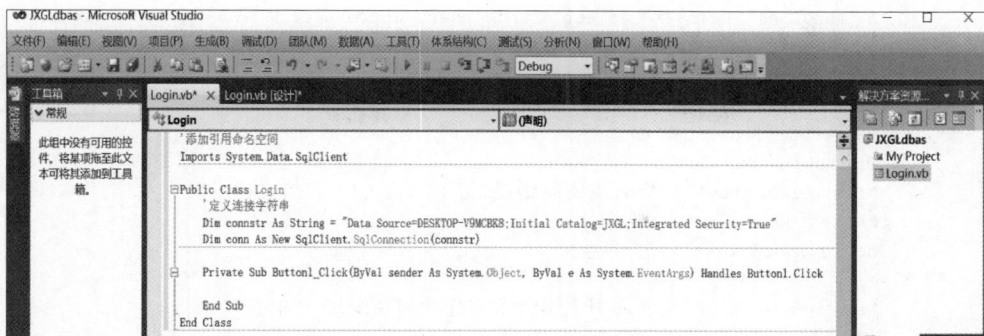

图 8.13　添加引用命名空间和定义数据库连接语句后的代码编写页

2）定义数据库连接

定义数据库连接是在 Public Class Login 类的最前面添加以下程序代码：

```
Dim connstr As String = "Data Source = DESKTOP - V9MCBK8; Initial Catalog = JXGL; Integrated
Security = True"
Dim conn As New SqlClient.SqlConnection(connstr)
```

添加数据库连接程序代码后如图 8.13 所示。其中，数据源"Data Source＝DESKTOP-V9MCBK8"，即 SQL Server 服务器的名称为 DESKTOP-V9MCBK8。SQL Server 服务器的名称可通过打开 SQL Server 的"连接到服务器"对话框获取，如图 8.14 所示。安装 SQL Server 2012 软件时，系统会将安装该软件的计算机名称默认地设置为服务器名称，所以也可以通过查看计算机的系统属性获知服务器的名称。初始目录"Initial Catalog＝JXGL"中的 JXGL 是建立的数据库的名称，如图 8.2 所示。

图 8.14　SQL Server 登录界面获取服务器名

3）编写"确定"登录按钮单击事件代码

Button1（确定）按钮的私有子类 Button1_Click 中的程序代码完成用户名和密码的验证，并根据用户的输入和验证结果，给出相应的提示信息。Button1_Click 事件代码如下：

```
Private Sub Button1_Click(sender As System.Object, e As System.EventArgs) Handles
Button1.Click
If TextBox1.Text <> "" And TextBox2.Text <> "" Then
```

数据库应用系统设计与实现

```
            Dim mysql As String = "select * from users where user # = '" & Me.TextBox1.Text &
    "' and password # = '" & Me.TextBox2.Text & "'"
        Dim myadapter As New SqlDataAdapter(mysql, conn)
        Dim usertable As New DataTable
        myadapter.Fill(usertable)
        If usertable.Rows.Count = 0 Then
            MessageBox.Show("用户名或密码错误!请重新输入!", "信息提示")
            Me.TextBox1.Text = ""
            Me.TextBox2.Text = ""
        Else
            MessageBox.Show("欢迎使用大学教学信息管理系统!", "信息提示")
            'Main.Show()
            'Main 为主界面窗体名,此处暂时注释,待主界面窗体设计好后,将该注释恢复为命令语句
            Me.Close()
        End If
    Else
        MsgBox("用户名或密码不能为空!", MsgBoxStyle.Information, "信息提示")
    End If
End Sub
```

注意：按照登录模块的运行逻辑,当用户名和密码验证成功后,系统应进入主界面窗体。但由于此时还不存在(未设计)主界面程序模块 Main.vb,所以为了方便登录模块的调试验证,上述程序中屏蔽了 Main.Show()语句(将其作为注释),且其后的 Me.Close()是便于用户名和密码验证成功后程序正常结束。当登录模块和主界面模块一起联调时,则要去掉 Main.Show()语句之前的注释符号而将其后的 Me.Close()语句改为注释。

4）编写"取消"按钮单击事件代码

双击图 8.11 中的 Button2(取消)按钮,跳转到编写 Button2_Click 事件程序代码位置。"取消"按钮 Button2 完成的功能是关闭当前应用程序,为其编写的程序代码如下(其中,Me 是一个系统全局变量,表示当前窗体):

```
Private Sub Button2 _ Click (sender As System.Object, e As System.EventArgs) Handles
Button2.Click
        Me.Close()
End Sub
```

完整的 Login 模块代码页如图 8.15 所示。

提示：在进行项目开发时,要养成随时保存当前项目的中间结果的好习惯。单击快捷工具栏中的保存按钮 🖫 即可快速保存当前窗体,或者选择"文件"|"全部保存"菜单项可保存当前项目。

5. 程序调试与运行

在设计软件时,通常情况下当一个程序模块设计好后,就可以对其进行调试运行了,方法是：选择 Visual Studio 主菜单中的"调试"|"启动调试"命令。如果登录模块程序没有错误,系统会弹出默认的启动窗体 Login 的运行界面,如图 8.16 所示,在登录窗体的用户名和密码文本框中输入正确的用户名和密码后,系统提示"欢迎使用大学教学信息管理系统!",若输入的用户名或密码与数据库中 USERS 表保存的不相符,则会弹出"用户名或密码错误! 请重新输入!"提示框。

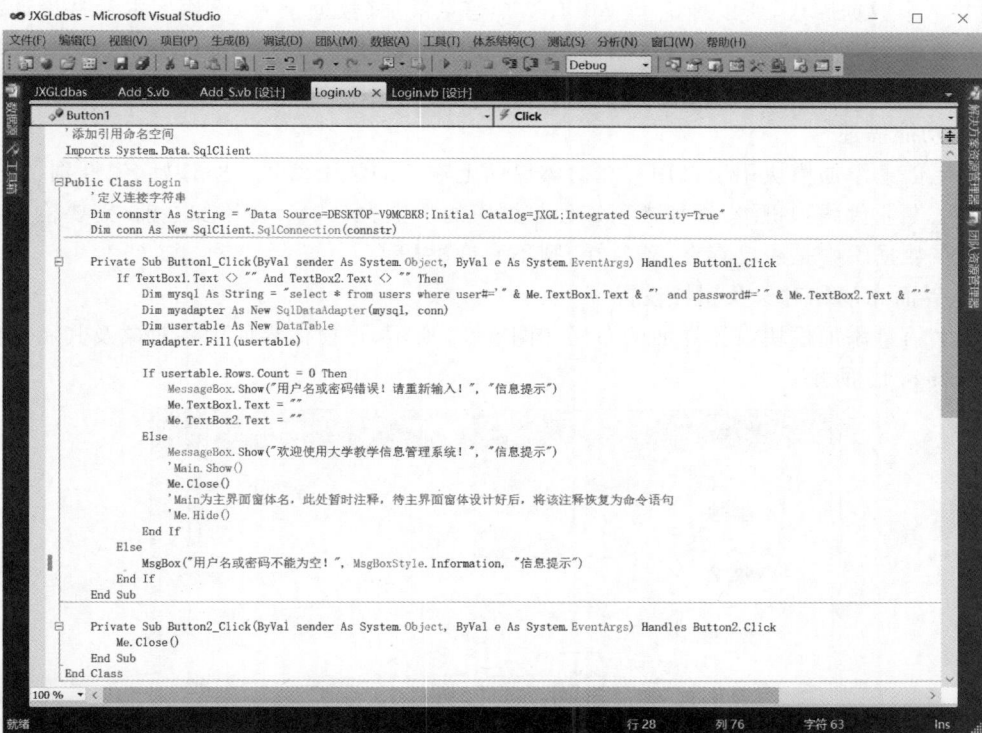

图 8.15　登录模块的代码页

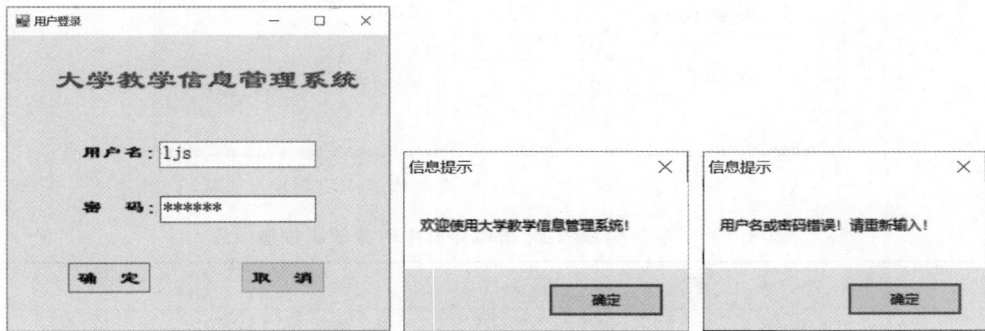

图 8.16　用户登录界面

　　在系统运行调试时,如果程序代码有问题,系统会在错误列表中显示相应的错误、警告和消息。双击错误提示条目,就会跳转到程序代码的相应位置,在此位置即可直接修改程序代码。若不能直接修改,可以选择"调试"|"停止调试"菜单项,在程序代码页直接修改程序,修改后要及时保存修改内容。

8.4.2　数据库表信息添加功能模块设计——以学生信息添加模块为例

　　在一个基于数据库的信息管理系统中,用户在数据库中创建的每个表都需要有相应的信息添加模块来实现该表中每个数据记录的录入。大学教学信息管理数据库应用系统共设计了学生表 S、课程表 C、学习成绩表 SC、专业表 SS、课程设置表 CS、讲授表 TEACH、教师

数据库应用系统设计与实现

表 T 共 7 个数据库表,所以理论上应该有 7 个信息添加(数据录入)模块。本章从设计范例教学的角度,仅给出了学生信息添加模块的设计过程和设计方法,其他 6 个信息添加模块的设计过程和设计方法与学生信息添加模块的设计相同。

1. 功能描述

学生信息添加模块用于将用户在窗体界面上输入的学生信息(学号、姓名、性别、出生日期、籍贯、专业代码和班级)添加进 JXGL 数据库的学生表 S 中。在添加之前,需要检查新添的学号在数据库中是否已存在,若存在,则不允许添加。

2. 界面布局和对象及属性设置

学生信息添加模块窗体界面的布局如图 8.17 所示,该窗体界面中各对象及其属性值的设置如表 8.10 所示。

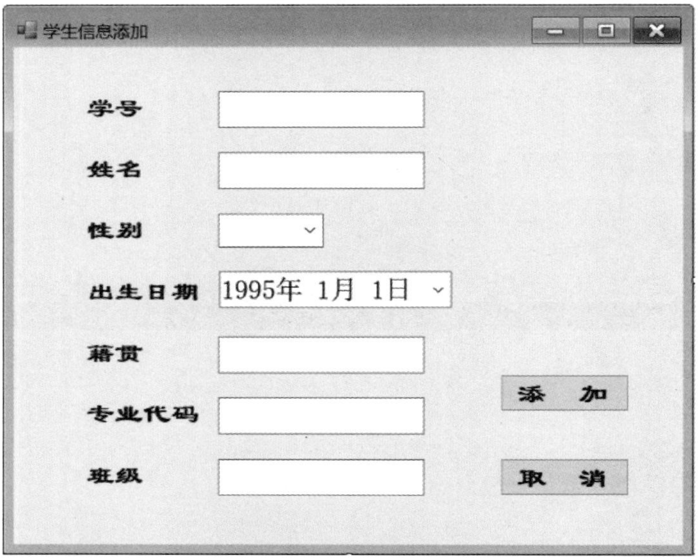

图 8.17 学生信息添加模块窗体界面的布局

表 8.10 "学生信息添加"窗体界面中对象的属性值设置

对　象　名	属　　性	属　性　值	备　　注
Add_S	Text	学生信息添加	标题栏显示文字
	StartPosition	CenterScreen	指定窗体在屏幕中心出现
Label1	Text	学号	学号标签显示文字
	Font	楷体、粗体、四号	字体(下面6行的字体相同)
Label2	Text	姓名	姓名标签显示文字
Label3	Text	性别	性别标签显示文字
Label4	Text	出生日期	出生日期标签显示文字
Label5	Text	籍贯	籍贯标签显示文字
Label6	Text	专业代码	专业代码标签显示文字
Label7	Text	班级	班级标签显示文字
TextBox1	MaxLength	9	学号最大允许输入长度
	Font	宋体、常规、四号	字体(下面6行的字体相同)

对 象 名	属 性	属 性 值	备 注
TextBox2	MaxLength	16	姓名最大允许输入长度
TextBox3	MaxLength	16	籍贯最大允许输入长度
TextBox4	MaxLength	5	专业代码最大允许输入长度
TextBox5	MaxLength	6	班级最大允许输入长度
ComboBox1	Items	男、女	性别组合框中可选的性别值
DateTimePicker1	Value	1995/1/1	学生出生日期可选的默认日期
	MaxDate	2025/12/30	学生出生日期最大值
	MinDate	1900/1/1	学生出生日期最小值
Button1	Text	添加	添加按钮表面显示文字
	Font	楷体、粗体、小三	字体(下面一行的字体相同)
Button2	Text	取消	取消按钮表面显示文字

1) 添加 Add_S 窗体

打开 JXGLdbas 项目,在"解决方案资源管理器"的 JXGLdbas 项目上右击(如图 8.18 所示),在弹出的快捷菜单中选择"添加"|"Windows 窗体"选项,系统弹出"添加新项"对话框,在对话框中将位于其底部的默认窗体名 Form1.vb 修改为 Add_S.vb,单击"添加"按钮,如图 8.19 所示,即可完成学生信息添加窗体的添加。

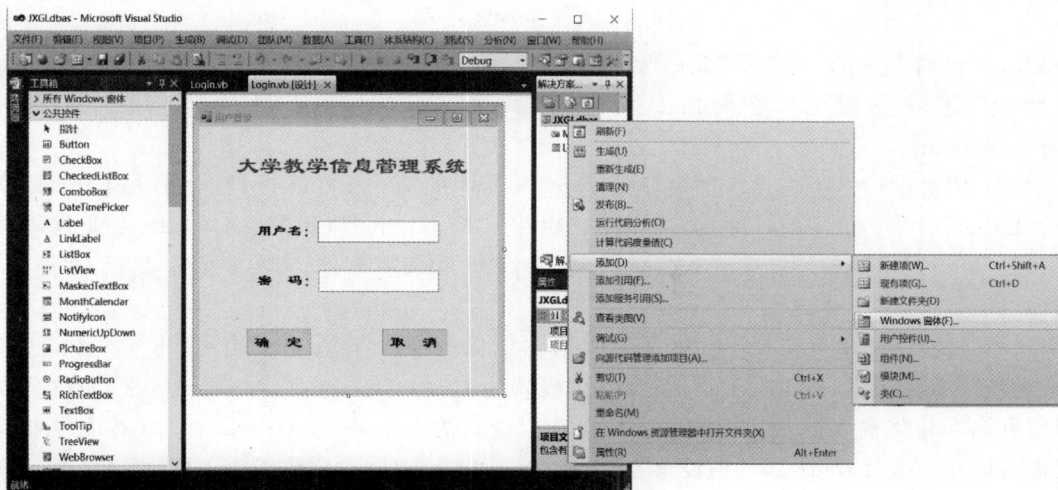

图 8.18 添加 Windows 窗体

2) 控件及属性设计

学生信息添加窗体中包含的对象有:窗体 Add_S;标签 Label1(学号)、标签 Label2(姓名)、标签 Label3(性别)、标签 Label4(出生日期)、标签 Label5(籍贯)、标签 Label6(专业代码)、标签 Label7(班级);文本框 Textbox1(输入学号)、文本框 Textbox2(输入姓名)、文本框 Textbox3(输入籍贯)、文本框 Textbox4(输入专业代码)、文本框 Textbox5(输入班级);组合框 ComboBox1(选择性别);日期选择控件 DateTimePicker1(选择出生日期);按钮 Button1(添加)、按钮 Button2(取消)。下面分别介绍对各对象进行属性设置的方法。

(1) 给学生信息添加模块的 Add_S 窗体重命名,方法是:单击 Add_S 窗体,Visual

229

第 8 章

数据库应用系统设计与实现

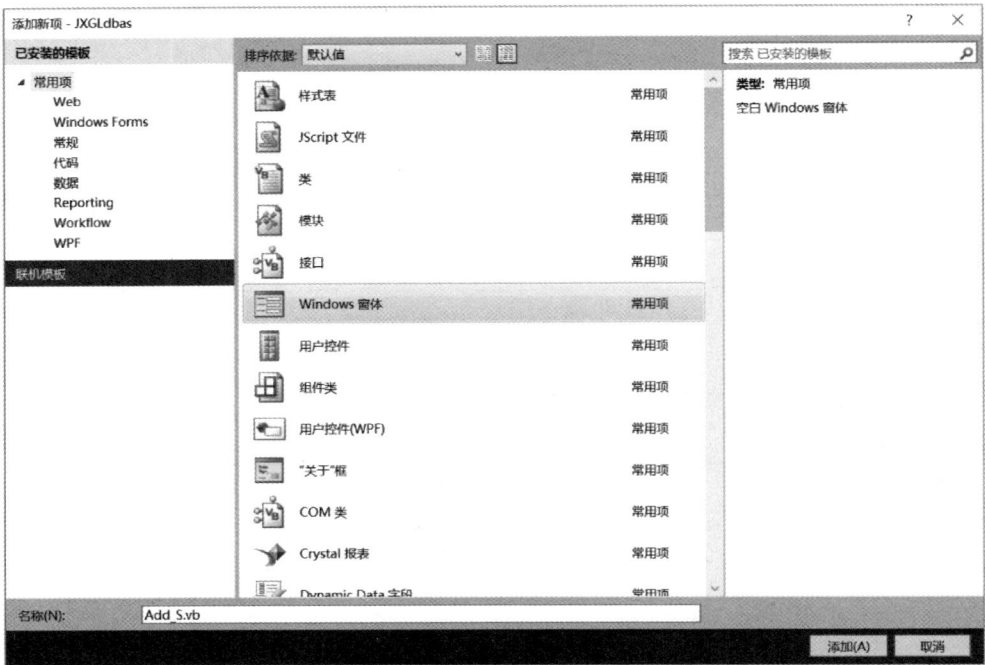

图 8.19　添加 Add_S 窗体

Studio 平台右下方的"属性栏"显示"Add_S",表示对 Add_S 窗体对象设置属性。找到 Text 属性,将其值设置为"学生信息添加";找到 StartPosition 属性,将其值设置为 CenterScreen。

（2）依次设计学生信息添加模块的 Add_S 窗体的 7 个 Label 控件,分别为 Label1（学号）、Label2（姓名）、Label3（性别）、Label4（出生日期）、Label5（籍贯）、Label6（专业代码）、Label7（班级）。分别在其 Font 属性的"字体"对话框中将其字体、字形和大小设置为"楷体、粗体、四号"。

（3）依次设计学生信息添加模块的 Add_S 窗体的 5 个 TextBox 控件。将 TextBox1 控件（对应学号输入框）的 MaxLength 属性值设置为 9;将 TextBox2 和 TextBox3 控件（分别对应姓名和籍贯输入框）的 MaxLength 属性值设置为 16;将 TextBox4 控件（对应专业代码输入框）的 MaxLength 属性值设置为 5;将 TextBox5 控件（对应班级输入框）的 MaxLength 属性值设置为 6;将 5 个 TextBox 控件的 Font 属性值设置为"宋体、常规、四号"。

图 8.20　设置 ComboBox1 控件的 Items 属性

（4）设计选择学生性别的组合框 ComboBox 控件,方法是：从 Visual Studio 平台左部的"工具箱"中选中 ComboBox 控件,在 Add_S 窗体的合适位置用鼠标拖拉得到 ComboBox1,在"属性栏"中将其 Font 属性的字体、字形和大小设置为"宋体、常规、四号";找到 Items 属性,单击其右侧的回按钮,弹出"字符串集合编辑器",在其中输入属性值"男""女",如图 8.20 所示。

（5）设计选择出生日期的 DateTimePicker 控

件,方法是：从 Visual Studio 平台左部的"工具箱"中选中 DateTimePicker 控件,在 Add_S 窗体的合适位置用鼠标拖拉得到 DateTimePicker1。在"属性栏"中将 Value 属性值设置为"1995/1/1"(即将出生日期的默认值设置为大多数学生的出生年份);将 MaxDate 属性值设置为"2050/12/30";将 MinDate 属性值设置为"1980/1/1";将 Font 属性值设置为"宋体、常规、四号"。

(6)设计学生信息添加模块的 Add_S 窗体的两个 Button 按钮(分别对应添加、取消按钮),将其 Text 属性值分别设置为"添加"和"取消";将其 Font 属性值设置为"楷体、加粗、小三号"。

通过以上的设计过程,就可以得到如图 8.21 所示的"学生信息添加"窗体界面。

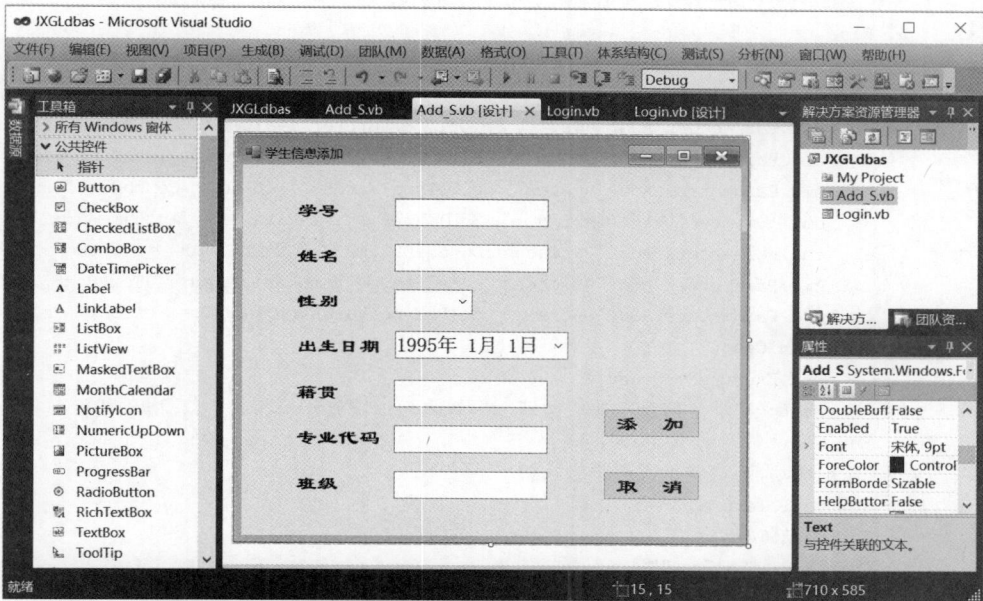

图 8.21 "学生信息添加"窗体界面

3. 程序代码设计

根据学生信息添加模块的功能描述,当用户在"学生信息添加"窗体界面输入一名学生的基本信息,并单击"添加"按钮后,系统才开始将新输入的学生基本信息记录添加到数据库中。所以,程序代码设计的第一步是:双击图 8.21 中的 Button1(添加)按钮,进入"添加"按钮的代码编写页。

1)添加 SqlClient 命名空间和定义数据库连接

与登录模块的程序代码设计一样,需要在程序的最前面添加 SqlClient 的引用命名空间语句,在 Add_S 类(Public Class Add_S)的最前面定义数据库的连接信息。两类语句格式与设计登录模块程序代码时一样,此处不再赘述。

2)编写"添加"按钮单击事件代码

"添加"按钮单击事件 Button1_Click()的代码功能是将用户在窗体中输入的学生数据信息添加到 JXGL 数据库的 S 表中。程序代码应位于"Private Sub Button1_Click"和"End Sub"之间。Button1_Click 事件代码如下:

数据库应用系统设计与实现

```
Private Sub Button1 _ Click ( sender As System. Object, e As System. EventArgs ) Handles
Button1.Click
        Dim insertsql As String = "insert into S(s♯, sname, ssex, sbirthin, placeofb, scode♯,
class) values (@s♯, @sname, @ssex, @sbirthin, @placeofb, @scode♯, @class)"
        Dim cmd As New SqlClient. SqlCommand(insertsql, conn)
        '检查添加的学号是否已存在
        Dim sqlstring As String = "select * from S where s♯ = '" & TextBox1.Text & "'"
        conn.Open()
        Dim com2 As New SqlClient.SqlCommand(sqlstring, conn)
        Dim read1 As SqlDataReader = com2.ExecuteReader
        If read1.Read() Then
            MsgBox("该学号已经存在!", MsgBoxStyle.Information, "信息提示")
        Else
            '添加新学生的信息
            conn.Close()
            cmd.Parameters.Add("@s♯", SqlDbType.VarChar).Value = TextBox1.Text
            cmd.Parameters.Add("@sname", SqlDbType.VarChar).Value = TextBox2.Text
            cmd.Parameters.Add("@ssex", SqlDbType.VarChar).Value = ComboBox1.Text
            cmd.Parameters.Add("@sbirthin", SqlDbType.DateTime).Value = DateTimePicker1.Value
            cmd.Parameters.Add("@placeofb", SqlDbType.VarChar).Value = TextBox5.Text
            cmd.Parameters.Add("@scode♯", SqlDbType.VarChar).Value = TextBox6.Text
            cmd.Parameters.Add("@class", SqlDbType.VarChar).Value = TextBox7.Text
            conn.Open()
            cmd.ExecuteNonQuery()
            MsgBox("学生信息添加成功!", MsgBoxStyle.Information, "信息提示")
        End If
        '添加成功后,清空上次用户输入值
        TextBox1.Text = ""
        TextBox2.Text = ""
        ComboBox1.Text = ""
        DateTimePicker1.Value = "1995/1/1"
        TextBox5.Text = ""
        TextBox6.Text = ""
        TextBox7.Text = ""
        conn.Close()
    End Sub
```

3)编写"取消"按钮单击事件代码

双击 Add_S 窗体界面上的 Button2(取消)按钮,跳转到编写 Button2_Click 事件程序代码位置。根据取消按钮 Button2 完成关闭当前应用程序的功能,为其编写的程序代码如下:

```
Private Sub Button2 _ Click ( sender As System. Object, e As System. EventArgs ) Handles
Button2.Click
        Me.Close()
    End Sub
```

完整的 Add_S 模块代码页如图 8.22 所示。

4. 程序调试与运行

当已经设计好了多个程序模块,如已设计好登录模块 Login 和学生信息添加模块 Add_S,要调试新设计好的学生信息添加模块 Add_S 时,就需要设置(新)调试时的"启动窗体",

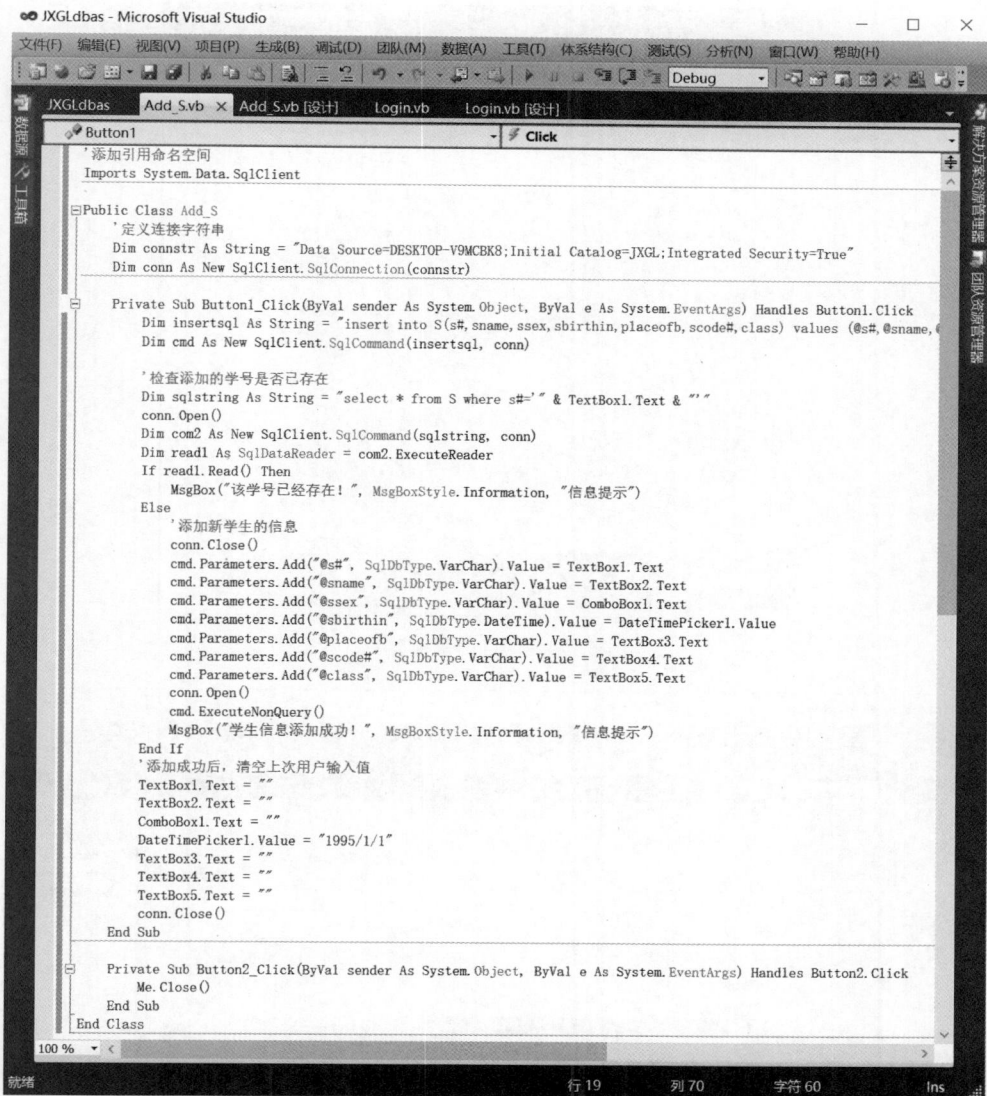

图 8.22　学生信息添加模块的代码页

方法是：在 Visual Studio 平台右上方的"解决方案资源管理器"栏中右击项目名称 JXGLdbas,在弹出的快捷菜单中选择"属性"(如图 8.23 所示)选项,在弹出的窗体中单击 "启动窗体"下拉菜单选择 Add_S,如图 8.24 所示,这时就可以调试学生信息添加程序模 块了。

与调试"登录模块"时的方法一样,选择 Visual Studio 主菜单的"调试"|"启动调试"选 项,弹出如图 8.25 所示的"学生信息添加"对话框,在每项文本框中输入相应的文本值,在 "性别"下拉框中选取"男"或"女",在出生日期中选取日期后,单击"添加"按钮即可完成学生 信息的添加。若输入的学号在数据库中已存在,表明该学生的基本信息记录已经输入过了, 系统提示"该学号已经存在!",不再需要向数据库中添加该记录。

233

第
8
章

数据库应用系统设计与实现

234

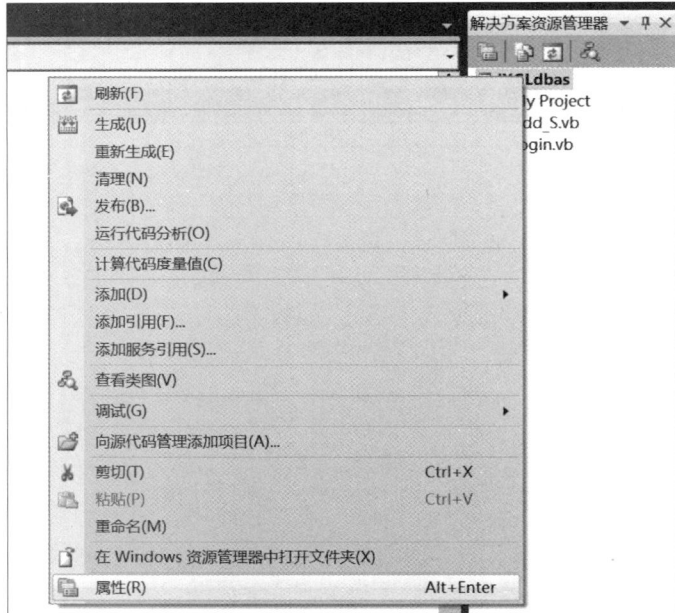

图 8.23　"项目"快捷菜单

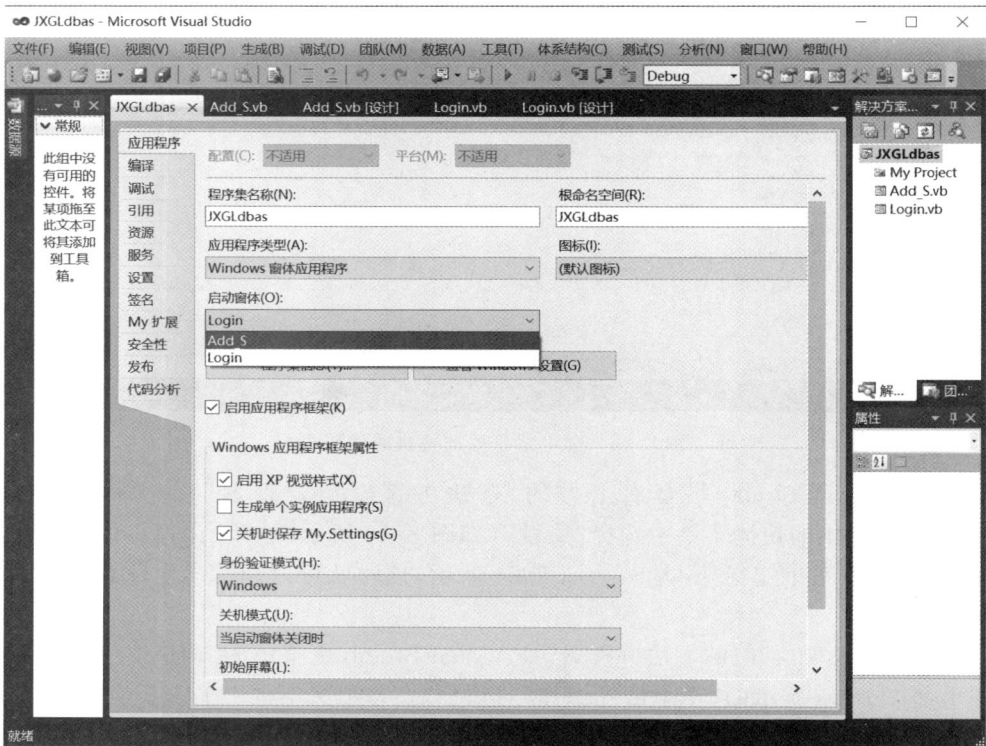

图 8.24　设置"启动窗体"

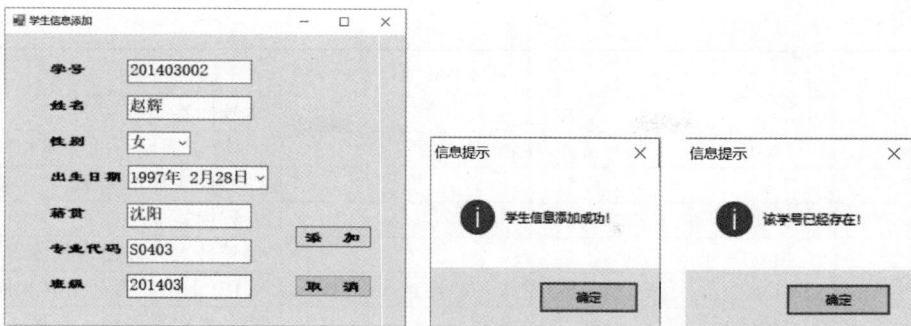

图 8.25　"学生信息添加"界面

8.4.3　数据库表信息查询功能模块设计——以学生信息查询模块为例

在一个基于数据库的信息管理系统中,尽管会有各种各样的满足领域信息管理需求的查询功能,但对用户创建的每一个表中信息的查询仍是其最基本的功能。因此,大学教学信息管理数据库应用系统理论上应该有基于学生表 S 的学生信息查询模块、基于课程表 C 的课程信息查询模块等共 7 个信息查询模块。本章从设计范例教学的角度,仅给出了基于学生表 S 的学生信息查询模块的设计过程和设计方法,基于其他 6 个数据库表的信息查询模块的设计过程和设计方法与学生信息添加模块的设计相同。

1. 功能描述

学生信息查询功能模块根据用户输入的学生学号和(或)姓名,查询 JXGL 数据库中学生表 S 的信息,并显示查询出的人数。该查询支持学号、姓名的模糊查询,如查询姓"李"的同学等。

2. 界面布局和对象及属性设置

学生信息查询模块窗体界面的布局如图 8.26 所示,该窗体界面中各对象及其属性值的设置如表 8.11 所示。

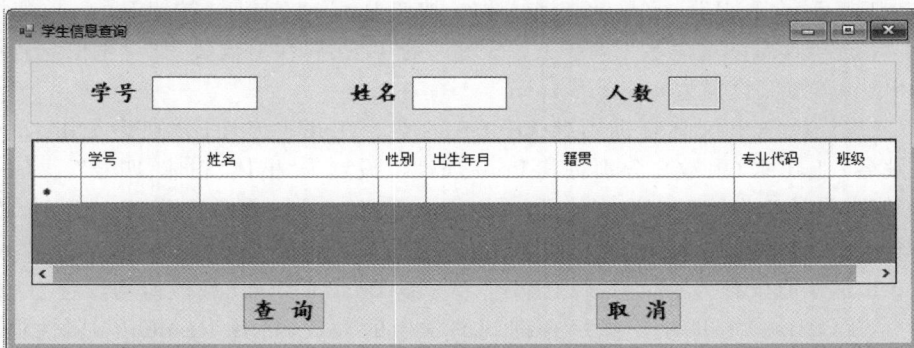

图 8.26　学生信息查询模块窗体界面的布局

表 8.11　"学生信息查询"窗体中对象的属性值设置

对 象 名	属 性	属 性 值	备 注
Qry_S	Text	学生信息查询	标题栏显示文字
	StartPosition	CenterScreen	指定窗体在屏幕中心出现

数据库应用系统设计与实现

对 象 名	属 性	属 性 值	备 注
Label1	Text	学号	学号标签显示文字
	Font	楷体、粗体、四号	字体(下面两行的字体相同)
Label2	Text	姓名	姓名标签显示文字
Label3	Text	人数	人数标签显示文字
TextBox1	MaxLength	9	学号最大允许输入长度
	Font	宋体、常规、四号	字体(下面一行的字体相同)
TextBox2	MaxLength	16	姓名最大允许输入长度
TextBox3	ReadOnly	True	人数文本框为只读
	Font	宋体、粗体、四号	字体
	TextAlign	Center	字体对齐方式:居中
GroupBox1	Text	空	组框线上显示的文字
DataGridView	所有属性采用默认值		设计详见"控件及属性设计"
Button1	Text	查询	查询按钮表面显示文字
	Font	楷体、粗体、小三	字体(下面一行的字体相同)
Button2	Text	取消	取消按钮表面显示文字

1) 添加 Qry_S 窗体

在"解决方案资源管理器"的 JXGLdbas 项目上右击,在弹出的快捷菜单中选择"添加"|"Windows 窗体"命令,系统弹出"添加新项"对话框,在对话框中将位于其底部的窗体名 Form1.vb 修改为 Qry_S.vb,单击"添加"按钮,即可完成学生信息查询窗体 Qry_S 的添加。

2) 控件及属性设计

学生信息查询窗体 Qry_S 中包含的对象有窗体 Qry_S(学生信息查询);标签 Label1(学号)、标签 Label2(姓名)、标签 Label3(人数);文本框 Textbox1(输入学号)、文本框 Textbox2(输入姓名)、文本框 Textbox3(显示人数);组框 GroupBox1(组合查询选项框架);数据表格 DataGridView1(显示查询结果);按钮 Button1(查询)、按钮 Button2(取消)。

(1) 给 Qry_S 窗体重命名,即将 Qry_S 窗体的 Text 属性值设置为"学生信息查询";将 StartPosition 属性值设置为 CenterScreen。

(2) 依次设计学生信息查询窗体 Qry_S 的 3 个 Label 控件,分别为 Label1(学号)、Label2(姓名)、Label3(人数),分别将其 Font 属性值设置为"楷体、粗体、四号"。

(3) 依次设计学生信息查询窗体 Qry_S 的 3 个 TextBox 控件。将 TextBox1 控件(对应学号输入框)的 MaxLength 属性值设置为 9;将 TextBox2 控件(对应姓名输入框)的 MaxLength 属性值设置为 16;将 TextBox1 和 TextBox2 的 Font 属性值均设置为"宋体、常规、四号"。TextBox3 控件用于显示查询到的学生的人数,将其 ReadOnly 属性值设置为 True;将 Font 属性值设置为"宋体、粗体、四号";将 TextAlign 属性值设置为 Center(含义是对齐方式为居中)。

(4) 设计 GroupBox1 控件,方法是:从 Visual Studio 平台左部的"工具箱"中选中 GroupBox 控件,在学生信息查询窗体上的合适位置用鼠标拖拉得到 GroupBox1,在其"属性栏"中将 Text 属性的默认值 GroupBox1 删掉(含义是 Text 属性值为空)。GroupBox1 控件可以用边框将查询选项组合在一起,起到美观作用,如图 8.27 上部框住学号、姓名、人数的边框所示。

（5）设计用于显示查询学生记录结果的 DataGridView，方法是：从 Visual Studio 平台左部的"工具箱"中选中 DataGridView 控件，在学生信息查询窗体上的合适位置用鼠标拖拉得到 DataGridView1，如图 8.27 所示，其属性均采用默认值。

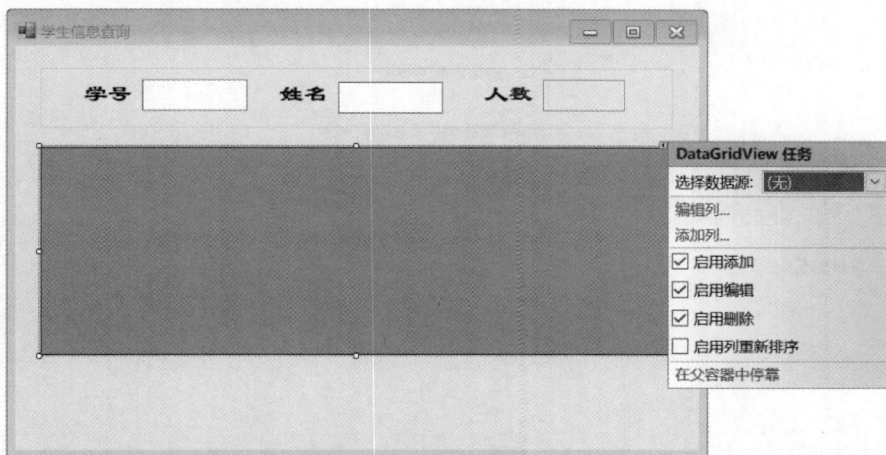

图 8.27　显示学生记录结果的 DataGridView

在 DataGridView 的旁边是"DataGridView 任务"菜单项。如果 DataGridView 失去焦点，这个菜单项就会消失。选中 DataGridView，在其右上角会出现一个小黑三角。单击这个小黑三角，"DataGridView 任务"菜单项又会重新出现。

对 DataGridView 的进一步设计将从步骤（7）开始介绍，下面先介绍两个 Button 的设计方法。

（6）设计学生信息查询窗体 Qry_S 的两个 Button 按钮（分别对应查询、取消命令按钮），将其 Text 属性值分别设置为"添加"和"取消"，将其 Font 属性值设置为"楷体、加粗、小三号"，如图 8.28 所示。

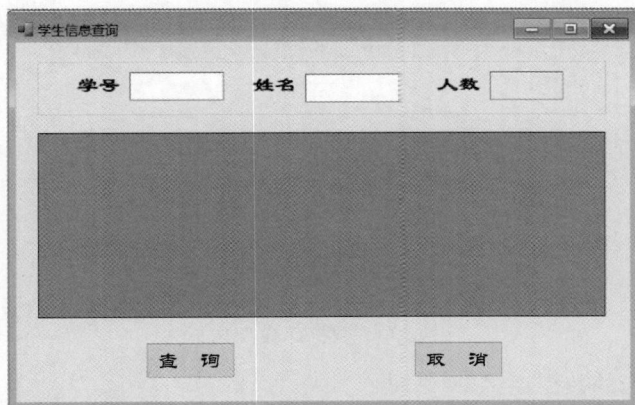

图 8.28　设计两个 Button 后的学生信息查询窗体

（7）为 DataGridView 控件添加数据源和数据列（即利用 DataGridView 绑定数据源的方法）。选中 DataGridView 控件，单击其右上角出现的小黑三角，弹出"DataGridView 任

237

第8章

数据库应用系统设计与实现

务"菜单项。

① 单击"DataGridView 任务"菜单项中的"选择数据源"下拉列表框，在弹出的对话框（图 8.29(a)）中选择"添加项目数据源"选项，就会弹出如图 8.29(b)所示的"数据源配置向导"对话框，提示"选择数据源类型"。接着，选择"数据库"并单击"下一步"按钮。

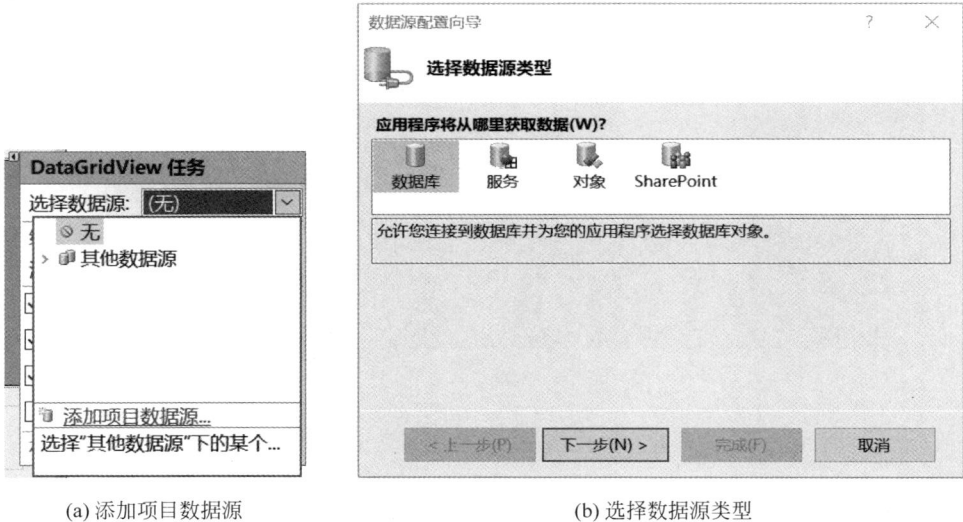

(a) 添加项目数据源　　　　　　　　　　(b) 选择数据源类型

图 8.29　添加数据源和选择数据源类型

② 弹出"数据源配置向导"对话框，提示"选择数据库模型"，如图 8.30 所示。选择"数据集"，单击"下一步"按钮。

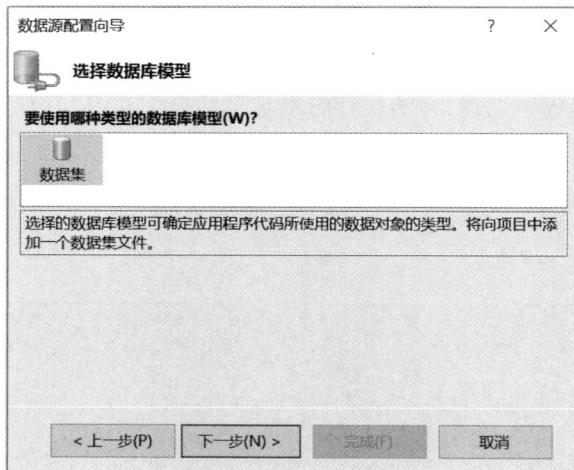

图 8.30　数据库模型选择

③ 弹出"选择您的数据连接"对话框：

◆ 如果是首次选择数据连接，则弹出的"选择您的数据连接"对话框如图 8.31(a)所示。单击"新建连接"按钮，会弹出"选择数据源"对话框，如图 8.31(b)所示。接着选择所用的数据源 SQL Server，然后单击"继续"按钮，系统会弹出"添加连接"对话框，如图 8.32(a)所示。在"服务器名："文本框中输入服务器名称"DESKTOP-V9MCBK8"，如图 8.32(b)所示。选中"选择或输入一个数据库名:"单选按钮,选择数据库名 JXGL,再单击"确定"按钮后,弹出"将连接字符串保存到应用程序配置文件中"对话框,如图 8.33 所示,单击"下一步"按钮。

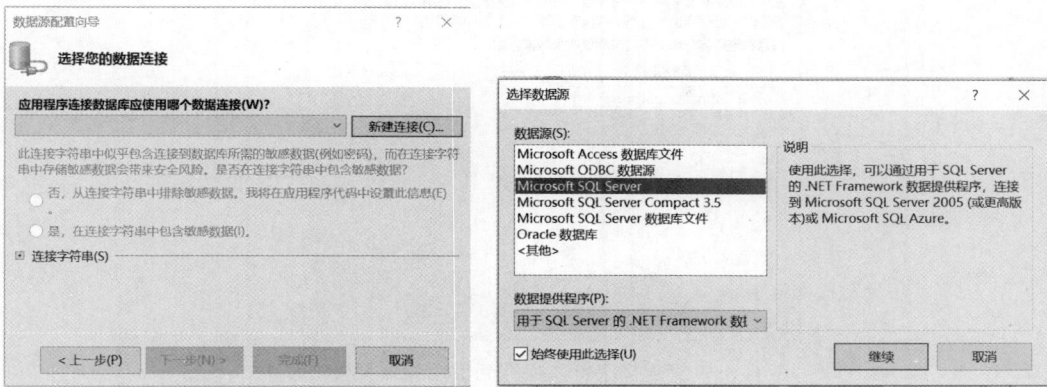

(a) 选择您的数据连接　　　　　　　　　　　(b) 选择数据源

图 8.31　选择数据连接

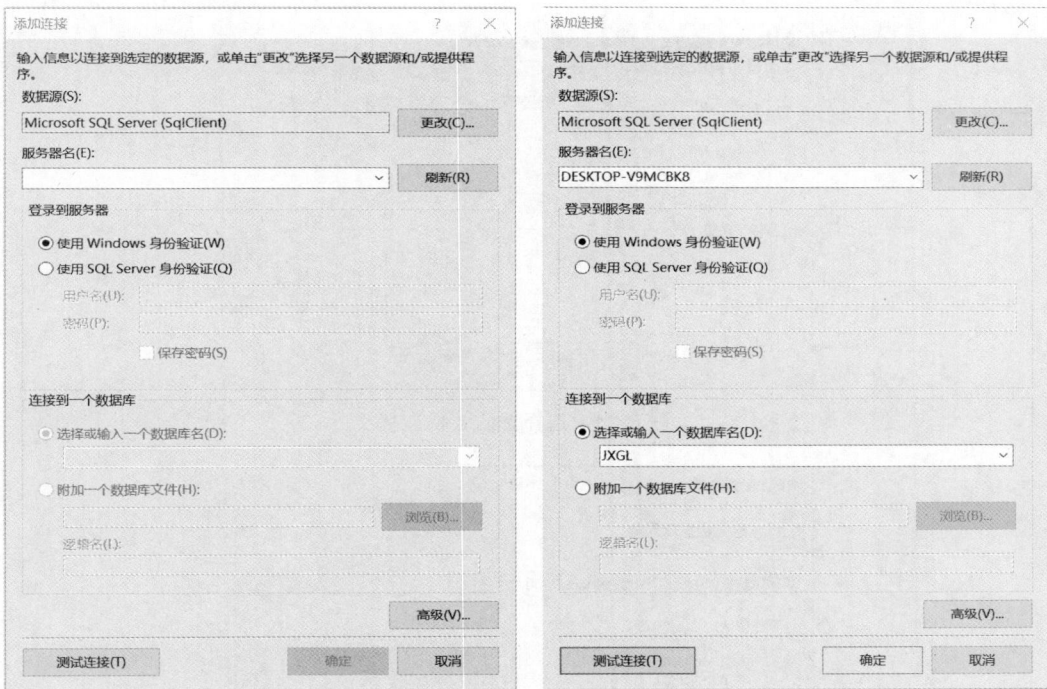

(a)"添加连接"对话框　　　　　　(b) 输入相关信息的"添加连接"对话框

图 8.32　添加连接

◆ 如果不是首次选择数据连接,则弹出的"选择您的数据连接"对话框如图 8.34 所示,单击"下一步"按钮。

④ 弹出"数据源配置向导"对话框,提示"选择数据库对象"。点开表目录,选中学生表 S(该表中的 7 个列项同时被选中),如图 8.35 所示。然后,单击"完成"按钮。

数据库应用系统设计与实现

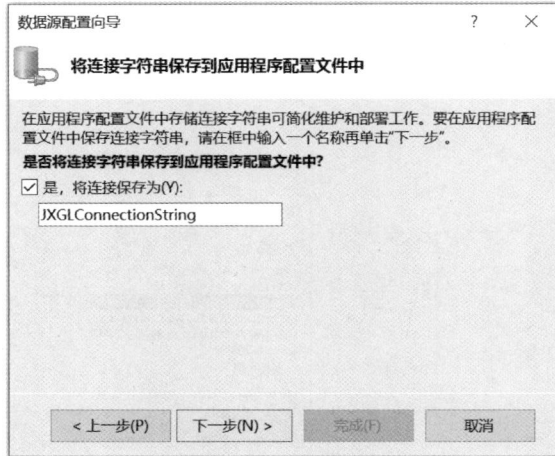

图 8.33　将连接字符串保存到应用程序配置文件中

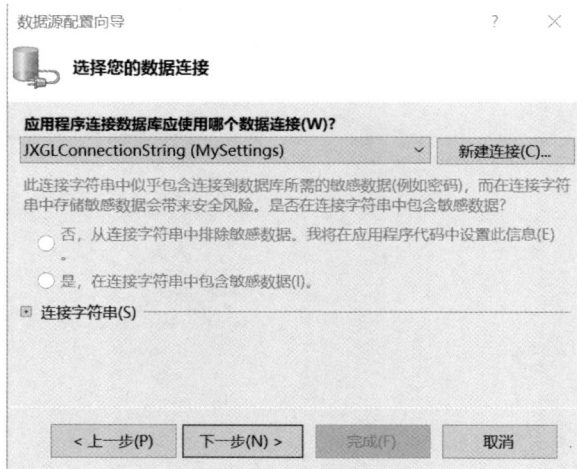

图 8.34　选择您的数据连接

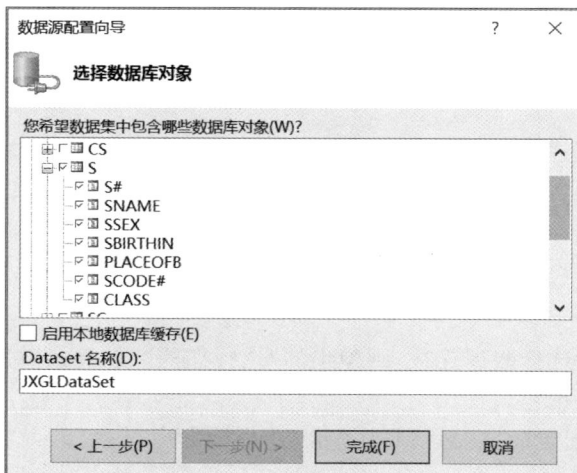

图 8.35　选择数据库对象

⑤ 经过以上设计过程，就可得到如图 8.36 所示的学生信息查询窗体。

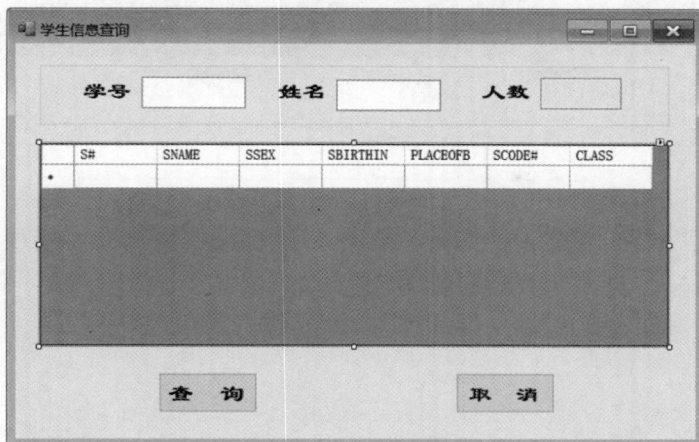

图 8.36 设计的学生信息查询窗体中间结果

（8）将 S 表中的字符串形式的列名 S# 等改成中文列名。

① 单击 DataGridView 控件右上方的小黑三角，在弹出的"DataGridView 任务"菜单项中选择"编辑列"选项，弹出"编辑列"对话框，将已默认选中的列 S# 的 HeaderText 属性值改为学号，将 MaxInputLength 属性（属性定义或显示需要的字符串长度）设置为 9，将 Width 属性（显示需要的像素个数，该像素个数或者是显示字符串本身的需要，或者是显示该属性名的需要）设置为 100，如图 8.37 所示，然后单击"确定"按钮。

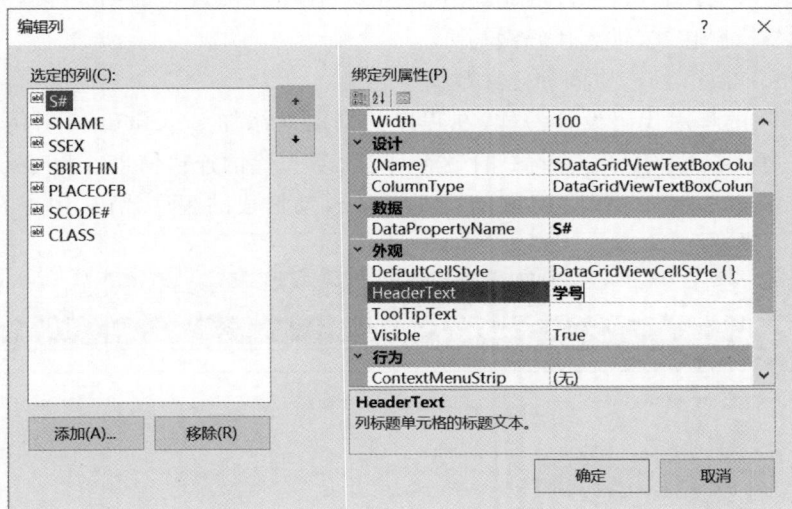

图 8.37 把列名改成中文

② 接下来，依次选中编辑列部分的 SNAME、SSEX、SBIRTHIN、PLACEOFB、SCODE#、CLASS，将 HeaderText 属性值分别设置为姓名、性别、出生日期、籍贯、专业代码、班级，将 MaxInputLength 属性值分别设置为 16、2、10、16、5、6，将 Width 属性值分别设置为 150、50、120、150、110、80，单击"确定"按钮。

经过以上的设计，就可得到如图 8.38 所示的"学生信息查询"窗体界面。

数据库应用系统设计与实现

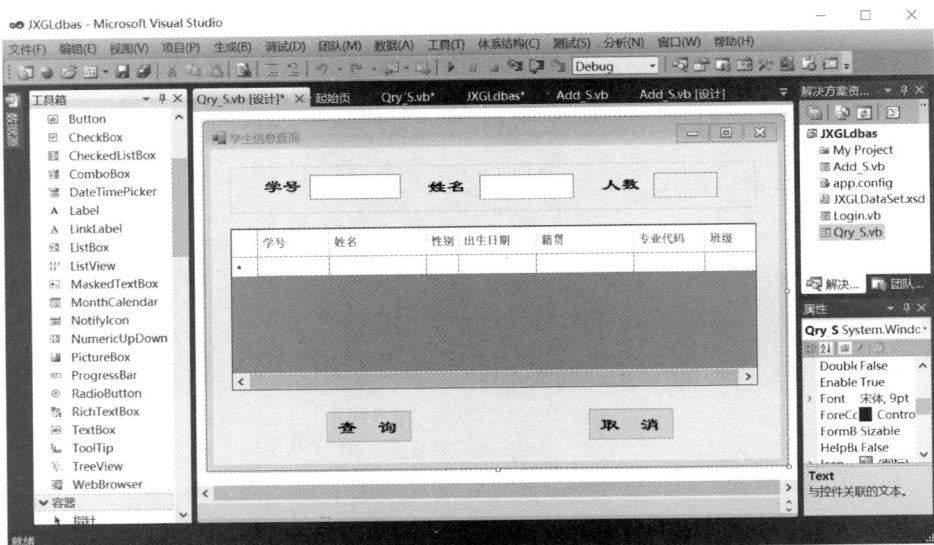

图 8.38 "学生信息查询"窗体界面

3. 程序代码设计

学生信息查询模块的功能是根据用户输入的查询条件（或仅输入的学号，或仅输入的姓名，或同时输入的学号和姓名），单击"查询"按钮，系统就把数据库中满足条件的学生信息记录查询出来，并将其作为 DataGridView 控件的数据源显示给用户，同时统计查询出的学生记录个数（人数），将其显示在 TextBox3 中。所以，程序代码设计的第一步是双击图 8.38 中的 Button1（查询）按钮，进入代码编写页。

1）添加 SqlClient 命名空间和定义数据库连接

与登录模块的程序代码设计一样，在程序的最前面添加 SqlClient 的引用命名空间语句，在 Qry_S 类（Public Class Qry_S）的最前面定义数据库的连接信息。此时的程序代码页如图 8.39 所示，其中，Qry_S_Load 私有类是系统自动形成的程序代码，用于在加载"学生

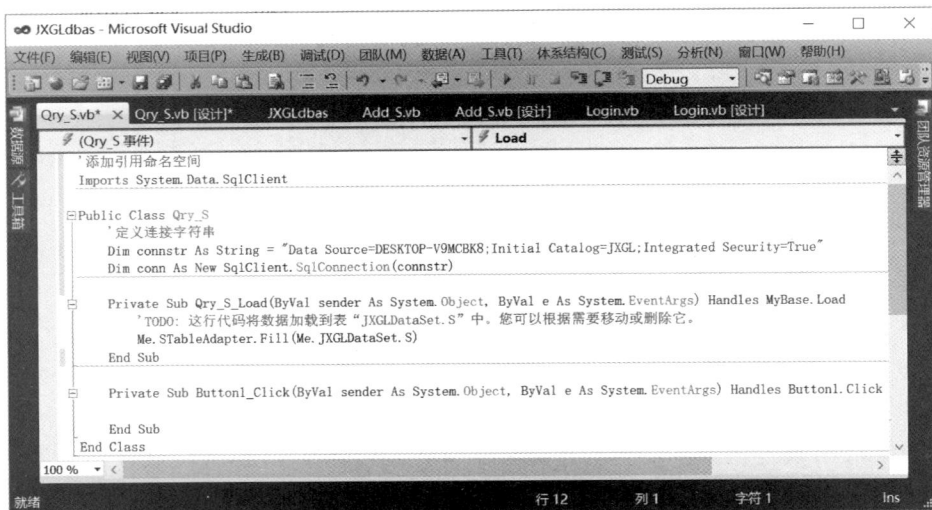

图 8.39 编写"查询"按钮单击事件代码前的程序代码

信息查询"窗体的同时将从学生表 S 中查询出的全部数据显示在由 DataGridView 控件设计的表中。

2）编写"查询"按钮单击事件代码

显然，要编写的程序代码位于 Button1 单击事件子类开始语句"Private Sub Button1_Click"和结束语句"End Sub"之间。Button1_Click 事件代码如下：

```
Private  Sub  Button1 _ Click ( sender  As  System. Object,  e  As  System. EventArgs )  Handles
Button1. Click
        Dim sqlstr As String = "select * from S where s# like '" & TextBox1. Text & " % '" &
"and sname like '" & TextBox2. Text & " % '"
        Dim adapter1 As New SqlDataAdapter(sqlstr, conn)
        Dim dt1 As New DataSet
        dt1. Clear( )
        Try
            adapter1. Fill(dt1, "学生")
        Catch ex As Exception
            MessageBox. Show(ex. Message)
            Exit Sub
        End Try
        DataGridView1. DataSource = dt1. Tables("学生")

        '求人数
        Dim countstr As String = "select count( * ) from S where s# like '" & TextBox1. Text &
" % '" & "and sname like '" & TextBox2. Text & " % '"
        Dim cmd As New SqlCommand(countstr, conn)
        conn. Open( )
        TextBox3. Text = cmd. ExecuteScalar
        conn. Close( )
End Sub
```

3）编写"取消"按钮单击事件代码

双击 Qry_S 窗体界面上的 Button2（取消）按钮，跳转到编写 Button2_Click 事件程序代码位置，为其编写的程序代码如下：

```
Private  Sub  Button2 _ Click ( sender  As  System. Object,  e  As  System. EventArgs )  Handles
Button2. Click
        Me. Close( )
End Sub
```

完整的 Qry_S 模块代码页如图 8.40 所示。

4. 程序调试与运行

按照 8.4.2 节程序模块调试部分的方法设置调试启动窗体名为 Qry_S，接着选择 Visual Studio 主菜单中的"调试"|"启动调试"命令，弹出如图 8.41 所示的对话框（开始无查询结果）。用户可通过单独输入"学号""姓名"，或同时输入某个学生的学号和姓名查询学生信息，查询结果会显示在 DataGridView 控件的表格中，学生人数显示在 TextBox3 文本框中，如图 8.41 所示。

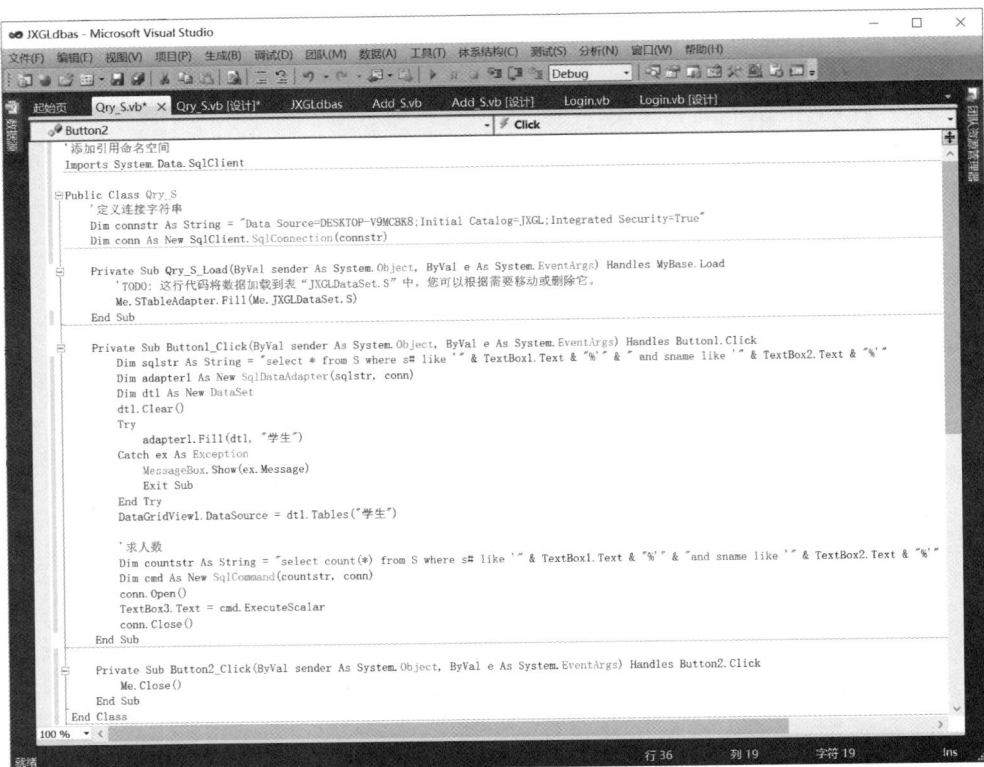

图 8.40 "学生信息查询"模块的代码页

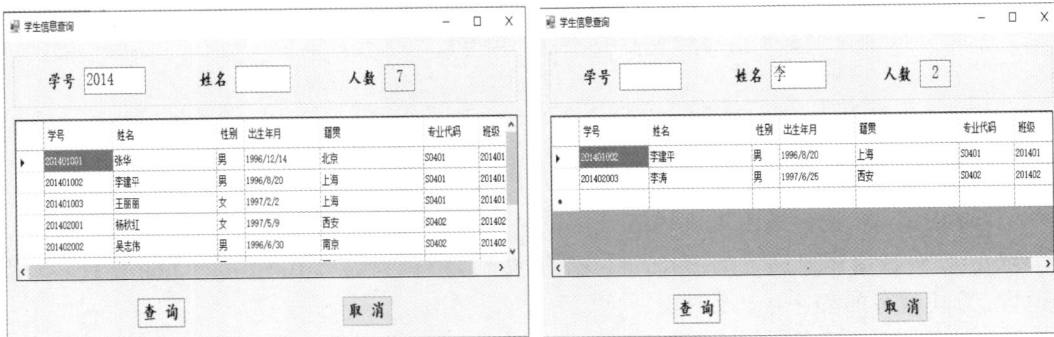

(a) 学号按"2014"的模糊查询结果   (b) 姓名按"李"的模糊查询结果

图 8.41 调试"学生信息查询"模块部分界面

8.4.4 基于下拉组合框的信息查询功能模块设计——以成绩信息查询模块为例

基于下拉组合框的信息查询是指以组合框（GroupBox）控件设计的下拉组合框中的信息为查询条件进行信息查询。

1. 功能描述

成绩信息查询模块根据用户在下拉组合框中选择的学生信息和（或）课程信息，查询某个（或某些）学生学习了某一门（或某几门）课程的成绩，并将查询的结果（记录）依次显示在下方的列表中。为了便于用户选择查询条件，在窗体加载时就要从数据库中读取学生信息和课程信息，并分别添加到这两个下拉组合框对应的缓冲空间中。如果只查询某个学生学习的全部课程，只需要在"学生"下拉组合框中选择学生的学号及姓名，"课程"下拉组合框信息应为空；如果只查询所有学习了某门课程的学生的成绩，只需要在"课程"下拉组合框中选择课程编号及课程名称，"学生"下拉组合框信息应为空。显然，在编写查询代码时需要判断"学生"下拉组合框或（和）"课程"下拉组合框的值是否为空，并给出相应的提示信息。

2. 界面布局和对象及属性设置

"成绩信息查询"模块窗体界面的布局如图 8.42 所示，该窗体界面中各对象及其属性值的设置如表 8.12 所示。

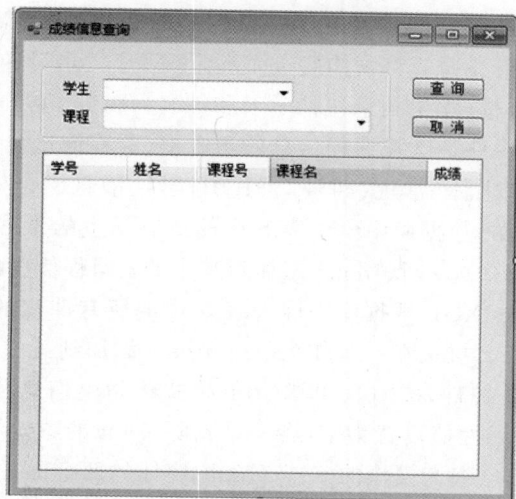

图 8.42　"成绩信息查询"模块窗体界面的布局

表 8.12　"成绩信息查询"窗体中对象的属性值设置

对 象 名	属 性	属 性 值	备 注
Qry_Grade	Text	成绩信息查询	标题栏显示文字
	StartPosition	CenterScreen	指定窗体在屏幕中心出现
Label1	Text	学生	学号标签显示文字
	Font	楷体、粗体、四号	字体（下面一行的字体相同）
Label2	Text	课程	课程标签显示文字
GroupBox1	Text	空	组框线上显示文字
Button1	Text	查询	"查询"按钮表面显示文字
	Font	宋体、常规、四号	字体（下面一行的字体相同）
Button2	Text	取消	"取消"按钮表面显示文字
ListView	所有属性值采用默认值		设计详见"控件及属性设计"

1）添加 Qry_Grade 窗体

在"解决方案资源管理器"的 JXGLdbas 项目上右击，在弹出的快捷菜单中选择"添加"｜"Windows 窗体"命令，系统弹出"添加新项"对话框，在对话框中将位于底部的窗体名Form1.vb 修改为 Qry_Grade.vb，单击"添加"按钮，即可完成学生成绩信息查询窗体 Qry_Grade 的添加。

数据库应用系统设计与实现

2) 控件及属性设计

学生成绩信息查询窗体 Qry_Grade 中包含的对象有：窗体 Qry_Grade(成绩信息查询)；标签 Label1(学生)、标签 Label2(课程)；组合框 ComboBox1(下拉组合的学生信息)、组合框 ComboBox2(下拉组合的课程信息)；组框 GroupBox1(组合查询选项的框架)；按钮 Button1(查询)、按钮 Button2(取消)；列表 ListView1(显示查询结果)。下面分别介绍对各对象进行属性设置的方法。

(1) 给 Qry_Grade 窗体重命名,即将 Qry_Grade 窗体的 Text 属性值设置为"成绩信息查询",将 StartPosition 属性值设置为 CenterScreen。

(2) 依次设计学生成绩信息查询窗体 Qry_Grade 的两个 Label 控件,分别为 Label1(学生)、Label2(课程),分别将其 Font 属性值设置为"楷体、粗体、四号"。

(3) 依次设计学生成绩信息查询窗体 Qry_Grade 的两个 ComboBox 控件。ComboBox1 控件是选择学生信息的组合框(学生信息包括学号和姓名),将其 Font 属性值设置为"宋体、常规、四号"。ComboBox2 控件是选择课程信息的组合框(课程信息包括课程号和课程名称),将其 Font 属性值设置为"宋体、常规、四号"。其中,学生信息组合框(ComboBox1)的内容是通过程序代码读取 JXGL 数据库中学生表 S 中的所有学生的学号和姓名,并把每个学生的学号和姓名拼接在一起作为一个 Items 添加到其中的;课程信息组合框(ComboBox2)的内容是通过程序代码读取 JXGL 数据库中课程表 C 中的所有课程的课程号和课程名,并将每门课程的课程号和课程名拼接在一起作为一个 Items 添加到其中的。

(4) 设计 GroupBox1 控件,按图 8.38 所示的格式将学生信息和课程信息组合在一起,将其"属性栏"中的 Text 属性值设置为空(含义是删除 Text 的默认属性值 GroupBox1)。

(5) 设计学生成绩信息查询模块的 Qry_Grade 窗体的两个 Button 按钮(对应查询和取消命令按钮),将其 Text 属性值分别设置为"查询"和"取消",将 Font 属性值分别设置为"楷体、加粗、四号"。

(6) 设计学生成绩信息查询窗体 Qry_Grade 的 ListView1 控件,方法是：

① 创建 ListView。从 Visual Studio 平台左部的"工具箱"中选中 ListView 控件,在 Qry_Grade 窗体的下部合适位置用鼠标拖拉得到 ListView,如图 8.43(a)所示。由于 ListView1 控件的值是由程序代码根据学生和课程信息查询得到的,所以属性值均为默认值。单击 ListView 右上角的小黑三角,显示"ListView 任务"菜单项,如图 8.43(b)所示。

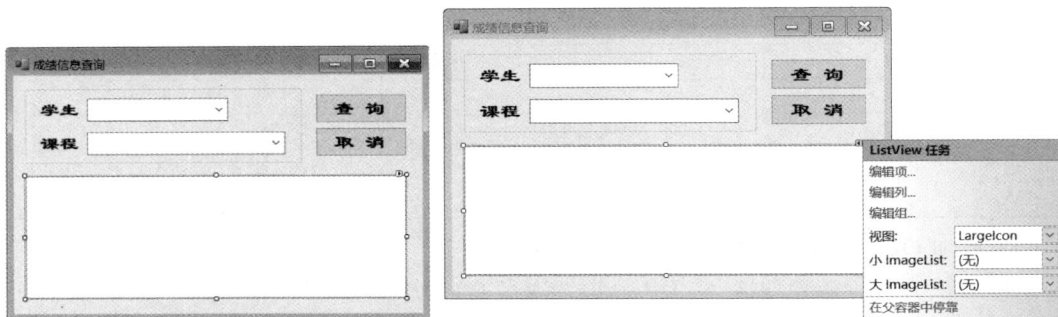

(a) ListView控件   (b) "ListView任务" 菜单项

图 8.43　ListView 控件及"ListView 任务"菜单项

② 编辑列。选择"ListView 任务"菜单项第 2 行的"编辑列"选项,在弹出的"ColumnHeader 集合编辑器上"单击"添加"按钮,将属性栏的 Text 属性值设置为"学号",将 Width 属性值设置为 90(Width＝9(学号字符数)×10),如图 8.44(a)所示。

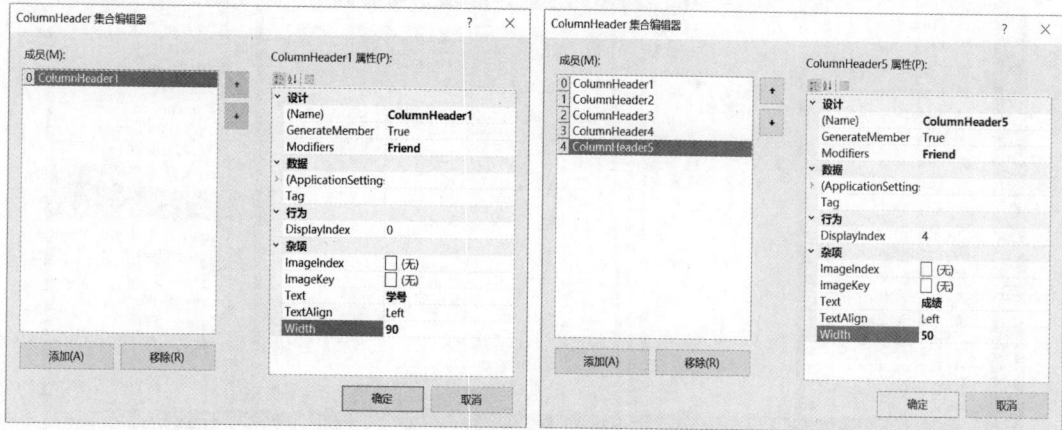

(a) 添加 "学号" 列   (b) 添加 "成绩" 列

图 8.44　使用列集合编辑器添加查询信息的列名和列宽度值

接着按照前述方法,单击"添加"按钮,将属性栏的 Text 属性值设置为"姓名",将 Width 属性值设置为 110(从布局美观性出发,假设案例系统中学生姓名最长为 5 个汉字);单击"添加"按钮,将属性栏的 Text 属性值设置为"课程号",将 Width 属性值设置为 90;单击"添加"按钮,将属性栏的 Text 属性值设置为"课程名",将 Width 属性值设置为 200(假设案例系统中课程名最长为 10 个汉字);单击"添加"按钮,将属性栏的 Text 属性值设置为"成绩",将 Width 属性值设置 60(从布局美观性出发按 5 个字符设置成绩的 Width 值),如图 8.44(b)所示。

按照上述步骤添加列信息后,成绩信息查询窗体界面如图 8.45(a)所示,所设置的学号、姓名、课程号、课程名、成绩列名还没有显示出来。

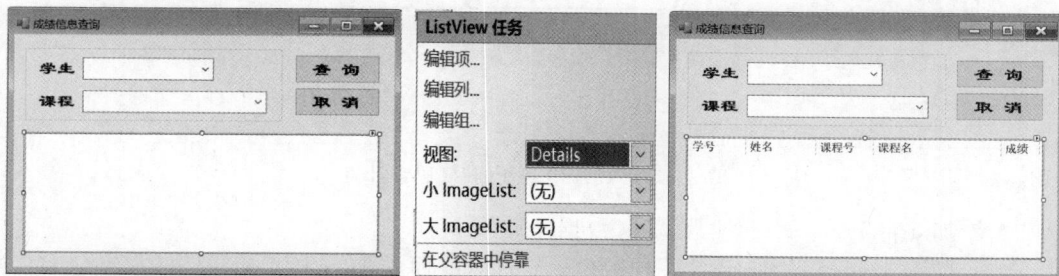

(a) 添加完5列后   (b) 设置视图值   (c) 视图值改为Detalis后

图 8.45　ListView 的列名可视化设置

③ 列名可视化设置。单击 ListView 右上角的小黑三角,将"ListView 任务"菜单项中"视图"选项的 LargeIcon 值改为 Detalis,如图 8.45(b)所示,ListView 中的列名就可视了,如图 8.45(c)所示。

经过以上的设计,就可得到如图 8.46 所示的学生成绩信息查询窗体界面。

数据库应用系统设计与实现

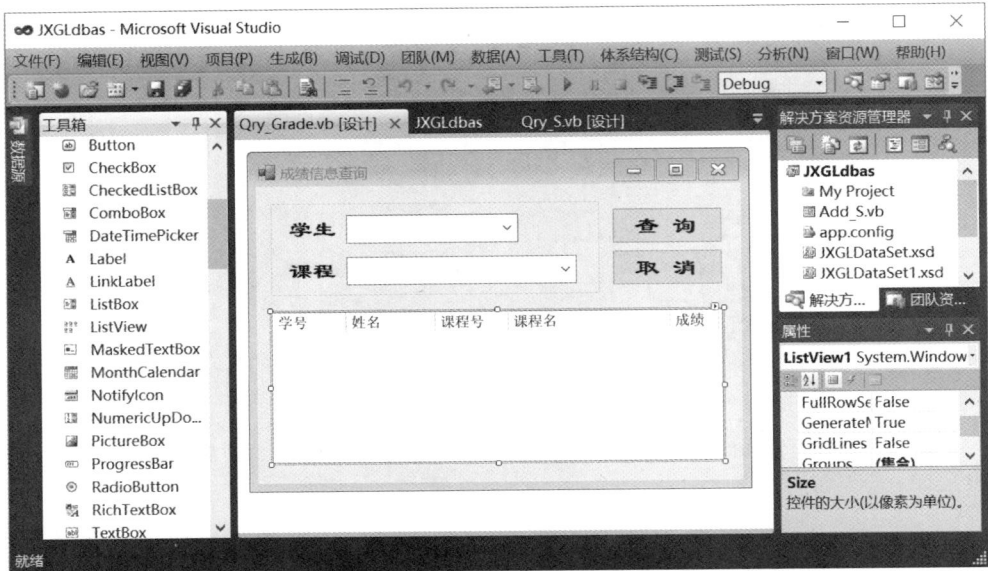

图 8.46 "成绩信息查询"窗体界面

3. 程序代码设计

根据成绩信息查询模块的功能描述,系统在加载窗体 Qry_Grade 时,就要同时从 JXGL 数据库的学生表 S 和课程表 C 中读取学生和课程信息,并分别添加到学生信息下拉组合框和课程信息下拉组合框中。为了直观地选择学生或课程,本系统在两个下拉组合框(由两个 ComboBox 控件实现)分别给出的是"学号＋姓名"和"课程号＋课程名"。

基于以上设计思路,程序代码设计的第一步就是:双击"成绩信息查询"窗体对象中由学生和课程组成的 GroupBox1 控件内部的某空白处,就会弹出代码设计页,如图 8.47 所示。

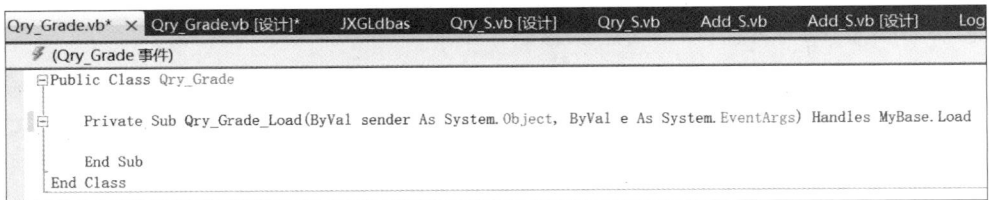

图 8.47 "成绩信息查询"代码设计页

1) 添加 SqlClient 命名空间和定义数据库连接

与登录模块的程序代码设计一样,在程序的最前面添加 SqlClient 的引用命名空间语句,在 Qry_Grade 类(Public Class Qry_Grade)的最前面定义数据库的连接信息。此时的代码页程序如图 8.48 所示。

2) 编写"窗体加载"事件代码

在"成绩信息查询"窗体弹出的同时,实现为学生信息下拉组合框和课程信息下拉组合框准备好可选数据的"窗体加载"事件的程序代码应位于私有子类开始语句"Private Sub Qry_Grade_Load"和结束语句"End Sub"之间。Qry_Grade_Load 事件程序代码如下:

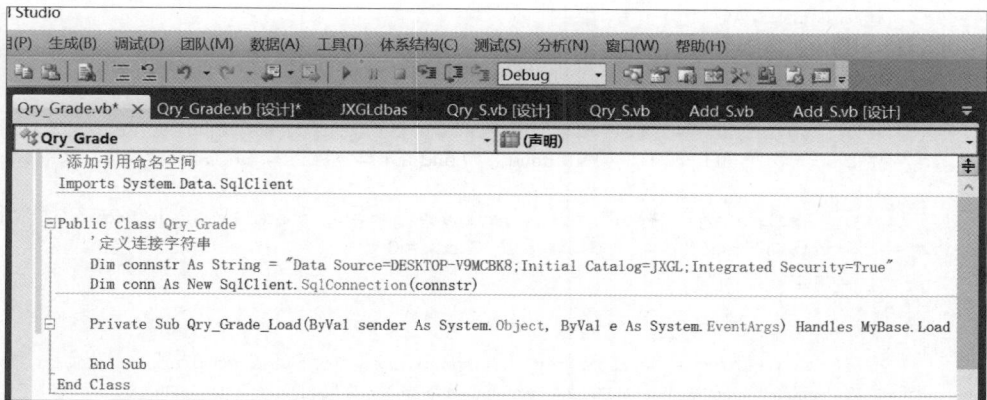

图 8.48　添加命名空间和定义数据库连接后的成绩信息查询代码设计页

```vb
Private Sub Qry_Grade_Load(ByVal sender As System.Object, ByVal e As System.EventArgs) Handles
MyBase.Load
        '窗体初始化时,向组合框中放入数据
        '为学生查询组合框添加选项
        Dim sel As String = "select * from S"
        Dim com As New SqlCommand(sel, conn)
        conn.Open()
        Dim sreader As SqlDataReader = com.ExecuteReader
        Do While sreader.Read
            ComboBox1.Items.Add(sreader.GetString(0) & " " & sreader.GetString(1))
        Loop
        conn.Close()

        '为课程查询组合框添加选项
        Dim sel1 As String = "select * from c"
        Dim com1 As New SqlCommand(sel1, conn)
        conn.Open()
        Dim sreader1 As SqlDataReader = com1.ExecuteReader
        Do While sreader1.Read
            ComboBox2.Items.Add(sreader1.GetString(0) & " " & sreader1.GetString(1))
        Loop
        conn.Close()
End Sub
```

3）编写“查询”按钮单击事件代码

双击图 8.46 中的 Button1(查询)按钮,进行按钮事件 Button1_Click() 的代码编写。编写思路是：根据仅有的一个查询条件“学号＋姓名”查询该学生学习的全部课程,或根据仅有的一个查询条件“课程号＋课程名”查询学习了该课程的所有学生的成绩,或同时根据两个查询条件“学号＋姓名”和“课程号＋课程名”查询该学生学习该门课程的成绩,并将查询所得结果用列表 ListView 显示出来。

单击 Button1(查询)按钮后的 Button1_Click 事件程序代码如下：

```vb
Private Sub Button1_Click(ByVal sender As System.Object, ByVal e As System.EventArgs) Handles
Button1.Click
        Dim snum As String = Strings.Left(ComboBox1.Text, 9) '学号为 9 位,查询时取组合框前 9 位
        Dim cnum As String = Strings.Left(ComboBox2.Text, 7) '课程号为 7 位,查询时取组合框前 7 位
```

数据库应用系统设计与实现

```
        Dim sqlstring As String = ""
        ListView1.Items.Clear()
        If snum <> "" Then            '判断用户是否选择了学号或课程号中的任意一项
            If cnum <> "" Then
                sqlstring = "select s.s#,s.sname,c.c#,c.cname,sc.grade from S,SC,C where
sc.s# = '" & snum & "' and sc.c# = '" & cnum & "' and S.s# = SC.s# and SC.c# = C.c#"
            Else
                sqlstring = "select s.s#,s.sname,c.c#,c.cname,sc.grade from S,SC,C where
sc.s# = '" & snum & "' and S.s# = SC.s# and SC.c# = C.c#"
            End If
        Else
            If cnum <> "" Then
                sqlstring = "select s.s#,s.sname,c.c#,c.cname,sc.grade from S,SC,C where
sc.c# = '" & cnum & "' and S.s# = SC.s# and SC.c# = C.c#"
            Else
                MsgBox("至少有一项不能为空!", MsgBoxStyle.Information, "提示")
            End If
        End If
        conn.Open()                   '开始进行查询
        Dim com As New SqlCommand(sqlstring, conn)
        Dim read1 As SqlDataReader = com.ExecuteReader()
        Do While read1.Read()         '将查询出来的数据添加到 ListView 的子项中以显示出来
            Dim item As ListViewItem
            Dim subitem1, subitem2, subitem3, subitem4 As ListViewItem.ListViewSubItem
            item = New ListViewItem(read1(0).ToString)
            subitem1 = New ListViewItem.ListViewSubItem(item, read1(1))
            item.SubItems.Add(subitem1)
            subitem2 = New ListViewItem.ListViewSubItem(item, read1(2))
            item.SubItems.Add(subitem2)
            subitem3 = New ListViewItem.ListViewSubItem(item, read1(3))
            item.SubItems.Add(subitem3)
            subitem4 = New ListViewItem.ListViewSubItem(item, read1(4))
            item.SubItems.Add(subitem4)
            ListView1.Items.Add(item)
        Loop
        read1.Close()
        conn.Close()
    End Sub
```

4）编写"取消"按钮单击事件代码

双击 Qry_Grade 窗体界面上的 Button2（取消）按钮，跳转到编写 Button2_Click 事件程序代码位置。根据"取消"按钮 Button2 完成关闭当前应用程序的功能，为其编写的程序代码如下：

```
Private Sub Button2_Click(ByVal sender As System.Object, ByVal e As System.EventArgs) Handles
Button2.Click
        Me.Close()
End Sub
```

4. 程序调试与运行

按照前几节的程序模块调试方法设置调试启动窗体名为 Qry_Grade，选择 Visual Studio 主菜单中的"调试"|"启动调试"命令，运行成绩信息查询模块，弹出如图 8.49（a）所示的窗体（开始无查询结果）。接着从两个下拉列表框中仅选择某学生的信息，查询该学生

学习的所有课程及成绩,查询结果如图 8.49(b)所示;选择某学生和某课程的信息,查询该学生学习的该门课程及成绩,查询结果如图 8.49(c)所示;仅选择某课程信息,查询学习该课程的所有学生的成绩,查询结果如图 8.49(d)所示。

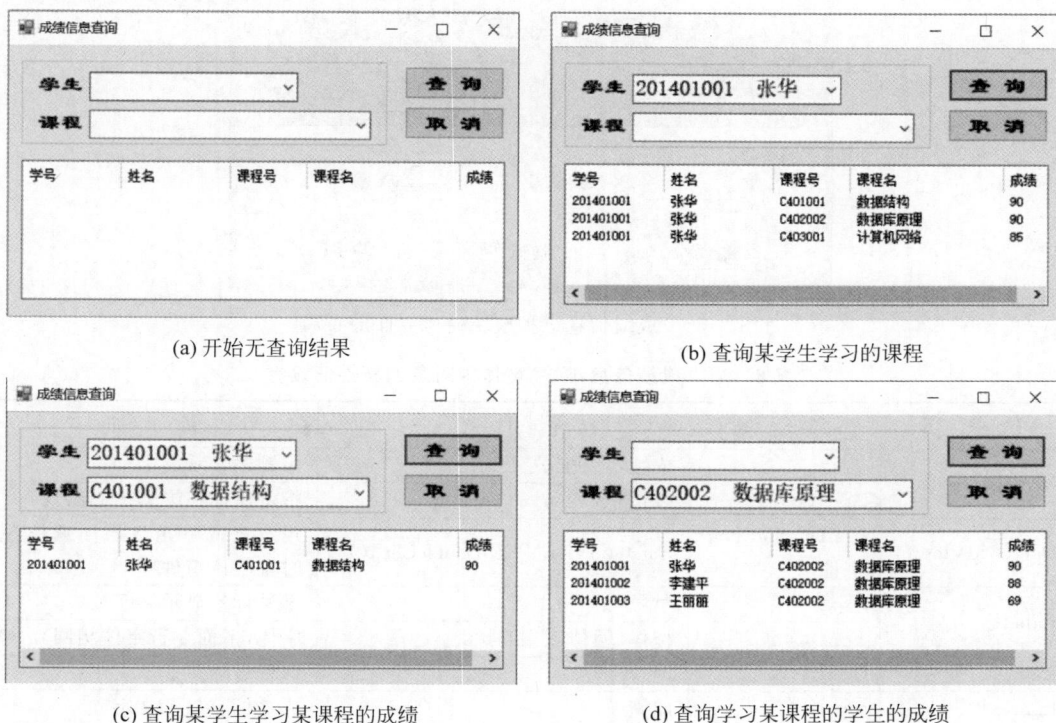

(a) 开始无查询结果

(b) 查询某学生学习的课程

(c) 查询某学生学习某课程的成绩

(d) 查询学习某课程的学生的成绩

图 8.49　成绩信息查询

8.4.5　基于标记框的信息更新功能模块设计——以成绩信息维护模块为例

1. 功能描述

成绩信息维护模块实现对成绩数据的修改或删除功能。在成绩信息窗体加载的同时,该模块完成在 SC 表中查询学习成绩,并显示在利用 DataGridView 控件设计的成绩表中,如图 8.50 所示。

删除成绩记录的方法是:首先选中一个或多个"标记"框,然后单击"删除"按钮,系统弹出"您确定要删除标记的数据?"提示框,单击"确定"按钮,被标记的数据行被删除;单击"取消"按钮,放弃删除操作。

修改成绩数据的方法是:双击利用 DataGridView 控件设计的成绩表中的一行数据,该行数据就显示在成绩表下方的当前记录框中,此时可直接修改文本框中的成绩,并单击"修改"按钮,即可完成对该行成绩数据的修改。

2. 界面布局和对象及属性设置

成绩信息维护模块窗体界面的布局如图 8.50 所示,该窗体界面中各对象及其属性值的设置如表 8.13 所示。

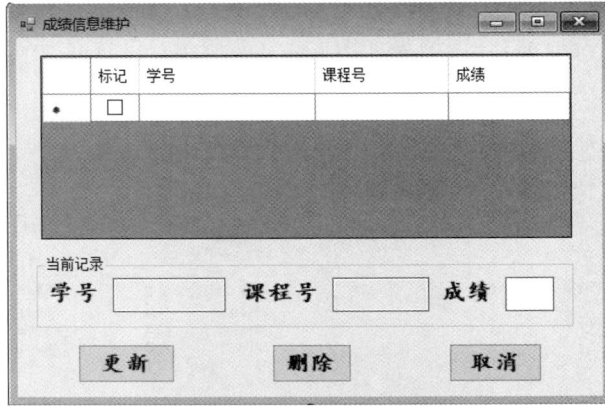

图 8.50　成绩信息维护模块窗体界面的布局

表 8.13　"成绩信息维护"窗体中对象的属性值设置

对 象 名	属 性	属 性 值	备 注
ManageGrade	Text	成绩信息维护	标题栏显示文字
	StartPosition	CenterScreen	指定窗体在屏幕中心出现
DataGridView1	CellDoubleClick 事件	DataGridView1_CellDoubleClick()	用户双击单元格的任意位置时发生该事件
Label1	Text	学号	学号标签显示文字
	Font	楷体、粗体、小四号	字体(下面 3 行字体相同)
Label2	Text	课程号	课程号标签显示文字
Label3	Text	成绩	成绩标签显示文字
TextBox1	ReadOnly	True	学号文本框的值为只读
	Font	宋体、常规、小四号	字体(下面两行字体相同)
TextBox2	ReadOnly	True	课程号文本框的值为只读
TextBox3	MaxLength	3	成绩文本框的最大长度为 3
GroupBox1	Text	当前记录(学号,课程号,成绩)	组框线上显示的文字
Button1	Text	修改	"修改"按钮表面显示文字
	Font	楷体、粗体、小四号	字体(下面两行字体相同)
Button2	Text	删除	"删除"按钮表面显示文字
Button3	Text	取消	"取消"按钮表面显示文字

1) 添加 ManageGrade 窗体

在"解决方案资源管理器"的 JXGLdbas 项目上右击,在弹出的快捷菜单中选择"添加"|"Windows 窗体"命令,在系统弹出的"添加新项"对话框中将位于底部的窗体名 Formal.vb 修改为 ManageGrade.vb,单击"添加"按钮,即可完成成绩信息维护窗体 ManageGrade 的添加。

2) 控件及属性设计

成绩信息维护窗体 ManageGrade 中包含的对象有:窗体 ManageGrade(成绩信息维护);数据表控件 DataGridView1(显示要维护的学习表 SC 的数据);组框 GroupBox1(组合查询选项的框架);标签 Label1(学号)、标签 Label2(课程号)、标签 Label3(成绩);文本框 TextBox1(显示学号)、文本框 TextBox2(显示课程号)、文本框 TextBox3(显示成绩);

按钮 Button1（修改）、按钮 Button2（删除）。下面分别介绍对各对象进行属性设置的方法。

（1）给 ManageGrade 窗体重命名，即将 ManageGrade 窗体的 Text 属性值设置为"成绩信息维护"，将 StartPosition 属性值设置为 CenterScreen。

（2）设计用于显示要维护的学习表 SC 中数据的 DataGridView，方法是：在窗体左侧的工具箱中选择 DataGridView 控件，在窗体上拖动鼠标创建一个 DataGridView，其属性均采用默认值，如图 8.51 所示。

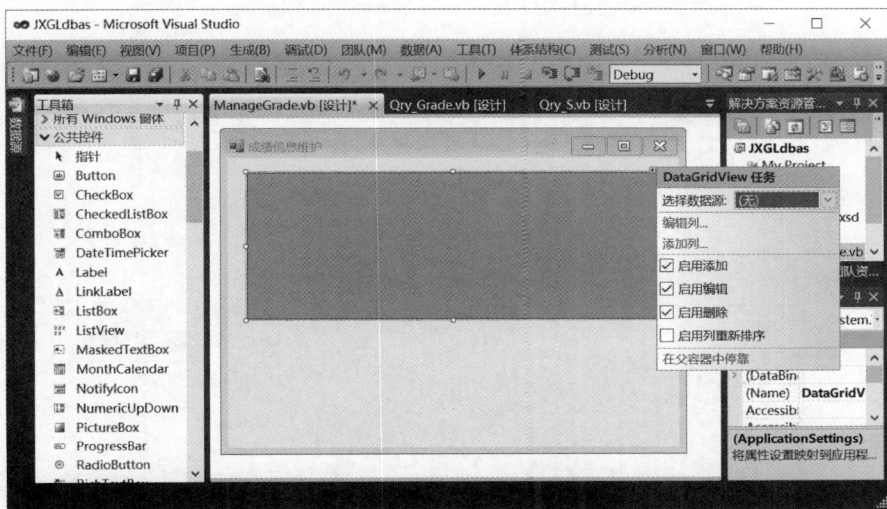

图 8.51　成绩信息维护中显示 SC 表数据的 DataGridView

对 DataGridView 的进一步设计将从步骤（7）开始介绍，下面先介绍 DataGridView 控件下面的 Label 控件、TextBox 控件、GroupBox 控件和 Button 按钮的设计方法。

（3）设计 3 个 Label 控件及其属性。将 Label1、Label2 和 Label3 的 Text 属性值依次设置为"学号""课程号""成绩"，将它们的 Font 属性值均设置为"楷体、加粗、四号"。

（4）设计 3 个 TextBox 控件及其属性。TextBox1 和 TextBox2 控件用于显示学号和课程号，由于学号和课程号不可更改，所以将 TextBox1 和 TextBox2 的 ReadOnly 属性值设置为 True，并将其 MaxLength 属性值分别设置为 9 和 7。TextBox3 控件用于显示成绩信息，成绩信息可以更改，将其 MaxLength 属性值设置为 3。Font 属性值均设置为"宋体、常规、四号"。

（5）设计 GroupBox1 控件及其属性。选中"工具箱"中的 GroupBox 控件，在 ManageGrade 窗体上的合适位置用鼠标拖拉得到 GroupBox1，将其"属性栏"中的 Text 属性值设置为"当前记录"，如图 8.50 所示。

（6）设计 Button 控件及其属性。将 Button1、Button2 和 Button3 控件的 Text 属性值分别设置为"修改"、"删除"和"取消"，将它们的 Font 属性值均设置为"楷体、加粗、四号"。至此，设计的"成绩信息维护"窗体界面如图 8.52 所示。

（7）为 DataGridView 控件添加数据源和数据列，选定的是学习表 SC 及其 3 个属性。步骤和方法与 8.4.3 节中"2)控件及属性设计"中的第（7）步相同，设计结果如图 8.53 所示。

（8）将 SC 表中的 S♯、C♯、GRADE 列名改为中文列名，方法是：单击 DataGridView 控件右上方的小黑三角，在弹出的"DataGridView 任务"菜单项中选择"编辑列"选项，弹出

254

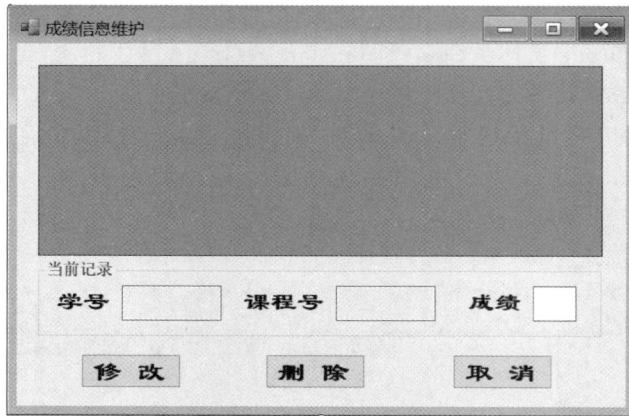

图 8.52　设计的成绩信息维护窗体的中间结果

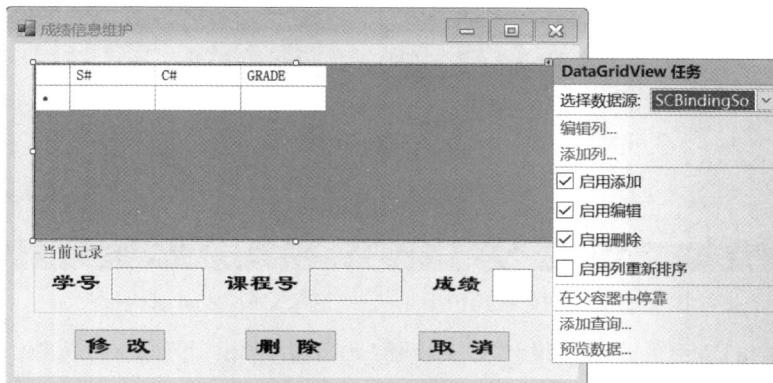

图 8.53　为 DataGridView 控件添加数据源和数据列的设计结果

"编辑列"对话框，依次选中编辑列部分的 S♯、C♯、GRADE，分别将其 HeaderText 属性值改为姓名、学号、课程号、成绩，将其 MaxInputLength 属性值分别设置为 9、7、3，将其 Width 属性值分别设置为 100、90、70，如图 8.54(a)所示。单击"确定"按钮后，成绩信息查询窗体形式如图 8.54(b)所示。

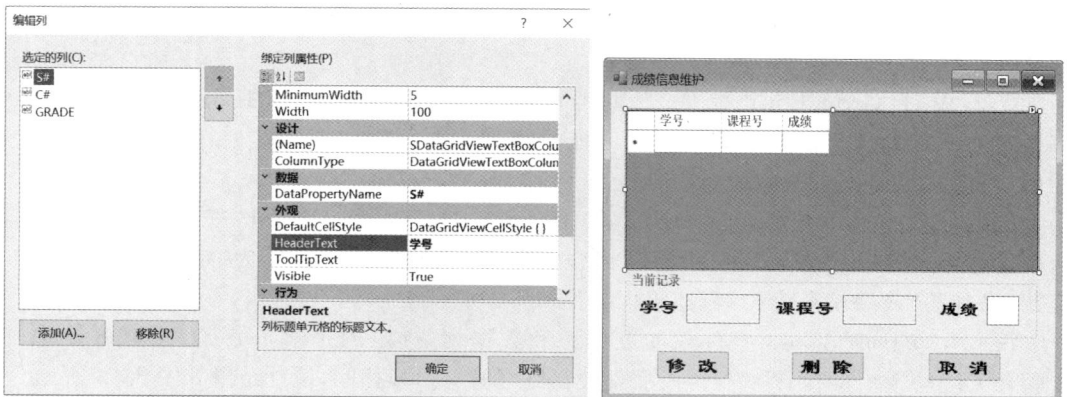

(a) 编辑列将字符串列名改为中文列名　　　　(b) 改列名后的成绩维护窗体

图 8.54　改为中文列名的成绩信息维护窗体中间结果

（9）为 DataGridView 控件添加"标记"列，步骤如下。

① 单击 DataGridView 控件右上方的小黑三角，在弹出的"DataGridView 任务"菜单项中选择"添加列"选项，如图 8.55 所示。

② 弹出如图 8.56(a)所示的"添加列"对话框，选择"未绑定列"，在"类型"中选择 DataGridViewCheckBoxColumn，并在页眉文本中输入"标记"，单击"添加"按钮后，显示如图 8.56(b)所示，单击"关闭"按钮（因为只需要增加一列）。

添加标记列后的成绩信息维护窗体和编辑列快捷窗体如图 8.57 所示。

③ 调整"标记"列的位置。选中编辑列窗体中的"标记"，用向上箭头（或向下箭头）将"标记"列调整到 DataGridView 的第一项，如图 8.58(a)所示。然后，为适应"标记"列的宽度要求，将"标记"的 Width 属性值设置为 50，单击"确定"按钮后，成绩信息维护窗体如图 8.58(b)所示。

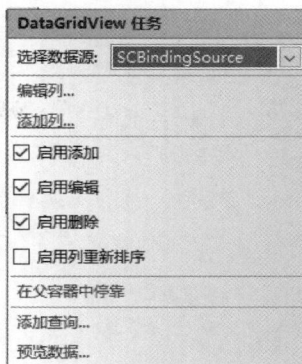

图 8.55　DataGridView 任务窗体及添加列选项

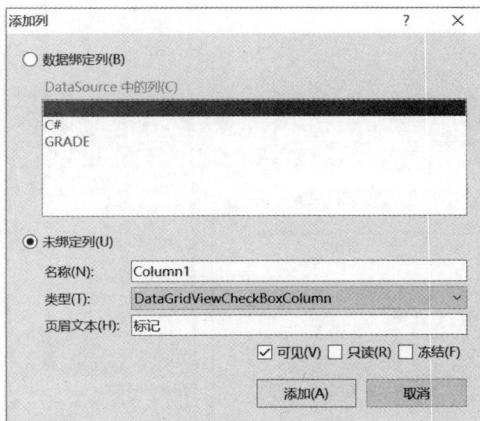 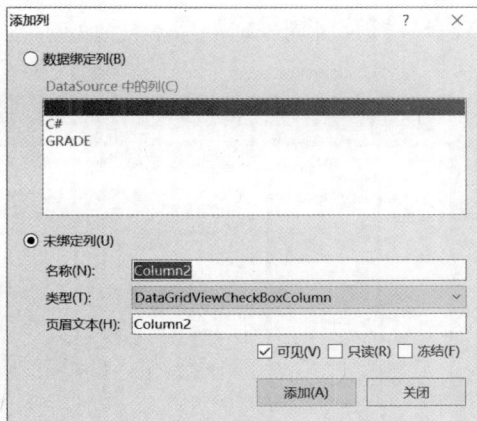

(a) 添加"标记"列　　　　　　　　　　(b) 结束添加列

图 8.56　通过"添加列"添加"标记"列

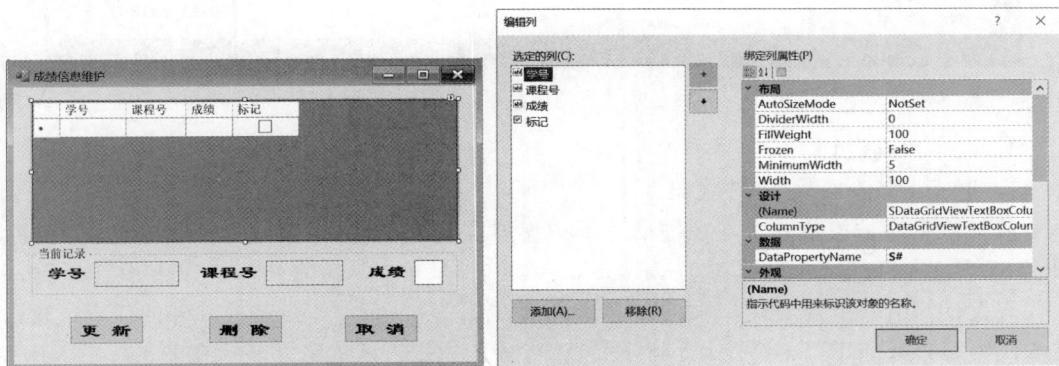

(a) 添加标记列后的成绩信息维护窗体　　　　(b) 添加标记列后的编辑列快捷窗体

图 8.57　添加标记列后的成绩信息维护窗体和编辑列快捷窗体

数据库应用系统设计与实现

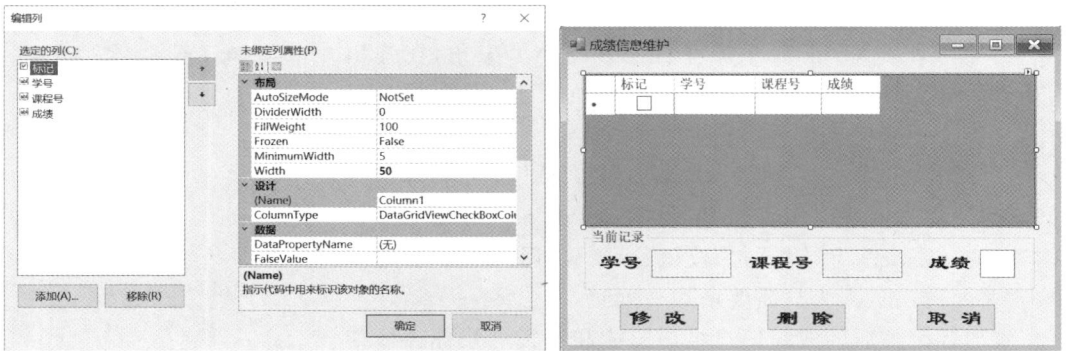

(a) 此时的编辑列　　　　　　　　(b) 此时的成绩信息维护窗体

图 8.58　标记调整到属性列最前面

（10）修改 DataGridView 中的表头属性的 Width 值，即利用"DataGridView 任务"菜单项中的"编辑列"选项，通过分别适度增加"学号""课程号"和"成绩"的 Width 属性值（例如，分别增加到 130、105、80），使表头的宽度与 DataGridView 的宽度相吻合。最终设计好的"成绩信息维护"窗体界面如图 8.59 所示。

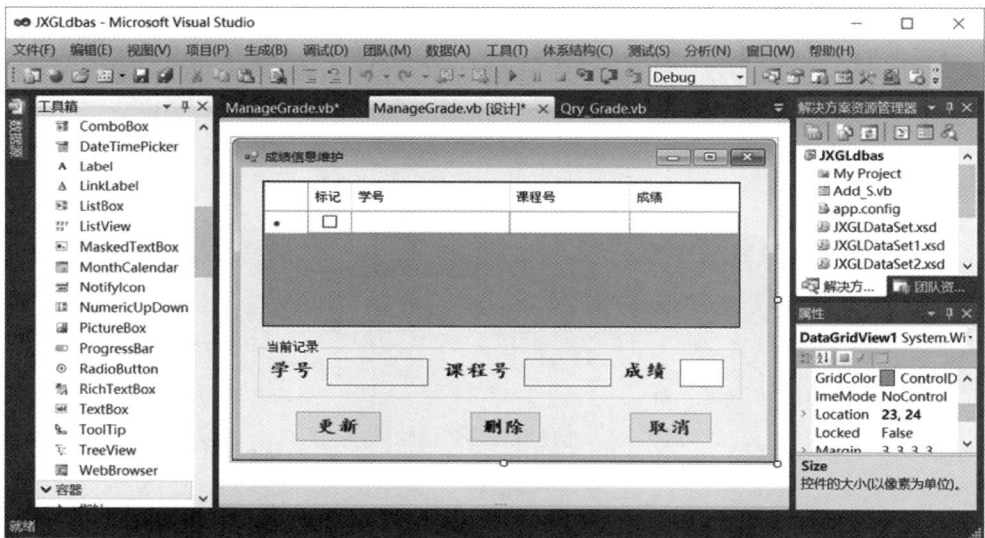

图 8.59　"成绩信息维护"窗体界面

3. 程序代码设计

1）生成"窗体加载"事件代码

成绩信息维护模块要求在成绩信息维护窗体加载时，要同时完成从 JXGL 数据库的学习表 SC 中查询数据，并显示在 DataGridView 控件的表中的功能。基于以上设计思路，程序代码设计的第一步就是双击"成绩信息维护"窗体中的 DataGridView 控件外的任意位置，并进入代码编写页，如图 8.60 所示。将学习表 SC 中的数据查询出来并显示在 DataGridView 控件的表中，就是由在程序代码页自动生成的私有子类 ManageGrade_Load 及其代码实现的。

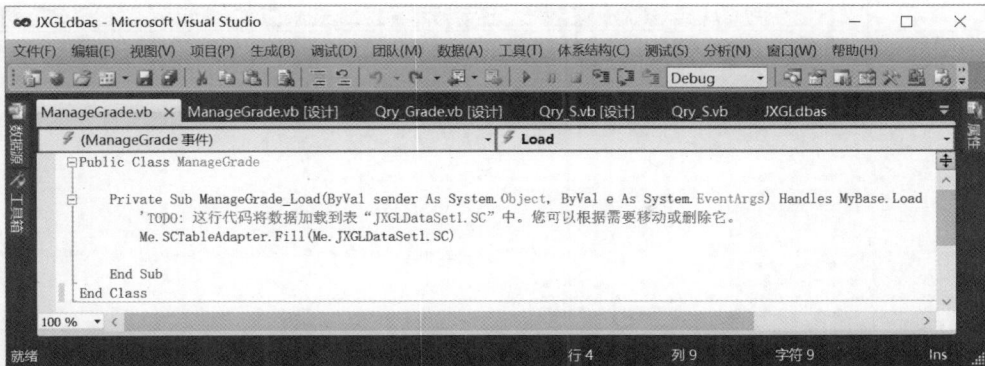

图 8.60　自动生成私有子类 ManageGrade_Load 的代码页

2）添加 SqlClient 命名空间和定义数据库连接

同理，在程序的最前面添加 SqlClient 的引用命名空间语句，在 ManageGrade 类（Public Class ManageGrade）的最前面定义数据库的连接信息。

3）双击 DataGridView 控件单元格事件代码

在"成绩信息维护"窗体设置界面选中 DataGridView1 控件，单击 DataGridView1 控件右边的小黑三角，显示 DataGridView 任务，如图 8.53 所示；单击 Visual Studio 设计窗体右下部的 DataGridView1 控件的"属性栏"中的"事件"项，即单击闪电图标 ⚡ ；在其下方找到 CellDoubleClick 事件并双击，如图 8.61 所示，系统就会在代码页添加一个名为 DataGridView1 _ CellDoubleClick 的 私 有 子 类（Private Sub）；接着给该私有子类添加程序代码，该段代码完成向 3 个文本框中写入当前被双击行的数据的功能。代码如下：

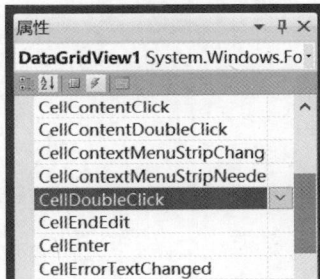

图 8.61　设置 DataGridView
单元格双击事件

```
Private Sub DataGridView1_CellDoubleClick(sender As System.Object, e As System.Windows.Forms.
DataGridViewCellEventArgs
        '双击 DataGridView 选中需要进行修改或删除的数据
        TextBox1.Text = DataGridView1.Rows(e.RowIndex).Cells(1).Value.ToString
        TextBox2.Text = DataGridView1.Rows(e.RowIndex).Cells(2).Value.ToString
        TextBox3.Text = DataGridView1.Rows(e.RowIndex).Cells(3).Value.ToString
        DataGridView1.Rows(e.RowIndex).Cells(0).Value = True
End Sub
```

完成前 3 步的程序代码设计后的代码页如图 8.62 所示。

4）编写"修改"按钮单击事件代码

"修改"按钮单击事件 Button1_Click()的代码完成修改成绩的工作。用双击 DataGridView 单元格写入文本框中前两项的值，即学号和课程号，作为修改数据项的条件，将用户在窗体上对 TextBox3 的成绩修改值作为修改后的成绩值，执行 SQL 语句完成对数据库的修改。修改后，还需要调用窗体加载事件刷新"成绩信息维护"窗体，即可在"成绩信息维护"窗体内看到修改后的数据状态。

257

第 8 章

数据库应用系统设计与实现

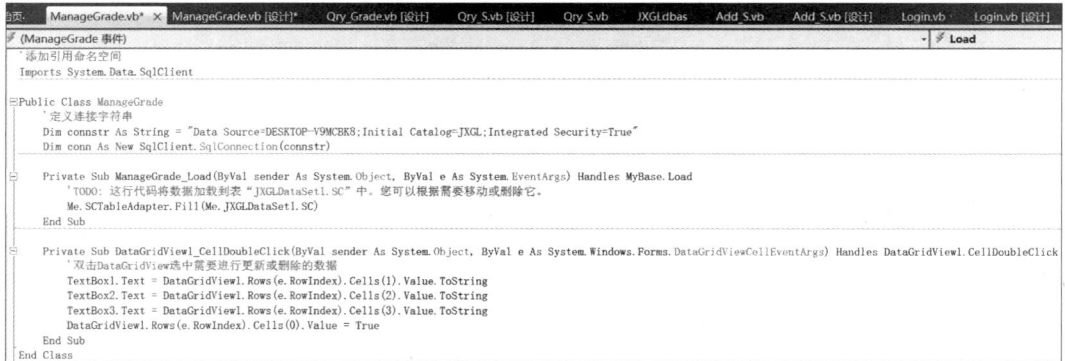

图 8.62　前 3 步程序代码设计后的代码页

双击 ManageGrade 窗体设计界面上的 Button1(修改)按钮,在弹出的代码设计页中针对 Button1_Click 事件编写以下代码:

```
Private Sub Button1 _ Click (sender As System. Object, e As System. EventArgs) Handles
Button1.Click
        '修改双击 DataGridView 选中的数据
        If TextBox1.Text <> "" And TextBox2.Text <> "" Then
            Dim sqlstring As String
            sqlstring = "update sc set grade = '" & TextBox3. Text & " ' where s# = '" &
TextBox1. Text & "' and c# = '" & TextBox2. Text & "'"
            Dim cmd As New SqlCommand(sqlstring, conn)
            conn.Open()
            cmd.ExecuteNonQuery()
            MsgBox("数据修改成功!")
            conn.Close()

            Call ManageGrade_Load(Nothing, Nothing)
            TextBox1.Text = ""
            TextBox2.Text = ""
            TextBox3.Text = ""
        Else
            MsgBox("请双击数据表中要修改的行!")
        End If
    End Sub
```

5) 编写"删除"按钮单击事件代码

"删除"按钮单击事件 Button2_Click()的代码实现对 DataGridView 控件中用"标记"项选中的数据行的删除功能。双击 ManageGrade 窗体设计界面上的 Button2(删除)按钮,在弹出的代码设计页中针对 Button2_Click 事件编写以下代码:

```
Private Sub Button2 _ Click (sender As System. Object, e As System. EventArgs) Handles
Button2.Click
        '删除选中的数据行
        Dim cellvalue As Object = False    '定义 checkbox 选中事项,并初始化
        Dim i, j As Integer
        Dim num As Integer                 '定义保存 SC 表中总行数的变量
        num = Me.DataGridView1.RowCount    '从 DataGridView 中计算数据总行数,并赋给 num
        Dim a(num) As Boolean              '定义数组 a(num)保存"标记"列选中行的位置数
        For i = 0 To num - 1               '初始化数组 a(num)
```

```
                a(i) = False
        Next
        For j = 0 To num - 2          'DataGridView 最后一行为空,从 0 开始循环,至 num - 2 结束
            cellvalue = Me.DataGridView1.Rows(j).Cells(0).Value
            If cellvalue = True Then   '如果"标记"中当前行被选中,则将其记入数据 a(j)中
                a(j) = True
                cellvalue = False
            End If
        Next
        Dim str1 As String                   '定义游标 cc1,用于删除选中"标记"行的元组
        str1 = ""
        str1 = str1 & "declare cc1 cursor" & " "
        str1 = str1 & "for select * from sc" & " "
        str1 = str1 & "open cc1" & " "
        Dim x As Integer = 0
        While x < num - 1
            str1 = str1 & "fetch next from cc1 "
            If a(x) = True Then         '当 a(x)中的值为 True 时,表示"标记"被选中的行将被删除
                str1 = str1 & "delete from sc" & " "
                str1 = str1 & "where current of cc1" & " "
            End If
            x = x + 1
        End While
        Select Case MsgBox("您确定要删除标记的数据吗?", MsgBoxStyle.OkCancel)
            Case MsgBoxResult.Ok
                Dim sqlcmd As New SqlCommand(str1, conn)
                conn.Open()
                sqlcmd.ExecuteNonQuery()                  '执行删除
                conn.Close()
                Call ManageGrade_Load(Nothing, Nothing)    '调用窗体加载事件,即刷新数据
                TextBox1.Text = ""
                TextBox2.Text = ""
                TextBox3.Text = ""
        End Select
    End Sub
```

6)编写"取消"按钮单击事件代码

"取消"按钮单击事件 Button3_Click()的代码完成关闭当前窗体的功能。双击 ManageGrade 窗体界面上的 Button3(取消)按钮,在弹出的代码设计页中针对 Button3_ Click 事件编写以下代码:

```
Private Sub Button3_Click(sender As System.Object, e As System.EventArgs) Handles Button3.Click
    Me.Close()
End Sub
```

4. 程序调试与运行

设置调试启动窗体名为 ManageGrade,接着在 Visual Studio 主菜单中选择"调试"|"启动 调试"命令,成绩信息维护模块的运行会弹出类似图 8.63 左边的窗体,列表中会显示出所有 学生及学习课程情况。

当要修改某个学生的某门课程的成绩时,双击列表需要修改的行,此时当前记录值显示 在下方的文本框中,修改成绩值后,单击"修改"按钮,系统给出"修改成功"的提示,修改过程

如图 8.63 所示。

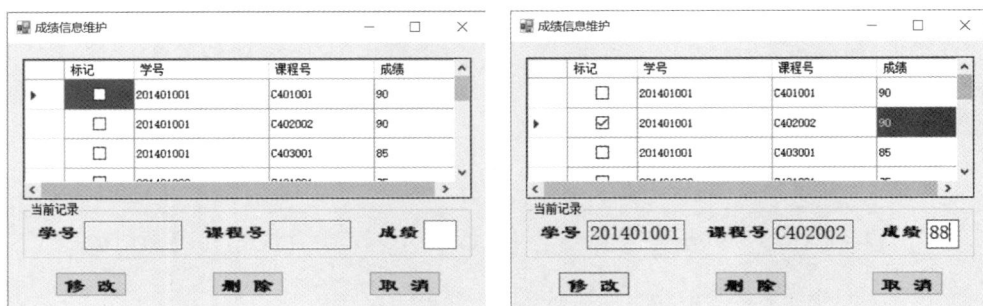

图 8.63　成绩修改操作过程

当要删除某个成绩记录数据时,选中需要删除的数据行的"标记"可选项,单击"删除"按钮,系统弹出"您确定要删除标记的数据吗?"提示框,若单击"确定"按钮,则从数据库中将这些数据记录删除;若单击"取消"按钮,则不删除。可同时进行多条记录的删除,删除操作如图 8.64 所示。

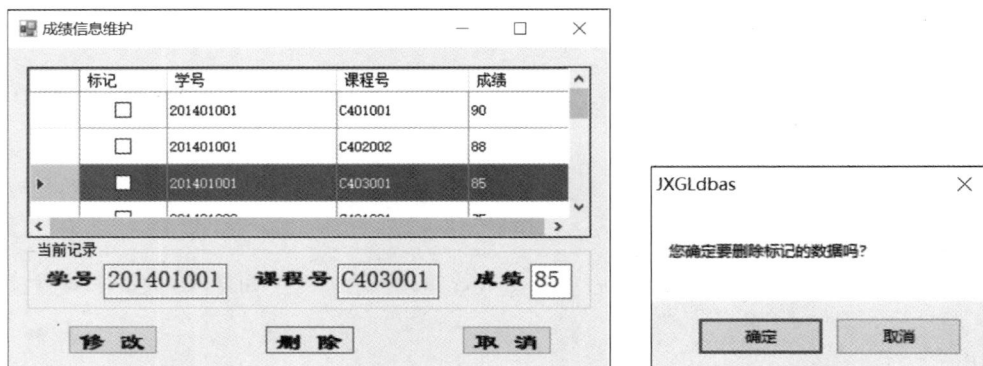

图 8.64　"删除"学习记录操作过程

8.4.6　主界面模块

1. 功能描述

大学教学信息管理数据库应用系统的主界面模块用于将前面已经设计的学生信息添加、学生信息查询、成绩信息查询、成绩信息维护等功能模块整合起来,形成一个界面直观、操作方便、实用性强的应用软件系统。具体来说,就是系统主界面通过两级菜单连接到各功能模块窗体。第一级菜单项分别为学生管理、课程管理、成绩管理、系统管理、关于、退出。其中,学生管理菜单项的第二级菜单项包括学生信息添加、学生信息查询、学生信息维护;课程管理菜单项的第二级菜单项包括课程信息添加、课程信息查询、课程信息维护;成绩管理菜单项的第二级菜单项包括成绩信息添加、成绩信息查询、成绩信息维护。

2. 界面布局和对象及属性设置

主界面模块的布局如图 8.65 所示,该界面窗体中各对象及其属性值的设置如表 8.14 所示。

图 8.65　主界面窗体的布局

表 8.14　主界面窗体控件及属性值的设置

控　　件	属性(事件)	属　性　值	备　　注
Main	Text	大学教学信息管理系统主界面	标题栏显示文字
	StartPosition	CenterScreen	指定窗体在屏幕中心出现
MenuStrip1	菜单项	输入各菜单项	手动编辑菜单项
PictureBox1	Image	选择本地资源	图片来源
	SizeMode	StretchImage	图片大小模式
Label1	Text	欢迎使用大学教学信息管理系统	标签显示的文本
	Font	方正舒体,半紧缩 粗体,二号	标签文本的字体
	BackColor	Transparent	背景色为透明色

1）添加 Main 窗体

在"解决方案资源管理器"的 JXGLApplication 项目上右击,在弹出的快捷菜单中选择"添加"|"Windows 窗体"命令,为项目添加一个主界面窗体,并将窗体名修改为 Main.vb。

2）控件及属性设计

主界面窗体中包含的对象有窗体 Main、MenuStrip 菜单控件(连接各功能窗体)、Picture 图片控件(展示主界面的图形)和 Label 标签控件(欢迎使用大学教学信息管理系统)。下面分别介绍对各对象进行属性设置的方法。

(1）给 Main 窗体重命名,即将 Main 窗体的 Text 属性值设置为"大学教学信息管理系统主界面",将 StartPosition 属性值设置为 CenterScreen。

(2）给 Main 窗体添加一级菜单和二级菜单名,方法是:从 Visual Studio 平台左部的"工具箱"中选中 MenuStrip 控件,在大学教学信息管理系统主界面的上部合适位置用鼠标拖拉得到 MenuStrip1,如图 8.66 所示。接着,从左部开始单击 MenuStrip1 的一级菜单的第一个文本框,可以看到有各级菜单的灰色文本框,并有"请在此处键入"提示,这时就可以输入"学生信息管理";紧接着在其二级菜单文本框中依次输入"学生信息添加""学生信息查询"等。其后单击 MenuStrip1 的一级菜单的第二个文本框,输入"课程信息管理"及二级菜单"课程信息添加"等。用同样的方法可完成其他一级菜单及其二级菜单内容的输入,如图 8.67 所示。其中,"关于"和"退出"不需要二级菜单。

图 8.66　MenuStrip1 的初始状态

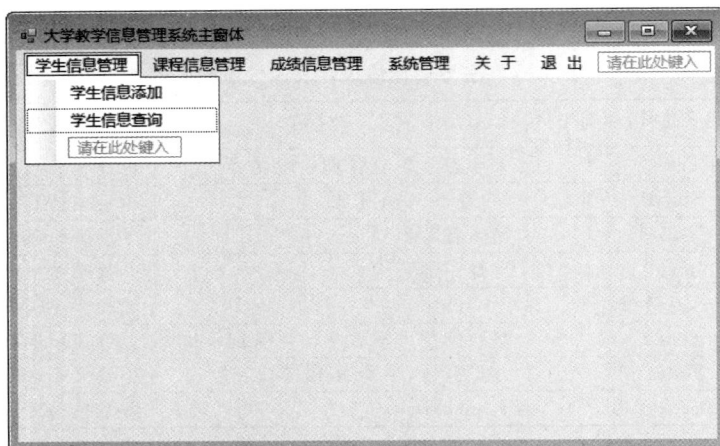

图 8.67　主界面的菜单设计

（3）利用图片控件 PictureBox1 为主界面添加背景图片,方法是：从 Visual Studio 平台左部的控件"工具箱"中选中 PictureBox 图片控件,在大学教学信息管理系统主界面的菜单下部合适位置用鼠标拖拉得到添加背景图片的框体 PictureBox1,如图 8.68 所示。

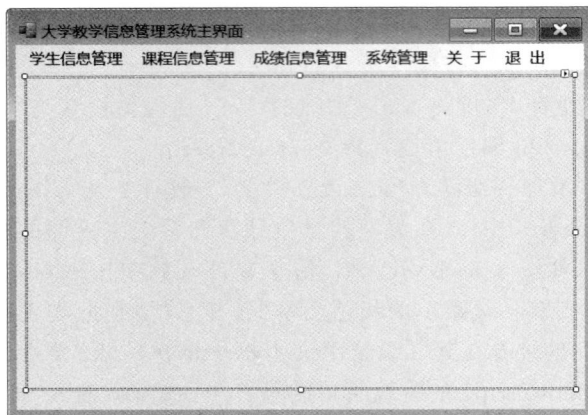

图 8.68　添加背景图片框体 PictureBox1

（4）在 PictureBox1 上右击，在弹出的如图 8.69 所示的快捷菜单中选择"选择图像"命令，接着在弹出的"选择资源"对话框中选中"本地资源"，并单击"导入"按钮（如图 8.70 所示），这时可以在系统弹出的"打开"对话框中通过选择本地硬盘上的文件路径和提前准备好的图片的文件名，从硬盘导入主界面的背景图片。最后将 PictureBox1 的 SizeMode 属性值设置为 StretchImage，含义是伸展图片以适应主界面窗体的大小。

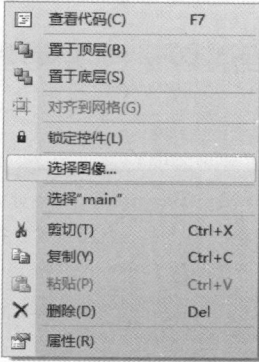

图 8.69　"选择图像"快捷菜单　　　　　　图 8.70　Image 属性的"选择资源"对话框

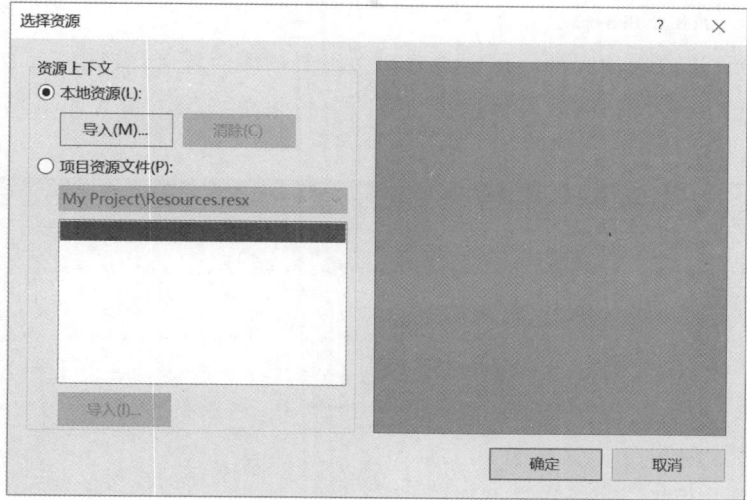

（5）按照 Label 控件设计方法设计 Label1，并将其 Text 属性值设置为"欢迎使用大学教学信息管理系统"，将 Font 属性值设置为"隶书、粗体、三号"，将 BackColor 属性值选择为"Transparent"透明色。

经过以上的设计过程，就可得到如图 8.71 所示的 JXGL 系统的主界面窗体。

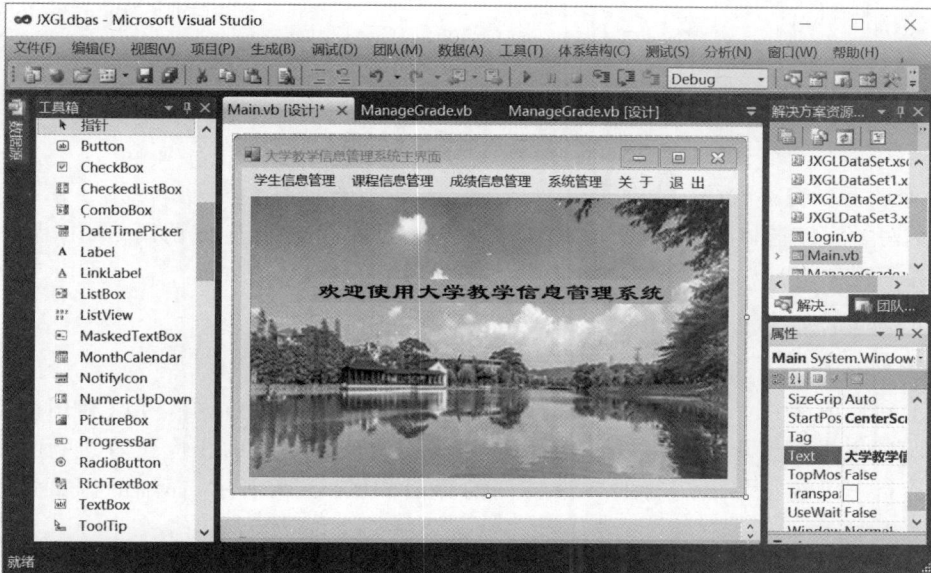

图 8.71　JXGL 系统的主界面窗体

数据库应用系统设计与实现

3. 程序代码设计

主界面窗体通过菜单连接各功能模块窗体。

1）菜单项代码设计

双击"学生信息添加"二级菜单项,系统打开"学生信息添加 ToolStripMenuItem_Click( )"事件的代码框架,在其中输入以下代码,表示打开"学生信息添加"窗体 Add_S。

```
Add_S.Show()
```

可以用相同的方法完成其余二级菜单项的程序代码编写。"关于"一级菜单项编写了系统名、开发者、时间等信息;"退出"一级菜单项编写了关闭本窗体的代码。代码如图 8.72所示。

```
Main.vb* × Main.vb [设计]*   ManageGrade.vb   ManageGrade.vb [设计]   Qry_Grade.vb   Qry_Grade.vb [设计]   JXGLdbas   Qry_S.vb [设计]   Qry_S.vb   Add

(常规)
  Public Class Main
    Private Sub 学生信息添加ToolStripMenuItem_Click(ByVal sender As System.Object, ByVal e As System.EventArgs) Handles 学生信息添加ToolStripMenuItem.Click
        Add_S.Show()
    End Sub

    Private Sub 学生信息查询ToolStripMenuItem_Click(ByVal sender As System.Object, ByVal e As System.EventArgs) Handles 学生信息查询ToolStripMenuItem.Click
        Qry_S.Show()
    End Sub

    Private Sub 课程信息添加ToolStripMenuItem_Click(ByVal sender As System.Object, ByVal e As System.EventArgs) Handles 课程信息添加ToolStripMenuItem.Click
        'Add_C.Show()
        Me.Close()
    End Sub

    Private Sub 成绩信息查询ToolStripMenuItem_Click(ByVal sender As System.Object, ByVal e As System.EventArgs) Handles 成绩信息查询ToolStripMenuItem.Click
        Qry_Grade.Show()
    End Sub

    Private Sub 成绩信息维护ToolStripMenuItem_Click(ByVal sender As System.Object, ByVal e As System.EventArgs) Handles 成绩信息维护ToolStripMenuItem.Click
        ManageGrade.Show()
    End Sub

    Private Sub 系统管理ToolStripMenuItem_Click(ByVal sender As System.Object, ByVal e As System.EventArgs) Handles 系统管理ToolStripMenuItem.Click
        MsgBox("    本系统仅从数据库应用系统设计方法示范的角度出发,给出了主要模块的设计及方法介绍,没有涉及前台和后台管理的细节,敬请理解。")
    End Sub

    Private Sub 关于ToolStripMenuItem_Click(ByVal sender As System.Object, ByVal e As System.EventArgs) Handles 关于ToolStripMenuItem.Click
        MsgBox("本程序为改进的大学教学信息管理系统1.0版" & Chr(10) & Chr(10) & "设计时间:2023年07月", MsgBoxStyle.Information, "关于作者")
    End Sub

    Private Sub 退出ToolStripMenuItem_Click(ByVal sender As System.Object, ByVal e As System.EventArgs) Handles 退出ToolStripMenuItem.Click
        Me.Close()
        '登录模块Login的窗体在调用主界面Main模块后,并没有关闭,此处是在主界面窗体关闭后,进一步关闭登录模块窗体。
        Login.Close()
    End Sub
  End Class
```

图 8.72　主界面模块程序代码

2）修改登录窗体代码

在编写"登录"窗体时,当验证用户名和密码成功后,系统就应该调用 Main 程序模块,打开主界面窗体,代码如下:

```
Main.Show()
```

4. 系统运行

由于到目前为止,所有功能模块窗体及其程序代码都设计完了,可以利用前面的方法单独调试主界面模块,也可以把主界面模块名连到登录模块的相应位置进行系统联合调试与运行。系统主界面运行的一个特例的界面如图 8.73 所示,详细的调试过程不再赘述。

图 8.73　系统主界面及运行特例

习　题　8

8-1　一个基于数据库的应用软件系统的设计实现主要包括哪些步骤？

8-2　完成与本章内容相关的课程设计内容及准备工作。在前几章已经完成的相关设计内容的基础上，进行综合分析与设计，完成一个数据库应用系统的用户登录、主界面窗体、数据添加窗体、数据查询窗体以及数据维护窗体的设计和程序代码设计，并完成课程设计报告的撰写。本题属于课程设计的内容。

数据库应用系统设计与实现

第9章 数据库保护技术

数据库应用系统运行时会受到来自各方面的干扰和破坏,如硬件故障、软件错误、数据库管理员的误操作、"黑客"攻击、病毒破坏等。数据库保护技术是指数据库管理系统为保护数据库中数据的安全性、完整性、有效性和可靠性而采取的保护技术及措施,主要包括事务管理、安全性和完整性控制、数据恢复、并发控制等。

9.1 事务机制

在数据库中,有时候需要把多个步骤的命令当作一个整体来运行,这个整体要么全部成功,要么全部失败,这就涉及事务的概念。例如,要购买千元以上的设备时,就要将购买设备的款项从购买方的账户转到经销该设备的被购买方的账户上去。从一个账户扣除款项和给另一个账户增加款项的操作显然要同时进行且密切相关,同时成功,或者同时失败,二者必居其一。SQL Server 通过支持事务机制管理多个事务,保证数据库的一致性。

9.1.1 事务的概念

根据以上事务概念的引出可知,用户程序对数据库的更新操作可能是一个 SQL 语句,也可能是多个 SQL 语句序列,还可能是实现多种操作的一个完整程序。数据库事务(Transaction)是访问并操作各种数据项的一个数据库操作序列,这些操作要么全部执行,要么全部不执行,是一个不可分割的逻辑工作单位。

一般情况下,定义事务操作的语句有以下 3 条。

- BEGIN TRANSACTION
- ROLLBACK TRANSACTION
- COMMIT TRANSACTION

其中:

(1) BEGIN TRANSACTION 语句表示一个事务的开始,即一个新事务的起始点。BEGIN TRANSACTION 可以缩写为 BEGIN TRAN。

(2) ROLLBACK TRANSACTION 语句表示撤销一个没有正常完成的事务。在事务执行过程中,如果程序中设定的错误检查机制发现事务执行有错误,就可利用事先安排好的 ROLLBACK TRANSACTION 语句撤销该事务,从而使数据库的状态回退到执行该事务前的状态。ROLLBACK TRANSACTION 可以缩写为 ROLLBACK TRAN。

(3) COMMIT TRANSACTION 语句表示提交一个正常完成的事务。事务一旦提交,在此之前对数据库中数据的改变就会永久性地保存而不再可能被撤销。COMMIT

TRANSACTION 可以缩写为 COMMIT TRAN 或 COMMIT。

下面通过例 9.1 来说明事务语句的应用。

【例 9.1】 利用事务机制完成下面的需求：银行将 10 000 元资金从李明的账户转账给李丽的账户。本例说明 COMMIT TRANSACTION 命令使成功执行的事务提交，ROLLBACK TRANSACTION 命令使执行不成功的事务回退到该事务执行前的状态。

```
-- 开始事务,事务名为 tran_bank,@tran_error 为局部变量,@@error 为系统全局变量
BEGIN TRANSACTION tran_bank;
declare @tran_error int;
    set @tran_error = 0;
    BEGIN try
        update bank set totalMoney = totalMoney - 10000 where userName = '李明';
        set @tran_error = @tran_error + @@error;
        update bank set totalMoney = totalMoney + 10000 where userName = '李丽';
        set @tran_error = @tran_error + @@error;
    END try
    BEGIN catch
        print '出现异常,错误编号: ' + convert(varchar, error_number()) + ', 错误消息: ' +
error_message();
        set @tran_error = @tran_error + 1;
    END catch
if (@tran_error > 0)
    BEGIN
        -- 执行出错,回滚事务
        ROLLBACK TRANSACTION;
        print '转账失败,取消交易';
    END
else
    BEGIN
        -- 没有异常,提交事务
        COMMIT TRANSACTION;
        print '转账成功';
    END
GO
```

9.1.2 事务的特性

每个事务都必须满足 ACID 特性,即原子性(Atomicity)、一致性(Consistency)、隔离性(Isolation)和持久性(Durability)。

1. 原子性

原子性表示一个事务中的全部操作是一个不可分割的操作序列,要么全部完成,要么全部不执行。当一个事务中的所有语句同时成功时,才能认为事务是成功的。如果事务未成功提交,系统将返回到事务以前的状态。

2. 一致性

一致性表示无论数据库系统处于何种状态,几个并行执行的事务的执行结果必须与按某一顺序串行执行它们的结果相一致。

3. 隔离性

隔离性指一个事务内部的操作及使用的数据对其他并发事务是隔离的,并发执行的两个或多个事务可以同时运行而互不影响。事务执行的中间结果对其他事务是透明的。

4. 持久性

持久性是指一个事务一旦提交,系统必须保证该事务对数据库中数据的改变不丢失,即使数据库出现了故障也是如此。

事务的 ACID 特性分别是由 DBMS 的事务管理子系统、完整性控制子系统、并发性控制子系统和恢复管理子系统实现的。

9.1.3　事务的类型

1. 自动提交事务

为了维护数据库数据的一致性和完整性,数据库管理系统会为每一个登录使用数据库的用户设置一个工作区。许多情况下,用户对数据库中数据的查询操作都是临时存放在该工作区,但从外部表象来看用户并不会感知到工作区的存在。基于这样的机制,就把用户对数据库中数据的更新结果从工作区永久地保存到数据库中的操作称为提交。当一个事务的执行没有发生任何错误时,SQL Server 自动把事务提交到数据库中的行为称为自动提交。

一些 SQL 语句隐含有自动提交事务功能,该类语句执行完就意味着由该语句执行的事务已自动提交。该类 SQL 语句主要有 CREATE、ALTER、DELETE、DROP、FETCH、GRANT、INSERT、OPEN、REVOKE、UPDATE 等。例如,下面的 SQL 语句:

```
UPDATE SC
SET GRADE = GRADE * 1.05
WHERE C# = 'C403001';
```

本身就构成了一个事务。这种自动提交事务,有的书中也称为系统提供的事务。

2. 显式事务

显式事务指每个事务均以 BEGIN TRANSACTION 语句、COMMIT TRANSACTION 或 ROLLBACK TRANSACTION 语句明确定义了什么时候启动事务、什么时候结束事务的情况。例 9.1 就是一个显式事务。

3. 隐式事务

隐式事务指在前一个事务完成时新事务隐式启动,但每个事务仍以 COMMIT 或 ROLLBACK 语句显式完成。对于隐式事务的使用,需要利用 set implicit_transaction on 语句将隐式事务模式打开。要结束该隐式事务,仍必须使用 Commit Transaction 或 Rollback Transaction 语句,且在 Commit Transaction 或 Rollback Transaction 命令后又可以启动一个新的隐式事务。

9.2　数据库的安全性

数据库的安全性指在数据库系统的建立过程中,为防止数据库的不合法使用和因偶然或恶意的原因使数据库中数据遭到非法更改、破坏或泄露等所采取的各种技术、管理和安全保护措施的总称。数据信息的安全性问题是计算机及其网络应用环境中存在的共性问题,但是在数据库系统中,由于大量数据集中存放,多个用户共享数据资源,从而使得安全性问题更为突出。随着计算机网络技术的迅猛发展和各种基于网络的信息系统的广泛应用,远程的多用户存取和跨网络的分布式数据库应用得到了进一步的发展和普及,数据库安全已经成为现代计算机信息系统的关键技术和衡量现代数据库系统性能的主要技术指标。

数据库安全不仅涉及数据库系统本身的技术问题,还包括信息安全理论与策略、信息安全技术、安全管理、安全评价、安全产品以及计算机犯罪与侦查、计算机安全法律、安全监察等技术问题,是一个涉及管理学、法学、犯罪学、心理学的多学科交叉问题。但从总体上可将其分为三大类问题:计算机与数据库技术安全性问题、计算机与数据库管理安全性问题和信息安全的政策法律问题。

计算机与数据库技术安全性问题是指,在计算机与数据库系统中采用具有一定安全性的硬件、软件来实现对数据库系统及其所存数据的安全保护,使计算机或数据库系统在受到无意或恶意的攻击时仍能正常运行,并保证数据库中的数据不丢失、不泄露、不被更改。

计算机与数据库管理安全性问题是指技术安全之外的问题,诸如软硬件意外故障、场地的意外事故、因管理不善而导致的计算机存储设备和数据介质的物理破坏,使数据库中数据丢失等安全问题,视为管理安全。

信息安全的政策法律问题是指,国家和政府部门颁布的有关计算机犯罪、信息安全保密的法律、道德准则、政策法规和法令等。本节只讨论计算机与数据库的技术安全性问题。

9.2.1 数据库安全的威胁

严格来说,所有对数据库中数据(包括敏感数据和非敏感数据)的非授权读取、修改、添加、删除等,都属于对数据库安全的威胁。凡是在正常的业务中需要访问数据库时,使授权用户不能得到正常数据库服务的情况都是对数据库安全形成的威胁。总体来说,对数据库数据的安全性威胁主要包括以下三方面。

1. 数据损坏

数据损坏包括因存储设备全部或部分损坏引起的数据损坏,因敌意攻击或恶意破坏造成的整个数据库或部分数据库表被删除、移走或破坏,例如以下 4 种情况。

(1) 天灾或意外事故导致数据存储设备损坏,进而导致数据库中数据的损坏和丢失。

(2) 硬件或软件故障导致存储设备损坏,导致数据库中的数据损坏和丢失,或无法恢复。

(3)“黑客”攻击或敌意破坏引起的信息丢失。

(4) 数据库管理员或系统用户的误操作,导致应用系统的不正确使用而引起的信息丢失。

2. 数据篡改

数据篡改是对数据库中数据未经授权进行修改,使数据失去原来的真实性,例如以下 3 种情况。

(1) 授权用户滥用权限而引起的信息窃取,或通过滥用权限而蓄意修改、添加、删除系统或别的用户的数据信息。

(2)“黑客”攻击、病毒感染、敌意破坏而导致数据库数据的被篡改和被删除。

(3) 非法授权用户绕过 DBMS 等,直接对数据进行的篡改。

3. 数据窃取

数据窃取包括对敏感数据的非授权读取、非法复制、非法打印等。例如,出于国家利益、商业利益、个人利益、情仇恩怨的报复等,通过不同手段从数据库中窃取国家机密、军事秘密、新产品实验数据、市场需求分析信息、市场营销策略、销售计划、客户档案、医疗档案、银行储蓄数据等,都属于数据窃取的范畴。

数据库管理系统(DBMS)对数据库的安全保护功能,主要通过数据库安全性控制、视图机制、数据库审计、数据库完整性控制、数据库恢复、数据库并发性控制六方面实现。

9.2.2　数据库安全控制

数据库安全控制的核心是提供对数据库信息的安全存取服务,即在向授权用户提供可靠的信息和数据服务的同时,又拒绝非授权用户对数据的存取访问请求,保证数据库数据的可用性、完整性和安全性,进而保证所有合法数据库用户的合法权益。

与计算机系统的安全性控制一样,数据库系统的安全措施是逐级逐层设置的,其安全模型如图 9.1 所示。

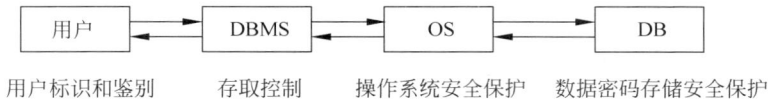

| 用户 | → ← | DBMS | → | OS | → ← | DB |

用户标识和鉴别　　　存取控制　　　操作系统安全保护　　数据密码存储安全保护

图 9.1　数据库系统的安全模型

1. 用户标识和鉴别

在一个多用户的数据库应用系统中,用户的标识(Identification)和鉴别(Authentication)是数据库应用系统安全控制机制提供的最重要、最外层的安全保护措施。其方法是由系统提供一定的方式让用户标识自己的身份。每当用户要求进入系统时,系统首先根据输入的用户标识进行身份鉴定,鉴定后只有合法的用户才准许进入系统,并为其提供数据库应用系统的使用权。

鉴别用户的常用的方法主要有以下几种。

(1) 公开的用户标识(用户名)与保密的口令相结合的用户标识及鉴别方法。用户名是一种公开的用户标识符,单纯的用户名显然不足以成为鉴别用户身份的凭证。因此,最常用的就是采用用户名与口令(Password)相结合的方法来鉴别用户身份的真伪。

作为数据库安全控制机制的一部分,数据库管理系统(DBMS)为每个数据库应用系统都建有一个登记授权用户的用户管理表,其中至少包括用户名字段和口令字段,还包括各用户对不同资源的使用权限的标识。显然,每个合法的用户在该表中都有一个对应的记录。

(2) 一连串会话式口令的用户标识及鉴别方法。即,合法用户通过与系统约定的一连串会话式口令,进行用户标识和身份鉴定。基本实现思路是,系统给出显式的提示,用户给出(不进行显示的)隐式的约定(字符串)输入。通过完成一连串的约定的会话过程而登录系统。由于类似于口令的会话长而复杂,所以非法用户一般难以通过较长的会话式口令的验证。

(3) 语音会话用户标识及鉴别方法。即,通过特定人的语音识别系统登录系统。

(4) 用户个人特征标识及鉴别方法。指纹识别已经成为一种方便、实用的用户身份鉴别方式;虹膜识别方式也开始有所应用。

(5) 用户身份证明卡片。IC 卡的迅速发展,为开放的网络环境的系统对用户的标识和身份鉴别提供了实用、可行的基础技术。

使用密码保护数据库或数据库中的对象的安全性称为共享级安全性。对于单机使用的数据库或者是需要工作组（由使用同一数据库应用系统的不同用户组成）共享的数据库，仅设置密码保护较为合适。知道密码的组成员都有数据库的完全操作权限，彼此之间的使用权限没有什么区别。任何掌握密码的人都可以无限制地访问所有数据库对象及数据。

2. 存取控制

数据库的存取控制机制用于定义和控制一个对象（系统管理员或用户）对另一个对象（用户）的存取访问权限。对数据库的存取访问权限的定义称为授权。数据库安全最重要的一点就是确保把访问数据库的权限只授权给有资格的用户，同时令所有未被授权的人员无法接近数据。

在数据库应用系统中主要有两类用户：一类是数据库管理员（Data Base Administrator，DBA）用户；另一类是使用数据库应用系统的用户，简称数据库用户。用户对于不同的数据库对象有不同的存取权限，不同的用户对同一数据库对象也有不同的权限，而且用户还可以将自己拥有的存取权限转授给其他用户。

1）数据库管理员及其特权

数据库管理员具有管理数据库的一切特权，包括以下特权。

（1）连接登录数据库。

（2）建立和撤销任何数据库用户。

（3）授予和收回用户对数据库表的访问特权。

（4）为任何用户的数据库表建立所有用户都可使用的别名（PUBLIC 同义词）。

（5）利用 SQL 语句访问任何用户建立的数据库表中的数据。

（6）对整个数据库或对某些数据库表进行跟踪审计。

（7）进行数据库备份和恢复备份等。

一个数据库管理系统软件初次安装时，系统都要自动建立一个或两个具有约定用户名和口令的数据库管理员账号，一般通过重改其用户名和口令后用作数据库系统管理员用户。然后通过这些数据库管理员用户完成数据库应用系统建立中的一切有效操作和此后的数据库管理任务。

2）数据库用户及授权

数据库用户是使用数据库应用系统的用户。在建立数据库应用系统时，根据该数据库应用系统在使用过程中对其中数据库对象操作权限的要求而由数据库管理员用户创建。例如，在一个大学的综合信息管理系统中，就教学信息管理来说，就需要有学生学籍管理用户、教学计划管理用户、考试成绩管理用户等。

数据库用户一般具有以下特权。

（1）连接登录自己创建的数据库。

（2）建立自己的数据库表和索引等。

（3）将自己所建的数据库表的查询（SELECT）权、插入（INSERT）新记录权、修改（UPDATE）记录权、删除（DELETE）记录权授予别的用户，或通过回收特权命令收回这些特权。

（4）通过审计命令 AUDIT 对自己所建数据库表和索引的访问进行跟踪审查。

数据库保护技术

当用户被授予了对数据库对象的操作权限后,用户的这些操作权限就存储在数据字典中。每当用户发出数据库的操作请求后,DBMS 查找数据字典,根据用户权限进行合法权限检查。若用户的操作请求超出定义的权限时,系统将拒绝执行此操作。

9.2.3 视图机制

SQL 可以像对表那样来对视图进行查询操作,因此,组成关系数据库的外模式中的各子模式都可以分别由不同的用户视图组成。

视图是从一个或几个基本表(或视图)导出的表,因此,它与基本表不同,是一个虚表。由于在数据库中体现视图存在的是视图的定义,并没有与视图的记录类型相对应的数据的存在,而数据仍然是存放在原来的基本表中的。所以,基本表中的数据发生了变化,从视图中查询出的数据也就随之改变了。从这个意义上讲,视图就像一个窗口,透过它可以看到数据库中自己感兴趣的数据及其变化。

通过定义视图,可以使用户只看到指定表中的某些行、某些列;也可以将多个表中的列组合起来,使得这些列看起来就像一个简单的数据库表;另外,也可以通过定义视图,只提供用户所需的数据,而不是所有的信息。利用这种视图机制,就可以在设计数据库应用系统时,对不同的用户定义不同的视图,使机密数据不出现在不应看到这些数据的用户视图上,这样视图机制就自动提供了对机密数据的安全保护功能。

举例来说,对于大学教学信息管理数据库应用系统中的学生关系:

学生关系(学号,姓名,性别,出生日期,籍贯,专业代码,班级)
S(S♯,SNAME,SSEX,SBIRTHIN,PLACEOFB, SCODE♯,CLASS)

通过以该表为基础定义不同的视图,并对其进行存取权限控制,即将各视图授予不同专业院系的子系统(用户),这样就可把数据对象限制在一定的范围内,把要保密的数据对无权存取的用户隐藏起来,从而自动地对数据提供一定程度的安全保护。

例如,通过建立如下的视图,就可使计算机科学与技术系仅看到本专业的学生。

```
CREATE VIEW VIEW1
    AS SELECT S♯,SNAME,SSEX,SBIRTHIN,CLASS
        FROM  S
        WHERE SCODE♯ = 'S0401'
```

通过建立如下的视图,就可使后勤部门仅看到全部学生的学号、姓名、性别和班级信息。

```
CREATE VIEW VIEW2
    AS SELECT S♯,SNAME,SSEX,CLASS
        FROM  S
```

而通过建立如下的视图,就可使人事部门看到学生的全部信息。

```
CREATE VIEW VIEW3
    AS SELECT S♯,SNAME,SSEX,SBIRTHIN,PLACEOFB,SCODE♯, CLASS
        FROM  S
```

总之,利用视图机制构造的安全模型,用户访问的就可以不是具体的表,数据库系统也不必给出具体的表授权,而只需要给某个用户授予访问某些视图的权限,从而起到保护数据库表的作用。所以,利用授权和视图机制,可以在某种程度上为数据库应用系统提供一定的安全保障。

9.2.4 审计

前面介绍的用户标识与鉴别、存取控制权等是安全性标准的一个重要方面(安全策略方面)。为了使 DBMS 达到一定的安全级别,还需要在其他方面提供相应的支持。"审计"功能就是 DBMS 达到规定安全级别必不可少的一项指标。

因为任何系统的安全保护措施都不是完美无缺的,蓄意盗窃、破坏数据的人总是想方设法打破控制。审计功能把用户对数据库的所有操作自动记录下来放入审计日志(Audit Log),或跟踪审查记录(Audit Trail)。DBA 可以利用审计跟踪的信息,重现导致数据库现有状况的一系列事件,找出非法存取数据的人、时间和内容等。记录的审计跟踪信息一般包括以下内容。

(1) 操作类型,如修改、查询等。

(2) 操作涉及的数据,如表、视图、记录、属性列等。

(3) 操作日期和时间。

(4) 操作终端标识与操作者标识等。

跟踪审计一般由 DBA 控制,有些也可以由数据库对象的所有者控制。一般用户对自己拥有的表或视图可以进行如下审计操作。

(1) 使用 SQL 语句选定审计选项。

(2) 审计各种对该用户的表或视图的成功或不成功的访问企图。

(3) 指定对某些 SQL 操作做审计(例如,对 UPDATE 操作做审计)。

(4) 控制在跟踪审计记录表中记录审计信息的详细程度。例如,是一个事务过程还是一次存取。

对于 DBA 用户,除了可以进行上述审计操作外,还可以进行下述审计操作。

(1) 对成功或失败的 Logon、Logoff、GRANT 和 REVOKE 进行审计。

(2) 使系统填写跟踪审计记录的操作开始工作或停止工作。

(3) 为某些数据库表设定默认选项。

DBMS 提供了一整套的实现各种审计功能的命令,详细介绍各种审计操作语句超出了本书的内容范围,下面仅分别给出供施加和撤销跟踪审计所用的一种命令格式。

在 SQL 中,对表施加跟踪审计的一种命令格式如下:

```
AUDIT SELECT, INSERT, UPDATE DELETE,
    ON   <表名> WHENEVER SUCCESSFUL;
```

撤销对表施加的所有跟踪审计的一种命令格式如下:

```
NOAUDIT ALL ON <表名>;
```

审计通常是很费时间和空间的,所以 DBMS 往往都将其作为可选特征,允许 DBA 根据应用对安全性的要求,灵活地打开或关闭审计功能。审计功能一般主要用于安全性要求较高的部门。

9.2.5 SQL Server 的安全机制

SQL Server 的安全性管理机制可分为 3 个层次。

（1）服务器级别的安全机制。这一层次主要通过登录账户进行控制，即要想访问一个数据库服务器，必须拥有一个登录账户。登录账户可以是 Windows 账户或组，也可以是 SQL Server 的登录账户。

（2）数据库级别的安全机制。这一层次主要通过用户账户进行控制，即要想访问一个数据库，必须拥有该数据库的一个用户账户身份。用户账户是通过登录账户进行映射的。

（3）数据对象级别的安全机制。这一层次主要通过设置数据对象的访问权限进行控制。

另外，为了方便对登录和数据库用户进行管理，SQL Server 提供了角色的概念。

1. 身份验证

登录 SQL Server 服务器需要提供有效的身份验证。SQL Server 安全验证是根据用户登录 SQL Server 时提供的登录名和密码是否可以连接 SQL Server 决定的。每个用户需要使用一个分配给他的登录名和密码登录 SQL Server 服务器，服务器会根据登录名和密码的正确性来验证其是否具有连接 SQL Server 的权限，这称为 SQL Server 的认证机制。登录名的信息存放在 master 数据库的系统视图 sys. syslogins 中。

SQL Server 有两种身份验证模式：Windows 身份验证模式和 SQL Server 身份验证模式。

1）Windows 身份验证模式。

SQL Server 可以使用 Windows 操作系统的安全机制来验证用户身份。当用户通过 Windows 用户账号进行连接时，SQL Server 通过回叫 Windows 获得信息，重新验证用户账号名和密码，并在 sys. syslogins 系统视图中查找该账号，以确定该账号是否有权登录。

这种身份验证模式不必提供登录名和密码让 SQL Server 验证。由于 Windows 具有良好的安全管理机制，所以当直接对 SQL Server 进行操作时，一般建议使用 Windows 身份验证模式。

2）SQL Server 身份验证模式。

在 SQL Server 身份验证模式下，SQL Server 在 sys. syslogins 系统视图中检测输入的登录名和密码。如果在 sys. syslogins 中存在该登录名，密码也匹配，那么该用户可以登录到 SQL Server；否则，登录失败。

采用 SQL Server 身份验证模式连接到数据库服务器时，需要输入连接服务器的登录名和密码，单击"连接"按钮，即可连接到数据库服务器，如图 9.2 所示。

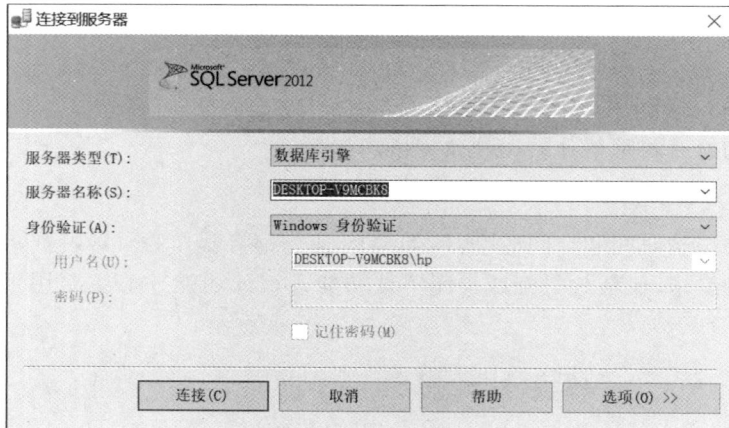

图 9.2　SQL Server 身份验证连接服务器

详细介绍与 SQL Server 2012 的身份验证模式相关的验证模式设置和服务器登录账号创建超出本书内容范畴,这里不再赘述。

2. 用户管理

使用登录名通过 SQL Server 的身份验证后,登录名本身并不能让用户访问服务器中的数据库资源。要访问数据库,还必须有数据库的用户账号。SQL Server 中可以创建多个数据库,假设每个数据库都有一个专属的管理员,他不愿其他人随意看到数据库的内容,这个管理员被称为数据库用户(或数据库用户账号)。通过登录名成功连接到 SQL Server 实例中时,如果想访问某个数据库,如 JXGL 数据库,数据库引擎需要检查该登录名是否具备连接 JXGL 数据库的数据库用户。数据库用户的相关信息存储在那个数据库的 sysusers 表中。

详细介绍与 SQL Server 用户管理相关的数据库用户账号创建和数据库用户账号查看内容超出本书内容范畴,这里不再赘述。

3. 角色管理

数据库用户由于某种应用或系统维护需求需要访问某些数据,因而要为其分配相应的权限。在 SQL Server 中,角色是为了方便管理而按相似的工作属性对用户进行分组的一种方式。在为不同的角色分配不同的权限后,如果数据库用户拥有某一个角色,则相应地拥有该角色所赋予的访问权限。SQL Server 给用户提供了以下 3 类角色。

(1)预定义的服务器角色(又称固定服务器角色),是由服务器级别定义的,如果在 SQL Server 中创建一个登录名后,要赋予该登录名管理服务器的权限,此时可设置该登录名为服务器角色的成员。例如,固定服务器角色 securityadmin 可以管理登录名和分配权限。

(2)数据库角色,是在数据库级别定义的,用于授权给数据库用户,拥有某个或某些角色的用户会获得相应角色所对应的权限。例如,数据库角色 db_backupoperator 可以备份数据库。

(3)应用程序角色,是一种由用户定义的数据库角色,用于控制用编写的程序来存取 SQL Server 的数据。

4. 权限管理

通过授予用户对不同数据库对象的访问权限,可以控制不同用户的操作行为,保证数据库的安全性。用户在登录到 SQL Server 之后,其用户账号所归属的 Windows 组或角色及所赋予的权限决定了该用户能够对哪些数据库对象执行哪种操作,以及能够访问、修改哪些数据。

可以使用 GRANT、DENY 和 REVOKE 语句来管理这个权限层次结构。

- GRANT:允许一个数据库用户或角色执行所授权限指定的操作。
- DENY:拒绝一个数据库用户或角色的特定权限,并且阻止它们从其他角色中继承这个权限。
- REVOKE:取消先前被授予或拒绝的权限。

用户可以设置服务器权限和数据库权限。服务器权限允许数据库管理员执行管理任务,数据库权限用于控制对数据库对象的访问和操作。其中,数据库对象权限授予用户以允许他们访问数据库中的对象,数据库对象权限对于使用 SQL 语句访问表或视图是必需的。表 9.1 所示的是可以管理的表的权限,可以对数据库用户或角色指定这些权限。

数据库保护技术

表 9.1 表的权限

权　　限	描　　述	权　　限	描　　述
ALTER	可以更改表的属性	SELECT	可以在表中选择行
CONTROL	提供所有权之类的权限	TAKE OWNERSHIP	可以取得表的所有权
DELETE	可以在表中删除行	UPDATE	可以在表中更新行
INSERT	可以在表中插入行	VIEW DEFINITION	可以访问表的元数据
REFERENCES	可以通过外键引用其他表		

以下示例授予用户 xia 对学生表 S 的 SELECT、INSERT 和 UPDATE 权限。

```
USE JXGL;
GO;
GRANT SELECT, INSERT,UPDATE
ON S
TO xia;
```

9.3　数据库的完整性

数据库的完整性(Integrity)是指数据库中数据的正确性、有效性和相容性。所谓正确性,是指数据库中的数据是合法的、符合实际的。所谓有效性,是指输入到数据库中的数据是符合其类型约束和有效范围的定义的。所谓相容性,是指数据库中的数据在逻辑上是一致的。

为了保证数据库中数据的完整性,防止不符合语义的错误数据输入数据库中而造成数据库的无效操作和错误结果,数据库管理系统提供了一种数据库完整性控制机制,并通过其完整性控制机制的定义功能(定义完整性约束条件)、检查功能(检查用户要输入数据库中的数据是否满足完整性约束条件)、违约处理功能(当发现用户输入的数据违背完整性约束条件时,采取一定的动作来保证数据库中数据的完整性),保证了数据库中数据的正确性、有效性和相容性。

关系数据库的完整性约束分为 4 类,分别是域完整性、实体完整性、参照完整性和用户定义完整性,其中,域完整性、实体完整性和参照完整性是关系模型必须满足的完整性约束条件。

从理论上来说,数据库的完整性既可以通过编写应用程序来实现,也可以由数据库管理系统自动实现。由于在编写应用程序时对每个更新操作都进行完整性检查的方法实现起来比较复杂,所以 SQL 把各种完整性约束作为数据库模式定义的一部分,并由数据库管理系统自动实现数据库完整性的检查与维护,这样既有效地防止了不符合数据库完整性约束的数据输入到数据库中去,又大大减轻了开发数据库应用系统的编程人员的负担。

9.3.1　域完整性约束

域完整性用于保证数据库字段取值的合理性。属性的取值应是域中的值,这是关系模式规定了的。除此之外,一个属性能否为 NULL,这是由语义决定的,也是域完整性约束的主要内容。典型的域完整性约束有检查(CHECK)、默认值(DEFAULT)、不为空(NOT NULL)等。这些主要由表定义语句定义,由数据库管理系统自动检查维护。

例如,创建学生关系表语句中的 CHECK 和 NOT NULL:

```
CREATE TABLE S
    (S#        CHAR(9)  PRIMARY KEY,
     SNAME     CHAR(16)  NOT NULL,
     SSEX      CHAR(2)  CHECK(SSEX IN ('男', '女')),
     SBIRTHIN  DATETIME  NOT NULL,
     PLACEOFB  CHAR(16),
     SCODE#    CHAR(5) NOT NULL,
     CLASS     CHAR(6)  NOT NULL);
```

又如,创建学习关系表语句中的 DEFAULT:

```
CREATE TABLE SC
    (S#     CHAR(9),
     C#     CHAR(7),
     GRADE SMALLINT DEFAULT(0),
     PRIMARY KEY(S#,C#));
```

域完整性约束是最简单、最基本的约束。在当今的关系 DBMS 中,一般都有域完整性约束检查功能。

9.3.2 实体完整性约束

实体完整性指关系的主键不能重复也不能取"空值"。

一个关系对应现实世界中一个实体集。现实世界中的实体是可以相互区分和识别的,即它们应具有某种唯一性标识。在关系模式中,是用主键作为唯一性标识的,因而主键中的属性(称为主属性)就不能取空值;否则,表明关系模式中存在着不可标识的实体(因空值是"不确定"的),这与现实世界中实体是可以相互区分和识别的情况是相矛盾的,这样的实体也就不是一个完整实体。而且,当主键是多个主属性的组合时,所有主属性均不能取空值。主键值也不能重复,即表中不可能存在主键值相同的两个记录,否则就不具有可区分性了。

实体完整性的定义主要是在创建表时,利用主键关键字 PRIMARY KEY,通过定义表的列级完整性约束条件或表级完整性约束条件来实现的。一旦某个属性或属性组被定义为主键,该主键的每个属性就被规定不能为空值,且在表中不能出现主码值完全相同的两个记录。

利用 CREATE TABLE 语句的 PRIMARY KEY 定义主键有两种方法:一种是在属性后增加主键关键字 PRIMARY KEY,例如上述创建学生关系表语中的 S# CHAR(9) PRIMARY KEY 子句。这是当主键仅由一个主属性组成时,利用列完整性约束定义表的主键的方式。另一种是在属性表中加入额外的定义主键子句(一种表级完整性约束):PRIMARY KEY(主键属性名表)。当表的主键由多个主属性组成时,只能采用这种表级完整性约束方式定义表的主键,例如 9.3.1 节中创建学习关系表语中的 PRIMARY KEY(S#,C#)子句。当然,当表的主键仅由一个主属性组成时,也可以采用这种表级完整性约束方式定义表的主键。

定义了表的实体完整性约束条件后,当进行给表中插入(录入)数据记录操作时,系统就会自动进行实体完整性约束检查。

(1) 对主键值的唯一性检查方法是,如果出现主键值不唯一,则拒绝插入或修改。

(2) 对主键中各属性的非空检查方法是,只要主键属性中有一个主属性为空,就拒绝插入或修改。

9.3.3 参照完整性约束

参照完整性约束是指在相关联的两个表之间,通过定义一个表(从表)的外关键字和一个表(主表)的主关键字之间的引用规则来约束两个关系表之间的联系。其作用是当修改、删除从表中的数据或向从表中插入数据时,通过参照引用与其相互关联的主表中的数据,检查和保证从表中数据操作的正确性。参照完整性约束包括更新规则、删除规则和插入规则。

1. 参照完整性规则

参照完整性规则可描述为:对于两个关系 R(主表)和 S(从表),如果 R 中存在的属性 A 是关系 R 的外键,且该属性 A 与关系 S 的主键 K 相对应(R 和 S 不一定是不同的关系),那么对于 R 中的每个元组在属性 A 上的值或者应为空值(null),或者等于 S 中某个元组的主键值。参照完整性规则的实质是"不允许引用不存在的实体"。

1)外键值可以为空值的情况

例如,对于大学教学信息管理数据库中的如下两个关系:

专业关系:SS(SCODE♯,SSNAME)
学生关系:S(S♯,SNAME,SSEX,SBIRTHIN,PLACEOFB,SCODE♯,CLASS)

可通过专业代码 SCODE♯ 实现学生关系 S 与专业关系 SS 两者的关联。专业代码 SCODE♯ 是(从)关系 S 的外键,而且它不是关系 S 的主键,所以它的值可以暂时取空值(例如,有些院校到第 3 年开始前才让学生选择并确定专业);或者它的值只能取与(主)关系 SS 中的某个元组的主键属性 SCODE♯ 相同的值。

2)外键值不能为空值的情况

如果从关系 R 的外键也是 R 的主键属性,根据实体完整性要求,主键属性不能取空值。因此,从关系 R 的外键的取值实际上只能是被参照的主关系 S 中的已存在的某个元组的主键值。

例如,对于大学教学信息管理数据库中的如下两个关系:

学生关系:S(S♯,SNAME,SSEX,SBIRTHIN,PLACEOFB, SCODE♯,CLASS)
学习关系:SC(S♯,C♯,GRADE)

学号 S♯ 既是学习关系 SC 的主键属性,也是它的外键。通过学号 S♯ 实现了学习关系 SC 与学生关系 S 的关联,即学习关系 SC 可通过外键"学号 S♯"参照学生关系 S。由于学号 S♯ 是学习关系 SC 的主键属性,所以它不能取空值,而只能取与学生关系 S 中的某个元组的主键属性 S♯ 相同的值。

相同的例子,对于大学教学信息管理数据库中的如下两个关系:

课程关系:C(C♯,CNAME,CLASSH)
学习关系:SC(S♯,C♯,GRADE)

由于课程号 C♯ 是学习关系 SC 的主键属性,所以它不能取空值,而只能取与课程关系 C 中的某个元组的主键属性 C♯ 相同的值。

【例 9.2】 在创建学习关系表 SC 时,要求学习关系 SC 的外键参照课程关系 C 的主键。对应的 SC 表定义语句格式如下:

```
CREATE TABLE SC
```

```
(S#      CHAR(9),
 C#      CHAR(7),
GRADE SMALLINT DEFAULT(0),
PRIMARY KEY(S#, C#),
FOREIGN KEY (C#) REFERENCES C(C#));
```

其中,课程号 C# 被定义成学习关系表 SC 的外键,它在课程关系表 C 中是主键。

2. 参照完整性的级联删除及修改

参照完整性还体现在对主表中记录的删除和更新操作上。例如,如果删除主表中的一条记录,则从表中凡是外键的值与主表的主键值相同的记录也会被同时删除,将此功能称为级联删除;如果修改主表中主键的值,则从表中相应记录的外键值也随之被修改,将此功能称为级联修改。SQL 提供了两种可选方案供数据库实现者使用,一种是限制策略(RESTRICT),另一种是连带策略(CASCADE)。

1) 限制策略

限制策略是 SQL 的默认策略,任何违反参照完整性的更新均被系统拒绝。

2) 连带策略

连带策略利用如下的两个子句定义。

(1) ON DELETE CASCADE,即连带删除。如果试图删除(主表中的)某条记录,而该记录含有被其他(从)表的记录中的外键所引用的主键,则也将删除所有包含那些外键的(从表中的)记录。如果在从表上也定义了连带引用操作,则对从那些要从(从)表中删除的记录同样采取指定的连带操作。

【例 9.3】 对于课程关系 C(C#,CNAME,CLASSH)和学习关系 SC(S#,C#, GRADE)。若有学习关系 SC 的创建语句如下:

```
CREATE TABLE SC
    (S#      CHAR(9),
     C#      CHAR(7) REFERENCES C(C#) ON DELETE CASCADE,
    GRADE SMALLINT DEFAULT(0),
    PRIMARY KEY(S#,C#),
    FOREIGN KEY (C#) REFERENCES C(C#));
```

在 C#   CHAR(7)后附加 REFERENCES   C(C#)表示 C# 是学习关系表 SC 的单字段外键,即 C# 是课程关系 C 的单字段主键;并且学习关系表 SC 中的 C# 值一定要在课程关系表 C 中出现。其后的 ON DELETE CASCADE 进一步表示,在课程关系表 C 中删除含有某个 C# 值的记录时,也要在学习关系表 SC 中删除具有该 C# 值的所有记录。

(2) ON UPDATE CASCADE,即连带修改。如果试图更新(主表中)某记录中的主键值,而该记录的主键值被其他(从)表的现有记录中的外键所引用,则(从表中的)所有外键值也将更新成为该键指定的新值。如果在从表上也定义了连带引用操作,则对在那些(从)表中更新的主键值同样采取指定的级联操作。

9.3.4 用户定义完整性约束

用户定义完整性约束是指某一具体应用所涉及的数据必须满足的语义要求。这一约束机制一般不是由应用程序提供,而是由关系模型提供,关系模型同时提供定义并检验。用户定义完整性主要包括字段有效性约束和记录有效性。

数据库保护技术

在 SQL 中,可通过提供非空约束、对属性的 CHECK 约束、对元组的 CHECK 约束、触发器等来实现用户定义完整性要求的。

1. 基于属性值的 CHECK 约束

使用检查 CHECK 子句可保证属性值满足某些前提条件。CHECK 子句的一般格式如下:

CHECK <条件>

属性的 CHECK 约束既可跟在属性的定义后,也可在定义语句中另增一子句加以说明。

【例 9.4】 在创建学生关系表语句中,用 CHECK 的约束条件限定性别 SSEX 的取值只能是"男"和"女"两个值中的一个。语句格式如下:

```
CREATE TABLE S
    (S#          CHAR(9)  PRIMARY KEY,
     SNAME       CHAR(10)  NOT NULL,
     SSEX        CHAR(2)  CHECK(SSEX IN ('男', '女')),
     SBIRTHIN    DATETIME  NOT NULL,
     PLACEOFB    CHAR(16),
     SCODE#      CHAR(5) NOT NULL,
     CLASS       CHAR(6)  NOT NULL);
```

2. 基于元组的约束

通过 CHECK 使得表中的若干字段的取值满足某种约束条件。

【例 9.5】 在创建工资关系表语句中,要求在职工(ENO 为职工号)的工资中,保险(Insure)和储蓄(Fund)的总金额要小于基本工资(Basepay)。语句格式如下:

```
CREATE TABLE salary
    (Eno  char(4),
     Basepay  decimal(7, 2),
     Insure  decimal(7, 2),
     Fund  decimal(7, 2),
     CHECK  (Insure + Fund < Basepay));
```

显然,由于在一个 CHECK 约束中涉及表中的多个属性,所以称为元组约束。

3. 触发器动态约束

上述的约束都属于静态约束,而静态约束属于被动的约束机制。在查出对数据库的操作违反约束后,只能做些比较简单的动作,例如拒绝操作。比较复杂的操作还需要由程序员去安排。如果希望在某个操作后,系统能自动根据条件转去执行各种操作,甚至执行与原操作无关的操作,就可以用 SQL 中的触发器机制实现。

触发器机制是一种动态约束,动态约束指数据库从一种状态转变为另一种状态时,新旧值之间所满足的约束条件。它是反映数据库状态变迁的约束。

触发器(Trigger)是一个能因某一个事件触发而由系统自动执行的 SQL 语句或语句序列。它可以实现查询、计算、评估、交流,及完成更复杂的功能任务。一个触发器由以下 3 部分组成。

(1)事件。事件指对数据库的插入、删除、修改操作。触发器在这些事件发生前、发生时或发生后被触发而执行。

(2)条件。触发器检测事件是否发生的条件。触发器测试条件是否成立,如果条件成立,就做相应的动作,否则什么也不做。

（3）动作。当测试条件满足时执行的对数据库的操作。如果触发器测试满足预定的条件,那么就由 DBMS 执行相应的动作。动作可以是触发事件不发生,即撤销事件,例如删除已插入的元组等。动作也可以是一系列对数据库的操作,甚至可以是与触发事件本身无关的其他操作。

触发器的好处在于它可以利用 T-SQL 代码的复杂处理逻辑,在各种约束所支持的功能都无法满足应用程序的功能要求时,而用触发器却可以实现。

9.3.5 SQL Server 的完整性约束

完整性约束是 SQL Server 数据库实现数据的强制完整性的标准机制。根据数据完整性约束类型的不同,它所作用的数据库对象和范围也不同,系统为此提供了各种实现机制以强制数据的完整性,如表 9.2 所示。

表 9.2　SQL Server 的数据完整性分类表

完整性类型	实现机制	描　　　述
域完整性	DEFAULT	指定列的默认值
	CHECK	指定允许值
	NULL	是否允许空值
实体完整性	主键约束	每行的唯一标识
	UNIQUE	不允许有重复 key
参照完整性	外键约束	定义的列的值必须与某表的主键值或唯一键值一致
用户定义完整性	CHECK	指定允许值
	触发器	由用户定义不属于其他任何完整性类别的特定业务规则

1. 域完整性约束在 SQL Server 中的实现

在 SQL Server 数据库中,用户可以通过使用数据类型设定列的取值类型;可以通过使用 CHECK 约束和规则限制列的格式;还可以通过使用 CHECK 约束、DEFAULT 约束、NULL 确定数据的可能值范围。这些约束既可以在用 SQL 语句创建表时实现,如第 4 章的相关例子;也可以在利用表设计器创建表时实现,如第 3 章中用表设计器创建表的例子所述。

2. 实体完整性约束在 SQL Server 中的实现

在 SQL Server 数据库中,实体完整性约束可以通过索引、PRIMARY KEY 约束、UNIQUE 约束或 IDENTITY 属性来实现。

1) 主键约束

一般在 SQL Server 数据库中,保存数据的表都要设置主键。设置完主键约束的数据表将符合两个数据完整性规则:一是列不允许有空值,即指定的 PRIMARY KEY 约束,将数据列隐式转换为 NOT NULL 约束。二是不能有重复的值。如果对具有重复值或允许有空值的列添加 PRIMARY KEY 约束,则数据库引擎将返回一个错误并且不添加约束。具体操作方法已经在 3.5.4 节和 4.2.1 节中介绍过,这里不再赘述。

2) UNIQUE 约束

UNIQUE 约束指表中的任何两行都不能有相同的列值。主键也强制实施唯一性,但主键不允许 NULL 的出现。一般情况下，UNIQUE 约束用于确保在非主键列中不输入重复的值。

用户可以在创建表时，将 UNIQUE 约束作为表定义的一部分。也可以在已经存在的数据表，用图形工具或者 T-SQL 脚本添加 UNIQUE 约束。一个表可含有多个 UNIQUE 约束。

【例 9.6】 在大学教学信息管理数据库中，对专业关系 SS 的"专业名称"字段 SSNAME 创建 UNIQUE 约束，以保证该列取值的唯一性。

(1) 启动 SQL Server Management Studio，打开大学教学信息管理数据库 JXGL。

(2) 在"表"对象中选择专业关系表 SS，右击选择"设计"菜单命令，打开"表设计器"对话框。

(3) 在"表设计器"界面上，单击要定义为主键的列(专业名称 SSNAME)的行选择器。若要选择多个列，在按住 Ctrl 键的同时单击其他列的行选择器。

(4) 右击"表设计器"的空白处，选择"索引/键"菜单命令，弹出"索引/键"对话框，单击"添加"按钮，进行属性设置，如图 9.3 所示。

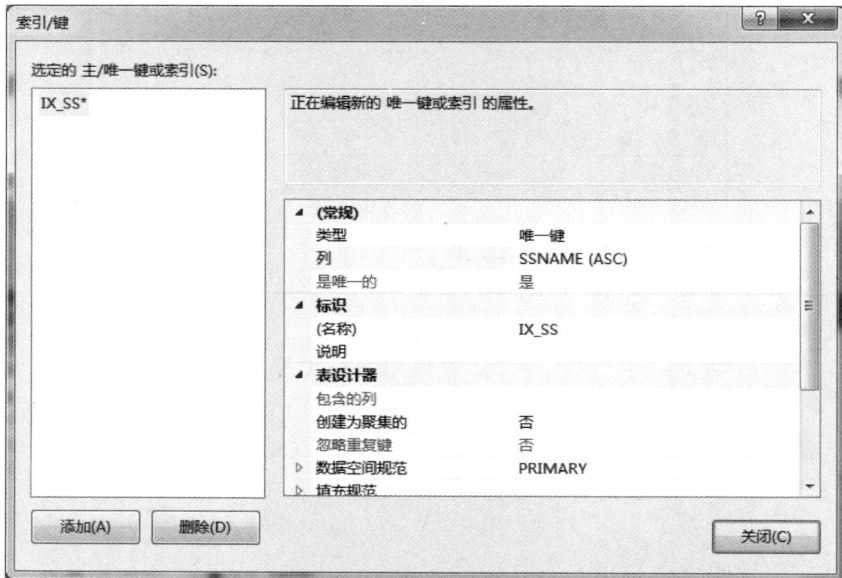

图 9.3　在"索引/键"对话框中设置 UNIQUE 约束

(5) 在右侧网格的"类型"选项中选择"唯一键"项。

(6) 在"列"选项中，单击属性右侧的省略号按钮[...]，弹出"索引列"对话框，如图 9.4 所示。在下拉列表框中选择 SSNAME 字段，单击"确定"按钮。

(7) 保存完成 UNIQUE 约束的建立。

3. 参照完整性约束在 SQL Server 中的实现

在 SQL Server 数据库中，用户可以通过在外键与主键之间、外键与唯一键之间建立关系来实现参照完整性约束，即用外键建立和加强两个表数据之间的关系。一般表现为两个数据表中，一个数据表的某一列的所有值，全部取自另外一个表的主键值。构成外键关系的列，在两个数据表中必须具有相同的数据类型(或可相关的数据类型)和长度。

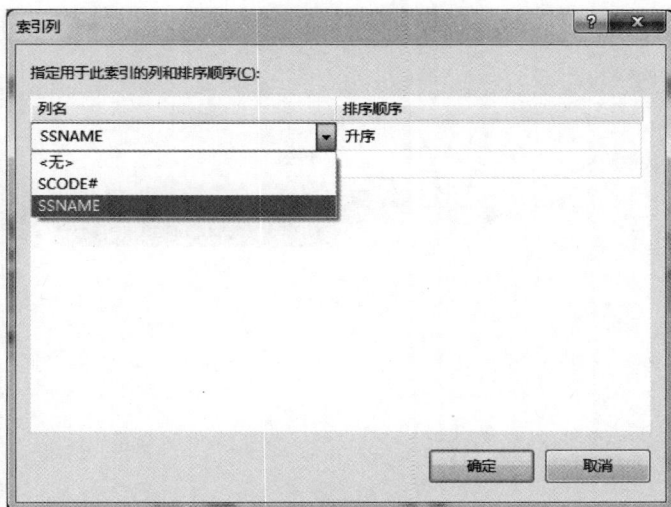

图 9.4 "索引列"对话框

【例 9.7】 在大学教学信息管理数据库中,为学习关系 SC 的"学号"字段 S# 创建外键约束,以保证该列取值与学生关系 S 的"学号"字段 S# 的取值相对应。(注意:学生关系 S 的"学号"字段 S# 必须已经设置为主键)

(1) 启动 SQL Server Management Studio,打于大学教学信息管理数据库 JXGL。

(2) 在"表"对象中选择学习关系表 SC,右击选择"设计"选项,打开"表设计器"对话框。

(3) 在"表设计器"界面上,右击选择"关系"菜单命令,弹出"外键关系"对话框,如图 9.5 所示。

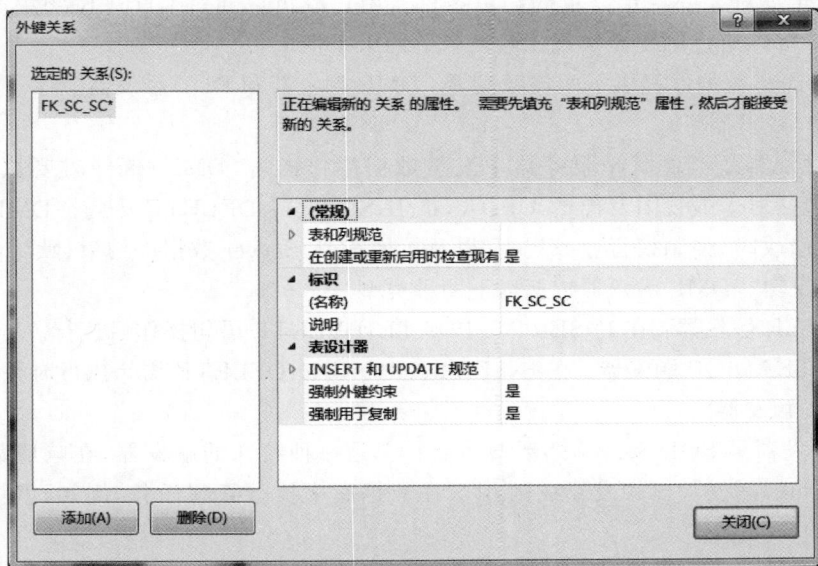

图 9.5 "外键关系"对话框

(4) 在图 9.5 中单击"添加"按钮创建新的关系。在网格中,单击"表和列规范"选项,单击属性右侧的省略号按钮 ...,弹出"表和列"对话框,如图 9.6 所示。

284

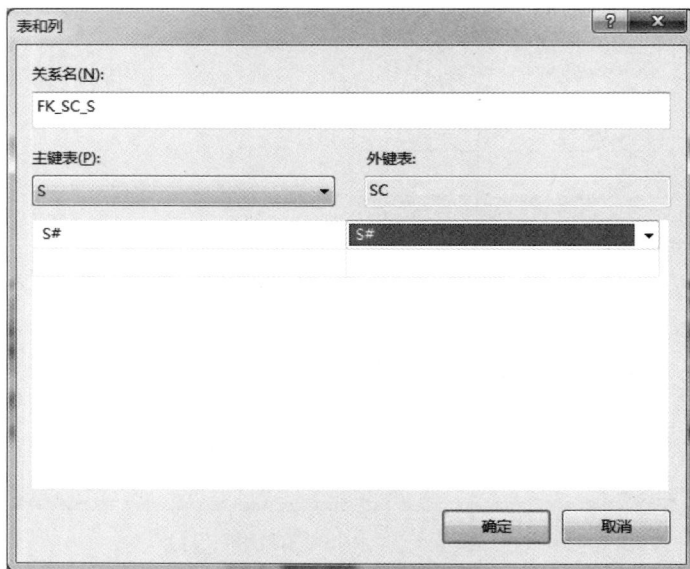

图 9.6 "表和列"对话框

(5) 在"表和列"对话框中,从"主键表"列表中选择"学生关系 S",数据列选择 S#,在外键表中选择 S# 项,单击"确定"按钮。

(6) 保存完成设置。

4. 用户定义完整性约束在 SQL Server 中的实现

SQL Server 数据库提供了定义和检验用户定义完整性约束的机制,以便用户可以根据实际需要制定针对某一特定需求的约束条件。用户既可以通过 CHECK 约束实现简单的约束条件,又可以通过触发器实现比较复杂的约束条件。

SQL Server 数据库提供了两类触发器:DML 触发器和 DDL 触发器。

1) DML 触发器

DML 触发器是当数据库服务器中发生数据操作语言(DML)事件时要执行的操作。DML 事件包括对表或视图发出的 UPDATE、INSERT 或 DELETE 语句。DML 触发器用于在数据被修改时,强制执行业务规则,以及扩展 SQL Server 数据库约束、默认值和规则的完整性检查逻辑。DML 触发器包括以下两种类型。

- AFTER 触发器:在 INSERT、UPDATE、DELETE 语句操作后执行。
- INSTEAD OF 触发器:在 INSERT、UPDATE、DELETE 语句执行时替代执行。

2) DDL 触发器

DDL 触发器是 SQL Server 的新增功能。它是一种特殊的触发器,在响应数据定义语言(DDL)语句时触发。该触发器一般用于在数据库中执行管理任务,例如,审核以及规范数据库操作。

本章所讲的触发器主要是 DML 触发器。触发事件(语句)是对指定表的 INSERT、UNPDATE 或 DELETE 语句。触发条件是指定的布尔表达式。触发器的动作由一个特殊的过程实现,当触发条件为真时,该过程被执行。

执行触发器时,系统会自动创建两个特殊的逻辑表 inserted 表和 deleted 表。它们与该触发器作用的表具有相同的表结构,用于保存因用户操作而被影响到的原数据值或新数据值。inserted 表和 deleted 表是动态驻留在内存中的、只读的表。inserted 表用于保存插入的新记录,当触发一个 INSERT 触发器时,新的记录会插入到操作表和 inserted 表中。deleted 表用于保存已从表中删除的记录,当触发一个 DELETE 触发器时,被删除的记录会存放到 deleted 逻辑表中。修改一条记录等于插入新记录,同时删除旧记录。当对定义了 UPDATE 触发器的表记录修改时,表中原记录移到 deleted 表中,修改过的记录插入到 inserted 表中。例 9.7 是一个创建触发器的例子。

创建触发器不仅涉及为什么要在某个表的某字段上创建触发器的设计思路问题,而且还涉及编写创建触发器的 T-SQL 批处理程序的综合知识及能力等问题,这里不再赘述,感兴趣的读者可参考相关文献。

9.4 数据库恢复

数据库运行的支撑环境是计算机。计算机的软件和硬件故障、电源故障、应用程序设计中隐藏的错误、计算机病毒、操作人员的误操作或人为破坏等,都可能使数据库的安全性和完整性遭到破坏。由于这些故障是不可预测和难以避免的,所以,必须要有一套相应的措施,使得数据库一旦遭到破坏或处于不可靠的状态时,能够使数据库恢复到一个正确或已知的状态上来。数据库的恢复技术研究当数据库中数据遭到破坏时,进行数据库恢复的策略和实现技术。

9.4.1 数据库的故障分类

数据库在运行过程中出现的故障多种多样,总体上可以把它们分为 3 类:事务故障、系统故障和介质故障。

1. 事务故障

事务故障主要指数据库在运行过程中,出现的输入数据错误、运算溢出、应用程序错误、并发事务出现死锁等非预期的情况,而使事务未能运行到正常结束就被夭折,导致事务非正常结束的一类故障。

由于事务故障的非预期性,使得被夭折的事务对数据库中数据的影响是难以预料的。

2. 系统故障

系统故障主要指数据库在运行过程中,由于硬件故障、操作系统或 DBMS 故障、数据库管理误操作、突然停电等情况,导致所有正在运行的事务以非正常方式终止的一类故障。

这类故障发生时,一些尚未完成的事务的结果可能已送入物理数据库;有些已完成事务提交的结果可能还有一部分或全部留在缓冲区尚未写回到物理数据库中去。从而造成数据库中数据的不一致性状态。

3. 介质故障

介质故障主要指数据库在运行过程中,由于磁头碰撞、磁盘损坏、瞬时强磁场的干扰等情况,使得数据库中数据部分或全部丢失的一类故障。

9.4.2 数据库故障的基本恢复方式

一般把遭到破坏的数据库还原到原来的正确状态或用户可接受的状态的过程称为数据

库恢复。数据库恢复采用的基本原理就是数据冗余,即利用冗余地存储在"别处"的信息,部分地或全部地重建数据库。建立冗余数据最常用的技术是数据转储和日志文件。在一个数据库系统中这两种方法通常是一起使用的。由于导致数据库的安全性和完整性遭到破坏的原因是各种各样的,数据库中信息的破坏程度是不相同的,所以数据库恢复是一个相当复杂的过程。

数据库的恢复机制涉及如何建立冗余数据和如何利用这些冗余数据实施数据库恢复两个关键问题。相关的概念和实现方法如下。

1. 数据库转储

所谓数据库转储(Dump,也称倒库)就是定期地把整个数据库或数据库中的数据复制到其他磁盘上保存起来的过程。转储中用于备份数据库或数据库中数据的数据文件称为后援副本。当数据库遭到破坏时,就可以利用后援副本把数据库恢复到转储时的状态。

由于数据库遭到破坏的时间是随机的,所以通过装入后援副本只能把数据库恢复到转储时的状态。要想把数据库恢复到故障发生时的状态,还必须重新运行自转储以后的所有更新事务。例如在图 9.7 中,系统在 T_a 时刻停止运行事务并进行数据库转储,在 T_b 时刻转储完毕后,就可得到在 T_b 时刻具有一致性的数据库后援副本。假设系统运行到 T_f 时刻发生故障。那么为了恢复数据库,首先需要重装在 T_b 时刻得到的数据库后援副本,将数据库恢复至 T_b 时刻的状态。然后需要重新运行自 T_b 时刻至 T_f 时刻的所有更新事务,这样就可把数据库恢复到故障发生前的一致状态。

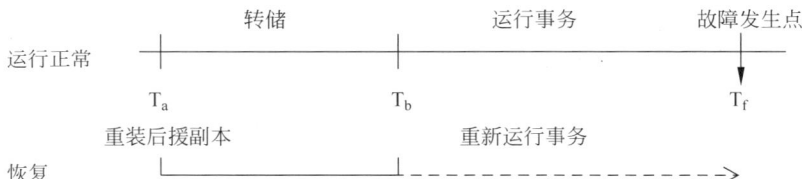

图 9.7　数据库转储与恢复

数据库转储是一件十分耗费时间和资源的事情,应根据数据库应用性质的不同,确定一个合理的转储周期。例如,银行等金融机构的数据库转储周期至少应为一天一次,而用于日常事务处理的办公系统的数据库转储周期则可长一些。

(1) 数据库转储分为静态转储和动态转储两种方式。

静态转储指在系统中无运行事务时进行的转储操作。即在转储操作开始的时刻,数据库处于一致性状态,而转储期间不允许或不存在对数据库的任何更新活动。显然,静态转储得到的一定是一个满足数据一致性的后援副本。静态转储简单,但转储必须等到运行的用户事务结束后才能进行。同样,新的事务必须等待转储操作结束后才能开始执行。显然,这会降低数据库的可用性。

动态转储指在转储期间允许用户对数据库进行更新操作的转储操作。即转储操作和用户事务并发执行。动态转储可以克服静态转储必须等到运行的用户事务结束后才能进行转储操作的缺点,也不会影响新事务的运行。但是,转储结束时后援副本上的数据并不能保证正确有效。例如,在转储期间的某个时刻 T_c,系统把数据 A=150 转储到磁盘上,而在下一时刻 T_d,某一事务将 A 改为 300。转储结束后,后援副本上的 A 已是过时的数据了。为此,必须把转储期间各事务对数据库的更新活动登记到日志文件(Log File)中。通过后援副本和日志文件把数据库恢复到正确的状态。

（2）转储还可以分为海量转储和增量转储两种方式。海量转储指每次转储完全部数据库。增量转储则指每次只转储上一次转储后更新过的数据。从恢复角度看,利用海量转储方式得到的后援副本进行恢复更方便一些；当数据库很大,或事务处理又十分频繁时,增量转储方式更实用有效些。

2. 日志文件

在数据库管理系统中,将用于记录所有事务对数据库进行的更新操作(插入、删除、修改)相关信息的文件称为日志文件。当由于出现某种数据库故障而使数据库中信息损坏时,可在系统恢复机制的控制下,利用日志文件中的信息实现对数据库中数据的恢复。

不同的数据库系统其日志文件的格式并不完全一样,概括起来主要有以记录为单位的日志文件和以数据块为单位的日志文件两种类型。

在以记录为单位的日志文件中,日志文件中登记的关于每一次数据库更新的情况信息称为一个运行记录。一个运行记录通常包括如下一些内容。

（1）更新事务的标识(标明是哪个事务)。

（2）操作的类型(插入、删除或修改)。

（3）操作对象。

（4）更新前的旧数据值(对于插入操作此项为空)。

（5）更新后的新数据值(对于删除操作此项为空)。

（6）事务处理中的其他信息,如事务开始时间、事务结束时间、真正回写到数据库的时间等。

对于以数据块为单位的日志文件,只要某个数据块中有数据被更新,就将整个更新前和更新后的内容放入日志文件中。

日志文件在数据库恢复中起着非常重要的作用,可以用于进行事务故障恢复和系统故障恢复,并协助后援副本进行介质故障恢复。

在静态转储方式中,也可以建立日志文件。当数据库毁坏后,可重新装入后援副本把数据库恢复到转储结束时刻的正确状态,然后利用日志文件,对已完成的事务进行重做（Redo)处理(已完成的事务对数据库的更新操作结果,由于出现故障已被丢失了,所以要重做)；对故障发生时尚未完成的事务进行撤销处理(因为尚未完成的事务对数据库状态的影响是未知的,所以只有撤销相关操作,才能使数据库恢复到故障前的正确状态)。这样不必重新运行那些已完成的事务程序就可把数据库恢复到故障前的正确状态,如图9.8所示。

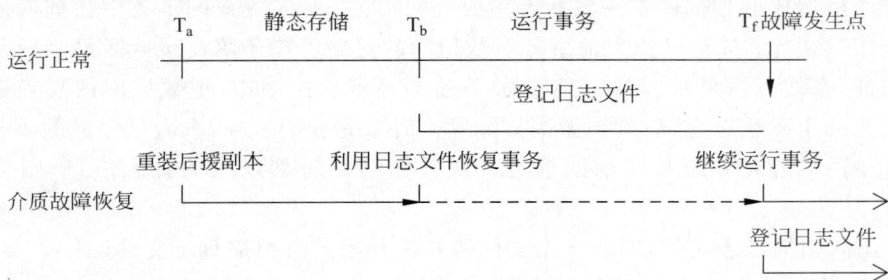

图 9.8　利用日志文件恢复数据库

数据库保护技术

在动态转储方式中必须建立日志文件，将后援副本和日志文件综合起来才能有效地恢复数据库。

为保证数据库的可恢复性，登记日志文件时必须遵循下述两条原则。

（1）必须严格按并发事务执行的时间次序进行登记。

（2）必须先写日志文件，后写回数据库。

把对数据的更新写回到数据库中和把表示这个更新的日志记录写到日志文件中是两个不同的操作。有可能在这两个操作之间发生故障，即这两个写操作只完成了一个时就发生了故障。如果先把对数据库的更新写回数据库，而在日志文件运行记录中没有登记该事务的更新情况，则当故障发生后就无法恢复这个更新了。如果先写日志，但没有更新数据库，则在按日志文件恢复时，只不过是多执行一次不必要的撤销（Undo）操作，并不会影响数据库的正确性。所以为了安全，一定要先写日志文件，即首先把日志记录写到日志文件中，然后再写对数据库的更新。

9.4.3 恢复策略

1. 事务故障的恢复

事务故障指因非预期情况使事务未能运行到正常结束而被夭折的故障。对这种故障的恢复处理方式是，利用恢复子系统撤销（Undo）该事务已对数据库进行的修改。恢复步骤如下。

（1）反向扫描日志文件，即从日志文件的最后开始向前扫描日志文件，查找该事务的日志信息。

（2）如果找到的是该事务的开始标记，则转步骤（5）。

（3）如果找到的是该事务已做的某更新操作的日志信息，则对数据库执行该更新事务的逆操作，即若原更新操作是插入操作，则逆操作为删除"更新后的记录"（原插入记录）的操作；若原更新操作是删除操作，则逆操作为插入"更新前的值（记录）"的操作；若原更新操作是修改操作，则逆操作为将"更新前的值"写回数据库的操作，即用修改前的值代替修改后的值。

（4）转步骤（2），继续反向扫描日志文件。

（5）结束反向扫描，事务故障恢复完成。

事务故障的恢复是由系统自动完成的，对用户是透明的。

2. 系统故障的恢复

系统故障造成的数据库不一致状态主要有两类：一是未完成的事务对数据库的更新可能已写入了数据库；二是已提交的事务对数据库的更新可能还留在缓冲区没来得及写入数据库。因此，在故障恢复时，需要先装入故障前的最新后援副本，把数据库恢复到最近的转储结束时刻的正确状态，然后就要撤销故障发生时未完成的事务，重做已完成的事务。假设日志文件中的内容是系统故障前的最近一次转储结束时刻以后的日志信息，则恢复步骤如下。

（1）正向扫描日志文件，即从日志文件的开头开始向后扫描日志文件。

- 对于找出的在故障发生前已经提交的事务（已提交事务的标志是，既有该事务开始的日志信息 BEGIN TRANSACTION，也有该事务已提交的日志信息 COMMIT），将其事务标识记入重做(Redo)队列中。

- 对于找出的在故障发生时尚未完成的事务(尚未完成事务的标志是,只有该事务开始的日志信息 BEGIN TRANSACTION,而无该事务的提交日志信息 COMMIT),将其事务标识记入撤销(Undo)队列。

(2) 对撤销队列中的各事务进行撤销(Undo)处理,其方法是:反向扫描日志文件,对每个 Undo 事务的更新操作执行逆操作(与事务故障恢复步骤中(3)类似)。

(3) 对重做列中的各事务进行重做(Redo)处理,其方法是:正向扫描日志文件,对每个 Redo 事务重新执行日志文件登记的操作,即将日志记录中"更新后的值"写入数据库。

系统故障的恢复是由系统在重新启动时自动完成的,对用户来说是透明的。

3. 介质故障的恢复

介质故障是最严重的一种故障。一旦发生介质故障,磁盘上的物理数据和日志文件就会受到破坏。其恢复方法是重装数据库,然后重做已完成的事务。具体步骤如下。

(1) 装入故障发生时刻最近一次的数据库转储后援副本,使数据库恢复到最近一次转储时的一致性状态。对于动态转储的数据库后援副本,还须同时装入转储开始时刻的日志文件副本,利用恢复系统故障的方法(Redo+Undo),才能将数据库恢复到一致性状态。

(2) 装入故障发生时刻最近一次的数据库日志文件副本,重做已完成的事务,即首先扫描日志文件,找出故障发生时已提交的事务的标识,将其记入重做队列。然后正向扫描日志文件,对重做队列中的所有事务进行重做处理。这样就可以将数据库恢复至故障前某一时刻的一致状态了。

介质故障恢复需要数据库管理员(DBA)重装最近转储的数据库后援副本和有关的日志文件副本,并通过执行系统提供的恢复命令由 DBMS 完成恢复工作。

9.4.4 具有检查点的恢复技术

利用日志文件进行数据库恢复时,一般需要搜索日志文件中的所有日志记录,这种搜索整个日志文件的方式不仅需要耗费大量的时间,而且很多需要 Redo 处理的事务的重新执行又浪费了大量的时间。一种有效的技术是在日志文件中增加一种新的记录,即检查点(Checkpoint)记录,和一个重新开始文件。

所谓检查点,就是表示数据库是否正常运行的一个时间标志,用于在数据库恢复时,由恢复管理子系统根据检查点来判断哪些事务是正常结束,从而确定恢复哪些数据和如何进行恢复。检查点(时间标志)记录可以由恢复子系统按照预定的时间间隔写入日志文件中;也可以按照某种规则来建立检查点,例如,每当日志文件已写满一半时就建立一个检查点。每个检查点记录的内容包括:

(1) 在建立检查点时刻所有正在执行的事务的标识。

(2) 在建立检查点时刻所有正在执行的事务的最近一个运行记录(与日志文件中的一个日志记录相对应)在日志中的地址。

重新开始文件用于记录各检查点记录在日志文件中的地址。

动态地维护日志文件和建立检查点需要按序执行如下的操作。

(1) 将当前日志缓冲区中的所有日志记录写入磁盘的日志文件中。

(2) 在日志文件中写入一个检查点记录。

（3）将当前数据缓冲区的所有数据记录写入磁盘的数据库中。

（4）把检查点记录在日志文件中的地址写入一个重新开始文件。

上述的操作中,进行第(1)步操作的原因是因为在数据库系统运行时,为了减少内存访问次数,不是把有关运行记录直接存入物理存储器中,而是先将其存入相应的主存缓冲区中,待缓冲区满时才将缓冲区的内容一次写入物理存储器中。这样,只有将当前日志缓冲区中的所有日志记录先写入磁盘的日志文件中时,才能确保在发生故障时检查点前的运行记录都真正写入了日志文件中。

上述建立检查点的顺序遵循了"日志记录优先写入"的原则。这样若在向物理存储器写数据记录时发生故障,系统也能根据已写入日志文件的日志记录恢复数据库;否则若先写数据记录,而日志文件中没有记录下这些修改,当需要撤销(Undo)和重做(Redo)事务时就无法恢复这些修改。

使用检查点方法恢复数据库可以改善恢复效率。因为若事务 T 在一个检查点之前已经提交,则 T 对数据库所做的修改就一定都写入了数据库。这样,在进行恢复处理时没有必要对事务 T 执行 Redo 操作,而只要考虑最近一个检查点之后执行的事务就可以了。

图 9.9 说明了在系统发生故障时,不同事务完成情况的几种类型和恢复子系统所采用的不同的恢复策略。

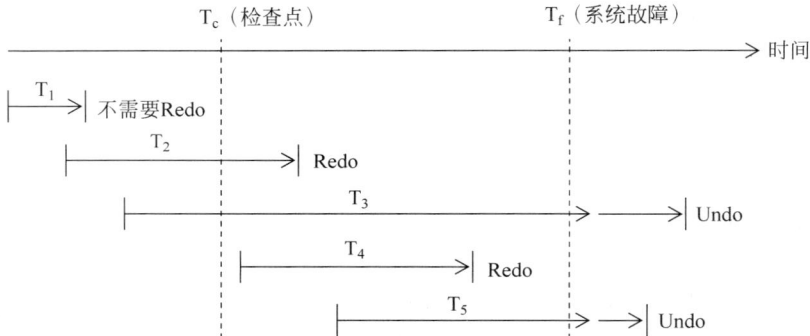

图 9.9　恢复策略示意图

其中:

（1）T_1 类事务不需要 Redo。因为 T_1 类事务在检查点以前已经写入数据库并提交,在发生系统故障时不会受影响,所以无须恢复。

（2）T_2 类事务应该 Redo。T_2 类事务在检查点之前开始执行,在系统故障点之前完成并提交。由于提交是在检查点之后,不能保证在发生系统故障时该类事务的更新已经写入物理数据库,但在日志文件中有该类事务所有更新操作的完整记录,所以该类事务应该 Redo。

（3）T_3 类事务应该 Undo。T_3 类事务在检查点之前开始执行,在系统故障发生时还未完成。一般来说,日志文件中只有该类事务所有更新操作的部分记录,这类事务应该 Undo,以使数据库恢复到该类事务执行前的一致状态。

（4）T_4 类事务应该 Redo。T_4 类事务在检查点之后开始执行,在系统故障发生之前完成并提交。由于该类事务对数据库所做的修改在故障发生时可能还在缓冲区中尚未写入数据库,但在日志文件中有该类事务所有更新操作的完整记录,所以该类事务应该 Redo。

（5）T_5 类事务应该 Undo。在检查点之后开始执行,在系统故障发生时还未完成。日志文件中只有该类事务所进行的更新操作的部分记录,这类事务应该 Undo。

假设已经建立有需要执行 Undo 操作的事务队列 Undo_LIST 和需要执行 Redo 操作的事务队列 Redo_LIST,则恢复子系统采用检查点方法进行数据库恢复的步骤如下。

（1）从重新开始文件中找到最后一个检查点记录在日志文件中的地址,由该地址在日志文件中找到最后一个检查点记录。

（2）由该检查点记录得到检查点建立时刻所有正在执行的事务,并设这些事务构成一个事务队列 Active_LIST,把 Active_LIST 暂时放入 Undo_LIST 队列,Redo_LIST 队列暂为空。

（3）从检查点开始正向扫描日志文件,如有新开始的事务 T_i,把 T_i 暂时放入 Undo_LIST 队列;如有提交的事务 T_j,把 T_j 从 Undo_LIST 队列移到 Redo_LIST 队列,直到日志文件结束。

（4）对 Undo_LIST 中的每个事务执行 Undo 操作,对 Redo_LIST 中的每个事务执行 Redo 操作。

9.4.5 数据库镜像

随着磁记录技术的不断发展,磁盘容量越来越大,磁盘价格越来越便宜。同时随着信息技术的不断发展和应用的不断普及,信息已经成为日常事务处理和进行决策的宝贵资源。介质故障是数据库系统中最为严重的一种故障,在数据库系统一旦出现介质故障后,就可能使用户对数据库的应用处理全部中断,并造成较大的数据信息损失。因此,为了确保在磁盘介质出现故障后不会造成信息丢失和不影响数据库的可用性,在数据库系统中采用了数据库镜像(Mirror)技术,也称镜像磁盘技术。

所谓镜像磁盘技术,指数据库以双副本的形式存于两个独立的磁盘系统中,两个磁盘系统有各自的磁盘控制器,一个磁盘称为主磁盘或主设备,另一个磁盘称为次磁盘或镜像设备,它们之间可以互相切换。在读数据时,可以选读其中任一磁盘;在写磁盘时,两个磁盘都写入相同的内容,且一般是先把数据发送到主磁盘,然后再发送到次磁盘。这种把所有写入主设备的数据也同时写入镜像设备的方式也称为数据库设备的动态"复制"。这样,当其中一个磁盘因为介质故障而丢失数据时,就可由另一个磁盘保证系统的继续运行,并自动利用另一个磁盘数据进行数据库的恢复,不需要关闭系统和重装数据库后援副本。在没有出现故障时,数据库镜像还可以用于并发操作,即当一个用户对数据施加排他性锁修改数据时,其他用户可以读镜像数据库上的数据,而不必等到该用户释放锁后才读数据。

由于数据库镜像是通过数据库设备的动态"复制"来实现的,磁盘镜像的两次数据存储操作自然会降低系统运行效率,因此在实际应用中用户往往只选择对关键数据和日志文件镜像,而不是对整个数据库进行镜像。

9.4.6 SQL Server 数据库的备份和还原

1. 数据库备份

1）数据库备份方式

SQL Server 支持多种数据库备份方式。

（1）完整数据库备份。完整数据库备份指备份数据库中的所有当前数据,包括数据库文件、日志文件。完整数据库备份是差异数据库备份和事务日志备份的基础。

(2) 差异数据库备份。差异数据库备份指备份自上次完整数据库备份以来被修改的那些数据。

(3) 事务日志备份。事务日志备份指备份自上次备份以来数据库执行所有事务的事务日志记录。自上次备份以来可以是完整数据库备份,差异数据库备份和事务日志备份。

(4) 文件和文件组备份。对于特别大型的数据库,可以将数据库的文件和文件组分别进行备份。使用文件和文件组备份可以还原损坏的文件,而不用还原数据库的其余部分,从而可加快恢复速度。文件和文件组备份又可以分为完整文件和文件组备份,以及差异文件和文件组备份。

2) 数据库备份设备

备份设备指用于存放被备份内容的存储介质设备。创建备份时,必须选择备份设备。

SQL Server 数据库的备份设备主要分为磁盘备份设备和磁带备份设备。磁盘备份设备一般指计算机硬盘或其他磁盘类存储介质。这类备份设备可以定义在本地计算机上,也可以定义在网络的远程设备上。用磁带备份设备进行备份时,必须将磁带备份设备(的磁带驱动器)物理连接(安装)到本地 SQL Server 服务器上,不支持备份到远程磁带设备上。

SQL Server 用逻辑设备和物理设备来标识设备,逻辑设备是物理设备的别名,它能够实现对物理设备的简单引用。例如,物理设备名称 D:\SQL\Backup\jxgl.bak 的逻辑设备名称可能是 jxgl_Backup。

3) 使用 SQL Server Management Studio 备份数据库

SQL Server 具有使用 SQL Server Management Studio 备份数据库和使用 T-SQL 语句备份数据库两种方法。

(1) 在 SQL Server Management Studio 的对象资源管理器中展开 JXGL 数据库。右击 JXGL 数据库,在弹出的快捷菜单中选择"任务"子菜单,然后选择"备份"命令,如图 9.10 所示。

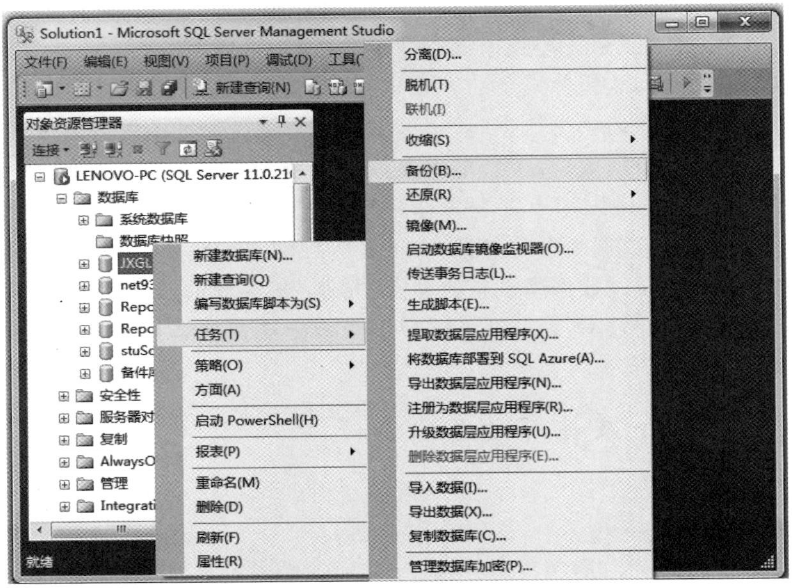

图 9.10　SQL Server 备份数据库操作

（2）打开"备份数据库-JXGL"对话框，如图 9.11 所示，在该对话框中有两个选择页，即"常规"选择页和"选项"选择页。

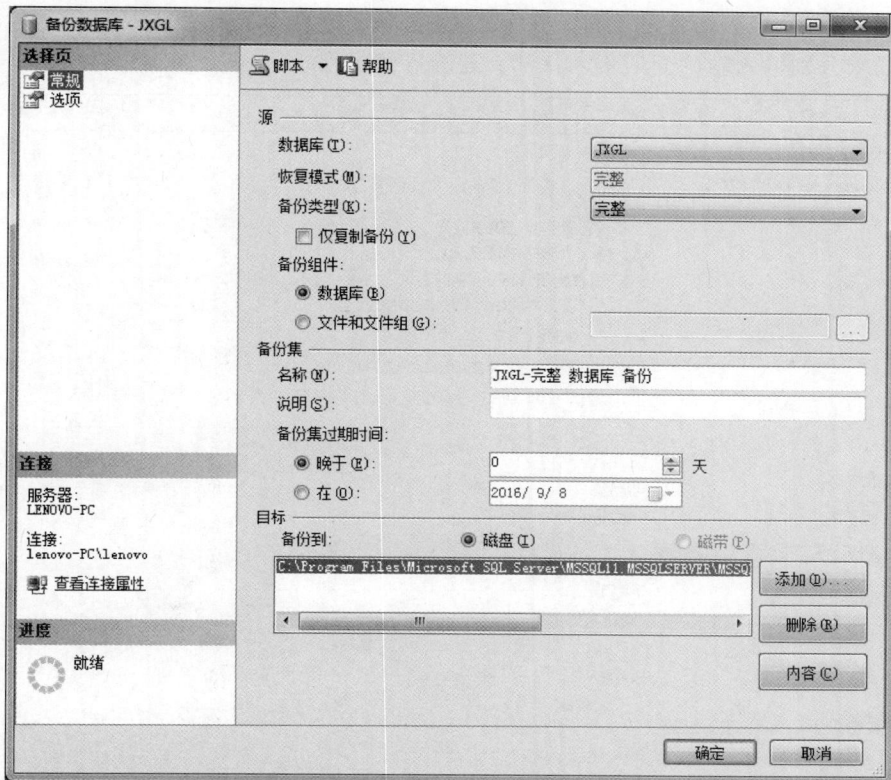

图 9.11　"备份数据库-JXGL"对话框

在"常规"选择页的上面部分，可以选择备份数据库的名称、恢复模式、备份类型。在中间部分可以选择备份集的名称、说明和备份集过期时间。在下面部分可以选择备份的目标，默认值为"磁盘"。单击"添加"按钮，在打开的如图 9.12 所示的"选择备份目标"对话框中，可选择"文件名"单选按钮来指定文件名和路径。如果有备份设备，也可以选中"备份设备"单选按钮，从组合框中选择已有的备份设备。

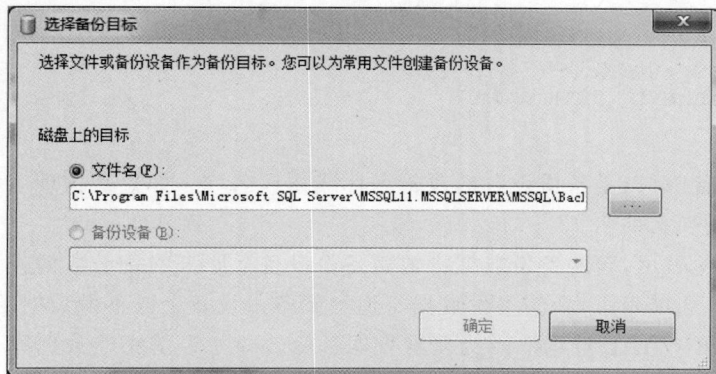

图 9.12　"选择备份目标"对话框

第9章

数据库保护技术

（3）在"选项"选择页的上面部分是"覆盖介质"选项区，如图 9.13 所示，其中分成两类，备份时选择其中一类。在对第一类的"备份到现有介质集"选项进行设置，此选项的含义是备份介质的现有内容被新备份重写。在第二类的"备份到新介质集并清除所有现有备份集"选项中，要求分别输入新的介质集名称和新建介质集说明。

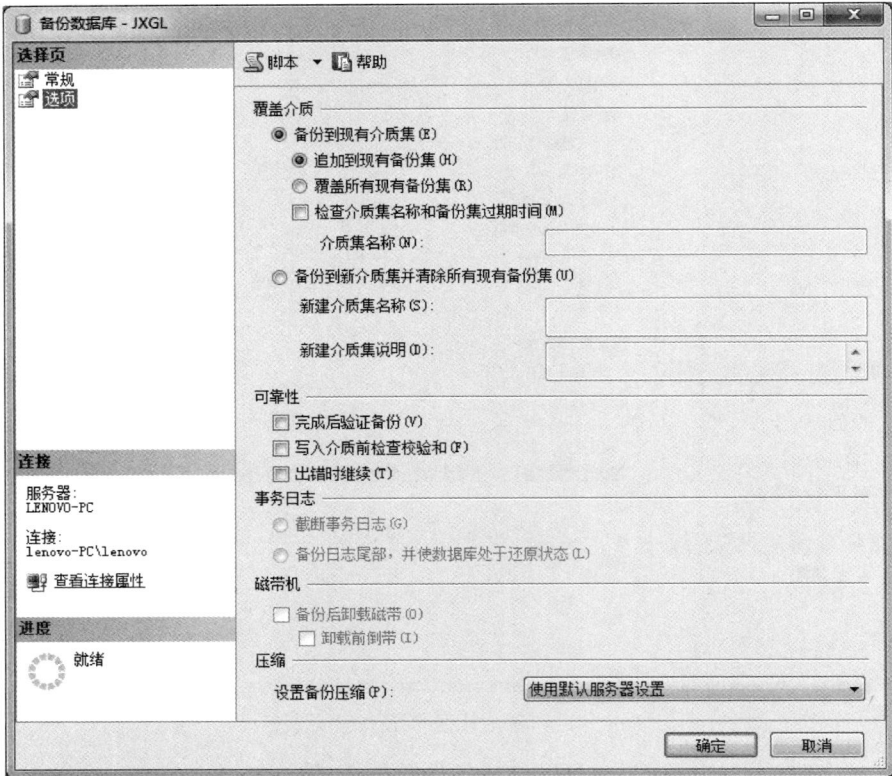

图 9.13 "备份数据库"的"选项"选择页

（4）设置好备份选项后，单击"确定"按钮，即可完成备份的创建。

4）使用 T-SQL 语句备份数据库

（1）使用 BACKUP DATABASE 语句进行完整数据库备份和差异数据库备份。

语句格式如下：

```
BACKUP DATABASE <数据库名> TO <备份设备>
[WITH [INIT|NOINIT][, DIFFERENTIAL]]
```

其中：

- "备份设备"可以是备份设备的逻辑名称或物理名称。如果是物理名称，则要输入完整的路径和文件名。
- INIT 选项表示，新的备份数据将覆盖备份设备上原来的备份数据。
- NOINIT 选项表示，新的备份数据将追加到备份设备上已备份数据的后面。
- DIFFERENTIAL 选项表示为差异数据备份。即如果是完整数据库备份，不需要选择该选项；如果是差异数据备份，除按要求选择前面的两个选项 INIT 和 NOINIT 之一外，还必须选择该选项。

【例 9.8】 为 JXGL 数据库创建一个完整数据库备份,将备份内容保存到 jxgl_backup 备份设备上,语句格式如下:

```
BACKUP DATABASE JXGL
TO jxgl_backup
WITH INIT
```

其中,jxgl_backup 是一个逻辑设备名。

(2) 使用 BACKUP LOG 语句进行事务日志备份。

语句格式如下:

```
BACKUP LOG <数据库名> TO <备份设备>
```

2. 数据库还原

数据库还原是通过加载备份内容并应用事务日志重建数据库的过程。在数据库还原过程中,SQL Server 的还原机制会自动进行安全检查,以防止从不完整、不正确的备份或其他数据库备份还原数据库。数据库还原过程中用户不能使用数据库。

SQL Server 具有使用 SQL Server Management Studio 还原数据库和使用 T-SQL 语句还原数据库两种方法。

1) 使用 SQL Server Management Studio 还原数据库

(1) 打开 SQL Server Management Studio 平台,在数据库选项上右击,从弹出的快捷菜单中选择"任务"→"还原"→"数据库"命令,打开"还原数据库"对话框,如图 9.14 所示。

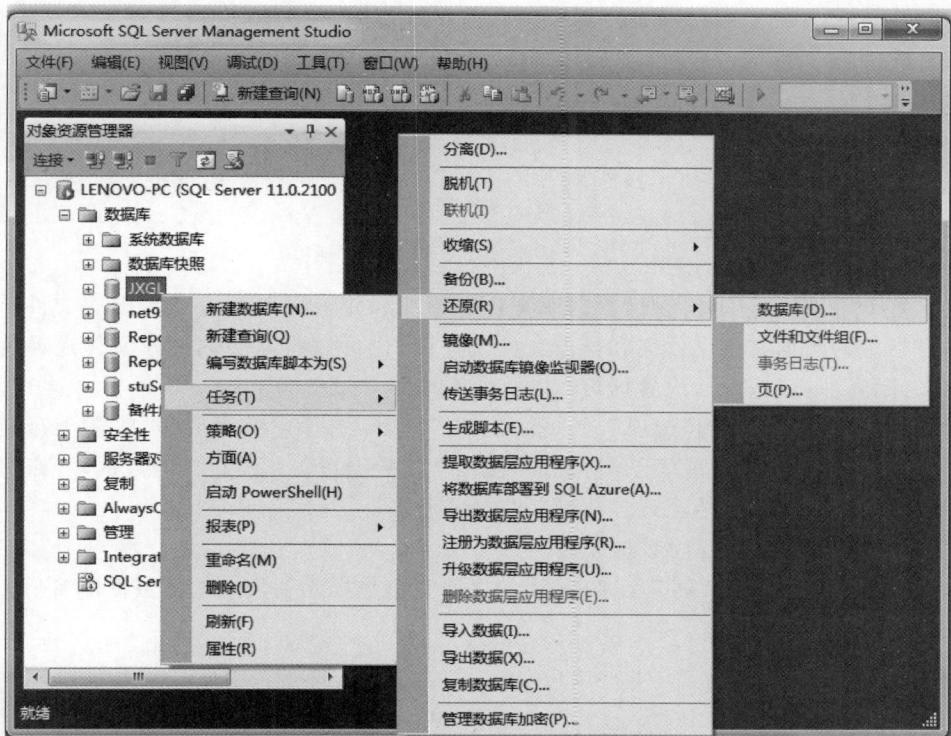

图 9.14 还原数据库的操作

数据库保护技术

（2）打开"还原数据库"对话框的"常规"选择页，如图 9.15 所示，在"源"选项区中，选择源数据库或源设备；在"目标"选项区中选择要恢复的目标数据库和还原的时间线。如果该数据库已经执行了备份，那么在"还原计划"选项区中就会显示备份历史，从中选择用于还原的备份集。

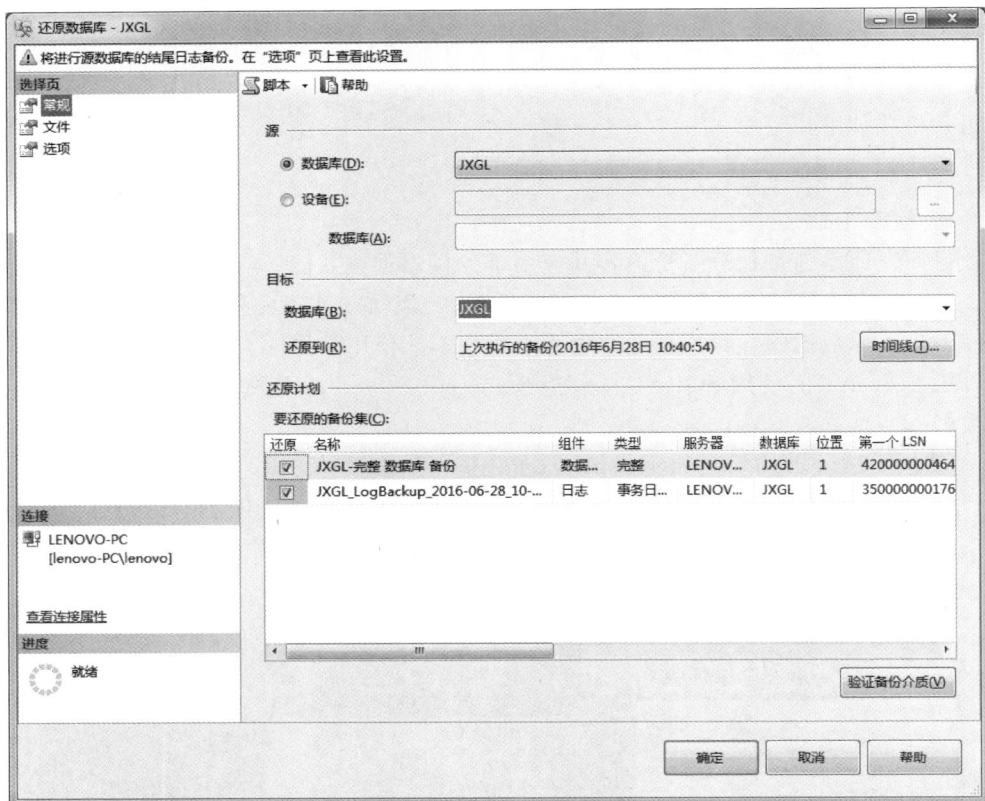

图 9.15　"还原数据库-JXGL"对话框

（3）选择"文件"选择页，进行数据库文件还原的设定。可以设置将数据库文件重新定位到用户指定的数据文件文件夹和日志文件文件夹，也可以将原始数据库文件还原为用户指定的文件名。一般按默认设置即可。

（4）选择"选择页"中的"选项"，在"还原选项"选项区中有 3 个复选框。"覆盖现有数据库"选项表示当要恢复的数据库已经存在时，使用恢复数据覆盖已经存在的数据库，如图 9.16 所示。另外，还可以设置"结尾日志备份"和关闭"服务器连接"等选项。

2）使用 T-SQL 语句还原数据库

（1）使用 RESTORE DATABASE 语句还原完整数据库备份和差异数据库备份。其语句格式如下：

```
RESTORE DATABASE <数据库名> FROM <备份设备>
[WITH [FILE = n]
[, NORECOVERY|RECOVERY][, REPLACE]]
```

其中：

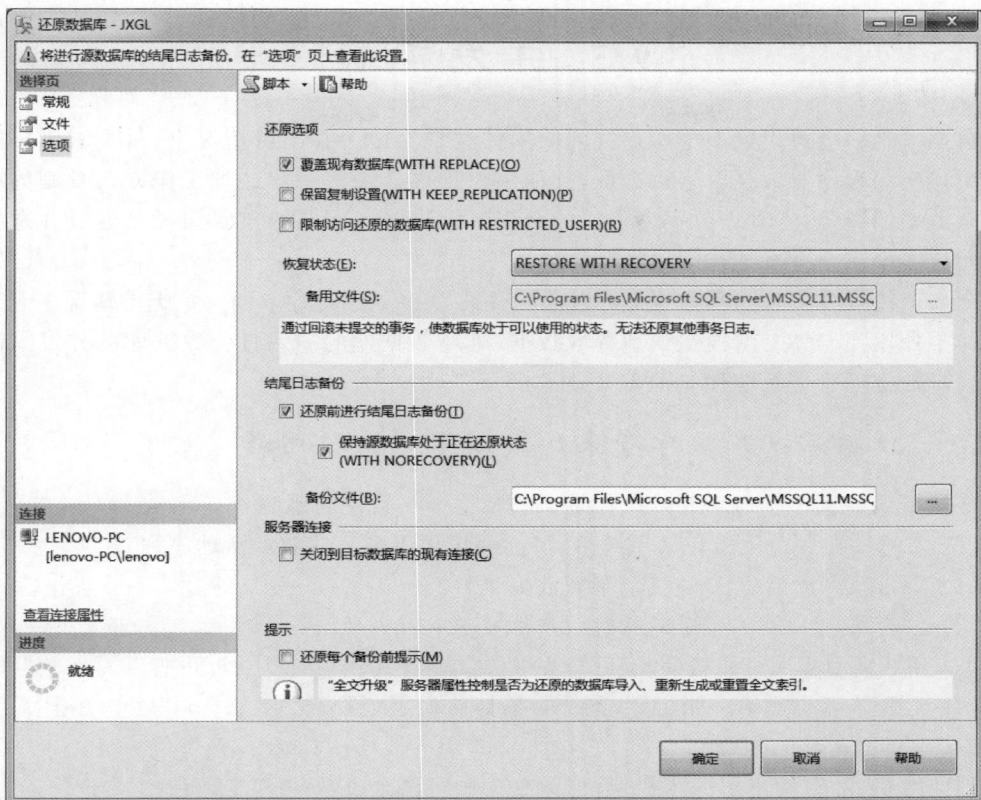

图 9.16 "还原数据库"对话框的"选择页"选项

① "备份设备"可以是备份设备的逻辑名称或物理名称。如果是物理名称,则要输入完整的路径和文件名,且要用单引号将其括住。

② FILE＝n 选项中的 n 表示备份集序号。例如,当 n 为 1 时表示备份介质上的第一个备份集。

③ NORECOVERY 选项表示,还原操作不回滚被还原的数据库中所有未提交的事务,还原后用户不能访问数据库。

④ RECOVERY 选项表示,在数据库还原后,并回滚被还原的数据库中所有未提交的事务,还原完成后,用户可以访问数据库。

因此,在进行数据库还原时,前面的还原使用 NORECOVERY 选项,最后一个还原使用 RECOVERY 选项。

⑤ REPLACE 选项表示,要创建一个新的数据库,并将备份内容还原到这个新数据库。如果服务器上存在一个同名数据库,那么原来的数据库就会被删除。

(2) 使用 RESTORE LOG 语句还原事务日志,语句格式如下:

```
RESTORE LOG <数据库名> FROM <备份设备>
[WITH [FILE = n] [, NORECOVERY|RECOVERY]]
```

其中,各选项的含义与还原数据库语句中的含义相同。

数据库保护技术

9.5 并 发 控 制

数据库是一个可以供多个用户共同使用的共享资源。在串行情况下,每个时刻只能有一个用户应用程序对数据库进行存取,其他用户程序必须等待。这种工作方式是制约数据库访问效率的瓶颈,不利于数据库资源的利用。解决这一问题的重要途径是通过并发控制机制允许多个用户并发地访问数据库。

当多个用户并发地访问数据库时就会产生多个事务同时存取同一数据的情况。若对并发操作不加以控制就会造成错误地存取数据,破坏数据库的一致性。数据库的并发控制机制是衡量数据库管理系统性能的重要技术指标。

9.5.1 数据库并发操作带来的数据不一致性问题

通过下面的例子来说明并发操作带来的数据不一致性问题。

【例 9.9】 在一个飞机订票系统中,可能会出现下列一些业务活动序列。

(1)甲售票点读航班 X 的机票余额数为 A=25。

(2)乙售票点读同一航班 X 的机票余额数 A=25。

(3)甲售票点卖出一张机票,然后修改机票余额数 A=A−1 为 24,并把 A 写回数据库。

(4)乙售票点也卖出一张机票,同样接着修改机票余额数 A=A−1 为 24,并把 A 写回数据库。

到此时,实际上卖出了两张机票,但数据库中机票余额数却只减少了 1。

假设上述的甲售票点对应于事务 T1,乙售票点对应于事务 T2,则上述事务过程的描述如图 9.17 所示。

时间	T1 事务	T2 事务	数据库中的A值
t0			25
t1	read(A)		
t2		read(A)	
t3	A:=A−1		
t4	write(A)		
t5			24
t6		A:=A−1	
t7		write(A)	
t8			24

图 9.17 并发操作引例(丢失修改示例)

分析上述的飞机订票系统的运行机制可知,并发操作可能带来的数据不一致性情况有 3 种:丢失修改、读过时数据和读"脏"数据。

(1)丢失修改。两个事务 T1 和 T2 读入同一数据并修改,T2 提交的结果破坏了 T1 提交的结果,导致 T1 的修改被丢失。上述飞机订票的例子就属于此类。

(2)读过时数据。两个事务 T1 和 T2 读入同一数据并进行处理,在事务 T1 对其处理完并将新结果存入数据库(提交)后,事务 T2 因某种原因还未来得及对其进行处理,也就是说此时 T2 持有的仍然是原来读取的(未被 T1 更新的)旧数据值。这相当于 T2 读的是过时的数据,即造成不一致分析问题。这类情况的一个事务过程描述如图 9.18 所示。

时间	T1 事务	T2 事务	数据库中的A值
t0			25
t1	read(A)		
t2		read(A)	
t3	A:=A−10		
t4	write(A)		
t5			15

图 9.18 读过时数据示例

（3）读"脏"数据。事务 T1 读某数据,并对其进行了修改,在还未提交时,事务 T2 又读了同一数据。但由于某种原因 T1 接着被撤销,撤销 T1 的结果是把已修改过的数据值恢复成原来的数据值,结果就形成 T2 读到的数据与数据库中的数据不一致。这种情况称为 T2 读了"脏"数据,即不正确的数据。这类情况的一个事务过程描述如图 9.19 所示。

时间	T1 事务	T2 事务	数据库中的A值
t0			25
t1	read(A)		
t2	A:=A−10		
t3	write(A)		
t4		read(A)	15
t5	ROLLBACK		
t6			25

图 9.19 读"脏"数据示例

产生上述 3 类数据不一致性的主要原因是并发操作破坏了事务的隔离性。并发控制就是要通过正确的调度方式,使一个用户事务的执行不受其他事务的干扰,从而避免造成数据的不一致性。并发控制的主要技术是锁(Locking)机制。

9.5.2 锁

与操作系统类似,数据库系统进行并发控制的基本方法是对被操作的数据所在的项进行加锁,简单来说就是对项加锁(LOCK)和解锁(UNLOCK)。从数据库的锁机制出发,可以把数据库分成若干项,项是数据库中能被加锁的数据单位。项可以是表中的某个或某几个字段,可以是表中的一个或若干记录,可以是某个表或某些表,甚至可以是整个数据库。

锁是防止存取同一资源的用户之间出现不正确地修改数据或不正确地更改数据结构的一种机制。基本的锁方式有两种：排他锁(Exclusive Locks,简记为 X 锁)和共享锁(Share Locks,简记为 S 锁)。

1. 排他锁

当某个事务 T 为修改某个数据项 A 且不允许其他事务修改该数据项,或不允许其他事务对该数据项加 S 锁时,则该事务可以对 A 加排他锁(X 锁),排他锁又称写锁。若加锁的数据项为表时,则加排他锁的 SQL 语句格式如下。

```
LOCK TABLE <表名> IN EXCLUSIVE MODE;
```

若事务 T 对数据项 A 加了 X 锁,则该事务可以读 A 和修改 A,但在事务 T 释放 A 上的 X 锁之前其他任何事务都不能再对 A 加任何类型的锁。这就保证了其他事务在事务 T 释放 A 上的 X 锁之前不能再读 A 和修改 A。

2. 共享锁

当某个事务 T 希望阻止其他事务修改正被它读取的某个数据项 A 时,则该事务可以对 A 加共享锁(S 锁),共享锁又称读锁。若加锁的数据项为表,则加共享锁的 SQL 语句格式如下:

```
LOCK TABLE <表名> IN SHARED MODE;
```

若事务 T 对某个数据项 A 加了 S 锁,则该事务可以读 A 但不能修改 A,其他事务可以再对 A 加 S 锁,但在事务 T 释放 A 上的 S 锁之前不能对 A 加 X 锁。这就保证了其他事务可以读 A,但在事务 T 释放 A 上的 S 锁之前不能对 A 做任何修改。

在 ORACLE 数据库系统中,除了上述的两种锁方式外,还有一种共享更新锁(Share Update Locks,简记为 SU 锁)。

3. 共享更新锁

共享更新锁(SU 锁)通常用于一个事务 T 预先设定对某个表中的一行或几行的更新权利。SU 锁允许其他事务查询该表,或允许其他事务对该表再加 SU 锁。若加锁的数据项为表,则加共享更新锁的 SQL 语句格式如下:

```
LOCK TABLE <表名> IN SHARED UPDATE MODE;
```

使用 SU 锁可以防止其他用户事务对被加锁数据项 A 的更新,或防止其他用户事务对该表再加 X 锁。

用上面的 3 种 LOCK 语句加锁的方式称为显式加锁方式;隐式加锁方式蕴涵在某些 SQL 语句中,不同的系统约定稍有区别,这里不再赘述。

上述 3 种锁的共存相容矩阵如图 9.20 所示,其中一表示没有加锁,√表示两种锁相容,×表示两种锁不相容。

已有的锁 新申请的锁	S	SU	X	—
S	√	√	×	√
SU	√	√	×	√
X	×	×	×	√
—	√	√	√	√

图 9.20　锁的共存相容矩阵

9.5.3　锁协议

当一个事务 T 在利用排他锁和共享锁对某个数据库对象加锁时,还必须遵守某种规则,例如在什么条件下可以申请 S 锁或 X 锁,持锁时间如何确定、何时释放锁等。一般称这些规则为锁协议(Locking Protocol)。对加锁方式规定不同的规则,就形成了不同的锁协议,不同的锁协议为并发操作的正确调度提供不同程度的保证。下面介绍在不同程度上解决并发调度问题的三级锁协议。

1. 一级锁协议

事务 T 在修改数据 R 之前必须先对数据 R 所在的项申请加 X 锁,在获得了 X 加锁后,直到该事务 T 结束时才释放所加的 X 锁。如果未获准加 X 锁,则该事务 T 进入等待状态,直到获准 X 加锁后该事务才继续执行。

由于在一级锁协议中,X 锁直到事务结束时才释放,所以 X 锁不是用 UNLOCK 操作释放,而是用 COMMIT 和 ROLLBACK 进行释放。

一级锁协议可防止丢失修改,不仅解决了丢失修改问题,并保证事务 T 是可恢复的。

另外需要说明的是,一级锁协议中没有提及读数据,所以蕴含地说明如果仅仅是读数据(不对其进行修改)是不需要加锁的。

2. 二级锁协议

二级锁协议包括写数据项和读数据项的操作协议(读数据 R 后即可释放所加的 S 锁)。

事务 T 在修改数据 R 之前必须先对数据 R 所在的项申请加 X 锁,在获得了 X 锁后,直到该事务 T 结束时才释放所加的 X 锁。事务 T 在读数据 R 之前必须先对数据 R 所在的项申请加 S 锁,在获得了 S 锁后,读完数据 R 后即可释放所加的 S 锁。如果未获准加 X 锁或 S 锁,则该事务 T 进入等待状态,直到获准 X 锁或 S 锁后,该事务才继续执行。

二级锁协议中的 X 锁用 COMMIT 或 ROLLBACK 释放,S 锁用 UNLOCK 释放。

二级锁协议可以同时防止丢失修改和读"脏"数据,解决了丢失修改和读"脏"数据的问题。

3. 三级锁协议

三级锁协议包括写数据项和读数据项的操作协议(读数据 R 后直到事务结束才释放所加的 S 锁)。

事务 T 在修改数据 R 之前必须先对数据 R 所在的项申请加 X 锁,在获得了 X 锁后,直到该事务 T 结束时才释放所加的 X 锁。事务 T 在读数据 R 之前必须先对数据 R 所在的项申请加 S 锁,在获得了 S 锁后,直到该事务 T 结束时才释放所加的 S 锁。如果未获准加 X 锁或 S 锁,则该事务 T 进入等待状态,直到获准 X 锁或 S 锁后,该事务才继续执行。

三级锁协议中的 X 锁和 S 锁都是直到事务结束时才释放,所以三级锁协议中的锁是用 COMMIT 或 ROLLBACK 释放的。

三级锁协议不仅解决了丢失修改和读"脏"数据的问题,还进一步防止了重复读数据问题的发生。

9.5.4 封锁带来的问题——活锁与死锁

1. 活锁和死锁的概念

与操作系统一样,不适当的加锁方法可能会引起活锁或死锁。

1)活锁

如果在事务 T1 对数据项 R 加锁后,事务 T2 申请对数据项 R 加锁,于是 T2 等待。此后,T3 也申请对数据项 R 加锁。但当 T1 释放了 R 上的锁后 T3 先于 T2 获得了对 R 的加锁,T2 继续等待。接着,T4 又申请对数据项 R 加锁,当 T3 释放了 R 上的锁后 T4 又先于 T2 获得了对 R 的加锁。这种情况如此下去,就可能使 T2 永远处于等待状态。也就是说,虽然 T2 有无限次获得对数据项 R 加锁的机会,但总是其他事务 T 获得了对数据项 R 的加锁,以至于使 T2 有可能永远等待,这种情况称为活锁。

避免活锁的简单方法是采用先来先服务的策略。

2)死锁

如果事务 T1 对数据项 R1 加了锁,T2 对数据项 R2 加了锁,然后 T1 又申请对数据项 R2 加锁,因 T2 已锁了 R2,于是 T1 等待 T2 释放 R2 上的锁。接着 T2 又申请对 R1 加锁,因 T1 已锁了 R1,T2 又等待 T1 释放 R1 上的锁。这样就出现了 T1 等待 T2 释放锁,T2 等待 T1 释放锁的情况,以至于 T1 和 T2 两个事务永远处于相互等待状态而不能结束,就形成了死锁。即,如果两个或两个以上的事务都处于等待状态,且每个事务都需等到其中的另一个事务解除封锁时,它(们)才能继续执行下去,结果使任何一个事务都无法执行的现象。

死锁也可能是两个以上事务分别锁了一个或一些数据项,然后它们又都申请对已被其他事务锁了的数据项加锁的情况。

2. 死锁的预防

为了防止死锁发生,就是要破坏产生死锁的条件。基本的预防死锁方法通常有以下两种。

1)一次加锁法

一次加锁法要求每个事务必须对所有要使用的数据项一次性地全部加锁,否则就不能继续执行。

一次加锁法虽然可以有效地防止死锁的发生,但也存在一些问题。因为一次性地将以后要用到的全部数据加锁,这样就扩大了锁的范围,从而降低了系统的并发度。

2)顺序加锁法

顺序加锁法是预先对数据项规定一个加锁顺序,所有事务都按这个顺序进行加锁。

顺序加锁法可以有效地防止死锁,但也同样存在一些问题。因为事务的加锁请求一般是随着事务的执行而动态确定的,很难预先确定出每一个事务要锁的数据项,因此也就很难按规定的顺序进行加锁。

也就是说,在操作系统中广为采用的预防死锁的策略并不适用于数据库,因此,在 DBMS 中普遍采用的是诊断并解除死锁的方法。

3. 死锁的检测与解除

1)超时法

如果一个事务的等待时间超过了规定的时限,就认为发生了死锁。超时法实现简单,但不足之处也很明显:一是有可能误判死锁,即当事务因为其他原因使等待时间超过时限时,系统就会误认为是发生了死锁;二是若时限设置得太长,就可能出现死锁发生后不能及时发现的情况。

2)有向等待图法

另一种检测死锁的方法是画一个表示事务等待关系的有向等待图 $G=(V,E)$。其中,V 为结点集合,每个结点表示一个正在运行的事务;U 为有向边集合,每条有向边表示事务的等待关系:若 T1 正在等待给被 T2 锁住的数据项加锁,则在 T1 和 T2 之间画一条有向边,方向是 T1 指向 T2。事务的有向等待图动态地反映了所有事务的等待情况。有向等待图中的每个回路意味着死锁的存在;如果无任何回路,则表示无死锁产生。并发控制子系统周期性地(例如每隔 0.5 分钟)检测事务的有向等待图,如果发现有向等待图中存在回路,就表示系统中出现了死锁。

DBMS 的并发控制子系统一旦检测到系统中存在死锁,就要设法解除。通常采用的方法是选择一个处理死锁代价最小的事务,将其撤销,释放此事务持有的所有的锁,使其他事务得以继续运行下去。当然,对撤销的事务所执行的数据修改操作必须加以恢复。

9.5.5　并发调度的可串行性

在例 9.9 的并发操作引例中,事务 T1 和 T2 都给 A 减了 1,但结果却只减少了 1。如果是先执行 T1,然后再执行 T2,结果就不同了。通常情况下,如果一个事务在执行过程中没有与其他事务并发运行,也就是说该事务的执行没有受到其他事务干扰时,就认为该事务的运行结果是正常的或者是预想的。也就是说,当多个事务串行执行时,各事务的运行结果一定是正确的。因此,仅当几个事务的并发运行结果与这些事务按某一次序串行运行的结果相同时,这样的并发操作才是正确的。通常把按某一执行次序安排的事务执行的步骤称为调度(Schedule)。多个事务的并发执行是正确的,当且仅当其结果与按某一顺序串行地执行它们时的结果相同。称这种调度称为可串行化(Serializable)调度。

可串行性(Serializability)是并发事务正确性的判别准则。按照这个准则的规定,一个给定的并发调度,当且仅当它可串行化时,才认为是正确的调度。

【例 9.10】　下面通过银行的转账业务说明事务调度及可串行化调度的有关概念。假设在银行转账业务中的两个事务 T1 和 T2 分别包含下列操作。

- 事务 T1:从账号 A 将数量为 100 的款项转到账号 B。
- 事务 T2:从账号 B 将百分之二十的款项转到账号 C。

假设 A、B 和 C 的初值分别为 600、300 和 100。如果按先执行 T1,后执行 T2 的顺序,执行结果为 A＝500,B＝320,C＝180,如图 9.21(a)所示。如果按先执行 T2,后执行 T1 的顺序,执行结果为 A＝500,B＝340,C＝160,如图 9.21(b)所示。虽然执行结果不同,但它们都是正确的调度,并且具有 A＋B＋C 之和保持不变的性质。

在图 9.21(c)中,两个事务是交错执行的并发调度,其执行结果与串行调度图 9.21(b)的执行结果相同,所以这两个调度是等价的,其并发调度也是正确的。

T2	T2	T1	T2
Read(A)			Read(B)
A:=A−100			Temp:=B×0.2
Write(A)			B:=B−temp
Read(B)			Write(B)
B:=B+100			Read(C)
Write(B)			C:=C+temp
	Read(B)		Write(C)
	Temp:=B×0.2	Read(A)	
	B:=B−temp	A:=A−100	
	Write(B)	Write(A)	
	Read(C)	Read(B)	
	C:=C+temp	B:=B+100	
	Write(C)	Write(B)	

(a) 先执行T1后执行T2的正确并发调度　　　(b) 先执行T2后执行T1的正确并发调度

图 9.21　4 种不同的调度策略

数据库保护技术

T1	T2
Read(A) A:=A-100 Write(A)	
	Read(B) Temp:=B×0.2 B:=B-temp Write(B)
Read(B) B:=B+100 Write(B)	
	Read(C) C:=C+temp Write(C)

T1	T2
Read(A) A:=A-100	
	Read(B) Temp:=B×0.2 B:=B-temp
Write(A) Read(B)	
	Write(B) Read(C)
B:=B+100 Write(B)	
	C:=C+temp Write(C)

(c) 正确的并发调度   (d) 错误的并发调度

图 9.21 （续）

在图 9.21(d)中，两个事务也是交错执行的并发调度，其执行结果为 A＝500，B＝400，C＝160，与两个事务的任一个串行调度结果都不相同，且不具有 A＋B＋C 之和保持不变的性质。所以该并发调度是错误的。

为了保证并发操作的正确性，DBMS 的并发控制机制必须提供一定的手段来保证调度是可串行化的。

目前，DBMS 普遍采用加锁方法实现并发操作调度的可串行性，从而保证调度的正确性。两段锁（Two-Phase Locking，简称 2PL）协议就是保证并发调度可串行性的锁协议。

9.5.6 两段锁协议

在每一个事务中，所有的加锁语句都在解锁语句之前的规则称为两段锁协议。第一段是加锁段，也称扩展段。在这一阶段中，事务可以申请获得任何数据项上的任何类型的锁，但不能释放任何锁。第二段是解锁段，也称收缩段。在这一阶段中，事务可以释放任何数据项上的任何类型的锁，但不能再申请任何锁。

如果事务 T 遵守两段锁协议，那么它的锁序列如图 9.22 所示。

Slock A ··· Slock B ··· Xlock C ··· Unlock B ··· Unlock A ··· Unlock C

|←———— 扩展阶段 ————→| |←———— 收缩阶段 ————→|

图 9.22 遵守两段锁协议锁序列

如果事务 T 不遵守两段锁协议，那么它的一个可能的锁序列是：

Slock A ··· Unlock A ··· Slock B ··· Xlock C ··· Unlock C ··· Unlock B。

可以证明，若并发执行的所有事务均遵守两段锁协议，则对这些事务的任何并发调度策略都是可串行化的。

注意：两段锁协议是并发调度可串行化的充分条件，但不是必要条件。在实际中也有一些事务并不遵守两段锁协议，但它们却可能是可串行化调度。另外，还要注意两段锁协议和防止死锁的一次加锁法的异同点。一次加锁法要求每个事务必须一次将所有要使用的数据全部加锁，否则就不能继续执行，因此一次加锁法遵守两段锁协议。但两段锁协议并不要求事务必须一次将所有要使用的数据全部加锁,因此遵守两段锁协议的事务也可能发生死锁。

除了两段锁协议外,还有其他一些实现并发调度可串行性锁协议,如时标方法、乐观方法等。鉴于篇幅所限,不再赘述,感兴趣的读者可以参阅有关文献。

9.5.7 锁的粒度

加锁的项的大小称为锁粒度(Granularity)。加锁的项可以是逻辑的,也可以是物理的。以关系数据库为例,加锁的项可以是表中的某个字段或某几个字段;可以是表中的一个记录或若干记录;可以是某个表或某些表;可以是某个索引项或某些索引项;甚至可以是整个数据库,这些都是逻辑上的项。也可以是这样一些物理单元:页(数据页或索引页)、块等。

当锁的粒度比较小时,数据库所能够锁的数据项就越多,也就允许更多的事务并行操作,系统开销也较大;当锁的粒度比较大时,数据库所能够锁的数据项就越少,事务的并行度就会降低,但系统开销较小。实际中锁的粒度的大小要根据需要而定。

1. 多粒度锁

如果在一个系统中可同时提供多种锁粒度供不同的事务选择,则称这种加锁方法为多粒度锁(Multiple Granularity Locking)。在选择锁粒度时,应该同时考虑锁系统开销和并发度两个因素,合理的锁粒度选择可获得最优的效果。一般来说,需要处理大量元组的事务可以以关系为锁粒度;需要处理多个关系的大量元组的事务可以以数据库为锁粒度;而对于一个处理少量元组的用户事务来说,以元组为锁粒度则比较合适。这种以数据库、关系和元组为不同级粒度的加锁,就构成了多粒度锁树,如图 9.23 所示。

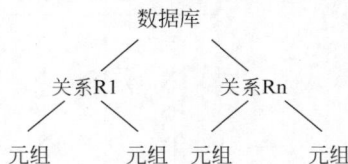

图 9.23 三级粒度树

多粒度锁协议允许多粒度树中的每个结点被独立地加锁。对一个结点加锁意味着这个结点的所有后裔结点也被加以同样类型的锁。因此,在多粒度锁中的一个数据项可能以两种方式加锁,显式锁和隐式锁。

显式锁是应事务的请求直接加到数据项上的锁;隐式锁是该数据项没有独立加锁,但由于其上级结点加锁而使该数据项被加上了锁。

一般地,对某个数据项加锁,系统不仅要检查该数据项上有无显式锁与之冲突,还要检查该数据项的所有上级结点,看本事务的显式锁是否与该数据项上的隐式锁(由于上级结点已加的锁)是否有冲突;另外还要检查其所有下级结点,看上面的显式锁是否与本事务的隐式锁(将加到下级结点的锁)冲突。显然,这样的检查方法效率很低。为此人们引进了一种新型锁,称为意向锁(Intention Lock)。

2. 意向锁

意向锁的含义是如果对一个结点加意向锁,则说明该结点的下层结点正在被加锁;对任一结点加锁时,必须先对它的上层结点加意向锁。

例如,当某事务要对任一元组加锁时,必须先对该元组所在的关系加意向锁。这样,事务 T 要对关系 R 加 X 锁时,系统只要检查根结点数据库和关系 R 是否已加了不相容的锁,而不再需要搜索和检查 R 中的每一个元组是否加了 X 锁。

数据库保护技术

下面介绍 3 种常用的意向锁：意向共享锁(Intent Share Lock,简记为 IS 锁)、意向排他锁(Intent Exclusive Lock,简记为 IX 锁)、共享意向排他锁(Share Intent Exclusive Lock,简记为 SIX 锁)。

1) IS 锁

如果对一个数据项加 IS 锁,表示它的后裔结点拟(有意向)加 S 锁。例如,要对某个元组加 S 锁,则要首先对关系和数据库加 IS 锁。

2) IX 锁

如果对一个数据项加 IX 锁,表示它的后裔结点拟(有意向)加 X 锁。例如,要对某个元组加 X 锁,则要首先对关系和数据库加 IX 锁。

3) SIX 锁

如果对一个数据项加 SIX 锁,表示要先对该数据项加 S 锁,再对其加 IX 锁,即 SIX＝S＋IX。例如,要对某个表加 SIX 锁,则表示该事务要读整个表(所以要对该表加 S 锁),同时会更新个别元组(所以要对该表加 IX 锁)。

图 9.24(a)给出了这些锁的相容矩阵,从中可以发现这 5 种锁的强度有图 9.24(b)所示的偏序关系。所谓锁的强度,是指它对其他锁的排斥程度。一个事务在申请锁时以强锁代替弱锁是安全的,反之则不然。

T1 \ T2	S	X	IS	IX	SIX	—
S	Y	N	Y	N	N	Y
X	N	N	N	N	N	Y
IS	Y	N	Y	Y	Y	Y
IX	N	N	Y	Y	N	Y
SIX	N	N	Y	N	N	Y
—	Y	Y	Y	Y	Y	Y

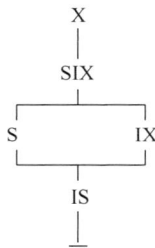

其中：Y=Yes，表示相容的请求；N=No，表示不相容的请求。
S、X、IS、IX和SIX分别表示前面介绍的5种锁。
—表示无锁。

(a) 相容矩阵　　　　　　　　　(b) 锁强度的偏序关系

图 9.24　意向锁的相容矩阵

具有意向锁的多粒度锁方法中任意事务 T 要对一个数据项加锁,必须先对它的上层结点加意向锁。申请锁时应该按自上而下的次序进行；释放锁时则应该按自下而上的次序进行。

具有意向锁的多粒度锁方法提高了系统的并发度,减少了加锁和解锁的开销,它已经在实际的数据库管理系统产品中得到广泛应用,例如,新版的 ORACLE 数据库系统就采用了这种锁方法。

习　题　9

扫一扫　　扫一扫
作业　　　自测题

9-1　解释下列术语。

（1）事务　　　　　　　　　　（2）数据库的安全性

（3）数据库的完整性 （4）触发器

（5）数据转储 （6）可串行化调度

9-2 数据库的安全威胁包括哪几类？

9-3 数据库完整性控制机制包括哪几种？它们的功能分别是什么？

9-4 触发器与过程或函数有哪些什么区别？

9-5 数据库恢复的基本原理和基本技术有哪些？

9-6 什么是静态转储？什么是动态转储？两种数据转储方法各有什么特点？

9-7 什么是日志文件？简述日志文件的用途和功能。

9-8 登记日志文件时，为什么必须先写日志文件，后写数据库？

9-9 使用检查点方法恢复数据库有哪些优点？

9-10 数据库的并发操作会带来哪些问题？如何解决？

数据库保护技术

第 10 章　数据库新技术

从本质上讲,数据库技术是一种围绕不同业务规则及业务目标,设计规划数据存储机制和查询策略的信息支撑技术及架构。因此,随着面向对象、人工智能、计算机网络技术的迅猛发展;信息技术与不同学科技术的相互渗透,以及新的应用领域不断出现,新的数据库技术与时俱进地得到了发展和进步。

本章首先介绍数据库新技术发展的原因和动力,然后介绍具有典型特征的嵌入式数据库和非关系型数据库 NoSQL,最后简要介绍面向特定应用领域的数据库新技术。

10.1　数据库新技术发展的动因

20 世纪 80 年代以来,商用数据库产品的巨大成功和数据库技术的不断提升,刺激了各领域对数据库技术需求的迅速增长,不断催生出新的应用领域,并在新应用中提出了一些新的数据管理和技术支持需求,有力地推动了数据库技术的研究与发展。

10.1.1　新应用领域对数据库存储、检索和管理技术的需求

在各学科间的相互交叉渗透更加深入,各学科对信息技术的依赖日益紧密,计算机应用进一步普及的今天,几乎每个技术领域都对数据库技术的支持提出了应用需求。比较具有代表性的新应用领域主要包括计算机辅助设计(CAD)系统、地理信息系统(GIS)、计算机集成制造系统(CIMS)、计算机辅助软件工程(CASE)、办公信息系统(OIS)、Internet 应用系统等。

1. 计算机辅助设计系统

典型的计算机辅助设计系统包括机械 CAD 系统、建筑 CAD 系统、超大规模集成电路CAD 系统等。

在机械 CAD 系统和建筑 CAD 系统中,要求数据库管理系统能够对设计中需要的大量标准小型原始图形部件和最终设计成的各种大型图形部件的结构进行有效的描述,对与之相关的结构数据进行有效的存储管理;对机械设备和建筑物的(图纸)设计进行有效的支持,对相应的图形结构及其部件进行灵活的装配;对设计"图纸"进行快速的检索和三维显示等。

在超大规模集成电路 CAD 系统中,要求数据库管理系统具有对复杂芯片设计中需要的大量可重用原始部件进行有效的存储管理能力,对 VLSI 设计中的基本单元模型进行功能描述、芯片描述、布线描述等的多方面描述能力,对如几何模板数据这样的复杂层次化结构进行描述的能力,对芯片设计中的不同版本的历史设计数据进行有效的管理能力。版本

包括历史版本和选择版本。历史版本是指同一处理对象在不同的时间具有不同的内容,例如,CAD设计图纸有草图和正式图之分。选择版本指同一对象具有不同的表述或处理方式,例如,一份文献可能有中文和英文两种版本。

2. 地理信息系统

典型的地理信息系统(GIS)除具有传统数据库所具有的功能外,还应具备以下特征。

(1)在概念层上采用矢量观点、重叠观点、查询属性观点来支持GIS中的数据。

(2)支持位置数据的操作。这些操作包括空间谓词、空间变换和空间测度操作。空间谓词是用来判断空间对象之间的位置关系;空间变换是由两个或多个空间对象按照一定的要求得到一个新的空间对象的操作;空间测度操作即是从空间对象得到其某些数字特征的操作。

(3)具有可扩充性的查询语言。这种扩充性指可以很方便地将用户定义的空间操作集成进去。

(4)有效地存储和组织空间数据,主要要求以矢量等形式存储点、线、面数据。

3. 计算机集成制造系统

典型的计算机集成制造(CIM)系统在计算机辅助进行的产品应用需求分析、设计制造、管理检验和装配的全过程中,涉及完成各个单一功能的各计算机之间的信息共享与传递、信息检索与一致性维护等。要求数据库管理系统能够提供面向工程环境的数据模型,具有定义新的数据类型和数据结构的能力,可以实现对复杂对象进行语义完整性和一致性的约束能力,并具有长事务处理及其安全性和可恢复性的保障措施。

4. 计算机辅助软件工程

典型的计算机辅助软件工程(CASE)工具在进行软件的开发过程中,需要数据库对各种开发文档、修改历史、测试结果等进行管理。要求数据库管理系统支持大型程序和文档的版本管理,支持长事务管理,并提供有效的有向图表示手段来表示语法分析树和流程图等。

5. Internet应用系统

在Internet应用系统中,出现了诸如大文本、时间序列等许多非结构化数据类型的应用需求;扩展网页功能、设计交互式页面、构造功能强大的后台管理系统,都需要据库技术的支持。

6. 移动通信应用系统

典型的移动通信应用系统中,支持嵌入式移动数据库的各种智能设备需要随时随地地存取数据,并支持无处不在的数据应用。嵌入式移动数据库必须利用数据复制/缓冲技术和数据广播技术解决移动计算环境中的断接性、移动性和网络通信的不对称性。

7. 办公信息系统

典型的办公信息(OI)系统需要对图形、图像、声音、报表和文字等多媒体信息进行管理,因而给数据库管理系统提出了存储和处理复杂对象,支持复杂数据类型的应用需求。

10.1.2 关系数据库系统的局限性

关系数据库在目前的数据库应用领域中占有绝对的统治地位,但当试图把关系数据库系统运用到前面所提到的那些新的应用领域时,就会暴露出关系数据库系统的局限和不足。

1. 关系模型对复杂对象的表达能力较差

关系数据库采用的是高度结构化的表格结构的数据模型,语义表达能力差;难以表示客观存在的超文本、图形、图像、CAD 图件、声音等多种复杂对象;缺乏对工程、地理、测绘等领域对象所拥有的许多复杂异形结构的抽象机制和非结构化数据的表达能力;不能有效地处理在许多事务处理中用到的多维数据。

2. 关系数据库较难支持对知识的表达与管理

目前的关系数据库系统存储和管理的主要是数据,缺乏对知识的表达、管理和处理能力,不具备演绎和推理的功能。数据库中的数据反映的是客观世界中的静态和被动的事实,不能够在发现异常情况时主动响应和通过某些操作处理意外事件,因而不能满足 OI 和 AI 等领域中的高层管理和决策需求,限制了数据库技术的高级应用。

3. 关系模型支持的数据类型有限

传统的 RDBMS 只能理解、存储和处理诸如整数、浮点数、字符串、日期、货币等这样的简单数据类型,不提供自定义数据类型机制和扩展自身数据类型集的能力。复杂的应用只能由用户通过程序利用简单的数据类型进行描述和支持,加重了用户的负担。特别是面对 Internet 飞速发展而涌现出来的大量的如图形、声音、大文本、时间序列和地理信息等这样的非结构化复杂数据类型,关系系统更显得力不从心。

4. 关系数据库的处理能力有限

在高速发展的 Web 2.0 网站,关系数据库在高并发请求处理上的性能欠缺、基于大内存和高性能的随机读写、数据的快速备份和恢复等方面,都出现了瓶颈。另外,在大量数据的写入处理,为有数据更新的表进行索引或表结构(Schema)变更,对简单查询需要快速返回结果的处理等方面,关系数据库的处理能力也很有限。

5. 关系数据库操纵语言与主语言之间存在着阻抗失配

关系数据库的 SQL 是一种结构化语言,而作为主语言的通用程序语言(如 C 语言)属于非结构化语言,所以这两种语言的类型不匹配。关系数据库 SQL 的一条 SQL 查询(SELECT)语句通常是将含有多行的数据集(查询结果)返回给应用程序,但宿主语言(如 C 语言)每次一般只能表示和处理一个元组的数据,即,SQL 是在集合上操作,而宿主语言(如 C 语言)是在集合的成员上操作。这种表示和处理能力上的不匹配使得查询结果的输出和显示变得比较麻烦,所以才引入游标机制将对集合的操作转换成对单个元组的操作。一般就把这种数据库操纵语言与宿主语言之间的不匹配称为阻抗失配。

由于数据库的应用领域不断扩大,用户的要求呈现出多样化和复杂化,而传统关系数据库技术所固有的局限性又不能适应和满足新的应用领域的需求,所以各种新型的数据库技术应运而生。

10.1.3 数据库技术新发展

数据库技术的新发展除了表现在数据模型越来越复杂,数据模型包含的语义越来越多外,并呈现出多角度、全方位的发展态势。数据库技术与多学科技术的相互结合与相互渗透是当前数据库技术发展的重要特征,并在此基础上产生和发展了一系列支持特殊应用领域的新型数据库系统,如面向对象数据库、主动数据库、多媒体数据库、并行数据库、演义数据库、模糊数据库、联邦数据库等,形成了共存于当今社会的数据库大家族。

数据库技术新发展的第 2 个重要特征是出现了一些专门面向特定应用领域的新型数据库技术与系统。如工程数据库、统计数据库、空间数据库、科学数据库等。特别是作为空间数据库典型代表的地理信息系统已在环境和资源管理、土地利用、城市规划、森林保护、人口调查、交通、税收、商业网络、国防工业与军事等领域得到了十分广泛的应用,并取得了特别显著的军事、经济和社会效益。

数据库技术新发展的第 3 个重要特征是出现了嵌入式数据库,从而为智能化仪器设备、实时性应用系统和移动互联设备的发展和性能提升提供了技术支持。

数据库技术新发展的第 4 个重要特征是出现了新的非关系型数据库 NoSQL,基本上满足了互联网应用和大数据处理对数据库高并发读写、对海量数据的高效率存储与访问,以及对数据库的高可扩展性和高可用性等方面的应用需求。

下面主要介绍已经得到较好实际应用的新型数据库系统。

10.2 嵌入式数据库管理系统

随着微电子技术和存储技术的不断发展,嵌入式系统的内存和各种永久存储介质容量都在不断增加,嵌入式系统内数据处理量不断增加,大量的数据如何处理变得非常现实。人们不得不将原本在企业级运用的复杂的数据库处理技术引入嵌入式系统中去,因而应用于嵌入式系统的数据库技术应运而生。

10.2.1 嵌入式数据库系统概念

嵌入式数据库系统(简称嵌入式数据库)是指运行在嵌入式设备或移动设备上,不用启动服务器端,与应用程序紧密集成,被应用程序启动,并伴随应用程序的退出而终止的轻型数据库管理系统。

嵌入式数据库系统与传统的关系数据库管理系统的最大区别是它们运行的地址空间不同。通常,传统的关系数据库管理系统的客户端和服务器运行的是两个完全独立的进程,即它们可以分别位于不同的计算机甚至网络中;而嵌入式数据库与应用程序运行在同一个进程中,是嵌在应用程序的进程中执行,不需要单独的引擎。所以,嵌入式数据库系统有时也称为进程内数据库系统(in-process database system)。

由于用到嵌入式数据库的多是移动信息设备,诸如掌上电脑、PDA(Personal Digital Assistant)、车载设备等移动通信设备,所以嵌入式数据库也称为移动数据库或嵌入式移动数据库。由于嵌入式数据库可定制、体积小,所以可用于解决移动计算环境下数据的管理问题。

10.2.2 嵌入式数据库的基本架构

在基于嵌入式数据库的应用解决方案中,嵌入式数据库系统作为一组库与应用程序部署在一起,嵌入式数据库不需要数据库驱动程序,而是直接将数据库的库文件链接到应用程序中,应用程序通过 API 访问数据库。所以,嵌入式数据库能和嵌入式操作系统有机地结合在一起,为应用开发人员提供有效的本地数据管理手段,同时提供各种定制条件和方法。

目前,各种嵌入式数据库系统提供应用定制的方法主要有编译法和解释法两种。编译法是将应用所使用的数据管理操作固定在应用中,在应用生成后,如果需要调整操作,参数也要重新生成。而解释法则是将数据操作的解释器集成在应用中,生成后的应用对新的操作也能够起作用。无论哪种方式,嵌入式数据库系统都要努力降低自己的资源消耗,提高处理效率。

10.2.3 嵌入式数据库与传统数据库管理系统的区别

传统的客户—服务器数据库管理系统由于需要服务器支持,所以有时也称为数据库服务器。数据库服务器和嵌入式数据库的主要区别如下。

(1) 数据库服务器通常允许非开发人员(DBA,数据库管理员)对数据库进行操作,而在嵌入式数据中通常只允许应用程序对其进行访问和控制。

(2) 数据库服务器将数据与程序分离,便于对数据库访问的控制,而嵌入式数据库则将数据的访问控制完全交给应用程序,由应用程序进行控制。

(3) 数据库服务器需要独立地安装、部署和管理,而嵌入式数据通常和应用程序部署在一起,不需要单独地部署一个数据库服务器,具有程序携带性的特点。

10.2.4 嵌入式数据库的主要特点

下面以具有典型代表性的 Empress 嵌入式数据库为例,介绍嵌入式数据库具有的区别于企业级数据库的几个主要特点。

(1) 嵌入性是嵌入式数据库的基本特性。嵌入式数据库不仅可以嵌入其他的软件中,而且可以嵌入硬件设备中。

(2) 实时性和嵌入性是分不开的。只有具有了嵌入性的数据库才能第一时间得到系统的资源,对系统的请求在第一时间内做出响应。但是,并不是具有嵌入性就一定具有实时性。要想嵌入式数据库具有很好的实时性,还必须做很多额外的工作。

(3) 嵌入式数据库的移动性与国内移动设备的大规模应用有关。可以这么说,具有嵌入性的数据库一定具有比较好的移动性,但是具有比较好的移动性的数据库不一定具有嵌入性。例如,一个小型的 C/S 结构的数据库也可以运用在移动设备上,而具有移动性,但这个数据库本身是一个独立存在的实体,需要额外的运行资源,本质上讲和企业级数据库区别不大,所以不具有嵌入性,也基本上不具有实时性。

(4) 伸缩性在嵌入式场合的重要性。嵌入式场合的数据库必须能够支持较多的平台,但嵌入式场合的硬件和软件平台都有较大的差别,需要客户根据自身平台特点做出选择。

10.2.5 嵌入式数据库的应用

嵌入式数据库都是针对特定行业应用的,不同领域的应用之间差别较大,主要涉及保险、银行、航空、政府部门等具体的行业领域。

(1) 金融行业应用。这一领域的应用主要涉及保险业、银行业、证券业等,例如,保险业业务员对客户在多个账户中的信息进行汇总,并在必要时给出某种形式的报告。基于掌上电脑或其他移动设备的嵌入式数据库所建立的移动应用能够很好地满足应用的需求。

(2) 零售业和分销行业应用。手工操作或固定的 POS 销售已经发展为无线网络中基于嵌入式数据库的移动电子存单管理和无线 POS 系统。另外,支持无线 Modem 的移动自动售货机可以支持信用卡支付,以无线通信方式实时进行注册、验证,完成交易处理。

（3）卫生保健应用。这类应用包括远程会诊、紧急医疗服务、现场医疗数据收集等。医生通过无线网络，可以在任何地方提取病人病历，研究疾病，制定处方。

（4）法律和公共安全应用。移动用户的可移动性在案犯追捕中具有明显的优点。警务人员的移动设备的嵌入式数据库中保留一定的案犯信息，可以随时检索疑犯信息。

（5）运输业应用。使用移动计算技术可以降低送货/装货的成本，通过 GIS 实现远程监控和规划。运输工具上安装定制的微型计算机，可以接入所在地区的服务器，并在计算机中保存交通信息数据库，指导司机的决定。

此外，还有其他一些专门的移动应用，如航空、铁路、服务等行业，它们都要求提供方便、快捷的服务，而自动交通税收、自动仪表信息收集和电子地图等应用更具有明显的行业特殊性。

10.3　非关系数据库 NoSQL

随着互联网技术的迅猛发展和广泛应用，传统的关系数据库在应对超大规模和高并发的 SNS(Social Network Site)类型的 Web 2.0 纯动态社交网站时，已暴露出很多难以克服的问题。为了解决大规模数据集合与多重数据种类带来的挑战，尤其是大数据应用遇到的难题，非关系型数据库 NoSQL 应运而生。

NoSQL 的全称是 Not Only SQL，其含义为"不仅仅是 SQL"或"不仅仅是结构化查询"，狭义上指非关系数据库，广义上意指"非关系数据存储"。显然，NoSQL 是一种不同于关系数据库的数据库管理系统，这对于目前几乎遍布所有领域的关系数据库应用的情况来说，NoSQL 的非关系数据库概念无疑是一种全新的思维注入和一项全新的数据库技术革命。

10.3.1　Web 2.0 动态网站对数据库性能的需求

1. 对数据库高并发读写的需求

Web 2.0 网站要求根据用户个性化信息来实时生成动态页面和提供动态信息，网站用户对数据库的并发性要求非常高，往往要达到每秒上万次读写请求。而关系数据库在应付上万次 SQL 查询（读）还勉强可以，但要应付上万次 SQL 写数据请求，硬盘 I/O 就成了很大的瓶颈。

2. 对海量数据的高效率存储和访问的需求

SNS 网站每天会产生巨大的动态数据，有时一个月会达到几亿条用户动态信息。对于关系数据库来说，在一张包含有几亿条记录的表里进行 SQL 查询，其效率会低到不可忍受的程度，显然关系型数据库是很难应付的。

3. 对数据库的高可扩展性和高可用性的需求

在基于 Web 的架构中，当一个数据库应用系统的用户量和访问量与日俱增时，数据库没有办法像 Web Server 那样简单地通过添加更多的硬件和服务结点来扩展其性能和负载能力。这样，对于那些需要提供 24 小时不间断服务的网站来说，对数据库系统进行升级和扩展往往需要停机维护和数据迁移（一种将离线存储与在线存储融合的技术：它将高速、高容量的非在线存储设备作为磁盘设备的下一级设备，然后将磁盘中常用的数据按指定的策略自动迁移到磁带库等二级大容量存储设备上），显然关系数据库遇到了难以克服的障碍。

10.3.2 NoSQL 数据库的概念

众所周知,关系数据库是用表结构存储格式化的数据的,表中每个元组字段的组成都一样,即使不是每个元组都需要所有的字段,但数据库会为每个元组分配所有的字段。这样的结构便于实现表与表之间的连接(JOIN)等操作,但从另一方面来看它却成了提高关系数据库性能的一个瓶颈因素。

NoSQL 数据库不再支持长久以来形成的传统关系数据库管理系统(RDBMS)中事务所具有的 ACID 特性(即,事务的原子性/Atomicity、一致性/Consistency、隔离性/Isolation、持久性/Durability),无须事务管理;无须共享操作;不使用 SQL 作为查询语言;不支持 JOIN 处理;没有一个统一的架构;使用松耦合类型和可扩展的数据模式来对数据进行逻辑建模;以跨多结点的数据分布模型通过数据分区将记录分散在多个结点上,支持水平伸缩;拥有在磁盘或内存中,或者在这两者中都有的,对数据的持久化存储能力;支持大规模数据处理;大部分技术都具有开源性。例如,在以键值对(key-value)形式存储数据的 NoSQL 数据库中,数据结构不固定,每一个元组可以有不一样的字段,每个元组可以根据需要增加一些自己的键值对。又如,在以文档存储形式的 NoSQL 数据库中,允许应用程序在一个数据元素中存储任何结构的数据。由于不局限于固定的存储结构,因而可减少一些不必要的时间和空间的开销;由于数据存储不需要固定的表结构,也就不存在表的连接操作。以上这些就保证了 NoSQL 在大数据存取上具备了关系型数据库无法比拟的性能优势。

NoSQL 数据库目前虽然只应用在特定领域,且基本上不进行复杂的处理,但它恰恰弥补了关系数据库的不足。

10.3.3 NoSQL 数据库的特征

1. 易于数据的分散

关系数据库是以 JOIN 运算为前提的,各数据之间存在的关联是用 JOIN 实现的。为了进行 JOIN 处理,关系型数据库不得不把数据存储在同一个服务器内,这显然不利于数据的分散。与关系数据库不同,NoSQL 数据库原本就不支持 JOIN 处理,各数据都是独立设计的,这样就很容易把数据分散到多个服务器上。由于数据被分散到了多个服务器上,减少了每个服务器上的数据量,使大量数据的写入操作和读入操作变得很容易,满足了超大规模和高并发 SNS 类型的 Web 2.0 纯动态社交网站对数据库高并发读写的需求。

2. 无须共享操作

NoSQL 数据库产生的原因之一就是为了"使大量数据的写入处理更加容易",从使服务器能够轻松地处理更大量数据的实现技术出发,显然只有提升性能或增大规模两个选项。通过提升现行服务器自身的性能来提高处理能力的直接解决方案,就是在无须变更程序的情况下购买性能翻倍的服务器,但一般需要投入多达 5~10 倍的经费。增大规模方案指可使用多台廉价的服务器来提高处理能力,它虽然需要对程序进行变更,但由于使用廉价的服务器可控制成本,并可根据需要进一步增加廉价服务器数量来提升处理能力,避免了传统商业数据库共享操作的复杂性和高昂成本。

3. 弹性可扩展

在过去,当关系数据库的负载需要增加时,由于关系数据库管理系统不能轻松地在商业集群机上进行横向扩展(scale-out)(即,通过把多台低成本的服务器连接在一起来承载增加的负载),数据管理员总是通过纵向扩展(scale-up)(即,购买更大型和功能更强的服务器来承载增加的负载)实现资源使用的最大化。但随着大数据分析需要使用大量的计算能力来处理目标数据集、数据库的高扩展性与可用性需求,以及数据库向云端或虚拟环境中迁移需求的提出,新的 NoSQL 数据库的设计却可利用低成本的商业硬件透明地利用新结点进行横向扩展。也就是说,NoSQL 数据库系统是由分布在不同结点上的数据库共同组成一个存储系统,不需要停机维护就可以动态增加(或者删除)结点,数据可以自动迁移。

4. 灵活的数据模型

对于大型关系型 DBMS 产品来说,变更管理是一件很困难的事情,即使是对关系型 DBMS 的数据模型做很小的变更,可能也需要系统停机或降低服务级别。而 NoSQL 数据库在数据模型约束方面比较宽松,其键值对存储和文档数据库允许应用程序在一个数据元素中存储任何结构的数据。即使是相对严格的基于 BigTable 的 NoSQL 数据库(如 Cassandra、HBase),通常在创建新列时也没有太多限制。因此,在 NoSQL 数据库中,应用程序或者数据库模式的改变不需要作为一个复杂的变更单元进行管理;理论上来讲,可允许应用程序更快地迭代。

5. 异步复制

早期的关系型 DBMS 运行在单个 CPU 之上,读写操作都是由单个数据库实例完成。NoSQL 的复制技术使得数据库的读写操作可以分散在运行于不同 CPU 之上的独立服务器上,即 NoSQL 数据库复制指发生在不同数据库实例之间的、单向的信息传播的行为,通常由被复制方和复制方组成,被复制方和复制方之间建立有网络连接。复制方式通常是被复制方主动将数据发送到复制方,复制方将接收到的数据存储在当前实例,这样数据实质上就被备份在不同的实例上,主库专注写请求,从库负责读请求,从而使系统具有高可用性、高读取性能和横向(水平)扩展带来的查询服务能力的提升。

NoSQL 中的复制往往是基于日志的异步复制,这样数据就可尽快地写入一个结点而不会出现网络传输迟延。异步复制的不足是主服务器发送的写数据并不一定会被从服务器接收到,这样由于可能会存在数据丢失的情况而不总能保证主-从服务器数据的一致性。

10.3.4　NoSQL 数据库的分类

按存储类型的不同,NoSQL 数据库分为键值对存储数据库、列式存储数据库、文档存储数据库、图形存储数据库等多种类型。

1. 键值对存储数据库

键值对(key-value)存储数据库通常用哈希表来实现,哈希表中有一个特定的键(key)和一个指针指向特定的数据(value)。所以,键值对存储数据库是一种以键值对形式组织和存储数据,并通过键(key)的完全一致查询来查询/读取数据的 NoSQL 数据库。键值对存储无须考虑数据的存储格式,直接用键值快速查询所需数据,非常适合于不涉及过多数据关系和业务关系的数据,能有效减少读写磁盘次数,具有极高的读写性能。键值对存储数据库按键值对来保存和读取数据值时,由于它没有 SQL 处理器、索引系统和分析系统等诸多限制,系统效率非常高。键值对存储方案不仅提供了高效的存取性能,而且实现代价低,具有可伸缩性。可满足极高的读写性能是键值对存储的 NoSQL 数据库的最显著的特点。

键值对存储根据其数据保存方式的不同分为临时性键值对存储、永久性键值对存储和两者兼具键值对存储 3 种存储方式。

(1) 临时性键值对存储。所谓临时性就是"数据有可能丢失",memcached 属于临时性键值对存储的 NoSQL 数据库。memcached 把所有数据都保存在内存中,这样保存和读取的速度非常快,但当 memcached 停止时,数据就不存在了。由于数据保存在内存中,所以无法操作超出内存容量的数据。临时性键值对存储的典型特点是内存中数据的保存和读取速度非常快,数据有可能丢失。

(2) 永久性键值对存储。和临时性相反,所谓永久性就是"数据不会丢失",Tokyo Tyrant 属于这种类型的 NoSQL 数据库。与临时性不同,永久性键值对存储不是像 memcached 那样在内存中保存数据,而是把数据保存在硬盘上。由于往硬盘保存数据时必然要发生硬盘的 I/O 操作,所以在性能上与 memcached 是有差距的,但数据不会丢失是它的最大优势。永久性键值对存储的典型特点是在硬盘上保存数据,保存和读取处理速度非常快,数据不会丢失。

(3) 两者兼具键值对存储。即临时性和永久性兼具的键值对存储方式,Redis 属于这种类型的 NoSQL 数据库。Redis 集合了临时性键值对存储和永久性键值对存储的优点。Redis 首先把数据保存到内存中,在满足特定条件时将数据写入到硬盘中。这样既确保了内存中数据的处理速度,又可以通过写入硬盘来保证数据的永久性。这种类型的数据库特别适合于处理数组类型的数据。兼具临时性和永久性的键值对存储的典型特点是同时在内存和硬盘上保存数据,保存和读取速度非常快,保存在硬盘上的数据不会消失,适合于处理数组类型的数据。

2. 列式存储数据库

列式存储数据库是一种将同一列数据存储在一起,然后再存储下一列数据,以列簇(每个列都归属于某个列簇)为单位进行存储、检索和权限控制的 NoSQL 数据库,可方便存储结构化和半结构化数据,方便数据压缩。从物理上来说,表是列的集合,每一列从本质上来说都是只有一个字段的表,因此对于某一列或某几列的查询有非常大的 I/O 优势。列式存储数据库具有很高的可扩展性,即使数据增加也不会降低相应的处理速度(特别是写入速度),列式存储数据库通常用于批量数据处理、即席查询和商业智能与分析型数据的存储。Cassandra 属于列式存储的 NoSQL 数据库。数据存储无须固定的表结构和每个记录之间的列没有任何限制是列式存储 NoSQL 数据库最典型的特点。

3. 文档式存储数据库

文档式存储数据库简称文档数据库,是一种以键值对的方式进行存储,且值为没有强制架构的文档数据(以特定形式存储的半结构化数据)的 NoSQL 数据库。文档数据库主要面向利用存储引擎的能力将不同的文档划分成不同的集合的存储,文档相当于关系数据库中的一条记录,多个文档组成一个集合,多个集合逻辑上组织在一起就是文档数据库。与键值存储不同的是,文档存储关心文档的内部结构,这使得存储引擎可以直接支持二级索引,从而允许对任意字段进行高效查询。文档存储模型支持嵌套存储能力,即字段的"值"又可以嵌套存储其他文档。文档式存储的 NoSQL 数据库的最显著的特点是可满足海量存储需求和较高的查询性能。MongoDB 属于文档式存储的 NoSQL 数据库。

4. 图形存储数据库

图形存储数据库简称图形数据库,是一种依据图的结构,通过结点(顶点)、边和属性来表示和存储图形数据的 NoSQL 数据库。在图形存储数据库中,每个元素都包含了直接指向邻接元素的指针,是一种无须索引而彼此邻接的存储系统。图形存储数据库是图形关系的最佳存储方式,并可以很自然地扩展为更大的数据集而无须连接运算符,对于关联数据集的查询具有更快的速度。图形数据库可用于对事物及其之间关系的建模,如关系图谱、社交网络、推荐系统等。AllegroGraph 属于图形存储 NoSQL 数据库。

最后需要说明的是,虽然目前已出现了 100 多种 NoSQL 数据库,但它们没有统一的架构,不同的 NoSQL 各有自己的所长。目前成功的 NoSQL 必然特别适合于某些应用或某些场合,在它所适合的场合其性能必定远远胜过关系型数据库和其他 NoSQL 数据库。

10.3.5　NoSQL 数据库发展展望

大数据的出现促进了 NoSQL 数据库技术的发展,NoSQL 数据库为大数据的存储、传输和处理创造了环境,进一步促进了 NoSQL 数据库的应用。就目前已部署应用的大多数 NoSQL 数据库系统来说,还有许多挑战性的问题需要解决。例如,已有的 NoSQL 数据库产品大多都是面向特定应用的解决方案,缺乏通用性或功能有限,导致其应用具有一定的局限性;由于从全局系统考虑和通用性不够,还没形成系列化的技术成果,缺乏类似于关系数据库那样的强有力的理论(如关系运算理论、函数依赖理论、Armstrong 公理系统、关系模式规范化方法等)、技术(如查询优化策略、两段封锁协议等)、标准规范(如 SQL)和内建安全机制的支持。

随着大数据处理、云计算、互联网等技术的发展,以及社交网络网、移动服务、协作编辑等许多云环境下新型应用的出现,对海量数据管理系统提出了新的需求。伴随着云计算时代海量数据管理系统的设计目标向可扩展性、弹性、容错性、自管理性和"强一致性"的提升,已经为 NoSQL 数据库大显身手提供了良好的机遇。随着需求的进一步增加和时间的推移,NoSQL 数据库系统将逐渐走向成熟并获得更广泛的应用。

10.4　面向特定应用领域的数据库新技术

数据库技术被应用到特定的领域中,出现了工程数据库、统计数据库、空间数据库、地理数据库、科学数据库等多种数据库,使数据库领域中新的技术内容层出不穷。下面简要地介绍工程数据库、统计数据库和空间数据库的基本概念。

10.4.1　工程数据库

工程数据库(Engineering Database)是一种能存储和管理各种工程图形,并能为工程设计提供各种服务的数据库。它适用于 CAD/CAM、计算机集成制造(CIM)等通称为 CAX 的工程应用领域(由于这一类技术的大多数缩写都以 CA 开头,并一般用 X 表示所有,所以 CAX 是 CAD、CAM、CAT 等项技术的综合叫法)。传统的数据库只能处理简单的对象和规范化数据,而对具有复杂结构和内涵的工程对象以及工程领域中的大量"非经典"应用则无能为力。工程数据库正是针对传统数据库的这一缺点而提出的,它针对工程应用领域的需求,对工程对象进行处理,并提供相应的管理功能及良好的设计环境。

工程数据库管理系统是用于支持工程数据库的数据库管理系统。由于工程数据库具有数据结构复杂,相互联系紧密,数据存储量大的特点,所以工程数据库管理系统的功能与传统数据库管理系统有很大不同,主要有以下功能。

(1) 支持复杂多样的工程数据的存储和集成管理。

(2) 支持复杂对象(如图形数据)的表示和处理。

(3) 支持变长结构数据实体的处理。

(4) 支持多种工程应用程序。

(5) 支持模式的动态修改和扩展。

(6) 支持设计过程中多个不同数据库版本的存储和管理。

(7) 支持工程长事务和嵌套事务的处理和恢复。

在工程数据库的设计过程中,由于传统的数据模型难以满足 CAX 应用对数据模型的要求,需要运用当前数据库研究中的一些新的模型技术,如扩展的关系模型、语义模型、面向对象的数据模型。目前的工程数据库研究虽然已取得了很大的成绩,但要全面达到应用所要求的目标仍有待进一步深入研究。

10.4.2 统计数据库

统计数据是人类对现实社会各行各业、科技教育、国情国力的大量调查数据;是人类社会活动结果的实际反映;是信息行业的重要内容。采用数据库技术实现对统计数据的管理,对于充分发挥统计信息的作用具有决定性的意义。

1. 统计数据库的概念

统计数据库(Statistical Database)是一种用来对统计数据进行存储、统计(如求数据的平均值、最大值、最小值、总和等)、分析的数据库系统。统计数据库向用户提供的是统计数字,而不是某一个体的具体数据。统计数据库中的数据可分为微数据(microdata)和宏数据(macrodata)两类。微数据描述的是个体或事件的信息,而宏数据是综合统计数据,它可以直接来自应用领域,也可以是微数据的综合分析结果。

2. 统计数据的特点

(1) 统计数据具有层次型特点,但并不完全是层次型结构;统计数据也有关系型特点,但关系型也不完全满足需要。虽然一般统计表都是二维表,但统计数据的基本特性是多维的。例如,经济统计信息,由统计指标名称、统计时间、统计空间范围、统计分组特性、统计度量种类等相互独立的多种因素方可确切地定义出一批数据,反映在数据结构上就是一种多维性。由此,统计表格虽为二维表,而其主栏与宾栏均具有复杂结构。多维性是统计数据的第一个特点,也是最基本的特点。

(2) 统计数据是在一定时间(年度、季度、月度)期末产生大量数据,故入库时总是定时地大批量加载。经过各种条件下的查询以及一定的加工处理,通常又要输出一系列结果报表。这就是统计数据的"大进大出"特点。

(3) 统计数据的时间属性是一个最基本的属性,任何统计量都离不开时间因素,而且经常需要研究时间序列值,所以统计数据又有时间向量性。

(4) 随着用户对所关心问题的观察角度不同,统计数据查询出来后常有转置的要求。

例如若干指标的时间序列值,考虑指标之间的比例关系时常以时间为主栏、指标为宾栏;而考虑时间上的增长量、增长率时,又常以时间为宾栏、指标为主栏。统计数据还有其他一些特点,但基本特性是多维结构特性。

(5) 统计数据库与其他数据库不同,在安全性方面有一定特殊的要求,要防止有人利用统计数据库提供合法查询的时机推出他不应了解的某一个体的具体数据。

由于统计数据库具有一系列自身的特点,一般关系型数据库还不能完全满足它的需求。因此,如何使用 RDBMS 建立统计数据库,是一项具有特定技术的工作。

10.4.3 空间数据库

空间数据库(Spacial Database)是以描述空间位置和点、线、面、体特征的拓扑结构的位置数据及描述这些特征的性能的属性数据为对象的数据库。其中的位置数据为空间数据,属性数据为非空间数据。其中,空间数据是用于表示空间物体的位置、形状、大小和分布特征等信息的数据,用于描述所有二维、三维和多维分布的关于区域的信息,它不仅具有表示物体本身的空间位置及状态的信息,还具有表示物体的空间关系的信息。非空间信息主要包含表示专题属性和质量描述的数据,用于表示物体的本质特征,以区别地理实体,对地理物体进行语义定义。空间数据库的研究始于 20 世纪 70 年代的地图制图与遥感图像处理领域,其目的是有效地利用卫星遥感资源迅速制出各种经济专题地图,由于传统数据库在空间数据的表示、存储和管理上存在许多问题,从而形成了空间数据库这个多学科交叉的数据库研究领域。目前的空间数据库成果大多数以地理信息系统的形式出现,主要应用于环境和资源管理、土地利用、城市规划、森林保护、人口调查、交通、税收、商业网络等领域的管理与决策。

空间数据库的目的是利用数据库技术实现空间数据的有效存储、管理和检索,为各种空间数据库用户使用。目前,空间数据库的研究主要集中于空间关系与数据结构的形式化定义、空间数据的表示与组织、空间数据查询语言、空间数据库管理系统等。

习 题 10

扫一扫

自测题

10-1 解释下列术语。
    (1) 嵌入式数据库   (2) 空间数据库
    (3) 工程数据库   (4) 统计数据库
    (5) 临时性键值对存储   (6) 永久性键值对存储

10-2 简述嵌入式数据库有哪些特点。

10-3 解释 NoSQL 数据库的无须共享操作特征。

10-4 解释 NoSQL 数据库的弹性可扩展特征。

10-5 解释 NoSQL 数据库的异步复制特征。

10-6 简述键值对存储 NoSQL 数据库的概念。

10-7 简述列式存储 NoSQL 数据库的概念。

10-8 简述文档式存储 NoSQL 数据库的概念。

10-9 简述图形存储 NoSQL 数据库的概念。

附录 A   安装 SQL Server 2012

　　本附录详细讲解安装 SQL Server 2012 的硬件要求和软件要求，安装 SQL Server 2012 前的准备工作，以及详细的安装步骤，扫描下方二维码可以在线学习。

扫一扫

在线文档

附录B 安装 Visual Studio 2010

　　本附录详细讲解安装 Visual Studio 2010 的具体操作步骤，扫描下方二维码可以在线学习。

扫一扫

在线文档

附录 C
大学教学信息管理数据库应用系统案例程序代码

　　本附录给出大学教学信息管理数据库应用系统案例程序源代码,扫描下方二维码可以在线学习。

扫一扫

在线文档

参 考 文 献

[1] 李俊山,叶霞. 数据库原理及应用(SQL Server)[M]. 4版. 北京:清华大学出版社,2020.

[2] 罗蓉,叶霞,李海龙,等. 数据库原理及应用(SQL Server):内容解析与习题解答[M]. 北京:清华大学出版社,2015.

[3] 叶霞,罗蓉,李俊山. 数据库原理及应用(SQL Server)实验教程[M]. 北京:清华大学出版社,2016.

[4] 李俊山,孙满囤,韩先锋,等. 数据库系统原理与设计[M]. 西安:西安交通大学出版社,2003.

[5] 王英英,张少军,刘增杰,等. SQL Server 2012 从零开始学[M]. 北京:清华大学出版社,2012.

[6] 陈会安. SQL Server 2012 数据库设计与开发实务[M]. 北京:清华大学出版社,2013.

[7] 嵌入式数据库的现状和未来[OL]. http://www.sina.com.cn.

[8] 巩政,郝莉,王燕. Visual Basic. NET 程序设计[M]. 西安:西安电子科技大学出版社,2014.

[9] 王海春,等. ASP. NET 开发与应用实践[M]. 西安:西安电子科技大学出版社,2016.

[10] 关于 NoSQL 数据库你要了解的 10 个关键特征[OL]. http://www. xue163. com/exploit/184/1842623. html.

[11] NoSQL[OL]. http://baike. sogou. com/v8269973. htm?fromTitle=NoSQL.

[12] 《实现键值对存储》系列译文一:实现键值对存储(一):为什么是键值对存储,为什么要实现它[OL]. http://blog. csdn. net/CuGBabyBeaR/article/details/38851381.

[13] 《实现键值对存储》系列译文二:实现键值对存储(二):以现有键值对存储为模型[OL]. http://www. cnblogs. com/zfyouxi/p/5206156. html.

[14] 数据分析利器:列式存储数据库[OL]. http://blog. csdn. net/physicsdandan/article/details/51988172.

[15] 五大存储模型:关系模型、键值存储、文档存储、列式存储、图形数据[OL]. http://www. zhixing123. cn/net/41605. html.

图 书 资 源 支 持

感谢您一直以来对清华版图书的支持和爱护。为了配合本书的使用，本书提供配套的资源，有需求的读者请扫描下方的"书圈"微信公众号二维码，在图书专区下载，也可以拨打电话或发送电子邮件咨询。

如果您在使用本书的过程中遇到了什么问题，或者有相关图书出版计划，也请您发邮件告诉我们，以便我们更好地为您服务。

我们的联系方式：

清华大学出版社计算机与信息分社网站：https://www.shuimushuhui.com/

地　　址：北京市海淀区双清路学研大厦 A 座 714

邮　　编：100084

电　　话：010-83470236　010-83470237

客服邮箱：2301891038@qq.com

QQ：2301891038（请写明您的单位和姓名）

资源下载： 关注公众号"书圈"下载配套资源。

资源下载、样书申请

图书案例

书 圈

清华计算机学堂

观看课程直播